北京理工大学"双一流"建设精品出版工程

Cybersecurity
Theory and Application
网络空间安全理论与应用

罗森林　潘丽敏 ◎ 著

北京理工大学出版社
BEIJING INSTITUTE OF TECHNOLOGY PRESS

内 容 简 介

本书将孙子兵法与网络空间安全深度融合，探究网络空间安全领域三十六计应用理论与方法，主要内容包括：信息、信息系统、系统工程、信息安全与对抗的认知，孙子兵法胜战计、敌战计、攻战计、混战计、并战计、败战计的内涵解析及网络空间安全领域经典应用实例，针对计谋的攻击或防御破解之道等。

本书同时适应学科专业类和通识类教育教学，重点引导培养系统思维和解决复杂问题的能力，可供网络空间安全、计算机科学与技术、软件工程、人工智能、数据科学、信息与通信工程等相关学科专业的教学、科研、应用人员阅读和使用，对从事网络空间安全相关研究的人员具有重要的参考价值。此外，本书也可供其他非专业及相关研究人员参考使用。

版权专有　侵权必究

图书在版编目（CIP）数据

网络空间安全理论与应用／罗森林，潘丽敏著．--北京：北京理工大学出版社，2023.1（2024.12重印）
ISBN 978-7-5763-2069-5

Ⅰ.①网… Ⅱ.①罗… ②潘… Ⅲ.①计算机网络-网络安全 Ⅳ.①TP393.08

中国国家版本馆 CIP 数据核字（2023）第 010832 号

出版发行 ／	北京理工大学出版社有限责任公司
社　　址 ／	北京市海淀区中关村南大街5号
邮　　编 ／	100081
电　　话 ／	（010）68914775（总编室）
	（010）82562903（教材售后服务热线）
	（010）68944723（其他图书服务热线）
网　　址 ／	http：//www.bitpress.com.cn
经　　销 ／	全国各地新华书店
印　　刷 ／	廊坊市印艺阁数字科技有限公司
开　　本 ／	787毫米×1092毫米　1/16
印　　张 ／	20
字　　数 ／	455千字
版　　次 ／	2023年1月第1版　2024年12月第2次印刷
定　　价 ／	69.00元

责任编辑／王晓莉
文案编辑／王晓莉
责任校对／周瑞红
责任印制／李志强

图书出现印装质量问题，请拨打售后服务热线，本社负责调换

前言

"没有网络安全就没有国家安全",网络空间安全已严重影响国家政治、经济、文化、社会和生态文明建设,影响民众的日常生活,是信息系统所固有的矛盾,并表现得更为尖锐和复杂。网络空间安全虚拟抽象、知识密集、涉密性强、国际环境复杂、对政治素养要求高,需强化其特殊性。网络空间安全的竞争归根结底是人才的竞争,信息安全人才的培养有着时代的突出性和专业性。能否撰写出优秀的教材是创新人才培养中各高校亟须解决的共性问题。

本书期望通过建立网络空间安全理论体系应用框架,达到可持续发展能力的培养,包括理解与表达、思维与思辨、批判与创新、审美与包容、格局与视野等能力的培养,能够建立相对独立和完整的网络空间安全知识体系,通过深度思考和批判性思维形成独立见解和思想。

中华优秀传统文化是中华民族的精神命脉,对中国特色社会主义建设具有重大意义,也是实现中华民族伟大复兴的重要精神支撑。本书期望通过弘扬中华优秀传统文化,寓优秀文化于学科专业教育教学之中,不断提高学生的思想觉悟、道德水平、文明素养和理论水平,不断铸就中华文化新辉煌。

网络空间安全要从娃娃抓起,"需要全天候全方位感知网络安全态势,增强网络安全防御能力和威慑能力"。国家和社会普遍需要"提升信息安全意识,普及信息安全知识,实践信息安全技术,共创信息安全环境,发现信息安全人才"。本书将中华民族悠久非物质文化遗产三十六计与网络空间安全融于一体,解析其内涵,结合历史典故和现代实例讨论网络空间安全领域对抗之道,系统深入地促进我国网络空间安全科学理论与人文素养的教育教学,服务于国家网络空间安全战略。

体系结构方面,以三十六计为主线,注重其精要内涵和历史典故,强调网络空间安全与对抗之道,再辅以应用实例,结构清晰,知识系统,便于读者快速理解和掌握。内容范围方面,本书注重内容的先进性、应用性、时效性和前瞻性,强调理论与应用的有机结合。灵活使用方面,本书基于研究型教学思想,注重读者的兴趣和学习的灵活性,强化间接效果,可满足各类高校多样化人才长期培养的需求。

本书由罗森林、潘丽敏共同撰写,其中6、7、8章由潘丽敏撰写,其余部分由罗森林撰写。罗森林负责全书的章节设计、内容规划和统稿。

  本书的编写得到北京理工大学信息安全与对抗技术研究所董勃、王若辉、关迎丹、于浩淼、吴杭颐、邢继媛、高依萌、崔成钢、丁杨、侯钰斌、祁佳俊等多方面的帮助，在此一并表示衷心的感谢。

  衷心感谢北京理工大学出版社王晓莉对本书详细、认真的修改和热情帮助。

  由于时间和笔者能力所限，书中难免有不足、疏漏、错误之处，敬请广大读者批评指正。谢谢！

罗森林

2022 年 2 月于北京理工大学

目 录
CONTENTS

第1章 绪论 ·· 001
1.1 引言 ·· 001
1.2 信息及信息系统 ·· 001
    1.2.1 信息与信息技术的概念 ··· 001
    1.2.2 信息系统及其功能要素 ··· 007
1.3 信息网络知识基础 ··· 014
    1.3.1 复杂网络基本概念 ··· 014
    1.3.2 信息网络基本概念 ··· 015
    1.3.3 网络空间基本概念 ··· 016
1.4 网络空间发展简况 ··· 017
    1.4.1 网络空间的起源 ·· 017
    1.4.2 网络空间的发展 ·· 017
1.5 工程系统理论的基本思想 ·· 018
    1.5.1 若干概念和规律 ·· 019
    1.5.2 系统分析观 ·· 020
    1.5.3 系统设计观 ·· 022
    1.5.4 系统评价观 ·· 024
1.6 系统工程的基本思想 ··· 025
    1.6.1 基本概念 ··· 025
    1.6.2 基础理论 ··· 027
    1.6.3 主要方法 ··· 030
    1.6.4 模型仿真 ··· 031
    1.6.5 系统评价 ··· 033
1.7 小结 ·· 034
习题 ·· 034

参考文献 ··· 034

第2章 信息安全与对抗知识基础 ··· 035

2.1 引言 ··· 035
2.2 基本概念 ··· 035
 2.2.1 信息安全的概念 ·· 035
 2.2.2 信息攻击与对抗的概念 ··· 035
 2.2.3 信息系统安全问题分类 ··· 036
2.3 主要根源 ··· 036
 2.3.1 基本概念 ··· 036
 2.3.2 国家间利益斗争反映至信息安全领域 ··· 037
 2.3.3 科技发展不完备反映至信息安全领域 ··· 037
 2.3.4 社会中多种矛盾反映至信息安全领域 ··· 038
 2.3.5 工作中各种失误反映至信息安全领域 ··· 038
2.4 基本对策 ··· 038
 2.4.1 基本概念 ··· 038
 2.4.2 不断加强中华优秀文化的传承和现代化发展 ··································· 039
 2.4.3 不断完善社会发展相关机制，改善社会基础 ··································· 039
 2.4.4 不断加强教育的以人为本理念，提高人的素质和能力 ··················· 039
 2.4.5 不断加强基础科学发展和社会理性化发展 ······································· 039
 2.4.6 依靠技术科学构建信息安全领域基础设施 ······································· 040
2.5 基础理论 ··· 041
 2.5.1 基础层次原理 ··· 041
 2.5.2 系统层次原理 ··· 042
 2.5.3 系统层次方法 ··· 043
2.6 基础技术 ··· 043
 2.6.1 攻击行为分析及主要技术 ··· 043
 2.6.2 对抗行为分析及主要技术 ··· 046
2.7 保障体系 ··· 053
 2.7.1 中国国家信息安全战略构想 ··· 053
 2.7.2 中国信息安全保障体系框架 ··· 058
 2.7.3 系统及其服务群体整体防护 ··· 058
2.8 本章小结 ··· 061
习题 ··· 061
参考文献 ·· 061

第3章 胜战计 ··· 062

3.1 第一计 瞒天过海 ··· 062
 3.1.1 引言 ··· 062

  3.1.2 内涵解析 ··· 062
  3.1.3 历史典故 ··· 062
  3.1.4 信息安全攻击与对抗之道 ·· 063
  3.1.5 信息安全事例分析 ·· 064
  3.1.6 小结 ·· 067
习题 ··· 067
参考文献 ··· 068
3.2 第二计 围魏救赵 ·· 068
  3.2.1 引言 ·· 068
  3.2.2 内涵解析 ··· 068
  3.2.3 历史典故 ··· 069
  3.2.4 信息安全攻击与对抗之道 ·· 069
  3.2.5 信息安全事例分析 ·· 070
  3.2.6 小结 ·· 073
习题 ··· 073
参考文献 ··· 073
3.3 第三计 借刀杀人 ·· 074
  3.3.1 引言 ·· 074
  3.3.2 内涵解析 ··· 074
  3.3.3 历史典故 ··· 074
  3.3.4 信息安全攻击与对抗之道 ·· 075
  3.3.5 信息安全事例分析 ·· 076
  3.3.6 小结 ·· 079
习题 ··· 080
参考文献 ··· 080
3.4 第四计 以逸待劳 ·· 080
  3.4.1 引言 ·· 080
  3.4.2 内涵解析 ··· 081
  3.4.3 历史典故 ··· 081
  3.4.4 信息安全攻击与对抗之道 ·· 082
  3.4.5 信息安全事例分析 ·· 082
  3.4.6 小结 ·· 086
习题 ··· 087
参考文献 ··· 087
3.5 第五计 趁火打劫 ·· 087
  3.5.1 引言 ·· 087
  3.5.2 内涵解析 ··· 087
  3.5.3 历史典故 ··· 088
  3.5.4 信息安全攻击与对抗之道 ·· 088

  3.5.5 信息安全事例分析 ·· 089
  3.5.6 小结 ·· 093
 习题 ·· 093
 参考文献 ·· 093
 3.6 第六计 声东击西 ··· 094
  3.6.1 引言 ·· 094
  3.6.2 内涵解析 ·· 094
  3.6.3 历史典故 ·· 094
  3.6.4 信息安全攻击与对抗之道 ·· 095
  3.6.5 信息安全事例分析 ·· 096
  3.6.6 小结 ·· 099
 习题 ·· 099
 参考文献 ·· 100

第4章 敌 战 计 ·· 101

 4.1 第七计 无中生有 ··· 101
  4.1.1 引言 ·· 101
  4.1.2 内涵解析 ·· 101
  4.1.3 历史典故 ·· 101
  4.1.4 信息安全攻击与对抗之道 ·· 102
  4.1.5 信息安全事例分析 ·· 103
  4.1.6 小结 ·· 106
 习题 ·· 107
 参考文献 ·· 107
 4.2 第八计 暗度陈仓 ··· 107
  4.2.1 引言 ·· 107
  4.2.2 内涵解析 ·· 108
  4.2.3 历史典故 ·· 108
  4.2.4 信息安全攻击与对抗之道 ·· 109
  4.2.5 信息安全事例分析 ·· 110
  4.2.6 小结 ·· 114
 习题 ·· 114
 参考文献 ·· 115
 4.3 第九计 隔岸观火 ··· 115
  4.3.1 引言 ·· 115
  4.3.2 内涵解析 ·· 116
  4.3.3 历史典故 ·· 116
  4.3.4 信息安全攻击与对抗之道 ·· 117
  4.3.5 信息安全事例分析 ·· 118

4.3.6　小结 ……………………………………………………………………… 122
　习题 ……………………………………………………………………………… 123
　参考文献 ………………………………………………………………………… 123
4.4　第十计　笑里藏刀 …………………………………………………………… 123
　　　4.4.1　引言 ………………………………………………………………………… 124
　　　4.4.2　内涵解析 …………………………………………………………………… 124
　　　4.4.3　历史典故 …………………………………………………………………… 124
　　　4.4.4　信息安全攻击与对抗之道 ………………………………………………… 125
　　　4.4.5　信息安全事例分析 ………………………………………………………… 126
　　　4.4.6　小结 ………………………………………………………………………… 129
　习题 ……………………………………………………………………………… 130
　参考文献 ………………………………………………………………………… 130
4.5　第十一计　李代桃僵 ………………………………………………………… 131
　　　4.5.1　引言 ………………………………………………………………………… 131
　　　4.5.2　内涵解析 …………………………………………………………………… 131
　　　4.5.3　历史典故 …………………………………………………………………… 131
　　　4.5.4　信息安全攻击与对抗之道 ………………………………………………… 132
　　　4.5.5　信息安全事例分析 ………………………………………………………… 133
　　　4.5.6　小结 ………………………………………………………………………… 137
　习题 ……………………………………………………………………………… 138
　参考文献 ………………………………………………………………………… 138
4.6　第十二计　顺手牵羊 ………………………………………………………… 138
　　　4.6.1　引言 ………………………………………………………………………… 139
　　　4.6.2　内涵解析 …………………………………………………………………… 139
　　　4.6.3　历史典故 …………………………………………………………………… 139
　　　4.6.4　信息安全攻击与对抗之道 ………………………………………………… 140
　　　4.6.5　信息安全事例分析 ………………………………………………………… 140
　　　4.6.6　小结 ………………………………………………………………………… 145
　习题 ……………………………………………………………………………… 145
　参考文献 ………………………………………………………………………… 145

第5章　攻战计 ……………………………………………………………………… 147

5.1　第十三计　打草惊蛇 ………………………………………………………… 147
　　　5.1.1　引言 ………………………………………………………………………… 147
　　　5.1.2　内涵解析 …………………………………………………………………… 147
　　　5.1.3　历史典故 …………………………………………………………………… 147
　　　5.1.4　信息安全攻击与对抗之道 ………………………………………………… 148
　　　5.1.5　信息安全事例分析 ………………………………………………………… 148
　　　5.1.6　小结 ………………………………………………………………………… 151

习题	152
参考文献	152

5.2 第十四计 借尸还魂 … 152
5.2.1 引言 … 152
5.2.2 内涵解析 … 152
5.2.3 历史典故 … 153
5.2.4 信息安全攻击与对抗之道 … 153
5.2.5 信息安全事例分析 … 154
5.2.6 小结 … 160

习题	160
参考文献	160

5.3 第十五计 调虎离山 … 161
5.3.1 引言 … 161
5.3.2 内涵解析 … 161
5.3.3 历史典故 … 162
5.3.4 信息安全攻击与对抗之道 … 162
5.3.5 信息安全事例分析 … 163
5.3.6 小结 … 167

习题	167
参考文献	168

5.4 第十六计 欲擒故纵 … 168
5.4.1 引言 … 168
5.4.2 内涵解析 … 168
5.4.3 历史典故 … 169
5.4.4 信息安全攻击与对抗之道 … 169
5.4.5 信息安全实例分析 … 170
5.4.6 小结 … 174

习题	174
参考文献	174

5.5 第十七计 抛砖引玉 … 175
5.5.1 引言 … 175
5.5.2 内涵解析 … 175
5.5.3 历史典故 … 175
5.5.4 信息安全攻击与对抗之道 … 176
5.5.5 信息安全事例分析 … 177
5.5.6 小结 … 181

习题	181
参考文献	181

5.6 第十八计 擒贼擒王 … 182

- 5.6.1 引言 ... 182
- 5.6.2 内涵解析 ... 182
- 5.6.3 历史典故 ... 182
- 5.6.4 信息安全攻击与对抗之道 ... 183
- 5.6.5 信息安全事例分析 ... 183
- 5.6.6 小结 ... 187
- 习题 ... 188
- 参考文献 ... 188

第6章 混战计 ... 189

6.1 第十九计 釜底抽薪 ... 189
- 6.1.1 引言 ... 189
- 6.1.2 内涵解析 ... 189
- 6.1.3 历史典故 ... 189
- 6.1.4 信息安全攻击与对抗之道 ... 190
- 6.1.5 信息安全事例分析 ... 191
- 6.1.6 小结 ... 194
- 习题 ... 194
- 参考文献 ... 194

6.2 第二十计 混水摸鱼 ... 195
- 6.2.1 引言 ... 195
- 6.2.2 内涵解析 ... 195
- 6.2.3 历史典故 ... 195
- 6.2.4 信息安全攻击与对抗之道 ... 196
- 6.2.5 信息安全事例分析 ... 196
- 6.2.6 小结 ... 200
- 习题 ... 201
- 参考文献 ... 201

6.3 第二十一计 金蝉脱壳 ... 201
- 6.3.1 引言 ... 202
- 6.3.2 内涵解析 ... 202
- 6.3.3 历史典故 ... 202
- 6.3.4 信息安全攻击与对抗之道 ... 203
- 6.3.5 信息安全事例分析 ... 203
- 6.3.6 小结 ... 206
- 习题 ... 206
- 参考文献 ... 207

6.4 第二十二计 关门捉贼 ... 207
- 6.4.1 引言 ... 207

  6.4.2 内涵解析 ·················· 207
  6.4.3 历史典故 ·················· 208
  6.4.4 信息安全攻击与对抗之道 ·················· 208
  6.4.5 信息安全事例分析 ·················· 209
  6.4.6 小结 ·················· 214
 习题 ·················· 214
 参考文献 ·················· 214
 6.5 第二十三计　远交近攻 ·················· 215
  6.5.1 引言 ·················· 215
  6.5.2 内涵解析 ·················· 215
  6.5.3 历史典故 ·················· 215
  6.5.4 信息安全攻击与对抗之道 ·················· 216
  6.5.5 信息安全事例分析 ·················· 217
  6.5.6 小结 ·················· 219
 习题 ·················· 219
 参考文献 ·················· 220
 6.6 第二十四计　假道伐虢 ·················· 220
  6.6.1 引言 ·················· 220
  6.6.2 内涵解析 ·················· 220
  6.6.3 历史典故 ·················· 221
  6.6.4 信息安全攻击与对抗之道 ·················· 221
  6.6.5 信息安全事例分析 ·················· 222
  6.6.6 小结 ·················· 224
 习题 ·················· 224
 参考文献 ·················· 224

第7章　并战计 ·················· 225

 7.1 第二十五计　偷梁换柱 ·················· 225
  7.1.1 引言 ·················· 225
  7.1.2 内涵解析 ·················· 225
  7.1.3 历史典故 ·················· 225
  7.1.4 信息安全攻击与对抗之道 ·················· 226
  7.1.5 信息安全事例分析 ·················· 227
  7.1.6 小结 ·················· 229
 习题 ·················· 229
 参考文献 ·················· 229
 7.2 第二十六计　指桑骂槐 ·················· 230
  7.2.1 引言 ·················· 230
  7.2.2 内涵解析 ·················· 230

  7.2.3 历史典故 230
  7.2.4 信息安全攻击与对抗之道 231
  7.2.5 信息安全事例分析 231
  7.2.6 小结 235
 习题 235
 参考文献 235
 7.3 第二十七计 假痴不癫 235
  7.3.1 引言 236
  7.3.2 内涵解析 236
  7.3.3 历史典故 236
  7.3.4 信息安全攻击与对抗之道 237
  7.3.5 信息安全事例分析 237
  7.3.6 小结 241
 习题 241
 参考文献 241
 7.4 第二十八计 上屋抽梯 242
  7.4.1 引言 242
  7.4.2 内涵解析 242
  7.4.3 历史典故 243
  7.4.4 信息安全攻击与对抗之道 243
  7.4.5 信息安全事例分析 244
  7.4.6 小结 247
 习题 248
 参考文献 248
 7.5 第二十九计 树上开花 248
  7.5.1 引言 248
  7.5.2 内涵解析 249
  7.5.3 历史典故 249
  7.5.4 信息安全攻击与对抗之道 250
  7.5.5 信息安全事例分析 250
  7.5.6 小结 253
 习题 254
 参考文献 254
 7.6 第三十计 反客为主 254
  7.6.1 引言 254
  7.6.2 内涵解析 254
  7.6.3 历史典故 255
  7.6.4 信息安全攻击与对抗之道 256
  7.6.5 信息安全事例分析 256

	7.6.6 小结	261
习题		261
参考文献		261

第8章 败战计 — 263

8.1 第三十一计 美人计 — 263
- 8.1.1 引言 — 263
- 8.1.2 内涵解析 — 263
- 8.1.3 历史典故 — 264
- 8.1.4 信息安全攻击与对抗之道 — 264
- 8.1.5 信息安全事例分析 — 265
- 8.1.6 小结 — 268

习题 — 268

参考文献 — 268

8.2 第三十二计 空城计 — 269
- 8.2.1 引言 — 269
- 8.2.2 内涵解析 — 269
- 8.2.3 历史典故 — 269
- 8.2.4 信息安全攻击与对抗之道 — 270
- 8.2.5 案例分析 — 271
- 8.2.6 小结 — 275

习题 — 275

参考文献 — 275

8.3 第三十三计 反间计 — 276
- 8.3.1 引言 — 276
- 8.3.2 内涵解析 — 276
- 8.3.3 历史典故 — 276
- 8.3.4 信息安全攻击与对抗之道 — 277
- 8.3.5 案例分析 — 277
- 8.3.6 小结 — 280

习题 — 281

参考文献 — 281

8.4 第三十四计 苦肉计 — 281
- 8.4.1 引言 — 281
- 8.4.2 内涵解析 — 281
- 8.4.3 历史典故 — 282
- 8.4.4 信息安全攻击与对抗之道 — 282
- 8.4.5 信息安全事例分析 — 283
- 8.4.6 小结 — 288

习题 ··· 288
参考文献 ··· 288
8.5 第三十五计　连环计 ·· 289
 8.5.1　引言 ·· 289
 8.5.2　内涵解析 ·· 289
 8.5.3　历史典故 ·· 289
 8.5.4　信息安全攻击与对抗之道 ·· 290
 8.5.5　信息安全事例分析 ·· 290
 8.5.6　小结 ·· 296
习题 ··· 297
参考文献 ··· 297
8.6 第三十六计　走为上计 ··· 297
 8.6.1　引言 ·· 297
 8.6.2　内涵解析 ·· 297
 8.6.3　历史典故 ·· 298
 8.6.4　信息安全攻击与对抗之道 ·· 298
 8.6.5　信息安全事例分析 ·· 299
 8.6.6　小结 ·· 303
习题 ··· 303
参考文献 ··· 303

第 1 章
绪　　论

1.1　引言

本章系统阐述了网络空间安全基础知识，包括信息及信息系统、信息网络知识基础、网络空间发展简况、工程系统理论的基本思想和系统工程的基本思想等。

1.2　信息及信息系统

信息是人类社会的宝贵资源，功能强大的信息系统是推动社会发展前进的催化剂和倍增器。信息系统越发展到它的高级阶段，人们对其依赖性就越强。本章主要讨论信息系统相关基础知识，主要内容包括：信息、信息技术、信息系统、信息网络的概念，信息系统的要素分析，工程系统基础知识。

1.2.1　信息与信息技术的概念

1.2.1.1　信息基本概念

"信息"一词古已有之。在人类社会早期的日常生活中，人们对信息的认识比较模糊，对信息和消息的含义没有明确界定。到了 20 世纪尤其是中期以后，随着现代信息技术的飞速发展及其对人类社会的深刻影响，人们开始探讨信息的准确含义。

1928 年，哈特雷（Hartley）在《贝尔系统电话杂志》上发表了题为《信息传输》的论文。他在文中将信息理解为选择通信符号的方式，并用选择的自由度来计量这种信息的大小。他注意到，任何通信系统的发送端总有一个字母表（或符号表），发信者发出信息的过程正是按照某种方式从这个符号表中选出一个特定符合序列的过程。假定这个符号表一共有 S 个不同的符号，发信息选定的符号序列一共包含 N 个符号，那么，这个符号表中无疑有 SN 种不同符号的选择方式，也可以形成 S 个长度为 N 的不同序列。这样，就可以把发信者产生信息的过程看作是从 S 个不同的序列中选定一个特定序列的过程，或者说是排除其他序列的过程。然而，用选择的自由度来定义信息存在局限性，主要表现为：这样定义的信息没有涉及信息的内容和价值，也未考虑到信息的统计性质；另外，将信息理解为选择的方式，就必须有一个选择的主体作为限制条件，因此这样的信息只是一种认识论意义上的信息。

1948 年，香农（Shannon）的《通信的数学理论》一文，在信息的认识方面取得重大突破，其堪称信息论的创始人。香农的贡献主要表现为：推导出了信息测度的数学公式，发明了编码的三大定理，为现代通信技术的发展奠定了理论基础。香农发现，通信系统所处理的信息在本质上都是随机的，因此可以运用统计方法进行处理。他指出，一个实际的消息是从可能消息的集合中选择出来的，而选择消息的发信者又是任意的，因此，这种选择就具有随机性，是一种大量重复发生的统计现象。香农对信息的定义同样具有局限性，主要表现为：这一概念未能包容信息的内容与价值，只考虑了随机不定性，未能从根本上回答信息是什么的问题。

1948年，就在香农创建信息论的同时，维纳（Wiener）出版了专著《控制论——动物和机器中的通信与控制问题》，创立了控制论。后来，人们常常将信息论、控制论、系统论合称为"三论"，或统称为"系统科学"或"信息科学"。维纳从控制论的角度认为："信息是人们在适应外部世界，并使这种适应反作用于外部世界的过程中，同外部世界进行互相交换的内容的名称。"他还认为，"接受信息和使用信息的过程，就是我们适应外部世界环境的偶然性变化的过程，也是人们在这个环境中有效地生活的过程"。维纳的信息定义包容了信息的内容与价值，从动态的角度揭示了信息的功能与范围。但是，人们在与外部世界的相互作用过程中同时也存在着物质与能量的交换，不加区别地将信息与物质、能量混同起来是不确切的，因而也是有局限性的。

1975年，意大利学者朗高（Longo）在《信息论：新的趋势与未决问题》一书的序言中指出，信息是反映事物的形成、关系和差别的东西，它包含在事物的差异之中，而不在事物本身。无疑，"有差异就是信息"的观点是正确的，但"没有差异就没有信息"的说法却不够确切。譬如，我们碰到两个长得一模一样的人，他（她）们之间没有什么差异，但人们会马上联想到"双胞胎"这样的信息。可见，"信息就是差异"也有其局限性。

1988年，中国学者钟义信在《信息科学原理》一书中，认为信息是事物运动的状态与方式，是事物的一种属性。信息不同于消息，消息只是信息的外壳，信息则是消息的内核。信息不同于信号，信号是信息的载体，信息则是信号所载的内容。信息不同于数据，数据是记录信息的一种形式，同样的信息也可以用文字或图像来表述。信息不同于情报，情报通常是指秘密的、专门的、新颖的一类信息，可以说所有的情报都是信息，但不能说所有的信息都是情报。信息也不同于知识，知识是认识主体所表达的信息，是序化的信息，而并非所有的信息都是知识。他还通过引入约束条件推导了信息的概念体系，对信息进行了完整而准确的论述。通过比较，中国科学院文献情报中心孟广均研究员等在《信息资源管理导论》一书中认为，作为与物质、能量同一层次的信息的定义，信息就是事物运动的状态与方式。因为这个定义具有最大的普遍性，不仅能涵盖所有其他的信息定义，而且通过引入约束条件还能转换为所有其他的信息定义。

2002年中国科学院、中国工程院院士王越教授指出，事实上，定量而广义全面地描述"信息"是不太可能的，至少是非常难的事，对"信息"本质的深入理解和科学定量描述有待长期进行，在此暂时给出一个定性概括性定义："信息是客观事物运动状态的表征和描述。"其中"表征"是客观存在的，而描述是人为的。"信息"的重要意义在于它可表征一种"客观存在"，与人认识实践结合，进而与人类生存发展相结合，所以信息领域科技的发展体现了客观与人类主观相结合的一个重要方面。对人而言，"获得信息"最基本的机理是映射（借助数学语言），即由客观存在的事物运动状态，经人的感知功能及脑的认识功能进行概括抽象形成"认识"，这就是"获得信息""加工信息"的过程，是一个由"客观存在"到人类主观认识的"映射"。由于客观事物运动是非常复杂的广义空间（不限于三维）和时间维的动态展开，因此它的"表征"也必定是非常复杂的，体现存在于广义空间维在复杂的多层次、多剖面相互"关系"及在多阶段、多时段的时间维的交织动态展开，进而指出，"信息"必定是由反映各层次、各剖面不同时段动态特征的信息片段组成，这是"信息"内部结构最基本的内涵。

据不完全统计，信息的定义有100多种，它们都从不同侧面、不同层次揭示了信息的特征与性质，但也都有这样或那样的局限性。信息来源于物质，不是物质本身；信息也来源于精神世界，但又不限于精神的领域；信息归根到底是物质的普遍属性，是物质运动的状态与方式。信息的物质性决定了它的一般属性，主要包括普遍性、客观性、无限性、相对性、抽象性、依附性、动态性、异步性、共享性、可传递性、可变换性、可转化性和可伪性等。信息系统安全将处理与信息依附性、动态性、异步性、共享性、可传递性、可变换性、可转化性和可伪性有关的问题。

1.2.1.2　信息技术概念

任何技术都产生于人类社会实践活动的实际需要。按照辩证唯物主义观点，人类的一切活动都可以归结为认识世界和改造世界。而人类认识世界和改造世界的过程，从信息的观点来分析，就是一个不断从外部世界的客体中获取信息，并对这些信息进行变换、传递、存储、处理、比较、分析、识别、判断、提取和输出，最终把大脑中产生的决策信息反作用于外部世界的过程。

"科学"是扩展人类各种器官功能的原理和规律，而"技术"则是扩展人类各种器官功能的具体方法和手段。从历史上看，人类在很长一段时间里，为了维持生存而一直采用优先发展自身体力功能的战略，因此材料科学与技术和能源科学与技术也相继发展起来。与此同时，人类的体力功能也日益加强。信息虽然重要，但在生产力和生产社会化程度不高的时候，人们仅凭自身的天赋信息器官的能力，就足以满足当时认识世界和改造世界的需要了。但随着生产斗争和科学实验活动的深度和广度的不断发展，人类的信息器官功能已明显滞后于行为器官的功能了，例如人类要"上天""入地""下海""探微"，但其视力、听力、大脑存储信息的容量，处理信息的速度和精度，已越来越不能满足同自然做斗争的实际需要了。只是到了这个时候，人类才把自己关注的焦点转到扩展和延长自己信息器官的功能方面。

经过长时间的发展，人类在信息的获取、传输、存储、处理和检索等方面的方法与手段，以及利用信息进行决策、控制、指挥、组织和协调等方面的原理与方法，都取得了突破性的进展，当代技术发展的主流已经转向信息科学技术。

对于信息技术，目前还没有一个准确而又通用的定义。为了研究和使用的方便，学术界、管理部门和产业界等都根据各自的需要与理解给出了自己的定义，估计有数十种之多。信息技术定义的多样化，不只表现为语言、文字和表述方法上的差异，而且也表现为对信息技术本质属性理解方面的差异。

目前比较有代表性的信息技术的定义主要有以下几种：

- 信息技术是基于电子学的计算机技术和电信技术的结合而形成的对声音的、图像的、文字的、数字的和各种传感信号的信息，进行获取、加工处理、存储、传播和使用的能动技术。

- 信息技术是指在计算机和通信技术支持下用以获取、加工、存储、变换、显示和传输文字、数值、图像、视频和声频以及语音信息，并包括提供设备和提供信息服务两大方面的方法与设备的总称。
- 信息技术是人类在生产斗争和科学实验中认识自然和改造自然过程中所积累起来的获取信息、传递信息、存储信息、处理信息以及使信息标准化的经验、知识、技能，以及体现这些经验、知识、技能的劳动资料有目的的结合过程。
- 信息技术是在信息加工和处理过程中使用的科学、技术与工艺原理和管理技巧及其应用；与此相关的社会、经济与文化问题。
- 信息技术是管理、开发和利用信息资源的有关方法、手段与操作程序的总称。
- 信息技术是能够延长或扩展人的信息能力的手段和方法。

1.2.1.3 信息主要表征

"信息"的客观表征非常广泛，源于各种各样运动状态的特征，信息的表征就是各种各样的"特殊性的表现"，也可认为"特征的表现"。

对人而言，人可以利用感觉器官和脑功能感知有关自然界的各种信息（通过多种信息荷载的媒体）。此外，人还会融合利用人类自己创立的"符号"来进一步认识、描述、记录、传递、交流、研究和利用"信息"［以上叙述可被进一步认为是人脑主宰的二重"映像"过程，即通过第一次映射，通过"信息"感觉及初步认识，然后进一步利用"符号"二次深化映射形成思维结果，需要时可以较长期记忆等，以备日后可需之用。以上分步骤叙述二次映射实际上是一个变换形成"符号"的映射。］"符号"是内涵非常广泛的一个概念，它是特定的"关系"。

又因人所能直接感知的信息种类和范围有限，人类不断努力扩大发现感知信息种类和扩大范围的新原理、新方法，并将新获得的信息转换为人类所能感知的信息，但其基本原理仍是映射和符号转换映射。

"符号"是内涵非常广泛的一个名词，研究"符号"及其应用已形成专门的"符号学"这门学科。在此简单举例说明：语言、文字、图形、图像，还有音乐、物理、化学、数学等各门学科中建立的专门符号，除语言文字外还有专门符号，如微分、积分符号发展为算子符号、极限、范数、内积符号等，物理中量子物理就有独特符号，如波矢（态矢）态函数等。推而广之，各种定理可以被认为是符号的有序构成的符号集合，是广义的符号，也是客观规律的"符号"。此外，通常人类的表情、动作（如摇头、摆手、皱眉等）也可认为是一种符号。

1.2.1.4 信息主要特征

（1）"信息"的存在形式特征（直接层次）

①不守恒性："信息"不是物质，也不是能量，而是与能量和物质密切相关的运动状态的表征和描述。由于物质运动不停、变化不断，故"信息"不守恒。

②复制性：在非量子态作用机理的情况下，具有可复制性（在量子态工作环境，一定条件下是不可精确"克隆"的）。

③复用性：在非量子态作用机理的情况下，具有多次复用性。

④共享性：在信息荷载体具有运行能量，且运行能量远大于信息维持存在所需低限阈值时，则此"信息"可多次共享，如说话声几个人可同时听到，卫星转播多接收站可以同时

接收信号获得信息，等等。

⑤时间维有限尺度特征：具体事物运动总是在时间、空间维有限尺度内进行的，因而"信息"必定具有时间维的特征，如发生在何时、持续多长、间隔时间多长、对时间变化率值的大小、相互时序关系，等等，这些都是"信息存在形式"内时间维的重要特征，对信息的利用有重要意义。

需着重说明的是，若信息系统的运行处在量子状态，复制性、复用性和共享性这三种特征的情况就完全不同了。事物运行在量子状态的运行能量水平非常微弱，能量可用 $\varepsilon = \nu h n$ （ε 为能量，h 为普朗克常数 6.6256×10^{-34} 焦耳/秒，ν 为频率 5，n 为能级数），可以这样理解：当 $n=1$ 时，求出的 ε 值是事物量子化运行存在的最低值，如果低于此值事物运动状态就无法保持（也可认为是一个低限阈值）。信息系统运行中的能量水平都远远高于此值，例如，在微波波段 $\nu = 10^{10}$/秒，阈值 $\varepsilon = 6.626 \times 10^{-24}$ 焦耳；光波波段 $\nu = 10^{14} \sim 10^{15}$ 秒，阈值 $\varepsilon = 6.626 \times 10^{-19}$ 焦耳。现在这两个波段信息系统服务运行低功率门限在 $10^{-14} \sim 10^{-13}$ 及 10 个光子能量的信号检测能力阈值，比 ε 值高得多，而信息系统正常工作状态的能量或功率水平更要高得多（如高灵敏信号接收检测设备的正常运行能量水平）。还有些"信息"运行形式是，靠外界能量照射形成反射，由反射情况来表示"信息"，这些表征信息的反射能量也远大于 ε 值（如反射光）。这意味着现在这些系统只有处在远离量子态的"宏观态"中，才具备上述"信息"特征，如利用量子态荷载"信息"，即信息系统运行在量子态，则它的状态就会"弱不禁风"，碰一下就变，"信息"的上述特征就不再存在，这对"信息安全"领域的信息保密有利，但系统实际运行的同时也有巨大困难。

（2）人所关注的"信息"利用层次上的特征

"信息"最基本、最重要的功能是"为人所用"，即以人为主体的利用。从利用层次上讲，信息具有如下特征。

真实性。产生"信息"不真实反映对应事物运动状态的意识源可分为"有意"与"无意"两种。"无意"为人或信息系统的"过失"所造成"信息"的失真，而"有意"则为人有目的地制造失实信息或更改信息内容以达到某种目的。

①多层次、多剖面区分特性。"信息"属于哪个层次和剖面的，这也是其重要属性。对于复杂运动的多种信息，知其层次和剖面属性对综合、全面掌握运动性质是很重要的。

②信息的选择性。"信息"是事物运动状态的表征，"运动"充满各种复杂的相互关系，同时也呈现对象性质，即在具体场合信息内容的"关联"性质对不同主体有不同的关联程度，关联程度不高的"信息"对主体就不具有重要意义，这种特性称为信息的空间选择性。此外，有些"信息"对于应用主体还有时间选择性，即在某时间节点或以时间区域节点为界，对应用主体有重要性，如地震前预报信息便是一例。

③信息的附加义特征。由于"信息"是事物运动状态的表征，虽可能只是某剖面信息，但也必然蕴含"运动"中相互关联的复杂关系。通过"信息"可获得其所蕴含非直接表达的内容（"附加义"的获得），有重要的应用意义。人获得"附加义"的方式，可分为"联想"方式和逻辑推理方式，"联想"是人的一种思维功能（"由此及彼"的机制甚为复杂），它比利用逻辑推理的作用领域更广泛。例如，根据研究课题性质联想到企业将推出的新产品，是根据企业所研究课题蕴含指称对象的多种信息，利用逻辑推理和相关科学技术确定指称对象将投入市场具有强竞争力的新产品，是逻辑推理获得信息附加义的例子。

(3) 由获得的一些（剖面）信息认识事物的运动过程

事物的运动是"客观存在"的，并具有数不尽的复杂多样性。"信息"的深层次重要性在于通过"信息"所表征的状态去认识事物运动过程，人们对"信息"关联"过程"的特性主要有两方面的认识，即：

"信息"不遗漏表征运动过程的核心状态，以及"信息"中能蕴含由"状态"到运动"过程"的要素，由个别状态（信息）认识运动"过程"是由局部推测全局的过程（由"未知"至有所"知"的过程），但无法要求在"未知"中又事前"确知"（明显的悖理），因此我们关注的是对每条"信息"中所蕴含的表征运动全局的因素进行"挖掘"以认识全运动过程，由此提出挖掘"信息"内涵的原理框架为四元关系组，即

信息 => [信息直接关联特征域关系，信息存在广义空间域关系，信息存在时间域关系，信息变化率域关系] => 一定条件下指称对象的运动过程(片段)

由于运动的复杂多样性，上述各域还需要再划分成子域进行研究。

信息的直接关联特征域关系，涉及下列子域：关联对象子域，如事、物、人，及联合子域，如人与事、事与物、人与物等；关联行为子域，如动作、意愿、评价、评判等；动状态性质子域，确定性、非确定性（概率性与非概率性不确定性）、确定性与非确定结合性等。

信息存在广义空间域关系，包括三维距离空间子域、"物理"空间子域、"事理"空间子域、"人理"空间子域、"生理"空间子域。各子域仍可再进行多层次子域划分及特征分析，如"物理"（广义的事物存在的理）空间子域中包括数学空间、物理空间、化学空间等各子子域。

信息存在时间域关系常需分成多种尺度的时间子域：

信息变化率域关系，可进一步划分为以下几个子域，即广义空间多层变化率子域：$\frac{\partial}{\partial x}$，$\frac{\partial}{\partial y}$，…，$\frac{\partial}{\partial \theta}$，$\frac{\partial}{\partial r}$，…，$\frac{\partial^2}{\partial x^2}$，$\frac{\partial^2}{\partial y^2}$，$\frac{\partial^3}{\partial x^3}$，…；时间域多层变化率子域：$\frac{\partial}{\partial t}$，$\frac{\partial^2}{\partial t^2}$，$\frac{\partial^3}{\partial t^3}$，…；时空多层变化子域：$\frac{\partial^2}{\partial x \partial t}$，$\frac{\partial^2}{\partial t \partial x}$，…。

利用以上介绍的四元组关系框架对"信息"（含对信息组合）进行分析，并通过类比和联想可以得到"信息"所代表运动过程的一些"预测"。例如，运动过程是否在质变阶段，抑或量变过程是否会有重大新生事物产生、运动过程是否复杂等。

(4) "信息"组成的信息集群（信息作品）

一种状态的表征往往需要用多条"信息"来表示，其包括信息量（未考虑其真伪性、重要性、时间特性等），可用仙农（Shannon）教授定义的波特、比特等表示，但这些还只是表征相对简单状态的信息片段，可称为"信息单元"。客观世界中还存在着由信息单元有机组成的信息集群，它表征更复杂的运动状态和过程，是"信息单元"的自然延伸，但它们还没有专门名称，在此暂用相似于汉语语义学中"言语作品"的"信息作品"来表述，它还需结合思维推理、逻辑推理进行判断理解认识。这对人类社会发展是有意义的。尤其是信息作品是由人有目的策划组织形成的情况下，如"信息作品"深层次反应"目的"，对其认识是非常难的工作，信息作品的表现形式有多种，有文字、图像、多媒体音像等，如信息作品表征较长的过程，内含的信息单元数量会非常大。

1.2.2 信息系统及其功能要素

1.2.2.1 信息系统基本概念

自 20 世纪初泰罗创立科学管理理论以后,管理科学与方法技术得到迅速发展;在它同统计理论和方法、计算机技术、通信技术等相互渗透、相互促进的发展过程中,信息系统作为一个专门领域迅速形成和发展。同"信息""系统"的定义具有多样性一样,信息系统这种与"信息"有关的"系统",其定义也远未达成共识。比较流行的定义有:

《大英百科全书》把"信息系统"解释为:有目的、和谐地处理信息的主要工具是信息系统,它对所有形态(原始数据、已分析的数据、知识和专家经验)和所有形式(文字、视频和声音)的信息进行收集、组织、存储、处理和显示。

M. 巴克兰德(M. Buckland)认为信息系统是"提供信息服务,使人们获取信息的系统,如管理信息服务、联机数据库、记录管理、档案馆、图书馆、博物馆等"。

N. M. 达菲(N. M. Dafe)等认为信息系统大体上是"人员、过程、数据的集合,有时候也包括硬件和软件,它收集、处理、存储和传递在业务层次上的事务处理数据和支持管理决策的信息"。

中国学者吴民伟认为信息系统是"一个能为其所在组织提供信息,以支持该组织经营、管理、制定决策的集成的人—机系统,信息系统要利用计算机硬件、软件、人工处理、分析、计划、控制和决策模型,以及数据库和通信技术"。

中国科学院、中国工程院王越教授给出的信息系统的定义是:"帮助人们获取、传输、存储、处理、交换、管理控制和利用信息的系统称为信息系统,是以信息服务于人的一种工具。'服务'这词有着越来越广泛的含义,因此信息系统是一类各种不同功能和特征信息系统之总称。"

1.2.2.2 信息系统理论特征

现代信息系统内往往叠套多个交织作用的子系统,由系统理论自组机理解读分析,是由各分系统的自组织机能有机集成为系统层自组织机能,代表系统存在,是系统理论所描述的典型系统。如现代通信系统包括卫星通信系统、公共骨干通信网、移动通信网等,卫星通信系统又包括卫星(包括转发器、卫星姿态控制、太阳能电池系统等)、地面中心站系统(包括地面控制分系统、上行信道收发系统等)、小型用户地面站(再分子系统等)。移动通信网系统、公共骨干通信网系统都是由多层子系统组成的。而上述各类通信系统组成概况为"通信系统"。它正以"通信"功能为基础融入更广服务功能的网络系统服务社会及人类。

每一种信息系统,当其研发完成后仍会不断进行局部改进(量变阶段),当改进已不能适应的情况下,则要发展一种新类型(一种质变)。如此循环一定程度后,会发生更大结构性质变(系统体制变化),如通信系统中交换机变为程控式为体制变化。现在又往"路由式"变化,也是体制变化。这种变化发展永不停止,与系统理论中通过涨落达到新的有序状态的原理相吻合。

信息系统作为人类社会及为人服务的系统,伴随社会进化而发展,并有明显共同进化作用,且越发展越复杂、越高级。发展的核心因素是深层次隐藏规律:进化机理进化即对应发展规律不断发展可引发信息系统发展,机理发展变化可引起系统根本性发展。

每一种信息系统的存在发展都有一定的约束，新发展又会产生新约束，也会产生新矛盾，如性能提高是一种"获得"，得到它必然付出一定的"代价"。这里所述"获得"和付出"代价"都是指空时域广义的"获得"和"代价"，如"自由度""可能性""约束条件"的增减（当然功能范围质量的增加包括在内）。

1.2.2.3　信息系统功能组成

任何信息系统都是由下列部分交织或有选择交织而组成的。

信息的获取部分（如各种传感器等）。任何一种信息系统，其内部都要利用一种或多种媒体荷载信息进行运行，以达到发挥系统作为工具的功能。首先应通过某种媒体，它能敏感获取"信息"并根据需要将其记录下来，这是信息系统重要的基本功能部分。应该注意到的是：人类不断地依靠科学和技术改进信息获取部分的性能和创造新类型的信息获取器件，同时信息获取部分科学技术的重要突破会对人类社会的发展带来重大影响。

信息的存储部分（如现用的半导体存储器、光盘等）。"信息"往往存在于有限时间间隔内，为了事后多次利用"信息"需要以多种形式存储"信息"，同时要求快速、方便、无失真、大容量、多次复用性为主要性能指标。

信息的传输部分（无线信道、声信道、光缆信道及其变换器，如天线、接发设备等）。这部分以大容量、少损耗、少干扰、稳定性、低价格等为科学研究技术进步的持续目标。

信息的交换部分（如各种交换机、路由器、服务器）。这部分以时延小、易控制、安全性好、大容量、多种信号形式和多种服务模式相兼容为目标。

与信息获取部分一样，这几个部分现在也在不断发展，其中重大的发展对人类的进步影响明显。

信息的变换处理部分（如各种"复接"、信号编解码、调制解调、信号压缩解压、信号检测、特征提取识别等，统称信号处理领域）。信号处理近20年有很多发展，但对复杂信号环境仍有待发展。信息处理是通过荷载信息的信号提取信息表征的运动特征，甚至推演运动过程，总之属逆向运算难度很大，所以这部分可被认为是信息科技发展的瓶颈，近年来虽有很大进步，但尚不具备发展所需要的类似人的信息处理能力，实现人与机器的更紧密结合。实现这种结合的科学技术有漫长艰难的发展过程，它是人类努力追求的目标之一。

信息的管理控制部分（如监控、计价、故障检测、故障情况下应急措施、多种信息业务管理等）。这部分功能的完成，除了随信息系统的复杂化而急剧增加变得更加复杂和困难外（如信息系统复杂的拓扑结构分析是管理监控领域的数学难题），随着信息系统及信息科技进一步融入社会，还诞生了多种依靠管理信息对其他领域行业进行管理的管理系统，如现代服务业的管控系统，同时其管理控制的学科基础也由于社会科学的进入交融而综合化。其管理控制功能还涉及社科、人文等方面的复杂内容，造成"需要"与"实际水平"之间的差距，矛盾更加明显。例如电子商务系统的管理控制涉及法律，多媒体文艺系统的管理涉及伦理道德、法律等领域，总之信息的管理控制部分的发展涉及众多学科，具有重要性、挑战性及紧迫性。

信息应用领域日益广泛，要求服务功能越来越高级、越来越复杂。在很多场合，由信息系统控制管理部分兼含与应用服务关联功能的工作模式已不能满足应用需要，因此产生了专门对应用进行支持功能的专门部分，称为应用支持部分（它与管理控制部分有密切联系）。

各部分都有以下特征：软硬件相结合、离散数字型与连续模拟型相结合、各种功能部分交织、融合、支持，以形成主功能部分，如存储部分内含处理部分，管理控制部分内含存储、处理部分等。以上各部分发展都密切关联科学领域的新发现、技术领域的创新，形成了信息科技与信息系统及社会互相促进发展，"发展"中充满了挑战和机遇。

1.2.2.4 信息系统要素分析

信息系统从不同的角度划分，其要素的性质也不同。如可以划分为系统拓扑结构、应用软件、数据以及数据流；也可划分为管理、技术和人三个方面；还可划分为物理环境及保障、硬件设施、软件设施和管理者等部分。其划分方法可根据不同的应用去区分，无论采用哪种划分方法，都有利于对信息系统的理解、分析和应用。下面根据最后一种划分方法分析信息系统的要素。

(1) 环境保障

①物理环境：主要包括场地和计算机机房，是信息系统得以正常运作的基本条件。

- 场地（包括机房场地和信息存储场地）：信息系统机房场地条件应符合国家标准 GB 2887—2000 的有关具体规定，应满足标准规定的选址条件；温度、湿度条件；照明、日志、电磁场干扰的技术条件；接地、供电、建筑结构条件；媒体的使用和存放条件；腐蚀性气体的条件等。信息存储场地，包括信息存储介质的异地存储场所应符合国家标准 GB 9361—89 的规定，具有完善的防水、防火、防雷、防磁、防尘措施。

- 机房：在标准 GB 9361—88 中将计算机机房的安全分为 A、B、C 三类。A 类：对计算机机房的安全有严格的要求，有完善的计算机机房安全措施；B 类：对计算机机房的安全有较严格的要求，有较完善的计算机机房安全措施；C 类：对计算机机房的安全有基本的要求，有基本的计算机机房安全措施。标准中针对 A、B、C 三类机房，在场地选择、防火、内部装修、供配电系统、空调系统、火灾报警及消防设施、防水、防静电、防雷击、防鼠害等方面做了具体的规定。

②物理保障：物理安全保障主要考虑电力供应和灾难应急。

- 电力供应：供电电源技术指标应符合 GB 2887《计算机场地技术要求》中的规定，即信息系统的电力供应在负荷量、稳定性和净化等方面满足需要且有应急供电措施。

- 灾难应急：设备、设施（含网络）以及其他媒体容易遭受地震、水灾、火灾、有害气体和其他环境事故（如电磁污染等）的破坏。信息系统的灾难应急方面应符合国家标准 GB 9361-89 中的规定，应有防火、防水、防静电、防雷击、防鼠害、防辐射、防盗窃、火灾报警及消防等设施和措施。并应制订相应的应急计划，应急计划应包括紧急措施、资源备用、恢复过程、演习和应急计划关键信息。应急计划应有明确的负责人与各级责任人的职责，便于培训和实施演习。

(2) 硬件设施

组成信息系统的硬件设施主要有计算机、网络设备、传输介质及转换器、输入输出设备等。为了便于叙述，在此将存储介质和环境场地所使用的监控设备也包含在硬件设施之中。

①计算设备：是信息系统的基本硬件平台。如果不考虑操作系统、输入输出设备、网络连接设备等重要的部件，就计算机本身而言，除了电磁辐射、电磁干扰、自然老化以及设计时的一些缺陷等风险以外，基本上不会存在另外的安全问题。常见的计算机有大型机、中型机、小型机和个人计算机（即 PC 机）。PC 机上的电磁辐射和电磁泄漏主要表现在磁盘驱动器方面，虽然理论上讲主板上的所有电子元器件都有一定的辐射，但由于辐射较小，一般都

不做考虑。

②网络设备：要组成信息系统，网络设备是必不可少的。常见的网络设备主要有交换机、集线器、网关、路由器、中继器、网桥、调制解调器等。所有的网络设备都存在自然老化、人为破坏和电磁辐射等安全威胁。

- 交换机：交换机常见的威胁有物理威胁、欺诈、拒绝服务、访问滥用、不安全的状态转换、后门和设计缺陷等。
- 集线器（HUB）：集线器常见的威胁有人为破坏、后门、设计缺陷等。
- 网关或路由器：网关设备的威胁主要有物理上破坏、后门、设计缺陷、修改配置等。
- 中继器：对中继器的威胁主要是人为破坏。
- 桥接设备：对桥接设备的威胁常见的有人为破坏、自然老化、电磁辐射等。
- 调制解调器（Modem）：调制解调器是一种转换数字信号和模拟信号的设备。其常见威胁有人为破坏、自然老化、电磁辐射、设计缺陷、后门等。

③传输介质：常见的传输介质有同轴电缆、双绞线、光缆、卫星信道、微波信道等，相应的转换器有光端机、卫星或微波的收/发转换装置等。

- 同轴电缆（粗/细）：同轴电缆由一个空心圆柱形的金属屏蔽网包围着一根内线导体组成。同轴电缆有粗缆和细缆之分。常见的威胁有电磁辐射、电磁干扰、搭线窃听和人为破坏等。
- 双绞线：一种电缆，在它的内部一对自绝缘的导线扭在一起，以减少导线之间的电容特性，这些线可以被屏蔽或不进行屏蔽。常见的威胁有电磁辐射、电磁干扰、搭线窃听和人为破坏等。
- 光缆（光端机）：光缆是一种能够传输调制光的物理介质。同其他的传输介质相比，光缆虽较昂贵，但对电磁干扰不敏感，并且可以有更高的数据传输率。在光缆的两端通过光端机来发射并调制光波实现数字通信。常见的主要威胁有人为破坏、搭线窃听和辐射泄露威胁。
- 卫星信道（收/发转换装置）：卫星信道是在多重地面站之间运用轨道卫星来转接数据的通信信道。在利用卫星通信时，需要在发射端安装发射转换装置，在接收端安装接收转换装置。常见的威胁有对信道的窃听和干扰，以及对收/发转换装置的人为破坏。
- 微波信道（收/发转换装置）：微波是一种频率为1到30 GHz的电磁波，具有很高的带宽和相对低的成本。在微波通信时，发射端安装发射转换装置，接收端安装接收转换装置。常见的威胁有对信道的窃听和干扰，以及对收/发转换装置的人为破坏等。

④终端设备：常见的输入输出设备主要有键盘、磁盘驱动器、磁带机、打孔机、电话机、传真机、识别器、扫描仪、电子笔、打印机、显示器和各种终端等。

- 键盘：键盘是计算机最常见的输入设备。常见的主要威胁有电磁辐射泄露信息和人为滥用造成信息泄露，如随意尝试输入用户口令。
- 磁盘驱动器：磁盘驱动器也是计算机中重要的输入输出设备。其主要威胁有磁盘驱动器的电磁辐射以及人为滥用造成信息泄露，如拷贝系统中重要的数据。
- 磁带机：磁带机一般用于大、中、小型计算机以及一些工作站中，既是输入设备也是输出设备。其主要威胁有电磁辐射和人为滥用。
- 打孔机：打孔机是一种早期使用的输出设备，可用于大、中、小型计算机上。其主要威胁有人为滥用。

● 电话机：电话机主要用于话音传输，严格地讲它不是信息系统的输入输出设备，但电话是必不可少的办公用品。在信息系统安全方面，主要是考虑滥用电话泄露用户口令等重要信息。

● 传真机：传真机主要用于传真的发送和接收，严格地讲它不是信息系统的输入输出设备。在信息系统安全方面，主要是考虑传真机的滥用。

● 麦克风：在使用语音输入时需要使用麦克风。其威胁主要是老化和人为破坏。

● 识别器：为识别系统用户，在众多的信息系统中都使用识别器。最常见的识别器有生物特征识别器、光学符号识别器等。主要威胁是人为破坏摄像头等识别装置，以及识别器设计缺陷，特别是算法运用不当等。

● 扫描仪：扫描仪主要用于扫描图像或文字。其主要的威胁是电磁辐射泄露系统信息。

● 电子笔（数字笔）：在手写输入法广泛使用的今天，电子笔或数字笔作为一种输入设备也越来越常见了，其主要威胁是人为破坏。

● 打印机：打印机是一种常见的输出设备，但是部分打印机也可以将部分信息主动输入计算机。常见的打印机有激光打印机、针式打印机、喷墨打印机三种。打印机的主要威胁有电磁辐射、设计缺陷、后门、自然老化等。

● 显示器：显示器作为最常见的输出设备，负责将不可见数字信号还原成人可以理解的符号，是人机对话所不可缺少的设备。其主要威胁是电磁辐射泄露信息。

● 终端：终端既是输入又是输出设备，除了显示器以外，一般还带有键盘等外设，基本上与计算机的功能相同。常见的终端有数据、图像、话音等。其主要威胁有电磁辐射、设计缺陷、后门、自然老化等。

⑤ 存储介质：信息的存储介质有许多种，但大家常见的主要有纸介质、磁盘、磁光盘、光盘、磁带、录音/录像带，以及集成电路卡、非易失性存储器、芯片盘等存储设备。

● 纸介质：虽然信息系统中信息以电子形式存在，但许多重要的信息也通过打孔机、打印机输出，以纸介质形式存放。纸介质存在保管不当和废弃处理不当导致的信息泄露威胁。

● 磁盘：磁盘是常见的存储介质，它利用磁记录技术将信息存储在磁性材料上。常见的磁盘有软盘、硬盘、移动硬盘、U 盘等。对磁盘的威胁有保管不当、废弃处理不当和损坏变形等。

● 磁光盘：磁光盘是利用磁光电技术存储数字数据。对其威胁主要有保管不当、废弃处理不当和损坏变形等。

● 光盘：光盘是一种非磁性的，用于存储数字数据的光学存储介质。常见的光盘有只读、一次写入、多次擦写等种类。对其威胁主要有保管不当、废弃处理不当和损坏变形等。

● 磁带：磁带主要用于大、中、小型机或工作站，由于其容量比较大，多用于备份系统数据。对其威胁主要也是保管不当、废弃处理不当和损坏变形等。

● 录音/录像带：录音带或录像带也是磁带的一种，主要用于存储话音或图像数据，这类数据常见的是监控设备获得的信息。其主要威胁是保管不当或损坏变形等。

● 其他存储介质：除以上列举的一些常见的存储介质以外，还有磁鼓、IC 卡、非易失性存储器、芯片盘、Zip Disk 等介质都可以用于存储信息系统中的数据。对这些介质的威胁主要有保管不当、损坏变形、设计缺陷等。

⑥监控设备：依据国家标准规定和从场地安全考虑，重要的信息系统所在场地应有一定的监控规程并使用相应的监控设备，常见的监控设备主要有摄像机、监视器、电视机、报警装置等。对监控设备而言，常见的威胁主要有断电、损坏或干扰等。

- 摄像机：摄像机除作为识别器的一个部件外，还主要用于环境场地检测，记录对系统的人为破坏活动，包括偷窃、恶意损坏和滥用系统设备等行为。
- 监视器：在信息系统中，特别是交换机和入侵检测设备上常带有监视器，负责监视网络出入情况，协助网络管理。
- 电视机：电视机同显示器一样，主要输出摄像机或监视器所捕获的图像或声音等信号。
- 报警装置：报警装置就是发出报警信号的设备。常见的报警可以通过 BP 机、电话、声学、光学等多种方式来呈现。

（3）软件设施

组成信息系统的软件主要有操作系统，包括计算机操作系统和网络操作系统、通用应用软件、网络管理软件以及网络协议等。在风险分析时，软件设施的脆弱性或弱点是考察的重点，因为虽然硬件设施有电磁辐射、后门等可利用的脆弱性，但是其实现所需花费一般比较大，而对软件设施而言，一旦发现脆弱性或弱点，几乎不需要多大的投入就可以实现对系统的攻击。

①通用操作系统：操作系统安全是信息系统安全的最基本、最基础的要素，操作系统的任何安全脆弱性和安全漏洞必然导致信息系统的整体安全脆弱性，操作系统的任何功能性变化都可能导致信息系统安全脆弱性分布情况的变化。因此从软件角度来看，确保信息系统安全的第一要素便是采取措施保证操作系统安全。

常见的操作系统有：

- Unix：Unix 是一种通用交互式分时操作系统，由 BELL 实验室于 1969 年开发完成。自从 Unix 诞生以来，它已经历过很多次修改，各大公司也相继开发出自己的 Unix 系统。目前常见的有 California 大学 Berkeley 分校开发的 UNIX BSD；AT&T 开发的 UNIX System；SUN 公司的 Solaris；IBM 的 AIX 等多种版本。
- DOS：DOS 即磁盘操作系统，是早期的 PC 机操作系统。常见的 DOS 有微软公司的 MSDos、IBM 公司的 PCDOS、Norton 公司的 DOS 系统以及我国的 CCDOS 等。
- Windows：Windows 即视窗，是微软公司的一系列操作系统，其中常见的有 Windows 3.x、Windows 95/98，以及 Windows NT、Windows 2000、Windows XP 等。
- Linux：Linux 类似于 Unix，是完全模块化的操作系统，主要运行于 PC 机上。目前有 RedHat、Slackware、OpenLinux、TurboLinux 等 10 多种版本。
- MACOS：MACOS 是苹果公司生产的 PC 机 Macintosh 的专用操作系统。
- OS2：OS2 为 1987 年推出的以 Intel 80286 和 80386 微处理器为基础的与 PC 机配套的新型操作系统。它是为 PC – DOS 和 MS – DOS 升级而设计的。
- 其他通用计算机操作系统：除以上计算机操作系统外，还有 IBM 的 System/360、DEC 公司的 VAX/VMS、Honeywell 公司的 SCOMP 等操作系统。

②网络操作系统：网络操作系统同计算机操作系统一样，也是信息系统中至关重要的要

素之一。

• IOS：IOS 即 Cisco 互联网络操作系统，提供集中、集成、自动安装以及管理互联网络的功能。

• Novell Netware：Novell Netware 是由 Novell 开发的分布式网络操作系统。可以提供透明的远程文件访问和大量的其他分布式网络服务，是适用于局域网的网络操作系统。

• 其他专用网络操作系统：为提高信息系统的安全性，一些重要的系统曾选用专用的网络操作系统。

③网络通信协议：网络通信协议是一套规则和规范的形式化描述，即怎样管理设备在一个网络上交换信息的形式化描述。协议可以描述机器与机器间接口的低层细节或者应用程序间的高层交换。网络通信协议可分为 TCP/IP 协议和非 IP 协议两类。

• TCP/IP 协议：TCP/IP 协议是目前最主要的网络互联协议，它具有互联能力强、网络技术独立和支持的协议灵活多样等优点，得到了最广泛的应用。国际互联网就是基于 TCP/IP 之上进行网际互联通信。但由于它在最初设计时没有考虑安全性问题，协议是基于一种可信环境的，因此协议自身固有许多安全缺陷，另外，TCP/IP 协议的实现中也都存在一些安全缺陷和漏洞，使得基于这些缺陷和漏洞出现了形形色色的攻击，导致基于 TCP/IP 的网络十分不安全。造成互联网不安全的一个重要因素就是它所基于的 TCP/IP 协议自身的不安全性。

• 非 IP 协议：常见的非 IP 协议有 X.25、DDN、帧中继、ISDN、PSTN 等协议，以及 Novell、IBM 的 SNA 等专用网络体系结构进行网间互联所需的一些专用通信协议。

④通用应用软件：通用应用软件一般指介于操作系统与应用业务之间的软件，为信息系统的业务处理提供应用的工作平台，例如 IE、OFFICE 等。通用应用软件安全的重要性仅次于操作系统安全的重要性，其任何安全脆弱性和安全漏洞都可以导致应用业务乃至信息系统的整体安全问题。

• Lotus Notes：IBM 公司的 Kitys Notes 作为信息系统业务处理的工作平台软件的代表，对其安全性的探讨目前主要集中在 Domino 服务器的安全上。

• MS Office：微软公司 Office 办公软件包括 Word、Power Point、Excel、Access 等软件，是目前较常见的信息处理软件。有关 MS Office 软件包的漏洞报道比较多，如 Word 的帮助功能就可以被利用来执行本机上的可执行文件。

• E-mail：电子邮件是互联网最常用的应用之一。邮件信息通过电子通信方式跨过使用不同网络协议的各种网络在终端用户之间传输。

• Web 服务、发布与浏览软件：World Wide Web（WWW）系统最初只提供信息查询浏览一类的静态服务，现在已发展成可提供动态交互的网络计算和信息服务的综合系统，可实现对网络电子商务、事务处理、工作流以及协同工作等业务的支持。现有各种 Web 服务、发布与浏览软件，如 Mosaic、IE、Netscape 等。

• 数据库管理系统：数据库系统由数据库和数据库管理系统（DBMS）构成。数据库是按某种规则组织的存储数据的集合。数据库管理系统是在数据库系统中生成、维护数据库以及运行数据库的一组程序，为用户和其他应用程序提供对数据库的访问，同时也提供事件登录、恢复和数据库组织。

• 其他服务软件：在信息系统中，除了以上常见的一些通用应用软件以外，还有 FTP、

TEI. NET、视频点播、信息采集等类型软件，这里就不再赘述。

⑤网络管理软件：网络管理软件是信息系统的重要组成部分，其安全问题一般不直接扩散和危及信息系统整体安全，但可通过管理信息对信息系统产生重大安全影响。鉴于一般的网络管理软件所使用的通信协议（例如 SNMP）并不是安全协议，因此需要额外的安全措施。

常见的网络管理软件有：HP 公司的 Open View；IBM 公司的 Net View；SUN 公司的 Net Manager；3Com 公司的 Transcend Enterprise Manager；Novell 公司的 NMS；Cabletron 公司的 SPECTRUM；Nortel 网络公司的 Optivity Campus；HP 的 CWSI 等。

此外，信息系统还涉及组织管理、法律法规等内容，这些详见后续章节的专门论述。

1.2.2.5 信息系统极限目标

信息系统发展及可持续发展目标应由"极限目标"调整到可与社会共同持续发展的可实际贯彻的科学目标。过去风行一时的信息系统发展目标是：任何人在任何地点、任何时间、任何状态下都能获得任何信息，并利用信息。这个"目的"是个永远无法实现，甚至是不合理的。因为"任何"一词表达了"绝对"、无条件、无限制的内涵。在人类社会，按这个目标发展就意味着每个人都绝对的"任性"，意味着社会秩序像分子"布朗"运动，每个人都有各自目的、行为、行动的状态，社会就会整体无序而无法生存。例如涉及国家、社会安全、个人隐私的信息绝对不能任意"获得"！社会必须有序运动，遵规律发展，尽量避免因持续无序"涨落"招致损失，要体现"以人为本"，体现公正公平。信息系统发挥正面的"增强剂""催化剂"作用，目标应调整为"在遵守社会秩序和促进社会持续发展前提下，尽力减弱时间、地点、状态、服务项目等方面对合理获得、利用信息的约束限制"。"合理"一词蕴含了在复杂社会矛盾环境下信息系统安全问题的同步发展。

1.3 信息网络知识基础

1.3.1 复杂网络基本概念

1.3.1.1 定义

钱学森给出了复杂网络的一个较严格的定义：具有自组织、自相似、吸引子、小世界、无标度中部分或全部性质的网络称为复杂网络。

1.3.1.2 复杂性表现

复杂网络简言之，即呈现高度复杂性的网络。其复杂性主要表现在以下几个方面：

- 结构复杂，表现在节点数目巨大，网络结构呈现多种不同特征。
- 网络进化：表现在节点或连接的产生与消失。例如 world – wide network，网页或链接随时可能出现或断开，导致网络结构不断发生变化。
- 连接多样性：节点之间的连接权重存在差异，且有可能存在方向性。
- 动力学复杂性：节点集可能属于非线性动力学系统，例如节点状态随时间发生复杂变化。
- 节点多样性：复杂网络中的节点可以代表任何事物，例如，人际关系构成的复杂网络节点代表单独个体，万维网组成的复杂网络节点可以表示不同网页。

- 多重复杂性融合：即以上多重复杂性相互影响，导致更为难以预料的结果。例如，设计一个电力供应网络需要考虑此网络的进化过程，其进化过程决定网络的拓扑结构。当两个节点之间频繁进行能量传输时，它们之间的连接权重会随之增加，通过不断的学习与记忆逐步改善网络性能。

1.3.1.3 研究内容

复杂网络研究的内容主要包括：网络的几何性质、网络的形成机制、网络演化的统计规律、网络上的模型性质，以及网络的结构稳定性、网络的演化动力学机制等问题。其中在自然科学领域，网络研究的基本测度包括：度（Degree）及其分布特征、度的相关性、集聚程度及其分布特征、最短距离及其分布特征、介数（Betweenness）及其分布特征、连通集团的规模分布。

1.3.1.4 主要特征

复杂网络一般具有以下特性：

第一，小世界。它以简单的措辞描述了大多数网络尽管规模很大，但是任意两个节（顶）点间却有一条相当短的路径的事实。以日常语言看，它反映的是相互关系的数目可以很小，却能够连接世界的事实，例如，在社会网络中，人与人相互认识的关系很少，却可以找到很远的无关系的其他人。正如麦克卢汉所说，地球变得越来越小，变成一个地球村，也就是说，变成一个小世界。

第二，集群，即集聚程度（Clustering Coefficient）的概念。例如，社会网络中总是存在熟人圈或朋友圈，其中每个成员都认识其他成员。集聚程度的意义是网络集团化的程度；这是一种网络的内聚倾向。联通集团概念反映的是一个大网络中各集聚的小网络分布和相互联系的状况。例如，它可以反映这个朋友圈与另一个朋友圈的相互关系。

第三，幂律（Power Law）的度分布概念。度指的是网络中某个顶（节）点（相当于一个个体）与其他顶点关系（用网络中的边表达）的数量；度的相关性指顶点之间关系的联系紧密性；介数是一个重要的全局几何量。顶点 u 的介数含义为网络中所有的最短路径之中经过 u 的数量。它反映了顶点 u（即网络中有关联的个体）的影响力。无标度网络（Scale-free Network）的特征主要集中反映了集聚的集中性。

1.3.2 信息网络基本概念

1.3.2.1 网络

网络是由节点和连线构成的，表示诸多对象及其相互联系。在数学上，网络是一种图，一般认为专指加权图。网络除了数学定义外，还有具体的物理含义，即网络是从某种相同类型的实际问题中抽象出来的模型。在计算机领域中，网络是信息传输、接收、共享的虚拟平台，通过它把各个点、面、体的信息联系到一起，从而实现这些资源的共享。网络是迄今人类发展史上最重要的发明，它提高了科技和人类社会的发展水平。

在1999年之前，人们一般认为网络的结构都是随机的。但随着 Barabasi 和 Watts 在1999年分别发现了网络的无标度和小世界特性并分别在世界著名的《科学》和《自然》杂志上发表了他们的发现之后，人们才认识到网络的复杂性。

网络是在物理上或（和）逻辑上，按一定拓扑结构连接在一起的多个节点和链路的集合，是由具有无结构性质的节点与相互作用关系构成的体系。

1.3.2.2 计算机网络

计算机网络就是通信线路和通信设备将分布在不同地点的具有独立功能的多个计算机系统互相连接起来，在网络软件的支持下实现彼此之间的数据通信和资源共享的系统。

从逻辑功能上看，计算机网络是以传输信息为基础目的，用通信线路将多个计算机连接起来的计算机系统的集合，一个计算机网络组成包括传输介质和通信设备。

从用户角度看，计算机网络是存在着一个能为用户自动管理的网络操作系统。由它调用完成用户所调用的资源，而整个网络像一个大的计算机系统一样，对用户是透明的。

1.3.2.3 互联网

互联网（Internet），又称网际网络、因特网、英特网，互联网始于1969年美国的阿帕网。是网络与网络之间所串连成的庞大网络，这些网络以一组通用的协议相连，形成逻辑上的单一巨大国际网络。通常internet泛指互联网，而Internet则特指因特网。这种将计算机网络互相连接在一起的方法可称作"网络互联"，在这基础上发展出的覆盖全世界的全球性互联网络称互联网——互相连接在一起的网络结构。互联网并不等同万维网，万维网只是一个基于超文本相互链接而成的全球性系统，且是互联网所能提供的服务之一。

1.3.2.4 信息网络

前面提到，信息是客观事物运动状态的表征和描述，网络是由具有无结构性质的节点与相互作用关系构成的体系。

此处，信息网络是指承载信息的物理或逻辑网络，包括具有信息的采集、传输、存储、处理、管理、控制和应用等基本功能，同时注重其网络特征、信息特征及其网络的信息特征。

互联网是一种信息网络，同样，广播电视、移动通信也是一种信息网络，构架于互联网之上的VPN等虚拟网络也是一种信息网络。

1.3.3 网络空间基本概念

网络空间又称为赛博空间（Cyberspace），其定义为：

- 在线牛津英文词典："赛博空间：在计算机网络基础上发生交流的想象环境。"
- 百度百科："赛博空间是哲学和计算机领域中的一个抽象概念，指在计算机以及计算机网络里的虚拟现实。"
- 维基百科："赛博空间是计算机网络组成的电子媒介，在其中形成了在线的交流……如今无所不在的'赛博空间'一词的应用，主要代表全球性的相互依赖的信息技术基础设施的网络，电信网络和计算机处理系统。作为一种社会性的体验，个人间可以利用这个全球网络交流、交换观点、共享信息、提供社会支持、开展商业、指导行动、创造艺术媒体、玩游戏、参加政治讨论，等等。这个概念已经成为一种约定俗成的描述任何和因特网以及因特网的多元文化有关的东西的方式。"
- 李耐和《赛博空间与赛博对抗》："其基本含义是指由计算机和现代通信技术所创造的、与真实的现实空间不同的网际空间或虚拟空间。网际空间或虚拟空间是由图像、声音、文字、符码等所构成的一个巨大的'人造世界'，它由遍布全世界的计算机和通信网络所创造与支撑。"

媒体成为赛博空间（一部分）的充分必要条件，媒体具有实时互动性、全息性、超时空性三种特征。a. 实时互动性：实时互动或者至少在媒介自身中进行的实时互动，就是赛博空间互动性的重要特征。互动的速度主要依靠两个方面的因素决定：第一是信息跨越空间的传播速度；第二是海量复杂信息的计算速度。b. 全息性：赛博空间融合了以往的各种媒体，并且拥有计算机和互联网的强大信息处理能力。在人类历史上第一次用大量不同形式的信息来"全息"地构建事物形象，进而创造出种种堪与现实世界媲美的另外的"现实"，这些"现实"好似对于原先现实世界的全息再现，同时也有着自身的特性。c. 超时空性：赛博空间的媒介超越了自然媒介的时空局限性：在自然媒介的现实中，无一例外，要达到实时的互动性和大量的信息传播，必须保证交流双方在相当近的空间和时间距离内。

1.4 网络空间发展简况

1.4.1 网络空间的起源

1984 年，移居加拿大的美国科幻作家威廉·吉布森（William Gibson），写下了一个长篇的离奇故事，书名叫《神经漫游者》（*Neuromancer*）。小说出版后，好评如潮，获得多项大奖。故事描写了这样的情景：反叛者兼网络独行侠凯斯受雇于某跨国公司，其被派往全球电脑网络构成的空间里，去执行一项极具冒险性的任务。进入这个巨大的空间，凯斯并不需要乘坐飞船或火箭，只需在大脑神经中植入插座，然后接通电极，电脑网络便被他感知。当网络与人的思想意识合而为一后，即可遨游其中。在这个广袤空间里，看不到高山荒野，也看不到城镇乡村，只有庞大的三维信息库和各种信息在高速流动。吉布森把这个空间取名为"赛伯空间"（Cyberspace），也就是现在所说的"网络空间"。

1.4.2 网络空间的发展

21 世纪以来，各国纷纷就网络空间问题发布战略报告。美国陆续发布了多个涉及网络空间的战略报告，包括《网络空间国家安全战略》《网络空间行动国家军事战略》《美国空军网络空间司令部战略构想》《网络空间政策评估》《陆军网络空间作战能力规划2016—2028》以及《网络空间国际战略》等文件，共同描绘了美国的网络空间战略蓝图，也暴露了美国企图控制国际网络事务、谋求网络空间霸权的意图。

在俄罗斯，网络空间也成为国家的重要政治议题。早在 1995 年，俄罗斯就出台了《信息、信息化和信息网络保护法》，并为之配套了一系列法规文件，确立了俄罗斯网络安全的方针。随着网络空间的重要性被充分认识，俄罗斯开始寻求网络空间安全的多边对话与合作。2011 年 9 月，俄罗斯邀请了数十个国家的情报与安全机构共同讨论了由俄政府起草的《联合国确保国际信息安全公约草案》，提出禁止将互联网用于军事目的和禁止利用互联网颠覆其他国家政权。

除了美国和俄罗斯之外，英国、法国、德国和加拿大等国也先后出台了与网络空间战略相关的文件。英国在 2009 年发布了《英国网络安全战略》，把网络空间安全战略纳入国家安全范畴；法国在 2008 年发布了《网络防御与国家安全报告》，强化了网络空间安全在国家安全中的地位；德国在 2005 年制定了《信息基础设施保护计划》和《关键基础设施保护的基线概念》，对网络空间安全做出了全面评估；而在更早一点的 2004 年，加拿大就制定了

《国家关键基础设施保护战略》，提出了网络空间安全理论框架。

2017年3月1日，我国就网络问题首度发布国际战略——《网络空间国际合作战略》，战略以和平发展、合作共赢为主题，以构建网络空间命运共同体为目标，就推动网络空间国际交流合作首次全面系统提出中国主张，为破解全球网络空间治理难题贡献中国方案，是指导中国参与网络空间国际交流与合作的战略性文件。

随着对网络空间概念的不断深入探索，其网络空间的含义也进行了多次修订。

- 2000年：网络空间是数字化信息在计算机网络上传输、交换形成的抽象空间。
- 2003年：网络空间是由保证国家关键基础设施正常工作的成千上万互联的计算机、服务器、路由器、转换器、光纤等组成的集合体。
- 2008年：网络空间是由各种信息技术基础设施组成的一个彼此相互依存的网络，包括互联网、电信网、计算机系统以及关键行业中嵌入式处理器及控制器。
- 2010年：网络空间是由相互依存的信息技术基础设施网络组成的信息环境中的全球领域，包括互联网、电信网络、计算机系统、嵌入式处理器和控制器。
- 2017年3月：网络空间越来越成为信息传播的新渠道、生产生活的新空间、经济发展的新引擎、文化繁荣的新载体、社会治理的新平台、交流合作的新纽带、国家主权的新疆域。

从网络空间定义的演变可以看出，网络空间的外延在不断扩展，内涵在不断深化，从单纯局限于计算机互联网，发展至计算机网、电信网及其他嵌入处理控制器网络；从局限于因特网的信息系统发展至信息环境中的全球领域，成为信息传播的新渠道、生产生活的新空间、经济发展的新引擎、文化繁荣的新载体、社会治理的新平台、交流合作的新纽带、国家主权的新疆域。

1.5 工程系统理论的基本思想

信息安全具有社会性、全面性、过程性、动态性、层次性和相对性等特征。信息安全工程是一种复杂的系统工程，而工程系统理论可以很好地指导复杂系统的分析、设计和评价。本节主要论述工程系统理论的分析观、设计观和评价观，使其能够应用于复杂的信息系统安全工程。

随着社会的快速进步和科学的空前发展，人们所面对的世界日益复杂，新知识产生的节奏不断加速，人们生产、生活的方式日新月异，而人类认识世界和改造自然的能力日益强大，伴随着这飞速发展而令人眼花缭乱的时代步伐，各种各样高度复杂化的人工系统应运而生，其复杂性远远超过了任何个人的直观认识和简单处理能力。作为一种普适性理论的一般系统论、耗散结构理论和协同为代表的系统理论侧重于发掘系统运动和演化的规律和机制，属于系统哲学的思维模式。但作为哲学层次的系统论并不能具有针对性地解决各种工程系统的问题，而系统工程侧重于具体的工程技术，同样也不能为这种复杂系统提供有效的方法论。

对于大型复杂的人工系统，特别是各种应用型人工系统，具有酝酿、设计、研制周期长，涉及的学科和相关技术多，要求指标体系庞杂，设计和组织管理任务繁重，受运作机制、社会意识、经济甚至政治因素影响等特征，这样的复杂人工系统无论在人力、物力、财力还是时间跨度上都要求有很大的投入。因此，对于大型复杂人工系统，客观上迫切要求应用系统科学的思想对这些系统进行分析综合、系统设计管理及评价，给出一些普遍性的分析问题、解决问题的原则、思路和方法，把握事物内在的客观规律，以提高系统设计和运行的效率，这是创立工程系统论的客观要求。

工程系统论吸取了系统科学的思想，辅以自组织理论和系统辩证的思维，站在更高层次上对复杂、实用的人工系统进行方法论指导。工程系统论有可能突破系统工程技术的局限性，从而在更加宽广的时空跨度内控制人工系统的生成、发展与进化。由于工程系统论并没有摒弃系统工程等学科中成功有效的技术方法、途径和措施，而增加了顶层的指导，所以这种更具普适性和更加宏观的方法论体系应用于大型复杂人工系统，具有旺盛的生机和广阔的应用前景。

1.5.1 若干概念和规律

工程系统论是以系统科学的原理和规律作为顶层的指导思想和理论基础，以系统工程、人工系统学等技术学科为支撑，辅以模糊数学、分形分维等数学工具的一门横断学科。它有别于系统工程等工程设计学科，更加着眼于人工系统，特别是大型复杂的人工系统所客观存在的本征运动规律，是系统科学在人工系统分析、设计领域的应用和发展，是系统分析和设计的顶层思想体系，是系统方法论的组成部分，是工程化的系统理论。

工程系统论中的若干概念以及系统属性是以系统科学为基础的，但又略有不同。

1.5.1.1 若干概念及属性

应该正确理解和认识工程系统论中的若干概念。主要概念有：系统、功能、结构、进化、退化、连续、间断、成功、失败、剖面、层次、难度、复杂度、创新、自组织、序、整合等。下面着重介绍系统复杂性和困难性表现，以及系统整合概念。

系统的复杂性和困难性。复杂性表现在：所获得的数据不精确、不完整、不一致、不可靠，甚至互相矛盾；数据的迅速变化及数据量迅速增加；不易定义正常状态作为问题求解的依据；利用对象的某些特征进行探测、分类及识别等出现的局限性；有意干扰、迷惑甚至破坏；动力学行为的非线性、不确定性与难描述性；有关信息的粗糙性、不完备和真实性；环境影响的随机性；系统间多重非线性和耦合性；状态变量的高维性和分布性；层次上的连续性、间断性的混杂与难分等。困难性主要表现在：目的上的多靶标性，目的上的难满足程度很高；环境因素制约的多重性和客观上的不相容性；功能上的多重性和结构上的多层次性；要素的难描述性、不确定性；要素实现水平与期望值的矛盾等。

整合。整合的作用在某种场合是极为关键的因素，不能犯整合不当的错误，整合可分为时间上、空间上或者时空维度上的整合。非正确整合思维的主要模式有：系统内部结构间非正确链接；全系统功能和结构的非正确对应；应急措施及容错设计的不合理等。影响正确整合的客观因素有：系统的复杂性及未知、未确定性因素；设计经费、时间期限紧张；人的思维偏爱自己熟悉的运用成功的、自己发明发现的方法及措施；极端条件难以模拟。

工程系统论中的系统属性除了系统科学中的整体性、层次性、动态性、目的性之外，还包括有序性、动态性、开放性、演化、竞争等，由于其概念基本同于系统科学的概念，这里不再赘述。

1.5.1.2 若干规律

工程系统论要求正确认识和处理以下的对立统一规律：连续性与间断性的对立统一，目的性和自然决定性的对立统一，功能与结构的对立统一，确定性与不确定性的对立统一，群体与个体的对立统一，分化与进化的对立统一，量变与质变的对立统一，成功与失败的对立统一，相对性和绝对性的对立统一等。

① 连续性与间断性的对立统一。空间上的间断形成层次和范围，时间上的间断形成阶段和分阶段。时间和空间是一切事物存在的形式，所以在时间和空间上的连续和间断对立统一特征对事物的发展具有普遍性。在工程系统论中始终认为连续与间断一并存在。

② 目的性和自然决定性的对立与统一。目的性是指随着人类思维能力及反映能力的不断提高，逐渐形成了对环境的超前反映，它表征着能动性的提高。而自然决定性是指客观世界是不以人的意志为转移的，人类可以利用这些规律来发现基本的规律。事物的发展过程中出现新的形式和新的规律是必然的，这是由于人类不断提高的能动性使其目的性活动的广度和深度逐步增强。反之，人类的一切目的性活动仍然要受到基本规律和原则的制约，也就是说目的性本身受自然决定性支配。在人工系统中如果不能清晰地分析自然决定性所支配的各种约束条件，对充分条件和必要条件描述不清或归纳不全，就无法正确地认识自然决定性支配下的目的性是否可达到，是否必然可达到。在人工系统设计中往往转化或者突破旧制约条件的限制，但旧制约条件的限制突破后新的制约条件就会产生，没有制约条件的系统是不存在的。

③ 功能与结构的对立统一。功能是对外而言的，结构是对内部而言的。功能是人工系统在与外界的相互作用中表现出来的基本特征，是与周围环境发生特定形式的相互作用的本能属性，又是与外界互相作用的原动力。而结构就是事物内部诸元素之间的有序的相互联系及相互作用，以及这种关系的空间表现，事物的内部结构是分层次的（按一定的准则）。结构是功能的物质基础，但是没有功能的要求及变化，结构也就不会变化。功能变化到一定程度，结构不发生变化，功能就会受到阻碍。

④ 确定性与不确定性的对立统一。不确定性有两种不同性质的类别，一是概率意义上的不确定性，另一种是模糊意义上的不确定性。概率意义上的不确定性体现了客观事物的复杂性和不断运动的特征，混沌现象就是确定性的机制产生的不确定现象；模糊性的不确定性体现了事物特征的非二值逻辑，即非此非彼，亦此亦彼。

1.5.2 系统分析观

1.5.2.1 分析的方法

工程系统论的系统分析应着重体现在以下几个方面。

① 开放性。考察系统的开放性，考察系统与外部环境之间可能存在的物质、信息和能量交换；考察影响系统生成、发展、演化的主要相关因素及各个相关方面。

② 非平衡性。其本质是系统的开放性导致的系统差异性。在开放系统中寻找远离平衡点的条件，包括新产品、新技术、新手段、新思路、新机制、新需求等。

③ 有序性。研究系统的有序状态是什么，考察人工系统目的性所决定的目的状态和主要功能目标是什么；并进一步考察在有序化的过程中，功能结构的动态作用所需要的进化机制，可能产生自复制、自催化作用的机制和因素。

④自组织。研究什么样的外部条件、产生什么样的涨落，可以促使各元素通过协同和竞争达到所希望的有序方向；研究子系统之间的机制及子系统之间融合演变的可能性。

⑤稳定性和突变性。考察系统运动状态中可能出现的动态稳定情况及基本条件；考察系统失稳出现突变的可能性；抓住机遇构建有序结构，并预防系统非正常情况的出现以及采取预防或控制措施等。

⑥功能与结构。分析系统功能的需求及所对应的系统结构。考察系统结构变化所产生的系统功能的演化，以及功能需求改变导致结构的变化。

⑦整体性。考察系统的综合性特征，分析系统要素之间的相关性，特别是非线性相关性；考察系统整体所具有而元素不具有的整体性特征；考察系统结构变化产生的新功能和特性等。

⑧模型化。在不同的情况下应用精确模型或概念模型对系统目标、状态进行定性和定量的分析，采用黑箱、灰箱等不同的方法针对系统功能需求分析系统结构，并借助于模型进行系统实验。

1.5.2.2 分析的步骤

工程系统论对系统的分析可分为两大步：系统动态发展分析和系统当前状态的准静态分析。

①系统动态发展分析。工程系统论在对某个静态的系统进行分析之前首先要把握它的动态发展历程，判断当前所处的状态。因此，第一步是将被分析的系统置于它所从属的大系统中，分析该系统是处于生成期、发展期，还是演化期。应用开放性方法，考察大系统的开放性，考察技术、信息和物质交换对系统的影响。对于生成期的系统，应用非平衡方法分析其产生的必然因素，即非平衡点在哪，如何突出自身优势，从而强化非平衡特征。应用有序性分析产生自复制、自催化作用机制导致新序产生。应用自组织性分析可能导致突变的涨落因素，并创造必要条件促使子系统之间的融合演化，生成新序。对于发展初期的系统，应用整体性方法，考察新序产生后动态稳定系统结构变化及其影响，对其进行系统优化。对于进入演化期的系统，应用稳定性方法分析其发展潜力和方向，应用突变性方法分析可能的突变和对于新的突变采取的对策。

②系统当前状态的准静态分析。确定系统当前所处的状态后，需要对系统进行准静态分析。新系统创新后的发展需要一系列新的"生长核"作为支撑。这些生长核就是打破旧的不平衡后，新序中系统功能与结构辩证统一的结合点。这些生长核是一个多层次的结构体系，由顶层至底层体现了新系统各个层面的结构要点。系统分析还要研究系统的复杂度和难度。准静态分析主要包括：确定目标、谋划备选方案、建模和估计方案效果、未来环境预测、评价备选方案等方面。

1.5.2.3 注意事项

在系统的分析过程中，应注意以下几方面的内容。

①问题描述不清。对系统所处的环境和当前状态描述不清，对系统目标和具体需求描述不清，对系统赖以生成、发展的"核体系"描述不清。这些基本的问题都没有澄清，就根本谈不上问题的解决，所以在问题描述不清的情况下，是得不出正确和完整的结论的，不应急于解决描述不清的系统。

②分析过程缺少反馈调整。系统分析本身是一个反复优化的过程，没有反馈调整和校正

的系统，其分析结论和系统总体方案往往有失周密和妥当，不可避免存在失败的隐患，更谈不上对系统的优化。

③模型化处理过程偏重于定量的计算，过分依赖于计算结果。模型化分析应该先于功能模拟和结构分析。模型的分析和构造是第一步，在定性分析确定之前，定量的分析和具体数据没有多大的实际意义，如果定性分析的模型构造和选择出现错误，那么定量分析的数据就会导致错误的结论。

④当断不断，无限连续，抓不住重点。任何系统分析都是对某一系统、某一层次、某一剖面的分析，一味强调面面俱到，过分注重细节或者无限连续，对系统分析的层面和剖面不能正确地分隔，都会使系统分析陷入高度复杂的状态，厘不清头绪。要当断则断，抓住重点，合理忽略细节和弱化相互作用，从而简化系统的分析。

1.5.3 系统设计观

1.5.3.1 设计的内涵

在进行系统设计之前，首先应弄清系统设计的内涵。

①设计的本质。设计是一种创新过程，是按照一定的目的性要求生产和构造人为系统的过程。系统设计是面向未来的设计，从本质上讲，人工系统设计是按某种目的，将未来的动态过程及欲达到的状态提前固化到现在时间坐标的过程。人工系统动态运动的有序性表明：系统的目的性导致了系统运动的趋终性特征，而系统运动的目的点或极限环就是系统人为设计目标的表征。人工系统未来欲达到的状态是系统设计的目标，是系统分析和设计所希望获得的未来状态。提前固化到现在时间坐标的意义是指在时间维度的当前坐标上确定未来预期的状态目标，并以这个未来预期目标作为系统设计不可动摇的目的，贯穿设计过程的始终。

②设计的目的。设计的目的是一种获得，是具有普遍特征的广义获得，包括某些物质上、精神上、能量上的获得，也包括信息的获得，以及某种自由和能力的获得。获得必须有一定的付出，这些获得必然是以某些方面的付出为代价的，如物质上的付出、经济上的付出、设计开发人员时间和精力上的付出、资源的付出，以及开发风险的付出等。

③设计的思想。设计是一种变换和创造的结合，创造性首先表现在非平衡点的发现和确立，而变换是将潜在的有利因素加以挖掘和充分利用的过程，系统设计中可能会有一些充裕的资源和条件，同时会有一些不满足的条件，设计就是设法将充足的条件因素经转化去补足不利的因素，以达到预期目的和全局的优化。

④设计的关键。系统的整合设计在某种条件下往往是导致整体成功或失败的关键因素。系统整合可以分为空间、时间及时空联合维上的整合。设计成功的子系统如果整合设计不当，也会导致整体设计的失败。整合不是子系统的简单相加，而是子系统之间的相互匹配、相互作用和相互影响的整体，局部或子系统设计成功不等于整体成功，局部设计没有出现的问题隐患必须在整合的步骤中发现和解决，否则可能导致系统整体设计的失败。这也体现了系统的整体特征。如各个工作良好的软件模块堆积到一起并不一定能够工作，因此系统整合往往是系统设计成败的关键环节。

⑤设计的制约因素。环境条件的制约是不可忽视的，与环境因素不匹配的系统设计即使技术再先进也不会成功。设计在某种意义上讲是突破旧的约束，将付出转换为一种获得的过程，然而设计产生的新系统还会受到新的制约，但也不能低估旧制约的影响。另外，人为设

计的目的性还要受到自然决定性的制约和支配，不符合自然决定性的系统设计注定要失败。

⑥设计成败的判据。设计成功的判据是在可以接受约束和代价的情况下达到了预先制定的目的，设计成功的内因是在创新和变换中的付出和代价能够被认可和接受，反之就是设计的失败。系统设计的目的达到了，但约束和代价处于不明确状态是设计处于未定状态的主要原因，但是这种未定状态应当是暂时的，如果持续时间过长往往导致更大的代价或更强的约束，直至设计失败。

1.5.3.2 设计的步骤

工程系统论的系统设计主要分为以下四步：

①从系统分析得到的非平衡点概念映射到系统设计的目的体系，即由非平衡到目的性的正确变换。从系统思维的角度考虑，这个转换可分为分析问题、解决问题和整理方案三个层次和步骤。找到了系统的非平衡点，下一步是强化非平衡，所以非平衡到目的性的正确变换十分重要，是系统设计成功的关键一步。

②从系统设计的目的体系映射到基本要求体系，即由顶层设计目的到基本要求体系的正确变换。这里的要求体系包括不同的层次和剖面，是"要求集"的概念。各个不同层面的要求之间可能是并列的关系，可能是分层的交错，也可能存在隶属关系。不同要求之间可能存在各种相互作用，包括相互依赖、互补、相互矛盾和冲突等。转换要求指标体系的原则是首先保持总体要求不变条件下的一致性，纵向与横向统一；其次，坚持全面性和关键性原则，把握关键、突出重点是转换要求体系的处理原则，不能一味求全，也不能忽略要求体系的完整性；再次，坚持应变原则，复杂的要求体系必须经过反馈、调整和校正，有灵活性，更要与环境的变化相适应；最后，系统的各项具体要求必须是可实现的、可检验的，不可实现或不可检验的系统要求是没有意义的。

③从基本要求体系映射到具体指标体系，即要求体系到指标体系的正确变换。系统的要求体系要转换到具体的指标体系才可以考虑实际的设计，而具体的指标体系对应于要求体系同样具有层次和剖面的特征。如果说前两个层次的转换环节主要是定性的解决问题，那么这个层次的转换环节就是定量解决的第一步。除了在要求体系转换过程中需要坚持原则外，在这个转换过程中还应该进一步强调系统的整体优化、系统的完备简单性和系统设计的灵活性，并加以具体的量化。

④从指标体系映射到整体方案体系，即由指标体系到分系统、子系统层次功能及结构的正确形成之间的变换；此外还存在子系统层次之间功能的正确整合。这个转换环节就要解决不同系统之间结构与功能的矛盾和匹配，处理不同层次系统之间的相互作用，完成系统的整体设计，在不同层次的系统设计中相互转化充足的资源和有利条件，弥补紧张和难以满足的部分，还要解决系统整合的问题，注重不同层次设计的不同特征，达到系统设计整体成功和整体优化的目标。

工程系统论的系统设计主要包括以上四大部分，但应强调的是，在系统设计中首先要建立系统约束体系的描述，明确必须满足的条件和必须解决的问题，以及必然受到的约束，不满足自然决定性的系统是不成功的，付出的代价为不可接受的，系统设计也是不成功的。约束条件分析不明确无法正确判定系统的得失，所以建立约束体系的描述，并加以正确分析和评价相当重要。另外，在各个层次的设计过程中，不可缺少反馈调节过程。不同时期和不同层次的验证与反馈调整是保证系统设计成功的必要手段，要注意不同阶段和时期的仿真验证，早期的仿真验证和模拟如果能够及早地发现系统设计的问题，会避免将系统设计引入歧途。验证和调整是系统优化的必经之路，本质上就是系统设计寻优的过程，没有反复的验证和反馈调整，就没有从次优化到优化的过程，当然就谈不上系统的寻优和最优化。

1.5.3.3 注意事项

对系统死亡的正确理解和处理：人工系统设计制造是一种提前目的的固化，由于系统的运动进化特征，任何固化的特性都适用和存在于有限的时间和空间内，所以系统死亡是不可避免的。主要有两种处理系统死亡的策略：一是预留一定的发展余地；二是提取仍然具有生命力的生长核，设计具有发展功能的子代改进系统。一个大型人工系统在设计之初就必须考虑未来的发展余地，考虑未来环境变化后的动态适应性。当今的科技和社会发展日新月异，系统应用环境瞬息万变。为了避免系统设计完成之日就是系统过时之时的局面，就要在系统设计目标确定的时候具有一定的超前意识，在具体系统设计时进行"可持续发展"。另一种是在系统死亡之前，进行预测感知，如果没有发展余地，就应立即"三十六计，走为上计"。

设计过程中非正常状态的感知和处理：在设计过程中感知非正常状态是非常重要的，越早越好。以下情况可能预示着系统设计出现所不希望的非正常状态：重要指标达不到或者临界、结果不稳定且规律不明确、过程进展不顺利、多项指标临界、结构落实困难、附加矛盾很多、存在明显的优势竞争对手等。对于非正常状态处理的原则是：在较早阶段的非正常状态，分析问题的严重性，属于局部问题就进行局部的调整或牺牲以保证整体设计的成功；属于全局问题就必须做大范围的调整和牺牲，直至达到反馈调整整体设计的目的；属于自然决定性导致的困难就必须承认失败，进行善后处理。

1.5.4 系统评价观

在对一个系统做具体评价之前，首先应确认系统整体是否满足目的性要求；自身约束条件是否可接受；与环境的匹配程度是否可接受；系统的动态性和灵活性能否满足要求，整体效益是否明显。如果该系统满足以上条件，就可以从以下四个方面对系统做出具体的评价。

（1）性能维

性能维包括基本性能维、使用性能维、竞争对抗性能维等，还包括维修、保存等方面。针对不同的人工系统，其性能维的各个层面的重要性是不同的。例如，军事系统对基本性能、使用性能、竞争性能和竞争对抗性能的要求都很高，而生活消费系统更注重使用和后续发展余地等。

（2）成本维

成本维包括直接成本、使用成本、维修成本和成本降低的可能性成本及预留措施的成本，以及系统实现过程中所付出的人力、物力等成本。

（3）时空维

设计的目的存在着时间和空间的限度、指标体系存在着时间和空间的限度、系统的生存发展存在着时间和空间的限度、竞争存在着时间和空间的限度。系统存在的目的性存在时间过短，系统设计的代价付出相对于获得就可能偏高。指标体系随着技术的快速进步也可能很快失去战略和战术的意义。这些都会影响系统存在的时间和空间限度。

(4) 发展余地维

发展余地维是进一步提高指标水平的预留措施，以及预测环境潜在对系统要求变化的适应能力。不能够对未来环境适应的系统，其生存能力必然有限，而不为系统的未来发展预留余地，就无法灵活地处理系统的死亡问题。

1.6 系统工程的基本思想

1.6.1 基本概念

1.6.1.1 研究对象和价值

系统工程（System Engineering）是以系统为研究对象的工程技术，它涉及"系统"与"工程"两个方面。所谓系统，即由相互作用和相互依赖的若干组成部分结合而成的具有特定功能的有机整体。"工程"包括"硬工程"和"软工程"。硬工程是指把科学技术的原理应用于实践，设计制造出有形产品的过程；软工程是指诸如预测、规划、决策、评价等社会经济活动过程。这两个方面有机地结合在一起即为系统工程。

系统工程是系统科学的一个分支，实际是系统科学的实际应用。可以用于一切有大系统的方面，包括人类社会、生态环境、自然现象、组织管理等，如环境污染、人口增长、交通事故、军备竞赛、化工过程、信息网络等。系统工程是以大型复杂系统为研究对象，按一定目的进行设计、开发、管理与控制，以期达到总体效果最优的理论与方法。系统工程是一门工程技术，但是系统工程又是一类包括许多种工程技术的一个大工程技术门类，涉及范围很广，不仅要用到数、理、化、生物等自然科学，还要用到社会学、心理学、经济学、医学等与人的思想、行为、能力等有关的学科。系统工程所需要的基础理论包括运筹学、控制论、信息论、管理科学等。

系统工程属于系统科学的学科范畴。系统科学研究系统演化的一般规律、系统有序结构的自组织原理和系统复杂性。系统科学是20世纪产生的，它的诞生是科学发展上的重大事件之一。

依据系统思想建立的完整科学体系称为系统科学。按照钱学森的观点，系统科学作为完整的科学体系，包含"基础科学、技术科学和工程技术"三个层次。

在钱学森的系统科学学科体系结构中，基础科学指的是这个学科中的理论基础，它解释这个学科的一般规律，作为系统科学的理论基础就是系统学；技术科学指的是这个学科中的技术基础，它沟通基础理论到实践应用、指导工程基础的实现，作为系统科学的技术基础就是"运筹学""控制理论"和"信息理论"；工程技术指的是这个学科中的应用技术，作为系统科学的应用技术就是"系统工程"。所以，系统工程在系统科学的学科体系结构中处在工程技术层次。

1.6.1.2 概念和主要特点

(1) 系统工程的概念

系统工程是多学科的高度综合，它的思想和方法来自各个行业和领域，又综合吸收了邻近学科的理论与工具，故国内外对系统工程的理解不尽相同，下面列举一些组织和专家的看法。

①美国人切斯纳（1967）的观点：虽然每个系统都由许多不同的特殊功能部分所组成，而这些功能部分之间又存在着相互关系，但是每一个系统都是完整的整体，每一个系统都有一定数量的目标。系统工程则是按照各个目标进行权衡，全面求得最优解的方法，并使各组成部分能够最大限度地相互协调。

②日本工业标准JIS 8121（1967）：系统工程是为了更好地达到系统目的，对系统的构成要素、组织结构、信息流动和控制机构等进行分析与设计的技术。

③美国人莫顿（1967）的观点：系统工程是用来研究具有自动调整能力的生产机械，以及像通信机械那样的信息传输装置、服务性机械和计算机械等的方法，是研究、设计、制造和运用这些机械的方法。

④美国质量管理学会系统委员会（1969）：系统工程是应用科学知识设计和制造系统的一门特殊工程学。

⑤日本人寺野寿郎（1971）的观点：系统工程是为了合理进行开发、设计和运用系统而采用的思想、步骤、组织和方法等的总称。

⑥大英百科全书（1974）：系统工程是一门把已有学科分支中的知识有效地组合起来用以解决综合化的工程技术。

⑦苏联大百科全书（1976）：系统工程是一门研究复杂系统的设计、建立、试验和运行的科学技术。

⑧日本人三浦武雄（1977）的观点：系统工程与其他工程不同之点在于它是跨越许多学科的科学，而且是填补这些学科边界空白的一种边缘科学。因为系统工程的目的是研制系统，而系统不仅涉及工程学的领域，还涉及社会、经济和政治等领域，为了适当解决这些领域的问题，除了需要某些纵向技术以外，还要有一种技术从横向把它们组织起来，这种横向技术就是系统工程。

⑨中国科学家钱学森（1978）的观点：系统工程是组织管理的技术。把极其复杂的研制对象称为系统，即由相互作用和相互依赖的若干组成部分结合成具有特定功能的有机整体，而且这个系统本身又是它所从属的一个更大系统的组成部分，系统工程则是组织管理这种系统的规划、研究、设计、制造、试验和使用的科学方法，是一种对所有系统都具有普遍意义的科学方法。

综上所述，系统工程是从整体出发合理开发、设计、实施和运用系统科学的工程技术。它根据总体协调的需要，综合应用自然科学和社会科学中有关的思想、理论和方法，利用电子计算机作为工具，对系统的结构、要素、信息和反馈等进行分析，以达到最优规划、最优设计、最优管理和最优控制的目的。

目前存在的几种系统工程学都属于系统科学本身的层次结构中的第四层次——工程技术。系统科学含有四个层次：系统科学哲学（系统观）；系统科学的基础科学（系统学）；系统科学的技术科学（应用科学，如信息论、控制论、运筹学等）；系统科学的工程技术（系统工程、控制工程、信息工程等）。

系统工程是综合运用各种学科的科学成就为系统的规划设计、试验研究、制造使用和管理控制提供科学方法的工程技术，它是在运筹学、控制论和计算科学广泛实践的基础上，应用系统方法去解决其实践内容的工程技术。按照钱学森教授所建立的系统科学体系，系统工程的基础理论是运筹学、控制论和信息论等组成的一类技术科学以及为其提供计算方法的计算科学。

(2) 系统工程的特点

①系统工程研究问题一般采用先决定整体框架，后进入详细设计的程序的方法，一般是先进行系统的逻辑思维过程总体设计，然后进行各子系统或具体问题的研究。

②系统工程方法是以系统整体功能最佳为目标，通过对系统的综合、分析，构造系统模型来调整改善系统的结构，使之达到整体最优化。

③系统工程的研究强调系统与环境的融合，近期利益与长远利益相结合，社会效益、生态效益与经济效益相结合。

④系统工程研究是以系统思想为指导，采取的理论和方法是综合集成各学科、各领域的理论和方法。

⑤系统工程研究强调多学科协作，根据研究问题涉及的学科和专业范围，组成一个知识结构合理的专家体系。

⑥各类系统问题均可以采用系统工程的方法来研究，系统工程方法具有广泛的适用性。

⑦强调多方案设计与评价。

系统工程技术可以应用到社会、经济、自然等各个领域，逐步分解为工程系统工程、企业系统工程、经济系统工程、区域规划系统工程、环境生态系统工程、能源系统工程、水资源系统工程、农业系统工程、人口系统工程等，成为研究复杂系统的一种行之有效的技术手段。

1.6.2 基础理论

20世纪40年代，由于自然科学、工程技术、社会科学和思维科学的相互渗透与交融，产生了具有高度抽象性和广泛综合性的系统论、控制论和信息论。系统论、控制论和信息论被称为系统科学的"老三论"。而按钱学森教授所建立的系统科学体系，系统工程的基础理论是由运筹学、控制论和信息论等组成的一类技术科学。

1.6.2.1 系统论

系统论是研究系统的模式、性能、行为和规律的一门科学。它为人们认识各种系统的组成、结构、性能、行为和发展规律提供了一般方法论的指导。系统论的创始人是美籍奥地利理论生物学家和哲学家路德维格·贝塔朗菲。系统是由若干相互联系的基本要素构成的，它是具有确定特性和功能的有机整体。如太阳系是由太阳及其围绕它运转的行星（金星、地球、火星、木星等）和卫星构成的。同时太阳系这个"整体"又是它所属的"更大整体"——银河系的一个组成部分。

世界上的具体系统是纷繁复杂的，必须按照一定的标准，将千差万别的系统分门别类，以便分析、研究和管理，如教育系统、医疗卫生系统、宇航系统、通信系统等。

如果系统与外界或它所处的外部环境有物质、能量和信息的交流，那么这个系统是一个开放系统，否则就是一个封闭系统。开放系统具有很强的生命力，它可能促进经济实力的迅速增长，使落后地区尽早走上现代化的道路。

1.6.2.2 控制论

人们研究和认识系统的目的之一，就在于有效地控制和管理系统。控制论为人们对系统的管理和控制提供了一般方法论的指导，它是数学、自动控制、电子技术、数理逻辑、生物科学等学科和技术相互渗透而形成的综合性科学。控制论的思想渊源可以追溯到遥远的古代。但是，控制论作为一个相对独立的科学学科的形成却起始于20世纪20—30年代。1948年美国数学家维纳出版了《控制论》一书，标志着控制论的正式诞生。几十年来，控制论在纵深方向得到了很大发展，已应用到人类社会的各个领域，如经济控制论、社会控制论和人口控制论等。

控制是一种有目的的活动，控制目的体现于受控对象的行为状态中。受控对象必须有多种可能的行为和状态，有的合乎目的，有的不合乎目的，由此规定控制的必要性，即追求和保持那些符合目的的状态，避免和消除那些不合目的的状态。控制是施控者的主动行为，施控者应该有多种可选择的手段作用于对象，不同手段的作用效果不同，由此规定了控制的可能性，即选择有效的、效果强的手段作用于对象，只有一种作用手段的主体实际上没有施控的可能性。

控制与信息是不可分的。在控制过程中，必须经常获得对象运行状态、环境状况、控制作用的实际效果等信息，控制目标和手段都是以信息形态表现并发挥作用的。控制过程是一种不断获取、处理、选择、利用信息的过程。所以维纳认为："控制工程的问题和通信工程的问题是不能分开来的，而且这些问题的关键并不是环绕着电工技术，而是环绕着更为基本的消息概念。"

要对受控者实施有效控制，施控者应是一个系统，由多个具有不同功能的环节按一定方式组织而成的整体，称为控制系统。控制任务越复杂，系统结构也越复杂。抛开具体控制论系统特性，仅从信息与控制的观点来看，主要控制环节有：a. 敏感环节，负责监测和获取受控对象和环境状况的信息；b. 决策环节，负责处理有关信息，制定控制指令；c. 执行环节，根据决策环节做出的控制指令对对象实施控制的功能环节；d. 中间转换环节，在决策环节和执行环节之间，常常需要完成某种转换任务的功能环节，如放大环节、校正环节等。这些环节按适当的方式组织起来，就能产生所需要的控制作用。

1.6.2.3 信息论

为了正确地认识并有效地控制系统，必须了解和掌握系统的各种信息的流动与交换，信息论为此提供了一般方法论的指导。语言是人与人之间信息交流的工具，文字扩大了信息交流的范围，19世纪电话和电报的发明和应用使信息交流进入了电气化时代。信息论最早产生于通信领域，现在已同材料和能源一起构成了现代文明的三大支柱。信息的概念已渗透到人类社会的各个领域，因此，人们说现在是信息社会、信息时代。美国政府提出了建设信息高速公路的宏伟计划，得到了国内外的广泛支持，欧洲和日本等发达国家积极呼应，我国政府也拨出了巨额资金，以便在这一高科技领域内跟上世界发展的步伐。

信息论是一门用数理统计方法来研究信息的度量、传递和变换规律的科学。它主要是研究通信和控制系统中普遍存在着信息传递的共同规律以及研究最佳解决信息的获限、度量、变换、储存和传递等问题的基础理论。

信息论的研究范围极为广阔。一般把信息论分成以下三种不同类型。

①狭义信息论：是一门应用数理统计方法来研究信息处理和信息传递的科学。它是研究存在于通信和控制系统中普遍存在着的信息传递的共同规律，以及如何提高各信息传输系统的有效性和可靠性的一门通信理论。

②一般信息论：主要是研究通信问题，但还包括噪声理论、信号滤波与预测、调制与信

息处理等问题。

③广义信息论：不仅包括狭义信息论和一般信息论的问题，而且还包括所有与信息有关的领域，如心理学、语言学、神经心理学、语义学等。

1.6.2.4 运筹学

运筹学是管理系统的人为了获得系统运行的最优解而使用的一种科学方法。

运筹学和系统工程的联系、区别和含义：a. 运筹学是从系统工程中提炼出来的基础理论，属于技术科学；系统工程是运筹学的实践内容，属工程技术。b. 运筹学在国外被称为狭义系统工程，与国内的运筹学内涵不同，它解决具体的"战术问题"；系统工程侧重于研究战略性的"全局问题"。c. 运筹学只对已有系统进行优化；系统工程从系统规划设计开始就运用优化的思想。d. 运筹学是系统工程的数学理论，是实现系统工程实践的计算手段，是为系统工程服务的；系统工程是方法论，着重于概念、原则、方法的研究，只把运筹学作为手段和工具使用。

常用的运筹学方法包括以下几种。

①数学规划。数学规划是在某一组约束条件下，寻求某一函数（目标函数）的极值问题的一种方法。如果约束条件用一组线性等式或不等式表示，目标函数是线性函数时，就是线性规划。线性规划是求解这类问题的理论和方法，它在企业经营管理、生产计划的安排、人员物资的分配、交通运输计划的编制等方面有广泛的应用，是目前理论上比较成熟、实践中应用较广的一种运筹学方法。如果在所考虑的数学规划问题中，约束条件或目标函数不完全是线性的，则称为非线性规划。在实践工作中所遇到的大量问题一般都是非线性问题，用线性规划是难以解决的，这也正是线性规划的局限性。非线性规划是解决这类问题的理论和方法。这种方法在理论上不如线性规划成熟，但随着科学的发展和电子计算机的普及，非线性规划将越来越重要，它能比线性规划更准确、更严密地解决问题。

②动态规划。这种方法是动态条件下，解决多阶段决策过程最优化的一种数学方法，它可使多维或多级问题变成一串每级只有一个变量的单级问题。适用于解决多阶段的生产规划、运输及经营决策等问题。目前，动态规划还没有一套一般算法，只有一些特殊的解法。

③库存论。物资管理是经营管理的主要内容之一。该理论主要研究在什么时间、以多大数量组织进货使得存储费用和补充采购的总费用最少。库存问题包括静态库存模型和概率型库存模型。其中，静态库存模型实质上是无约束非线性规划模型的一种。

④排队论。排队论是研究服务系统工作过程的一种数学理论和方法，是研究随机聚散的理论。它通过个别随机服务现象的统计研究，找出反映这些现象的平均特性，从而改进服务系统的工作状况。

⑤网络分析和网络计划。研究网络图中点和线关系的一般规律的理论，称为网络分析。它是应用图论的基本知识解决生产、管理等方面问题的一种方法。网络计划是用网络图的形式解决生产计划的安排、控制问题的一种管理方法。常用的网络计划方法有关键线路法（CPM）、计划评审技术（PERT）以及决策关键线路法（DCPM）、图解评审技术（GERT）等。

⑥决策论。决策论应用于经营决策。它是根据系统的状态、可选取的策略以及选取这些策略对系统所产生的后果等对系统进行综合的研究，以便选取最优决策的一种方法。

⑦对策论。对策论又称博弈论，是研究竞争现象的数学理论与方法。最早产生于第二次

世界大战，用于军事对抗，后来扩展到各种竞争性活动。在竞争活动中，由于竞争各方有各自不同的目标和利益，它们必须研究对手可能采取的各种行动方案，并力争制定和选择对自己最有利的行动方案。对策论就是研究竞争中是否存在最有利的方案及如何寻找该方案的数学理论与方法。

1.6.3 主要方法

系统工程方法论是分析和解决系统开发、运作及管理实践中的问题所应遵循的工作程序、逻辑步骤和基本方法。它是系统工程思考问题和处理问题的一般方法和总体框架。

1.6.3.1 霍尔的三维结构

霍尔三维结构又称为霍尔的系统工程，与软系统方法论对比，又被称为硬系统方法论（Hard System Methodology，HSM），是美国系统工程专家霍尔（A. D. Hall）于1969年提出的一种系统工程方法论。

霍尔的三维结构模式的出现，为解决大型复杂系统的规划、组织、管理问题提供了一种统一的思想方法，因而在世界各国得到了广泛应用。霍尔三维结构是将系统工程整个活动过程分为前后紧密衔接的七个阶段和七个步骤，同时还考虑了为完成这些阶段和步骤所需要的各种专业知识和技能。这样，就形成了由时间维、逻辑维和知识维所组成的三维空间结构。其中，时间维表示系统工程活动从开始到结束按时间顺序排列的全过程，分为规划、拟订方案、研制、生产、安装、运行、更新七个时间阶段。逻辑维是指时间维的每一个阶段内所要进行的工作内容和应该遵循的思维程序，包括明确问题、确定目标、系统综合、系统分析、优化、决策、实施七个逻辑步骤。知识维列举需要运用包括工程、医学、建筑、商业、法律、管理、社会科学、艺术等各种知识和技能。三维结构体系形象地描述了系统工程研究的框架，对其中任一阶段和每一个步骤，又可进一步展开，形成了分层次的树状体系。

1.6.3.2 切克兰德方法论

切克兰德把霍尔方法论称为"硬科学"的方法论，他提出了自己的方法论，并把它称为"软科学"的方法论。

社会经济系统中的问题往往很难像工程技术系统中的问题那样，事先将"需求"描述清楚，因而也难以按价值系统的评价准则设计出符合这种"需求"的最优系统方案。切克兰德方法论的核心不是"最优化"而是"比较"，或者说是"学习"，从模型和现状的比较中来学习改善现状的途径。

切克兰德方法论的主要内容和工作过程如下。

①认识问题。收集与问题有关的信息，表达问题现状，寻找构成或影响因素及其关系，以便明确系统问题结构、现存过程及其相互之间的不适应之处，确定有关的行为主体和利益主体。

②根底定义。初步弄清、改善与现状有关的各种因素及其相互关系，根底定义的目的是弄清系统问题的关键要素以及关联因素，为系统的发展及其研究确立各种基本的看法，并尽可能选择出最合适的基本观点。

③建立概念模型。在不能建立精确数学模型的情况下，用结构模型或语言模型来描述系统的现状，概念模型来自根底定义，是通过系统化语言对问题抽象描述的结果，其结构及要素必须符合根底定义的思想，并能实现其要求。

④比较及探寻。将现实问题和概念模型进行对比，找出符合决策者意图且可行的方案或途径。有时通过比较，需要对根底定义的结果进行适当修正。

⑤选择。针对比较的结果，考虑有关人员的态度及其他社会、行为等因素，选出现实可行的改善方案。

⑥设计与实施。通过详尽和有针对性的设计，形成具有可操作性的方案，并使得有关人员乐于接受和愿意为方案的实现竭尽全力。

⑦评估与反馈。根据在实施过程中获得的新认识，修正问题描述、根底定义及概念模型等。

1.6.3.3 物理—事理—人理方法论

物理—事理—人理（WSR）系统方法论是由顾基发和朱志昌在1994年年底提出的，即认为处理复杂问题时既要考虑对象的物理的方面（物理），又要考虑这些东西如何更好地被运用到事的方面（事理），最后，认识问题、处理问题和实施管理与决策都离不开人的方面（人理）。这个方法论以东方的哲学观为指导，是一种东方系统方法论，其中也吸收了不少西方系统方法的思想。

在WSR系统方法论中，"物理"指涉及物质运动的机理，它既包括狭义的物理，还包括化学、生物、地理、天文等。通常要用自然科学知识回答"物"是什么，如描述自由落体的万有引力定律、遗传密码由DNA中的双螺旋体携带、核电站的原理是将核反应产生的巨大能量转化为电能。物理需要的是真实性，研究客观实在。

"事理"指做事的道理，主要解决如何去安排所有的设备、材料、人员。通常用到运筹学与管理科学方面的知识来回答"怎样去做"。典型的例子是美国阿波罗计划、核电站的建设和供应链的设计与管理等。

"人理"指做人的道理，通常要用人文与社会科学的知识去回答"应当怎样做"和"最好怎么做"的问题。实际生活中处理任何"事"和"物"都离不开人去做，而判断这些事和物是否应用得当，也由人来完成，所以系统实践必须充分考虑人的因素。人理的作用可以反映在世界观、文化、信仰、宗教和情感等方面，特别表现在人们处理一些"事"和"物"中的利益观和价值观上。在处理认识世界方面可表现为如何更好地去认识事物、学习知识，如何去激励人的创造力、唤起人的热情、开发人的智慧。人理也表现在对物理与事理的影响。例如，尽管对于资源与土地匮乏的日本来讲，核电可能更经济一些，但一些地方由于人们害怕可能会受到核事故和核辐射的影响，在建设核电站时就会反对、抗议乃至否决，这就是人理的作用。

1.6.4 模型仿真

1.6.4.1 系统模型

系统模型是指以某种确定的形式（如文字、符号、图表、实物、数学公式等），对系统某一方面本质属性的描述。

一方面，根据不同的研究目的，对同一系统可建立不同的系统模型，例如，根据研究需要，可建立RLC网络系统的传递函数模型或微分方程模型；另一方面，同一系统模型也可代表不同的系统，例如，对系统模型 $y=kx$（k 为常量），则：

若 k 为弹簧系数，x 为弹簧的伸长量，y 为弹簧力，则该模型表示一个物理上的弹簧运动系统。

若 k 为直线斜率，x、y 分别为任意点的横坐标和纵坐标，则该模型表示一个数学上过原点的直线系统。

系统模型的特征：

它是现实系统的抽象或模仿；

它是由反映系统本质或特征的主要因素构成的；

它集中体现了这些主要因素之间的关系。

系统模型的分类：

常用的系统模型通常可分为物理模型、文字模型和数学模型三类，其中物理模型与数学模型又可分为若干种。

在所有模型中，通常广泛采用数学模型来分析系统工程问题，其原因在于：

它是定量分析的基础；

它是系统预测和决策的工具；

它可变性好，适应性强，分析问题速度快，省时、省钱，并且便于使用计算机。

系统建模的要求可概括为：现实性、简明性、标准化。

系统建模遵循的原则是：切题；模型结构清晰；精度要求适当；尽量使用标准模型。

根据系统对象的不同，系统建模的方法可分为推理法、实验法、统计分析法、混合法和类似法。

根据系统特性的不同，系统建模的方法可以有状态空间法、结构模型解析法（ISM）以及最小二乘估计法（LKL）等。其中，最小二乘估计法是一种基于工程系统的统计学特征和动态辨识，寻求在小样本数据下克服较大观测误差的参数估计方法，它属于动态建模范畴。

1.6.4.2 系统仿真

所谓系统仿真（System Simulation），就是根据系统分析的目的，在分析系统各要素性质及其相互关系的基础上，建立能描述系统结构或行为过程的并且具有一定逻辑关系或数量关系的仿真模型，据此进行实验或定量分析，以获得正确决策所需的各种信息。

（1）仿真的实质

①仿真技术实质上是一种对系统问题求数值解的计算技术。尤其当系统无法通过建立数学模型求解时，仿真技术能有效地来处理。

②仿真是一种人为的实验手段。它和现实系统实验的差别在于，仿真实验不是依据实际环境，而是作为实际系统映象的系统模型以及在相应的"人造"环境下进行的。这是仿真的主要功能。

③仿真可以比较真实地描述系统的运行、演变及其发展过程。

（2）仿真的作用

①仿真的过程也是实验的过程，而且还是系统地收集和积累信息的过程。尤其是对一些复杂的随机问题，应用仿真技术是提供所需信息的唯一令人满意的方法。

②对一些难以建立物理模型和数学模型的对象系统，可通过仿真模型来顺利地解决预测、分析和评价等系统问题。

③通过系统仿真，可以把一个复杂系统降阶成若干子系统以便于分析。

④通过系统仿真，能启发新的思想或产生新的策略，还能暴露出原系统中隐藏着的一些

问题，以便及时解决。

系统仿真的基本方法是建立系统的结构模型和量化分析模型，并将其转换为适合在计算机上编程的仿真模型，然后对模型进行仿真实验。由于连续系统和离散（事件）系统的数学模型有很大差别，所以系统仿真方法基本上分为两大类，即连续系统仿真方法和离散系统仿真方法。

在以上两类基本方法的基础上，还有一些用于系统（特别是社会经济和管理系统）仿真的特殊而有效的方法，如系统动力学方法、蒙特卡洛法等。系统动力学方法通过建立系统动力学模型（流图等），利用 DYNAMO 仿真语言在计算机上实现对真实系统的仿真实验，从而研究系统结构、功能和行为之间的动态关系。

1.6.5 系统评价

系统评价是根据预定的系统目标，用系统分析的方法，从技术、经济、社会、生态等方面对系统设计的各种方案进行评审和选择，以确定最优或次优或满意的系统方案。由于各个国家社会制度、资源条件、经济发展状况、教育水平和民族传统等各不相同，所以没有统一的系统评价模式。评价项目、评价标准和评价方法也不尽相同。

1.6.5.1 系统评价步骤

系统评价的步骤一般包括：

明确系统方案的目标体系和约束条件；

确定评价项目和指标体系；

制定评价方法并收集有关资料；

可行性研究；

技术经济评价；

综合评价。

根据系统所处阶段来划分，系统评价又分为事前评价、中间评价、事后评价和跟踪评价。

①事前评价。在计划阶段的评价，这时由于没有实际的系统，一般只能参考已有资料或者用仿真的方法进行预测评价，有时也用投票表决的方法，综合人们的直观判断进行评价。

②中间评价。是指在计划实施阶段进行的评价，着重检验是否按照计划实施，例如用计划协调技术对工程进度进行评价。

③事后评价。是指在系统实施即工程完成之后进行的评价，评价系统是否达到了预期目标。因为可以测定实际系统的性能，所以做出评价较为容易。对于系统有关社会因素的定性评价，也可通过调查接触该系统的人们的意见来进行。

④跟踪评价。是指系统投入运行后对其他方面造成的影响的评价，如大型水利工程完成后对生态造成的影响。

1.6.5.2 系统评价方法

系统评价方法有以下四类。

①专家评估。由专家根据本人的知识和经验直接判断来进行评价。常用的有特尔斐法、评分法、表决法和检查表法等。

②技术经济评估。以价值的各种表现形式来计算系统的效益而达到评价的目的，如净现

值法（NPV 法）、利润指数法（PI 法）、内部报酬率法（IRR 法）和索别尔曼法等。

③模型评估。用数学模型在计算机上仿真来进行评价，如可采用系统动力学模型、投入产出模型、计量经济模型和经济控制论模型等数学模型。

④系统分析。通过对系统各个方面进行定量和定性的分析来进行评估，如成本效益分析、决策分析、风险分析、灵敏度分析、可行性分析和可靠性分析等。

1.7 小结

信息技术的快速发展，促使计算机网络向网络空间发展，信息网络从信息的角度分析网络状态及其特征，分析网络空间中信息的产生、传输、处理等过程。同时本章给出了网络、计算机网络、信息网络的内涵讨论，探讨了复杂网络和网络空间的基本概念。

习 题

①什么是信息？什么是信息技术？什么是信息系统？
②信息的主要表征有哪些？信息的主要特征有哪些？
③信息系统的主要功能组成包括哪几个部分？其各部分主要内容是什么？
④信息系统的要素有哪些？其发展的极限目标是什么？
⑤网络的概念是什么？计算机网络的概念是什么？互联网的概念是什么？信息网络的概念是什么？
⑥什么是复杂网络？复杂网络有哪些主要特征？其主要研究内容有哪些？
⑦网络空间的概念是什么？网络空间的研究价值如何？
⑧什么是工程系统理论？什么是系统工程？
⑨系统工程理论的核心内容是什么？
⑩系统工程的基础方法论有哪些？
⑪简述物理—事理—人理方法论的核心内容。
⑫什么是系统仿真？其价值和作用如何？
⑬系统工程的研究对象和价值是什么？

参考文献

[1] 王越，罗森林. 信息系统与安全对抗理论（第 2 版）[M]. 北京：北京理工大学出版社，2015.
[2] 罗森林. 信息系统与安全对抗——技术篇 [M]. 北京：高等教育出版社，2017.

第 2 章

信息安全与对抗知识基础

2.1 引言

信息安全对抗领域存在其本身的规律和特征，对其规律和特征的理解和掌握有利于保障和提升信息安全与对抗的效果。本章系统阐述了信息安全对抗相关知识基础，包括信息安全、信息攻击、信息对抗、对抗信息等基本概念，信息安全与对抗问题产生的主要根源，从信息社会与信息技术发展的角度阐述其基本对策，信息安全对抗的基础层次、系统层次基础理论，信息安全与对抗的基础技术，信息安全对抗保障体系的建立等。

2.2 基本概念

2.2.1 信息安全的概念

"安全"，是损伤、损害的反义词，"信息"是运动状态的表征与描述，"信息安全"的含义是指"信息"的损伤性变化（即意味着运动状态"表征"的篡改、删除、以假代真等，形成上述结果的方法多种多样，也与多种因素有关），是一件复杂的事。就"信息"的篡改、删除、以假乱真而言，也往往与信息表达形式相关。信息或信息作品的安全问题关联很多内容，涉及很多学科分支，是一个开放性的复杂问题。

2.2.2 信息攻击与对抗的概念

信息安全问题的发生原因，很多与人有关，按人的主观意图分为：一类是过失性，这与人总会有疏漏，总会犯错误有关；另一类是人因某种意图，有计划地采取各种行动，破坏一些信息和信息系统的运行秩序（以达到某种破坏目的），这种事件称为信息攻击。

受到攻击的一方当然不会束手待毙，总会采取各种措施反抗信息攻击，包括预防、应急措施，力图使攻击难以奏效，减小己方损失，以至惩处攻击方、反攻对方等，这种双方对立行动事件称为信息对抗。信息对抗是一组对立矛盾运动的发展过程，过程是动态、多阶段、多种原理方法措施介入的对立统一的矛盾运动。

信息对抗过程可用一个时空六元关系组概括表示，即

$$0. \text{对抗过程} \longleftrightarrow R^n[G, P, O, E, M, T]$$

式中：

n——对抗回合数；

P——参数域（提示双方对抗的重要参数）；
G——目的域；
O——对象域；
E——约束域；
M——方法域；
T——时间；
R^n——表示六元间复杂的相互关系。

2.2.3 信息系统安全问题分类

信息与其运行相关的信息系统是紧密相关、互相不可分割的，这种特性体现在信息安全问题上同样紧密关联，与信息系统相关联的信息安全问题主要有三种类型。

第一种类型，"信息"与信息作品内容被篡改、删除、以假乱真，虽直接体现在"信息"或信息作品上，但发生过程却体现在信息系统的运行上，离不开作为运行平台的信息系统，这正体现了"信息"与信息系统在信息安全问题上相互关联、不可分割。

第二种类型，信息系统发生信息安全问题则意味着系统的有关运行秩序被破坏（在对抗情况下主要是人有意识所为），造成正常功能被破坏而严重影响应用，体现在某时发生对某"信息"的破坏；此外，还会发生其他如"信息"传输不到正确目的地，传输延时过长影响应用的情况。同样，不正常信息的泄露也会严重影响应用。信息系统产生安全问题的具体原因多种多样，总体上认为信息系统及其应用的发展必含矛盾运动，安全对抗问题是众多矛盾对立的一类表现形式。

第三种类型，安全问题是攻击者直接对信息系统进行软、硬破坏，其使用方法可以不直接属于信息领域，而是属于其他领域。例如，利用反辐射导弹对雷达进行摧毁、通过破坏线缆对通信系统进行破坏、利用核爆炸形成多种破坏信息系统的机理、利用化学能转换成的强电磁能破坏各种信息系统等。

2.3 主要根源

2.3.1 基本概念

信息安全问题的产生根源是一个复杂综合性问题，以下就一些主要根源分别进行分析。根据哲学定律，事物内及关联中必然有各种矛盾普遍存在（对立统一的差异对立、对抗等），并将各种矛盾抽象为一种对立统一的范畴来表征具体的矛盾，在信息领域的安全问题上同样遵守此定律，存在着众多安全剖面的矛盾，是产生安全问题的根源。

人们对信息系统的发展设定为人类服务功能越全面、越方便越好，如何在任何时间、任何地点方便地获得和利用信息，这隐含了需要更多的"自由"，更多的"普遍性"，更多的"普遍性的自由"。"自由"与"约束"、"普遍"与"特殊"是对立统一的范畴，信息安全是在普遍性的、自由的整体要求下实现具体"约束"和"特殊性"，这样肯定会出现矛盾，发生"安全问题"，这是一种矛盾体现。

例如，高性能的芯片多工作在高工作频率上，但高工作频率在相对短尺寸上的辐射效应不能忽略，对于信息隐藏而言这是一对矛盾，是由物理规律所决定的性能与信息隐藏之间的矛盾（也是"发展"所引起的矛盾）。

信息安全问题的根源在于事物的矛盾运动。辩证哲学认为，对立统一规律认定事物的存在是体现在不停的运动之中的，运动发展是矛盾的对立统一的运动，没有矛盾就没有发展。例如，计算机网络应用的主体是大量的个人计算机，互联网促进了个人计算机应用功能的发挥。但个人计算机设计和发展的前期却是完全定位于个人应用，并没有考虑网上工作所应具备的安全控制功能，加上在互联网络应用初期应用人数远不如现在多，安全问题也远不如现在这样严重，故其传输协议中安全因素考虑不足。例如：IPv4 协议的众多安全问题；由于手机的智能性形成的各类安全问题；由于网络的开放性导致的个人隐私的保护问题；电子商务中的安全问题等。随着其应用发展日益占据重要地位，反映在信息系统中的矛盾日益突出，所以要求保证安全的防范措施必须快速出台。

从哲学总体上讨论，发展的矛盾是永远存在的，否则便没有"发展"了，信息安全对抗问题的产生和日趋重要，是信息系统日益融入社会，促进社会发展所产生的一种必然矛盾，对此应以理性认识和积极态度来对待。人们努力做的仅是按发展规律预测未来，尽力做些支持发展的事情，力争使发展较为顺利。

后面讨论引发信息安全问题的几类具体矛盾，在具体领域内讨论矛盾运动产生信息安全问题的主要根源。

2.3.2　国家间利益斗争反映至信息安全领域

诞生在中国古代战国时代的孙子兵法，早在 2 000 多年前便精辟指出"知彼知己，百战不殆"，"知彼"是第一位的，靠什么"知彼"，依靠获得的各种信息进行综合分析是关键因素。现代信息科技以及多种国防信息系统在现代战争中起着重要作用，各国都非常重视，甚至提升至尽力争夺"制信息权"的高度。战争领域"对抗"是个本征属性（矛盾斗争的激烈形式），"对抗"在作为为战争服务的信息系统中必然有强烈反映，这是国防信息系统安全问题产生的根源表现。在以信息攻击、反信息攻击、反反信息攻击……对立的对抗过程，它永无完结地持续着，这是国防信息安全领域生存发展的基本规律。例如，国家间通过各种手段尽量获得对方的政治、经济、国防等各类信息情报，以提升己方的实力、应对效率等。

2.3.3　科技发展不完备反映至信息安全领域

人类对科学技术的掌握是一个持续的过程，世界不断运动变化，人类不断认识，这个过程不会完结。总体而言，人类的认识永远落后于客观运动的存在。现实情况是对于科学规律而言，人类只掌握了其中较少部分。对复杂非线性问题、非平稳性问题、生命问题、认知思维问题等所知很少，信息领域很大一部分较深入的科学问题都涉及上述领域。人类对这些问题的认识尚没有"自由"，还处在"必然"中，不掌握科学规律，技术上必然存在被动无奈之处。

例如，大型软件的正确性问题就无法验证，因为在数学上存在尚未解决的问题，会存在很多错误、缺陷或漏洞，从而造成严重的信息安全问题。复杂网络可抽象为复杂的拓扑结构，但拓扑学中很多问题尚未解决。不同于生物有免疫能力和自我恢复能力，无生命的信息系统全靠事先将各种意外情况充分估计，人为设定状态以应对特殊情况。各种信息系统中，包含了很多人类尚不完全认识的规律。外加事先不可能充分估计的情况和设定应对状态，这就是发生各种信息安全问题的一种根源。

2.3.4 社会中多种矛盾反映至信息安全领域

人类进化形成过程持续了数百万年，而有历史记载的只有5 000余年。虽然近100多年，尤其是近半个世纪，科技迅速发展推动了社会发展（尤其是物质文明方面）。但就人类社会总体情况而言存在不少问题，距离较理想状态差距仍很大。如欠发达国家中很多人处在饥饿状态，很多儿童营养不良，更谈不上享有良好教育；一些发达国家倚仗自己的经济、科技优势，在国际交往中处于不平等优势地位；超级大国总在千方百计实施霸权主义，把自己的意识形态强加于人，实质上是力图控制、驾驭别国，甚至不顾其他人的生存发展权。这种国家间、社会中不合理的客观存在，扭曲了正常人性，激起各种反抗，包括信息对抗，而"反抗"中也有过激伤及无辜的情况，信息安全对抗问题严重者构成犯罪。人们知道社会犯罪是一种社会现象，社会中总有少数犯罪分子要伺机犯罪以达到其个人不法目的。当信息科技广泛嵌入社会服务里，其反面效应体现在：高科技信息犯罪具有隐蔽性、快捷高效性等，高科技吸引犯罪分子利用信息对抗手段进行犯罪的比例呈增加趋势，犯罪原因有多种，其中有部分原因"社会"应承担道义上的责任（甚至诱因责任），如一些青少年成长处于种种逆境，社会关心帮助不够多，形成孤僻或强烈的逆反报复心理。有的青少年"平权"思想浓厚，反对知识产权带给个人创造的巨大财富（如软件专利等），对此认为不公平，要讨回公道。有的人对他人拥有大量财富心理失衡，而在信息网络中攻击掠取既方便又隐藏，还可达到心理平衡。有的法盲还错误地认为没有实地动手抢劫不算犯罪，也助长了种种信息犯罪行为。总之，很多社会原因及犯罪原因在信息科技、信息系统密切融入社会的情况下，必然会在信息领域有所反映，形成各种信息安全及信息犯罪问题。

2.3.5 工作中各种失误反映至信息安全领域

人虽然是万物之灵，但在高度紧张的长期工作中，会因种种原因不可避免地发生疏漏、错误，其中部分会形成信息安全问题并在对抗环境中造成损失。例如，工作时不小心将信息系统的电源关闭，导致信息的大量损失，甚至造成信息系统的直接破坏。

2.4 基本对策

2.4.1 基本概念

本节在上两节论述结论的基础上讨论"发展"，具体有两个方面：第一方面从宽范围支持信息安全发展角度讨论，第二方面从较专门的范围对信息攻击防范角度进行讨论。

总体上，由社会进步、科技发展、社会成员素质提高作为基础，促进信息安全的发展。社会是人类社会，是人类众多个体结合形成整体活动的社会，科技发展是指人类掌握客观规律及实践的方法、路径（包括人类社会及人自己发展的客观规律），总之都密切关联到人，要以人为本。信息安全问题的最基础根源是来自人类所涉及的诸多"关系"与状态中的一种，它在社会中越来越重要，值得被注意。随着社会的进步与科技的发展，不断有新的信息科技和系统进入社会，服务于人，发挥作用，淘汰陈旧的系统和技术，"附着"在淘汰的系统和技术上的安全对抗问题也随之消亡。社会进步不断产生更合理的社会秩序，人的素质的提高能够使更多人自觉遵守高尚的道德品行，总体上减少由各种违法违规所产生的信息安全事件，因此更"大"更广泛的社会发展是信息安全发展的广泛基础。

2.4.2 不断加强中华优秀文化的传承和现代化发展

中华文化是世界上少数延续数千年的优秀文化之一，是世界文明财富的重要组成，也是中华民族的瑰宝，其底层"核心"是哲学文化具有稳固发展的特性。虽不易感觉到它的存在，但它实际上是中华民族的灵魂，须臾不可离，它在深层次对中华民族的生存发展发挥作用。中国哲学思维的特点是：崇尚辩证的对立统一，强调整体，非常注重"综合"，争取和谐存在。中华文化讲究兼容并蓄，这与过分注重分析、分离、对立以至容易发生还原论、绝对化、单极化等思维方式（易造成偏差）截然不同。中华文化的核心理念将在21世纪及其后续漫长岁月中对人类文明（包括科学技术、人的道德品行、社会进步等）发展起到重要的促进作用，对扎根在社会、科技、人类道德品行而同步发展的信息安全对抗问题，必然具有基础功能。

2.4.3 不断完善社会发展相关机制，改善社会基础

关怀青少年成长的社会机制是重要的战略机制，是对逆境和困境中的青少年心理健康成长、得到良好教育等方面关心帮助的有力措施，此外对社会弱势、困难群体的帮助支持机制等都是减少社会激烈矛盾、减少"对抗"的基础机制。还有一种顶层机制也很重要，即关注社会自身发展机制的机制，它的重要性体现在社会自身发展能力的加强是一种强化内因的根本作用，类推至信息安全领域，便是一种使全社会关心信息安全的正面发展机制，这是一种造血型发展机制。

2.4.4 不断加强教育的以人为本理念，提高人的素质和能力

"教育"的本质目的和作用是人类文明的传承和持续人类的进化发展，这里的教育是指整个教育体系，包括各种"教育"。人的素质和能力的提高，是从"以人为本"的概念上促进了信息安全的发展，其道理是容易理解和公认的，在此不再详细叙述。本书将讨论加强信息安全的直接措施，主要讨论科技领域的重要措施及法律领域的主要措施。

2.4.5 不断加强基础科学发展和社会理性化发展

自然科学与数学领域的发展是信息科学技术及信息安全发展的基础，这是因为源自自然科学与数学的信息都是由各自学科领域研究事物运动规律及其状态的表征，它们的发展都是"信息"及信息安全发展的必要基础，众多学科也都是从"物理"角度发挥基础作用。当信息领域所需"基础"有突破性发展后信息及其安全领域定有长足发展。社会基础学科的发展，是在"人理"及"事理"基础层次支持信息安全的发展。信息安全问题，尤其是信息攻击与防范领域密切涉及社会与人的各种内在因素，先进社会与更高的人的素质水平，是社会更高理性的基础，必然对应于更好的社会信息安全状态。而人文科学是以研究人本身的完

善为目标的学科，人的完善是通过培养德性达到人的博雅、卓越和完善（如公正、正义、勇敢、谦虚、团结、为公、自强不息等品行）的目的。社会科学是研究人类社会不断科学发展的学科，它将人类社会多层次、多剖面的功能、结构及其相结合的运行机制等作为研究内容，分别形成如政治经济学、政治学、社会学、犯罪学、法学等学科。这些学科的研究发展，是建立先进社会机制的理论基础。人类社会是一个极其复杂的巨系统，其持续进化非常需要理论基础的支持和人类长期不断提高理性的实践活动，"信息安全"作为人类社会发展、应用"信息"的重要条件与"社会"存在着互动，社会发展更先进，必然会有利于"信息"的安全利用。

2.4.6 依靠技术科学构建信息安全领域基础设施

①加强相关领域应用基础对应的技术科学研究及应用研究是在信息领域及信息安全领域取得"创新"和"可持续发展"的直接动力。其"相关领域"内涵非常广泛，有与"信息"直接相关的，如电子学、光电子学、信息论、通信理论、数字技术、计算机科学与技术等。另外，还包括物理、化学、数学、生物学等有关领域，它们对技术的进一步发展起基础性支持作用，如大型软件可靠性的提高、大型网络组成结构耐破坏性的提高、密码安全性的提高都需基础学科深层次的支持。

②建立和发展信息安全基础设施。信息安全基础设施是一个体系概念，是由各种必需的信息安全基础设施（本身是复杂系统）组成的，它同时处于动态发展、不断变化中，按工作性质可分为信息安全运行基础设施、信息安全科技发展基础设施、法律鉴定认定基础设施等。运行类又可再分为公共密码基础设施（只负责公钥制密码使用管理，保证有序运行）、各类认证中心、认证中心的认证机构等。建立各种信息安全基础设施，需要多种学科和人才的支持，主要是信息科技以及与信息科技相联系的管理学科和人才。

③建立较完整的软硬件兼备的安全产品系列。这项工作是保证信息系统安全的直接物质基础，没有这些基础就无法构筑安全信息系统，即丧失了"信息安全"的基础条件。信息安全产品种类很多，如有关的密码产品系列（包括算法）就是一种典型产品，水印产品也是。

④建立符合安全标准的信息通用基础产品系列。数字技术的应用大大促进了信息类产品的普及和迅速发展，形成一个庞大领域。各类应用产品门类繁多，可划分不同层次和不同剖面来研究其发展规律。例如，从信息安全角度来讲，有专门信息安全类产品系列，这样并不足以保证信息安全，尚需支持安全产品的基础通用产品系列。"信息安全"防范攻击是一个系统性问题，必须在多层次、多环节上保证安全，如在应用层利用信息安全产品（如加密密文传递），但若在信息加密前便已泄露，则应用层安全也无意义。而基础层次的安全往往与一些通用基础性产品密切有关，如CPU、操作系统、数据库管理，若有漏洞则很容易发生安全问题。同时还应指出，这些高性能标准的通用基础产品系列的发展，不单与信息安全密切相关，而且与信息领域全面发展（包括扩大市场竞争能力、国防建设发展等）密切相关，应选择几个重点方向大力促进发展，才能使信息系统与信息安全同步发展。

本节在前几节概念的基础上提出一些重点发展工作：要使我国信息领域呈系统性的可持续发展特性，必须提高国家安全、国防建设的前沿核心信息科技的发展能力，这是中华民族复兴必备条件之一。从工作原理到"能力"的实现，中间需经过众多艰苦的工作环节以及众多科技人员及从事相关工作的人们的长期努力才能达到，其中那些从事基础研究和应用基础研究的人客观上只有少数人成功获得重大突破，大部分人只会给后继者提供"经验"和"基石"，他们的精神是可贵的，也是值得发扬的。

2.5 基础理论

2.5.1 基础层次原理

2.5.1.1 信息系统特殊性保持利用与攻击对抗原理

在各种信息系统中，其工作规律、原理可以概括地理解为在普遍性（相对性）基础上对某些"特殊性"的维持和转换，如信息的存储、交换、传递和处理等。"安全"可理解为"特殊性"的有序保持和运行，各种"攻击"可理解为对原有的序和"特殊性"进行有目的的破坏、改变以至渗入，实现攻击目的的"特殊性"。在抽象概括层次，信息安全与对抗的斗争是围绕特殊性展开的，信息安全主要是特殊性的保持和利用。

2.5.1.2 信息安全与对抗信息存在相对真实性原理

伴随着运动状态的存在，必定存在相应的"信息"。同时，由于环境的复杂性，具体的"信息"可有多种形式表征运动，且具有相对的真实性。信息作为运动状态的表征是客观存在的，但信息不可能被绝对隐藏、仿制和伪造，这是运动的客观存在及运动不灭的本质所形成的，信息存在相对真实性。

2.5.1.3 广义时空维信息交织表征及测度有限原理

各种具体信息存在于时间与广义空间中，即信息是以某种形式与时间、广义空间形成的某些"关系"来表征其存在的。信息的具体形式在广义空间所占大小以及时间维中所占长度都是有限的。在信息安全领域，可将信息在时间、空间域内进行变换和（或）处理以满足信息对抗的需要。例如，信息隐藏中常用的低截获概率信号，便是利用信息、信号在广义空间和时间维的小体积难以被对方发现截获的原理。

2.5.1.4 在共道基础上反其道而行之相反相成原理

该原理是矛盾对立统一律在信息安全领域的一个重要转化和体现。"共其道"是基础和前提，也是对抗规律的一部分，在信息安全对抗领域以"反其道而行之"为核心的"逆道"阶段是对抗的主要阶段，是用反对方的"道"以达到己方对抗目的的机理、措施、方法的总结。运用该原理研究信息安全对抗问题，可转化为运用此规律研究一组关系集合中复杂的动态关系的相互作用。相反相成原理表现在对立面互相向对方转换，借对方的力帮助自己进行对抗等，都是事物矛盾时空运动复杂性多层次间"正""反"并存的斗争，在矛盾对立统一律支配下产生的辩证的矛盾斗争运动过程。

2.5.1.5 在共道基础上共其道而行之相成相反原理

信息安全对抗双方可看作互为"正""反"，在形式上以对方共道同向为主，实质上达到反向对抗（逆道）效果的原理，称为共其道而行之的相成相反原理。"将欲弱之，必固强之，将欲废之，必固举之，将欲取之，必固予之"，在信息安全对抗领域该原理中的"成"和"反"常具有灵活多样的内涵。例如，攻击方经常组织多层次攻击，其中佯攻往往吸引对方的注意力，以掩盖主攻易于成功，而反攻击方识破佯攻计谋时往往也佯攻以吸引对方主攻早日出现，然后痛击之。

2.5.1.6 争夺制对抗信息权快速建立对策响应原理

根据信息的定义和信息存在相对性原理，双方在对抗过程所采取的任何行动，必定伴随着产生"信息"，这种"信息"称为"对抗信息"。它对双方都很重要，只有通过它才能判断对方攻击行动的"道"，进而为反对抗进行"反其道而行之"提供基础，否则无法"反其道而行之"，更不要说"相反相成"了。围绕"对抗信息"所展开的双方斗争是复杂的空、时域的斗争，除围绕"对抗信息"隐藏与反隐藏体现在空间的对立斗争外，在时间域中也存在着"抢先""尽早"意义上的斗争，同样具有重要性。时空交织双方形成了复杂的"对抗信息"斗争，成为信息安全对抗双方斗争过程第一回合的前沿焦点，并对其胜负起重要作用。

2.5.2 系统层次原理

2.5.2.1 主动被动地位及其局部争取主动力争过程制胜原理

本原理说明，发动攻击方全局占主动地位，理论上它可以在任何时间、以任何攻击方法、对任何信息系统及任何部位进行攻击，攻击准备工作可以隐藏进行。被攻击方在这个意义上处于被动状态，这是不可变更的，被攻击方所能做的是在全局被动下争取局部主动。争取局部主动的主要措施如下。

①尽可能隐藏重要信息。

②事前不断分析己方信息系统在对抗环境下可能遭受攻击的漏洞，事先预定可能遭攻击的系统性补救方案。

③动态监控系统运行，快速捕捉攻击信息并进行分析，科学决策并快速采取抗攻击有效措施。

④在对抗信息斗争中综合运筹争取主动权。

⑤利用假信息设置陷阱诱使攻击方发动攻击而加以灭杀等。

2.5.2.2 信息安全问题置于信息系统功能顶层综合运筹原理

信息安全问题是嵌入信息系统功能中的一项非常重要的功能，但毕竟不是全部功能而是只起保证服务作用。因此，对待安全功能应根据具体情况，科学处理，综合运筹，并置于恰当的"度"范围内。但需着重说明，针对安全功能要求高的系统，必然要考虑并在系统设计之初就应考虑信息安全问题。

2.5.2.3 技术核心措施转移构成串行链结构形成脆弱性原理

任何技术的实施都是相对有条件地发挥作用，必依赖其充要条件的建立，而"条件"作为事物又不可缺少地依赖更底层条件的建立，即条件的条件，每一种安全措施在面对达"目的"实施的技术措施中，即由达"目的"的直接措施出发逐步落实效果的过程中，其必然遵照从技术核心环节逐次转移直至普通技术为止这一规律，从而形成串行结构链规律。

2.5.2.4 基于对称变换与不对称性变换的信息对抗应用原理

"变换"可以指相互作用的变换，可以认为是事物属性的"表征"由一种方式向另一种转变，也可认为是关系间的变换，即变换关系。在数学上可将变换看成一种映射，在思维方法中将进行变换看成一种"化归"。这种原理也可用于信息安全对抗领域，即利用对称变换保持自己的功能，同时利用对方不具备对称变换条件以削弱对方达到对抗制胜的目的。

2.5.2.5 多层次和多剖面动态组合条件下间接对抗等价原理

设系统构成可划分 $L_0, L_1, L_2, \cdots, L_n$ 的层次结构，且 $L_0 \subset L_1 \subset L_2 \subset \cdots \subset L_n$，如在 L_i 层子系统受到信息攻击，采取某措施时可允许在 L_i 层性能有所下降，但支持在 L_{i+j} 层采取有效措施，使得在高层次的对抗获胜，从而在更大范围获胜。因此，对抗一方绕开某层次的直接对抗，而选择更高、更核心层进行更有效的间接式对抗称为间接对抗等价原理。

2.5.3 系统层次方法

在信息安全对抗问题的运行斗争中，基础层次和系统层次原理在应用中，你中有我，我中有你，往往交织地、相辅相成地起作用，而不是单条孤立地起作用，重要的是利用这些原理观察、分析掌握问题的本征性质，进而解决问题。人们称实现某种目的所遵循的重要路径和各种办法为"方法"，"方法"的产生是按照事物机理、规律找出具体的一些实现路径和办法，因此对应产生办法的"原理"集，它是"方法"的基础，在信息安全与对抗领域，重要的问题是按照实际情况运用诸原理灵活地创造解决问题的各种方法。

① "反其道而行之相反相成"方法。本方法具有指导思维方式和起核心机理的作用，"相反相成"部分往往巧妙地利用各种因素，包括对方"力量"形成有效的对抗方法。

② "反其道而行之相反相成"方法与"信息存在相对性原理""广义空间维及时间维信息的有限尺度表征原理"相结合，可以形成对信息进行攻击或反攻击的方法。

③ "反其道而行之相反相成"方法与"争夺制对抗信息权及快速建立系统对策响应原理"相结合为对抗双方提供技术方案。

④ "反其道而行之相反相成"方法与"争夺制对抗信息权及快速建立系统对策响应原理""技术核心措施转移构成串行链结构而形成脆弱性原理"相结合可以形成一类对抗技术方案性方法。

⑤ "反其道而行之相反相成"方法及"变换、对称与不对称变换应用原理"相结合指导形成或直接形成一类对抗技术方案性方法。

⑥ "共其道而行之相成相反"重要实用方法。"相成相反"展开为：某方在某层次某过程对于某事相成；某方在某层次某过程对于某事相反。前后两个"某方"不一定为同一方。在实际对抗过程中，对抗双方都会应用"共其道而行之相成相反"方法。

⑦ 针对复合式攻击的各个击破对抗方法。复合攻击是指攻击方组织多层次、多剖面时间、空间攻击的一种攻击模式，其特点是除在每一层次、剖面的攻击奏效都产生信息系统安全问题外，实施中还体现在对对方所采取对抗措施再形成新的附加攻击，这是一种自动形成连环攻击的严重攻击。对抗复合攻击可利用对方攻击次序差异（时间、空间）各个击破，或使对抗攻击措施中不提供形成附加攻击的因素等。

2.6 基础技术

2.6.1 攻击行为分析及主要技术

2.6.1.1 网络攻击行为过程分析

图 2.1 为一般攻击行为过程示意图，一个攻击行为的发生一般有三个阶段，即攻击准

备、攻击实施和攻击后处理。当然，这种攻击行为有可能对攻击目标未造成任何损伤或者说攻击未成功。下面简要介绍各阶段的主要内容及特点。

图 2.1　攻击行为过程示意图

（1）攻击准备

攻击的准备阶段可分为确定攻击目标和信息收集两个子过程。攻击前首先确定攻击目标，而后确定要达到什么样的攻击目的，即给对方造成什么样的后果，常见的攻击目的有破坏型和入侵型两种。破坏型攻击指的是破坏目标，使其不能正常工作，而不是控制目标系统的运行。另一类是入侵型攻击，这种攻击是要获得一定的权限达到控制攻击目标或窃取信息的目的。入侵型攻击较为普遍，威胁性大，因为一旦获得攻击目标的管理员权限就可以对此服务器做任意动作，包括破坏性质的攻击。此类攻击一般利用服务器操作系统、应用软件或者网络协议等系统中存在的漏洞进行。在确定攻击目标之后，最重要的是收集尽可能多的关于攻击目标的信息，以便实施攻击，这些信息主要包括：目标的操作系统类型及版本，目标提供的服务类型，各服务器程序的类型、版本及相关的各种信息等。

（2）攻击实施

当收集到足够的信息后，攻击者就可以实施攻击了，对于破坏型攻击只需利用必要的工具发动攻击即可。但作为入侵型攻击，往往要利用收集到的信息找到系统漏洞，然后利用该漏洞获得一定的权限，有时获得一般用户的权限就足以达到攻击的目的，但一般攻击者都想尽办法获得系统最高权限，这不仅是为了达到入侵的目的，在某种程度上也是为了显示攻击者的实力。系统漏洞一般分为远程和本地漏洞两种，远程漏洞是指可以在别的机器上直接利用该漏洞进行攻击并获得一定的权限，这种漏洞的威胁性相当大，攻击行为一般是从远程漏洞开始，但是利用远程漏洞不一定获得最高权限，往往获得一般用户的权限，只有获得了较高的权限（如管理员的权限）才可以进行入侵行为（如放置木马程序）。

（3）攻击后处理

如果攻击者完成攻击后，立刻离开系统而不做任何后续工作，那么他的行踪将很快被系统管理员发现，因为所有的网络操作系统都提供日志记录功能，会把系统上发生的事件记录下来，所以攻击者发动完攻击后，一般要做一些后续工作。对于破坏型攻击，攻击者隐匿踪迹是为了不被发现，而且还有可能再次收集信息以此来评估攻击后的效果。对于入侵型攻击最重要的是隐匿踪迹，攻击者可以利用系统最高管理员身份随意修改系统上文件的权利。隐匿踪迹最简单的方法是删除日志，但这样做虽然避免了系统管理员根据日志的追踪，但也明确地告诉管理员系统已经被入侵了，所以一般采用的方法是修改日志中与攻击行为相关的那一部分，而不是删除日志。但只修改日志仍不够，有时还会留下蛛丝马迹，所以高级攻击者可以通过替换一些系统程序的方法进一步隐藏踪迹。此外，攻击者在入侵系统后还有可能再次入侵该系统,所以为了下次进入的方便,攻击者往往给自己留下后门,如给自己添加一个账号、增加一个网络监听的端口、放置木马等。还有一种方法,即通过修改系统内核的方法可以使管理员无法发现攻击行为的发生,但这种方法需要较强的编程技巧,一般的攻击者较难完成。

2.6.1.2 几种主要的网络攻击技术

信息系统安全攻击和检测技术涉及的内容很多,包括网络安全扫描技术、网络数据获取技术、计算机病毒技术、特洛伊木马技术、IP/Web/DNS 欺骗攻击技术、ASP/CGI 安全性分析、拒绝服务攻击、缓冲区溢出攻击、信息战和信息武器等。下面简介其中的几项主要技术。

(1) 安全扫描技术

安全扫描技术是在攻击进行前的主动检测。安全扫描技术与防火墙、安全监控系统互相配合就能够为网络提供较高的安全性。安全扫描技术从扫描的方式看主要分为两类:基于主机的安全扫描技术和基于网络的安全扫描技术。基于主机的安全扫描技术主要针对系统主机的脆弱性、弱口令,以及针对其他与安全规则、策略相抵触对象的检查等。基于网络的安全扫描技术是一种基于网络的远程检测目标网络或本地主机安全性脆弱点的技术,通过执行一些脚本文件模拟对系统进行攻击的行为并记录系统的反应,从而发现其中的漏洞。

(2) 网络数据获取技术

无论从攻击及检测的角度,还是从防御和对抗的角度,网络数据获取都是不可缺少的步骤。如通过网络监听可以侦听到网上传输的口令等信息;通过截获网络数据可以获取秘密或重要信息;入侵检测系统必须通过获取网络数据达到攻击检测的目的等。网络数据获取可以通过多种方式实现,如利用以太网的广播特性,或通过设置网络设备的监听端口,或通过分光技术来实现等。随着网络带宽的不断增加,网络数据获取的技术要求也越来越高,要很好地解决丢包和海量数据的存储等问题。网络数据获取只是安全对抗的第一步,关键是获取数据的后处理能力和处理结果的有效性。

(3) 计算机病毒技术

《中华人民共和国计算机信息系统安全保护条例》第 28 条指出:"计算机病毒,是指编制或者在计算机程序中插入的破坏计算机功能或者毁坏数据,影响计算机使用,并能自我复制的一组计算机指令或者程序代码。"计算机病毒一般具有以下特性:程序性(可执行性)、传染性、寄生性(依附性)、隐蔽性、潜伏性、触发性、破坏性、变种性(衍生性)等。按攻击的系统分类,有 DOS 系统病毒、Windows 系统病毒、UNIX 系统病毒。按链接方式可将计算机病毒分为以下几类:源码型病毒、嵌入型病毒、外壳型病毒、操作系统型病毒等。按寄生部位或传染对象分类,有磁盘引导区型、操作系统型、可执行程序型病毒等。计算机病毒会破坏计算机系统数据、抢占系统资源、影响计算机运行速度以及造成不可预见的危害,如给用户造成严重的心理压力。计算机病毒的检测有手工检测和自动检测两种,具体方法包括比较法、搜索法、分析法、感染实验法、软件模拟法、行为检测法等,其消除也有手工消毒和自动消毒两种方法。

(4) 特洛伊木马技术

特洛伊木马(Trojan Horse)是隐蔽在计算机程序里面并具有伪装功能的一段程序代码,实质上是一个网络客户/服务程序,木马被激活运行后,潜伏在后台监视系统的运行,能实现合法软件的功能，包括复制、删除文件、格式化硬盘、发电子邮件、释放病毒等。根据破坏、侵入目的的不同，木马可分为以下几种：远程访问型、密码发送型、键盘记录型、毁坏型、FTP 型等。木马一般具有以下特征：自动执行性、隐蔽性、非授权性、难清除性等。木马攻击的过程一般分为三个阶段：传播木马、运行木马和建立链接。

（5）缓冲区溢出攻击技术

缓冲区溢出攻击是一种利用目标程序的缓冲区溢出漏洞，通过操作目标程序堆栈并暴力改写其返回地址，从而获得目标控制权的攻击手段。1988 年的莫里斯蠕虫事件以来，缓冲区溢出攻击一直是网络上最普遍、危害最大的一种网络攻击手段。缓冲区溢出漏洞是由于程序本身的不安全因素引起的，随着软件内存动态分配的复杂性提高及软件模块的增加，尽可能找到软件中的错误或漏洞变得更加困难，因此软件设计之初、之中、之后均要考虑其安全问题。

（6）拒绝服务攻击

拒绝服务（Denial of Service，DoS）攻击是一种简单的破坏型攻击行为，广义上可以指任何导致网络设备不能正常提供服务的攻击。确切地说，DoS 攻击是指故意攻击网络协议实现的缺陷或直接通过各种手段耗尽被攻击对象的资源，达到让目标设备或网络无法提供正常服务的目的，使目标系统停止响应甚至崩溃。根据 DoS 攻击产生的原因，可分为利用协议中的漏洞、利用软件实现的缺陷、发送大量无用突发数据耗尽资源以及欺骗型攻击等类型。

（7）信息战与信息武器

信息战实际上是在信息领域进行的战斗，是己方为夺取战场信息的获取、传输、处理和使用信息的控制权，即夺取"制信息权"，同时干扰破坏敌方信息的获取、传输、处理和使用信息的能力所进行的斗争。争夺制信息权的斗争，如同以往争夺制空权、制海权一样，成为现代战争各个战场上争夺的焦点；掌握了制信息权，也就掌握了战争的主动权。信息战是获得信息优势的保障，是决定战争中战略及战术主动权乃至胜利的主要因素之一，具有强烈的威慑作用。其威慑作用是通过信息及信息攻击的实力给敌方的人员以心理打击，影响敌方指挥者的决策、指挥和控制，使敌方产生畏惧、恐慌心理，从而削弱敌方的战斗意志及战斗力，实现"不战而屈人之兵"的目的。防御性信息战应包括以下内容：电子战防卫、计算机/通信和网络安全防护、反情报、防御性的军事欺骗及反欺骗、防御性心理战、防物理摧毁等。此外，不断有新的技术应用于信息战中，如虚拟现实技术、定向能武器等。所有用于信息战的武器都可以称为信息战武器，信息武器是信息战武器的一部分，是在攻击时能够影响目标信息系统或计算机网络的特殊信息和材料。广义上的信息武器有硬件和软件两种形式，硬件形式的信息武器主要有：捣鬼芯片、微波炸弹、纳米机器人和生物炸弹等；软件形式的信息武器主要有计算机病毒、特洛伊木马、后门等。

2.6.2 对抗行为分析及主要技术

2.6.2.1 网络安全防御行为和对抗过程分析

一般情况下被攻击方几乎始终处于被动局面，不知道攻击行为在什么时候、以什么方式、以什么样的强度进行，故而被攻击方只有沉着应战才有可能获取最佳效果，把损失降到最低。单就防御来讲，相应于攻击行为过程，防御过程也可分为三个阶段，如图 2.2 所示，即确认攻击、对抗攻击、补救和预防。防御方首先要尽可能早地发现并确定攻击行为、攻击者，所以平时信息系统要一直保持警惕，收集各种有关攻击行为的信息，不间断地进行分析、判定。系统一旦确定攻击行为的发生，无论是否具有严重的破坏性，防御方都要立即、果断地采取行动阻断攻击，有可能的情况下以主动出击的方式进行反击（如对攻击者进行定位跟踪）。此外，尽快修复攻击行为所产生的破坏性，修补漏洞和缺陷来加强相关方面的预防，对于造成严重后果的还要充分运用法律武器。

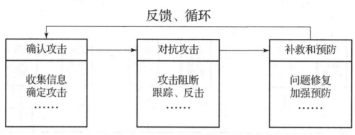

图 2.2　防御行为过程示意图

（1）确认攻击

攻击行为一般会产生某些迹象或者留下踪迹，所以可根据系统的异常现象发现攻击行为。如异常的访问日志；网络流量突然增大；非授权访问（如非法访问系统配置文件）；正常服务的中止；出现可疑的进程或非法服务；系统文件或用户数据被更改；出现可疑的数据等。发现异常行为后，要进一步根据攻击的行为特征，分析、核实入侵者入侵的步骤，分析入侵的具体手段和入侵目的。一旦确认出现攻击行为，即可进行有效的反击和补救。总之，确认攻击是防御、对抗的首要环节。

（2）对抗攻击

一旦发现攻击行为就要立即采取措施以免造成更大的损失，同时在有可能的情况下给予迎头痛击，追踪入侵者并绳之以法。具体地可根据获知的攻击行为手段或方式采取相应的措施，比如，针对后门攻击及时堵住后门，针对病毒攻击利用杀毒软件或暂时关闭系统以免扩大受害面积等；还可采取反守为攻的方法，追查攻击者，复制入侵行为的所有影像作为法律追查分析、证明的材料，必要时直接通过法律途径解决或报案。

（3）补救和预防

一次攻击和对抗过程结束后，防御方应吸取教训，及时分析和总结问题所在，对于未造成损失的攻击要修补漏洞或系统缺陷；对于已造成损失的攻击行为，被攻击方应尽快修复，尽早使系统工作正常，同时修补漏洞和缺陷，需要的情况下运用法律武器追究攻击方的责任。总之，无论是否造成损失，防御方均要尽可能地找出原因，并适时进行系统修补（亡羊补牢），而且要进一步采取措施加强预防。

将待研究问题高度抽象概括构成以数学概念、理论、方法等为基础的一组数学关系（或称数学结构）用以同态表征运动规律，称为数学模型。通过建立模型解决问题是人们利用人脑对欲解决问题进行抽象的过程，是常用的一种"化归"方法。模型的建立同时也是一种映射关系的建立，即由运动着的事物通过掌握信息及其本质特征建立一种本质关系的映射。根据具体情况，简单的事物可对其本质关系建立一种简单模型；复杂事物有多层次、多剖面的动态关系，其模型也可能有多层次、多剖面的隶属关系，所以可根据不同的前提条件和不同的目的建立多种模型。

信息安全与对抗问题本身是一个极为复杂的问题，如果能对该问题抽象出一种模型，将会对信息安全与对抗问题的解决起到积极的指导作用，这也是信息安全与对抗系统层次上的分析和研究。这里主要是通过对信息攻击和防御过程的分析，基于系统层次建立一种信息系统对抗过程的"共道—逆道"抽象模型，如图 2.3 所示。

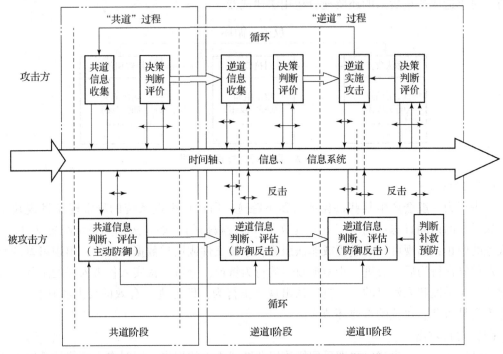

图 2.3　信息系统攻击与对抗过程"共道—逆道"模型

攻击与对抗首先是一个过程，对于整个系统以及时间轴来讲，这个过程是不断连续的，随着人类社会的发展而连续，即攻击与对抗过程贯穿于人类社会发展的整个过程。但从分析、理解、设计、评价的角度，一个具体的过程可以置于准静态之中来分析和建模。针对具体系统的一次具体攻击与对抗而言，它是连续之中的间断，有开始也有结束，有不同对抗斗争的方法方式，还有不同的子阶段，子阶段之间既有衔接也有区别，所以，一个具体的攻击与对抗行为是一个既有连续又有间断的过程，双方都希望对方早些失败来结束该过程，但就整体而言，信息系统对抗是一种矛盾的发展过程，它将不断演化发展。

过程是相对于时间而言的，所以网络攻击与对抗过程模型应以时间轴为基准，把整个攻击和对抗行为映射于相对位置的时间轴上，这种时间关系对于双方在不透明情况下的对抗斗争，以及"知彼知己"来获得信息很重要，即获得信息越及时、越早越好，行动也要尽早、尽快，要力争在对方来不及反应时便动手，即"攻其不备"，时间拖得越长信息越容易暴露，行动就越容易失败，同时也会丧失主动权，这些均是攻守双方力求避免的局面。

"道"，这里是指规律、秩序、机制、原理等，"共道"即是遵循共同的原理、机制、秩序；"逆道"即指相"逆"而行。还应强调的是，信息系统中"共道"是多个内容的集合，不是指单一元素；同样，"逆道"也是多个内容集合。模型中"共道"是指为达到某种攻击目的所必要的"共道"集合，其中可能有多种元素，是"共道"内容集合的子集，即达到攻击目的的必要元素的集合；同样，"逆道"也是达到目的的必要元素的"逆道"内容集合的子集。

综合考虑时间因素、过程因素以及"道"的因素，便形成了具有串联结构的信息系统对抗过程的"共道—逆道"抽象模型（见图2.3）。从图中可以明显得出，总体上讲，对于一次攻击与对抗过程可分为三个阶段，即"共道"阶段、"逆道Ⅰ"阶段和"逆道Ⅱ"阶段。前面分析中，攻击方和被攻击方行为也分为三个阶段，但这与对抗过程模型中的三个阶段的划分有所不同，即对抗过程模型不是攻击和防御过程三阶段的简单堆砌或拼凑。模型以时间轴为基准，攻击方和被攻击方的行为有较严格的时间对照关系。很明显，被攻击方一般情况下处于被动局面，虽然能提供主动防御措施，但很难预测得出攻击行为的发生（虽然通过统计可以发现某些类型的攻击，但大多数情况下这种方法并不能起作用）。而攻击方始终处于主动，能在任何时间、任意地点以任何方式实施攻击（注：图2.3中的横向双箭头是指该"行为"在时间轴上的移动）。

下面对对抗过程模型进行具体分析、运用。

"共道"阶段：对于攻击方而言，在"共道"阶段将主要利用共有的信息（如规律、机制、原理等）进行信息收集，当收集到足够信息后便可做出决策——是否需要进一步收集"逆道"信息（如系统漏洞或缺陷等）或实施攻击。如果欲立即实施攻击，其过程便可直接转至"逆道Ⅱ"阶段，即实施攻击阶段（如拒绝服务攻击，它并不需要收集逆道信息便可直接实施攻击），这种情况下整个攻击与对抗过程就分为两个阶段，即"共道"和"逆道Ⅱ"阶段。对于被攻击方而言，在"共道"阶段很难获得攻击行为所表现的信息，这主要是因为"共道"阶段攻击行为无显著的特征（攻击方在收集信息的过程中可能会不留下任何踪迹），故很难采取必要的反击措施，但这个阶段被攻击方可以采取必要的措施进行主动防御，尽可能消除系统的缺陷和漏洞，以使攻击方无机可乘，总体来讲，"共道"阶段，对于被攻击方而言，只是对后续的攻击提供信息积累作用，为反击提供一定程度的支持，该阶段很难实施对抗反击行为。

"逆道"过程总体上分为两个阶段，即"逆道Ⅰ"和"逆道Ⅱ"阶段。但这两个阶段对于一次具体的攻击和对抗过程，也有可能只存在"逆道Ⅱ"阶段，而不存在"逆道Ⅰ"阶段，这种情况下，攻击方通过"逆道Ⅱ"阶段便达到了攻击的目的，而不需要实施"逆道Ⅰ"阶段的信息收集，这种攻击行为一般属于破坏型攻击（如前面提到的拒绝服务攻击）。但大多数情况下，对于攻击者来说必须通过"逆道Ⅰ"信息收集才有可能达到攻击目的。没有通过"逆道Ⅰ"过程收集到足够的"逆"信息，就无法实施具体的攻击，也就不能达到最终的攻击目的（如木马攻击），这种情况下"逆道"两个阶段都需要，缺一不可。对于被攻击方而言，如果在"逆道Ⅰ"阶段确认了攻击行为或实施了有效的反击，则是对攻击方的一种沉重打击，攻击方有可能就此停止攻击行为，被攻击方也不会造成大的损失。若被攻击方对"逆道Ⅰ"阶段未引起足够的重视，则于"逆道Ⅱ"阶段的反击将会受到很大影响，有可能造成很大的损失。此外，"逆道Ⅰ"阶段也许是被攻击方采取主动的机会，被攻击方可以采取诱骗和陷阱技术给攻击者以致命的打击。总之，攻防双方谁在时间上占有优势，谁就有可能占有主动，被攻击方才有可能从被动转为主动。

一次攻击与对抗过程完成后，便循环进入下一轮的对抗。对于被攻击方来讲，要充分总结经验、亡羊补牢，加强预防措施，或变被动为主动，主动追击攻击者（如迅速跟踪定位）。对于攻击方来讲，要对攻击行为产生的后果进行评估，判断是否达到了攻击目的，是否隐藏了自己的踪迹，是否需要进入下一轮的攻击……

模型分析、运用中要注意以下问题。

①此模型是一个框架性模型,可根据具体情况填充和合理裁剪。信息系统攻击与对抗领域包括了无数的具体问题,有不同的矛盾,也就有不同的对抗机制,但就其共性和本质而言,"共道—逆道"模型是攻击与对抗过程的一种基础模型,在攻击与对抗过程中,"共道"和"逆道"环节缺一不可,是必然的环节,否则不能称为对抗过程,这也正是矛盾的对立统一规律的体现。

②一般情况下,"逆道Ⅱ"阶段是对抗最为多见和激烈的阶段。对于信息系统,其功能越多、应用越广,重要性越大,则可能遇到的攻击种类和次数就越多,这就是信息系统的"道",同样反其"道"也就越多、越广。从这一角度来讲,单项或单元攻击与对抗的研究是必要的,但远远不够,应从系统的角度,综合整体地分析、讨论,既要考虑到它的特殊性,又要考虑到它的普适性。

③防御反击既可以采用单项技术,又可以采用综合性技术(技术、组织、管理、法律等)。针对单项技术攻击采用相应单项或综合性反击措施,对综合性攻击只能采用综合性反击措施。

④信息攻击与对抗的系统性研究极为必要。攻击即是防御,防御也可为攻击,二者辩证统一。但攻击行为可以以任意时间、任意地点、任意方式进行,特别是随着当前信息系统、信息网络的快速发展,全球已逐渐形成一个整体,其安全与对抗问题的研究就更为重要,系统地研究攻击与对抗行为过程可以实现更为有效的攻击和防御。

2.6.2.2 几种主要的网络对抗技术

系统防御与对抗技术包括实体安全技术、信息加密技术、信息隐藏技术、身份验证技术、访问控制、防火墙理论与技术、入侵检测理论与技术、安全物理隔离技术、虚拟专用网技术、无线网络安全技术、网络安全协议等。下面简介其中的几项主要技术。

(1) 实体安全技术

对信息系统的威胁和攻击,按其对象划分,可将威胁和攻击分为两类:一类是信息系统实体的威胁和攻击,另一类是对系统信息的威胁和攻击。一般来说,对实体的威胁和攻击主要是指对系统本身及其外部设备、场地环境和网络通信线路的威胁和攻击,致使场地环境遭受破坏、设备损坏、电磁场的干扰或电磁泄漏、通信中断、各种媒体的被盗和失散等。信息系统的设备安全保护主要包括设备的防盗和防毁、防雷、防止电磁泄漏、防止线路截获、抗电磁干扰及电源保护等方面。

(2) 防火墙技术

防火墙技术是建立在现代通信网络技术和信息安全技术基础上的应用型安全技术。它是一个系统,位于被保护网络和其他网络之间,进行访问控制和管理。一般防火墙应具有如下基本功能:过滤进出网络的数据包;管理进出网络的访问行为;封堵某些禁止的访问行为;记录通过防火墙的信息内容和活动;对网络攻击进行检测和告警等。防火墙的体系结构包括:包过滤、双宿网关、屏蔽主机、屏蔽子网、合并外部路由器和堡垒主机结构等结构。防火墙所涉及的关键技术包括:包过滤技术、代理技术、电路级网关技术、状态检查技术、地址翻译技术、加密技术、虚拟网技术、安全审计技术等。

(3) 入侵检测技术

入侵检测系统(Intrusion Detection System,IDS)是对计算机网络和计算机系统的关键结点的信息进行收集和分析，检测其中是否有违反安全策略的事件发生或攻击迹象，并通知系统安全管理员。入侵检测系统功能主要有：识别常见入侵与攻击、监控网络异常通信、鉴别对系统漏洞及后门的利用、完善网络安全管理。入侵检测能使在入侵攻击对系统发生危害前检测到入侵攻击，并通过报警与防护系统阻断入侵攻击；在入侵攻击过程中，能减少入侵攻击所造成的损失；在被入侵攻击后，收集入侵攻击的相关信息作为防范系统的知识，添加到知识库内以增强系统的防范能力。根据入侵检测的时序可将入侵检测技术分为实时入侵检测和事后入侵检测两种。从使用的技术角度可将入侵检测分为基于特征的检测和基于异常的检测两种。从入侵检测的范围角度可将入侵检测系统分为基于网络的入侵检测系统和基于主机的入侵检测系统。从使用的检测方法角度可将入侵检测系统分为基于特征的检测、基于统计的检测和基于专家系统的检测。

（4）蜜罐技术

蜜罐是一种专门为吸引并"诱骗"那些试图非法闯入他人计算机系统的人设计的。蜜罐系统是一个包含漏洞的诱骗系统，它通过模拟一个或多个易受攻击的主机，给攻击者提供一个容易攻击的目标，由于蜜罐并没有向外界提供真正有价值的服务，因此所有链接的尝试都将被视为是可疑的。蜜罐的另一个用途是拖延攻击者对真正目标的攻击，让攻击者在蜜罐上浪费时间，这样，最初的攻击目标得到了保护，真正有价值的内容没有受到侵犯。此外，蜜罐也可以为追踪攻击者提供有用的线索，为起诉攻击者搜集有力的证据。可以说，蜜罐就是"诱捕"攻击者的一个陷阱。根据设计的目的不同可以将蜜罐分为产品型蜜罐和研究型蜜罐两类。蜜罐有四种不同的配置方式：诱骗服务、弱化系统、强化系统和用户模式服务器。密网是专门为研究设计的高交互型蜜罐，不同于传统的蜜罐，其工作实质是在各种网络迹象中获取所需的信息，而不是对攻击进行诱骗或检测。

（5）计算机取证技术

计算机取证是指对能够为法庭接受的、足够可靠和有说服力的、存在于计算机和相关外设中的电子证据的确认、保护、提取和归档的过程，它能推动或促进犯罪事件的重构，或者帮助预见有害的未经授权的行为。从动态的观点来看，计算机取证可归结为：在犯罪进行过程中或之后收集证据、重构犯罪行为、为起诉提供证据等。其中，电子证据是指在计算机或计算机系统运行过程中产生的以其记录的内容来证明案件事实的电磁记录物。

（6）身份认证技术

身份认证是证明某人就是他自己声称的那个人的过程，是安全保障体系中的一个重要组成部分。身份认证的方法有用户 ID 和口令字、数字证书、SecurID、Kerberos 协议、智能卡和电子纽扣等。基于生物特征的身份认证又名生物特征识别，是指通过计算机利用人体固有的生理特征或行为特征鉴别个人身份。常用的生物特征包括脸像、虹膜、指纹、掌纹、声音、笔迹、步态、颅骨、肌腱等，此外，还有耳朵识别、气味识别、血管识别、步态识别、DNA 识别或基因识别等。随着模式识别、图像处理和传感等技术的不断发展，生物特征识别技术显示出广阔的应用前景。

（7）信息加密与解密

现代密码学作为一门科学，把密码的设计建立在解某个已知数学难题的基础上。密码体制的加密、解密算法是公开的，算法的可变参数（密码）是保密的。密码系统的安全性依赖于密钥的安全性，密钥的安全性由攻击者破译时所耗费的资源所决定。按应用技术或历史发展阶段划分为手工密码、机械密码、计算机密码等；按保密程度划分为理论上保密的密码、实际上保密的密码、不保密的密码；按密钥方式划分为对称式密码（单密钥密码）、非对称式密码（双密钥密码）；按明文形态划分为模拟型密码、数字型密码；按加密范围划分为分组密码、序列密码。信息加密方式主要有链路加密、点对点加密和端对端加密方式。

（8）数字水印技术

提起水印，人们马上会联想到纸币上的水印，这些传统的水印用来证明纸币或纸张上内容的合法性。同样，数字水印也是用以证明一个数字产品的拥有权、真实性，成为分辨真伪的一种手段。数字水印（Digital Watermarking）是在多媒体数据（如图像、声音、视频信号等）中添加某些数字信息以达到版权保护、信息隐藏等作用，在绝大多数情况下添加的信息应是不可察觉的（某些使用可见数字水印的特定场合，版权保护标志不要求被隐藏并且希望攻击者在不破坏数据本身质量的情况下无法将水印去掉）。此外，数据水印还有数字文件真伪鉴别、秘密通信和隐含标注等作用。

（9）物理隔离技术

我国《计算机信息系统国际联网保密管理规定》中第六条规定，"涉及国家秘密的计算机信息系统，不得直接或间接地与国际互联网或其他公共信息网络相连接，必须实行物理隔离"，对政府部门明确地提出了物理隔离上互联网的要求。物理隔离技术是信息安全领域中的一种重要的安全措施，隔离技术彻底避开了采用判定逻辑方法存在的问题，从硬件层面来解决网络的安全问题，因此是解决网络安全问题的全新思路，隔离技术的研究目标是在保证隔离的前提条件下解决两个问题：一个是如何能够让内网用户安全地访问外网，一个是如何让两个网络之间进行必要的信息交换。

（10）虚拟专用网技术

虚拟专用网（VPN）被定义为通过一个公用网络（通常是因特网）建立一个临时的、安全的连接，是一条穿过混乱的公用网络的安全、稳定的隧道。其采用安全隧道（Secure Tunnel）技术实现安全的端到端的连接服务，确保信息资源的安全；还可以利用虚拟专用网络技术方便地重构企业专用网络，实现异地业务人员的远程接入。同时，VPN 也提供信息传输、路由等方面的智能特性及其与其他网络设备相独立的特性，也便于用户进行网络管理。根据 VPN 所起的作用，可以将 VPN 分为三类：VPDN、Intranet VPN 和 Extranet VPN。

（11）灾难恢复技术

灾难恢复技术是一种减灾技术，目的是在网络系统遭到攻击后能够快速和最大化地恢复系统运行，将系统损失减少到最低限度。网络攻击将会导致数据破坏或系统崩溃，产生与系统软硬件故障相同的后果，都会使系统呈现失效状态，带来极为严重的后果。因此，可以采用相同的灾难恢复技术来解决系统遭到攻击后的灾难恢复问题。灾难恢复技术主要包括数据备份、磁盘容错、集群系统、NAS、SAN 恢复技术等。

（12）自动入侵响应技术

所谓自动响应，就是响应系统不需要管理员手工干预，检测到入侵行为后，系统自动进行响应决策，自动执行响应措施，从而大大缩短了响应时间。同时响应系统的自动化也使得应对大量的网络安全事件成为可能。根据自动入侵响应的目的和技术要求，自动入侵响应应该具备以下基本特性。

有效性：针对具体入侵行为，自动响应措施应该能够有效阻止入侵的延续和最大限度地降低系统损失，这是入侵响应的目的所在。

及时性：要求系统能够及时地采取有效响应措施，尽最大可能缩短响应时间。

简易性：要求支持响应决策和响应执行算法的时间复杂度不能太高。

合理性：响应措施的选择应该在技术可行的前提下，综合考虑法律、道德、制度、代价、资源约束等因素，采用合理可行的响应措施。

安全性：自动入侵响应系统的作用在于保护网络及主机免遭非法入侵，显然它自身的安全性是最基本的要求。

2.7 保障体系

2.7.1 中国国家信息安全战略构想

信息安全的问题已经影响到了国家安全，因而需要从战略上研究国家信息安全保障体系的框架。"5432"国家信息安全战略从目的、任务、方式、内容等方面，阐述了保障信息与信息系统的机密性、完整性、可用性、真实性、可控性五个信息安全的基本属性；建设面对网络与信息安全的防御能力、发现能力、应急能力、对抗能力四个基本任务；依靠管理、技术、资源三个基本要素；建设管理体系、技术体系两个信息安全保障的基本体系，最终形成在这一战略指导思想下的国家信息安全保障体系的框架。

2.7.1.1 五个基本属性——保障目的

保障国家信息安全的具体落脚点就是要确保国家的网络空间满足五个基本安全属性的要求，即机密性、完整性、可用性、真实性、可控性。

(1) 机密性

机密性是指信息不被非授权解析，信息系统不被非授权使用的特性。这一特性存在于物理安全、运行安全、数据安全层面上。保证数据即便被捕获也不会被解析，保证信息系统即便能够被访问也不能够越权访问与其身份不相符的信息，反映出信息及信息系统的机密性的基本属性。

(2) 完整性

完整性是指信息不被篡改的特性。这一特性存在于数据安全层面上。确保网络中所传播的信息不被篡改或任何被篡改了的信息都可以被发现，反映出信息的完整性的基本属性。

(3) 可用性

可用性是指信息与信息系统在任何情况下都能够在满足基本需求的前提下被使用的特性。这一特性存在于物理安全、运行安全层面上。确保基础信息网络与重要信息系统的正常运行能力，包括保障信息的正常传递，保证信息系统正常提供服务等，反映出信息系统的可用性的基本属性。

(4) 真实性

真实性是指信息系统在交互运行中确保并确认信息的来源以及信息发布者的真实可信及不可否认的特性。这一特性存在于运行安全、数据安全层面上。保证交互双方身份的真实可信、交互信息及其来源的真实可信，反映出在信息处理交互过程中信息与信息系统的真实性的基本属性。

(5) 可控性

可控性是指在信息系统中具备对信息流的监测与控制特性。这一特性存在于运行安全、内容安全层面上。互联网上针对特定信息和信息流的主动监测、过滤、限制、阻断等控制能力，反映出信息及信息系统的可控性的基本属性。

2.7.1.2 四个基本能力——保障任务

要保证信息与信息系统能够满足五种基本安全属性的要求，就需要建设四个基本能力，即网络与信息安全事件的防御能力、发现能力、应急能力和对抗能力。

(1) 防御能力

防御能力是指采取手段与措施，使得信息系统具备防范、抵御各种已知的针对信息与信息系统威胁的能力。鉴于互联网的开放性与弱优先规律，在开放的网络空间的环境下的社会主体，需要对自身的信息与信息系统进行必要的防护，事先采取各种管理与技术措施对潜在的威胁进行预防。建设防御能力，可以在不同的层面来保障信息安全的五个属性。例如通过加密的方式保证信息的机密性不被破坏；通过采用冗余机制来保证信息的完整性不被破坏；通过对信息系统进行安全评估来确定信息系统所面临的风险，并采取相应的应对措施而保证信息系统的可用性；通过建设 PKI/PMI/KMI 信任体系的基础设施来保证网络空间中的身份的真实性；通过建立相应的过滤手段限制有害信息不能任意在网络空间中任意蔓延，以保证网络的可控性。上述种种措施的集合，形成针对已知威胁的防御能力，以防范抵御针对信息与信息系统安全属性的威胁。

(2) 发现能力

发现能力是指采取手段与措施，使得信息系统具备检测、发现各种已知或未知的、潜在与事实上的针对信息与信息系统威胁的能力。在开放的网络空间环境中，即便有了很好的防御能力，也必须考虑到未能防御成功的威胁情况。因此需要采取手段及时发现对信息系统潜在的或事实上的攻击。建设发现能力，可以在不同的层面来保障信息安全的五个属性。例如，通过对信息流进行监控以及时发现重要信息系统中的机密信息在网络上的扩散而破坏机密性的现象；通过采取鉴别机制来及时发现对信息完整性进行破坏的现象；通过设置入侵检测设施及时发现蠕虫的大范围扩散而破坏可用性的现象；通过身份认证技术来发现伪造身份而破坏真实性的企图；通过建立相应的舆论预警手段以发现敏感舆论的突现，从而确保可控性的有效落实。上述种种措施的集合，形成针对各类潜在与未知威胁的发现能力，以发现针对信息与信息系统安全属性的各类威胁。

(3) 应急能力

应急能力是指采取手段与措施，使得信息系统针对所出现的各种突发事件，具备及时响应、处置信息系统所遭受的攻击，恢复信息系统基本服务的能力。网络空间中安全事件的发现能力，为事件的发生提供了告警能力。而网络空间中针对信息系统的攻击存在不可预见及不可抗拒的可能。因此，最重要措施就是建立应急响应体系，以便在事件出现时能够及时响应，针对攻击事件进行有效处置以防止事态的进一步恶化，面向攻击所出现的损失确保恢复，从而将损失降低到最低限度。建设应急能力，可以在不同的层面来保障信息安全的五个属性。例如，通过取消权限来控制非法入侵者的进一步行动，以保障系统的机密性；建立必要的重发机制来保证信息传递中的完整性；通过建立最小灾难备份系统来保证信息系统在受到灾难性攻击时的基本可用性；通过设置黑名单的方式将信息系统中多次出现破坏真实性的用户排除在信息系统的合法使用集合之外；通过采用阻断方式来保障系统的可控性，以便及时隔离蠕虫、病毒的蔓延，避免因网络流量异常而造成网络的进一步拥塞。上述种种措施的集合，形成针对所处理的安全事件的应急能力，以及时响应、处置、恢复给信息与信息系统安全属性所带来的威胁。

（4）对抗能力

对抗能力是指采取手段与措施，使得具备利用信息与信息系统的薄弱环节来攻击信息系统，以达到获取信息、控制信息系统、中止信息系统的服务、追踪攻击源头的目的。在开放的网络空间环境下，社会主体对自身的信息与信息系统进行有效保护的最重要因素，是掌握对信息与信息系统的攻击方法与攻击能力，并且在必要时采用积极防御的手段对攻击者进行有效的遏制。建设对抗能力，可以在不同的层面来攻击信息安全的五个属性。例如，采取手段捕获并解析网络中传播的各类信息以破坏其机密性；通过特定的算法寻求使用不同的信息源来产生与被攻击信息源相同的完整性标识，以达到破坏信息完整性的目的；通过"蜜罐"或"蜜网"技术，设置假象以便引诱攻击者针对蜜罐或蜜网进行攻击，从而掌握攻击者的手法等攻击信息，以破坏目标的可用性；通过口令猜测的方式来获取信息系统用户的口令信息，以便对用户身份真实性进行破坏；采用"无界浏览器"这类穿透技术来寻求逃避封堵通道，以破坏信息系统的可控性。上述种种措施的集合，形成针对信息及信息系统的初步的对抗能力，以达到掌握攻击能力及遏制攻击者的效果。

2.7.1.3 三个基本要素——建设方式

信息与信息系统要具备满足五个基本安全属性的要求，实现四个基本能力，需要运用管理、技术和资源这三个要素，通过合理配置各项资源，建立管理与技术相互协调的信息安全保障体系。

（1）管理

安全风险源于不同社会主体的技术操作及技术过程，其所涉及的社会内容和社会行为千差万别，具有不同的法律属性和利益属性，需要由不同的法律来规范和调整，由不同的政府职能部门来监督和管理。因此，管理成为解决信息安全问题的基本要素之一。

（2）技术

各种法律、行政和社会的管理手段在网络空间中需要由特定的技术措施来支撑，包括各种技术手段、工具及其应用过程。同时，网络与系统的技术环境的有关特性，以及有关技术操作及技术过程所导致的安全问题，需要由相应的技术功能和技术规则来控制。技术环境涉及硬件、软件、协议；涉及终端、网络与应用系统；涉及管理的技术设施和有关产品、系统的研究、开发、集成、测评、配置与运行维护；涉及技术法规与技术标准。由此，技术是解决信息安全问题的基本要素之一。

（3）资源

管理与技术的有效实施最终都依赖于各类必要的资源，包括人才、资金、基础设施、场地等。人既可以是管理规则的制定者与执行者，也可以是管理规定的遵循者与制约者；资金既是建设管理体系的必要条件，也是建设技术体系的必要条件；基础设施既可以是技术成果的结晶，又可以是服务于管理及技术的资源；那些可以服务于信息安全的成型的、固有的、客观存在的规则、设施、机构，以及人才、资金、教育，等等，都可以看成可调配的服务于信息安全保障体系的资源。因而资源也是解决信息安全问题的基本要素之一。

2.7.1.4 两个建设方面——建设内容

管理、技术、资源这三个要素得以具体发挥的作用点将会落脚在两个方面，即面向复杂的社会行为、关系、利益的管理体系方面，以及面向确定的技术功能、性能、机制的技术体系方面。

（1）管理体系

管理体系是指针对社会形态的保障因素，通过综合集成的管理形式来构成基于管理的信息安全保障框架体系。网络与信息安全问题对国家的政治安全、经济安全、文化安全、国防安全带来了威胁。同时，不同类型的威胁是存在于不同的事物形态之中，包括舆论文化、社会行为、技术环境等涉及基础信息网络与重要信息系统的管理对象之中。由此，针对不同的管理目的，需要采取不同的管理手段，例如应急处理、风险评估、等级保护、技术管理标准、监督等。根据不同需求所实施的管理手段，需要有相应的管理主体来进行，即需要由各相应职能的管理部门来具体承担。管理部门在从事管理时，需要依据配套的法律、法规、政策等管理依据。管理依据的制定以及具体的实施，将需要依赖管理人才、资金等资源。由此，管理体系涉及了六个基本因素，即管理目的、管理对象、管理手段、管理主体、管理依据、管理资源（见图2.4）。

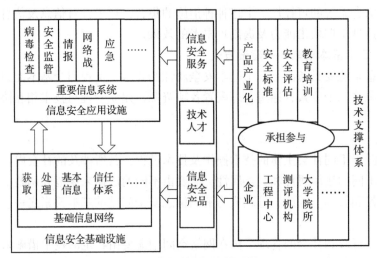

图2.4 信息安全保障管理体系

（2）技术体系

技术体系是从技术角度来考虑保障因素，并通过综合集成的技术手段来构成建立在技术层面的信息安全保障框架体系。网络空间中的信息安全问题在物理安全、运行安全、数据安全、内容安全等不同层面上表现不一。针对不同的安全需求，需要建设配套的信息安全应用设施，例如网络病毒监控系统、网络信息情报搜集系统、网络舆论预警系统、应急响应体系等。应用设施的建立通常需要建筑于国家层面的统一的信息安全基础设施之上，如国家信息关防系统、国家级PKI/PMI/KMI基础设施、国家数据资源统一获取平台等。无论是建设国家信息安全基础设施、信息安全应用设施，还是对社会主体局部信息安全利益的保护，都需要社会为公众与机构提供实用的信息安全产品。信息安全问题反映在信息安全事件的实施过程中，呈现出运行的动态特性，针对信息安全的保护需要随时为社会提供必要的安全服务信息。信息安全设施建设、安全产品的研制、安全服务的提供，均需要社会提供配套的技术资源，包括科研院所等研发单位、工程中心与企业等产品提供单位、教育培训体系、产品与服务测评体系、技术标准、安全评估等，当然也包括技术人才、资金等重要的要素。由此，技术体系涉及五个因素，即信息安全应用设施、信息安全基础设施、信息安全产品、信息安全服务及技术资源（见图2.5）。

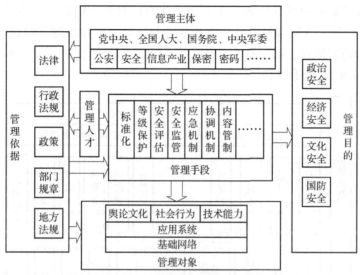

图 2.5 信息安全保障技术体系

2.7.1.5 "5432"之间的战略关系图

国家信息安全战略构想——"5432"战略关系图如图2.6所示。

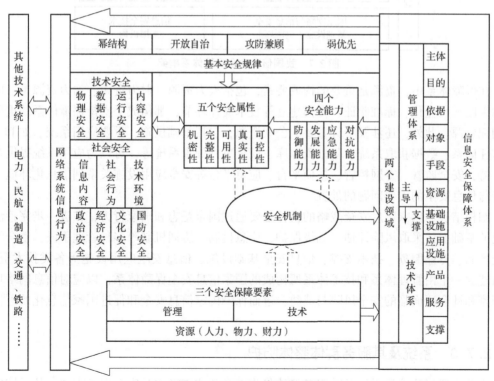

图 2.6 "5432"战略关系图

2.7.2 中国信息安全保障体系框架

综合管理体系与技术体系，最终形成了我国信息安全保障体系框架，如图2.7所示。在这个框架中，领导主体是需要首先确定的，国家成立的"国家网络与信息安全协调小组"将自然占据保障框架中的领导位置。而管制及应对的对象，则是"有害信息、违法犯罪、突发事件、异常行为"等网络与信息安全的事件与问题。法律法规、协调机制将成为保障体系中的管理与处置依据，而"应急机制、风险评估、等级保护、技术标准、监管制度"等则是保障体系中的管理手段。

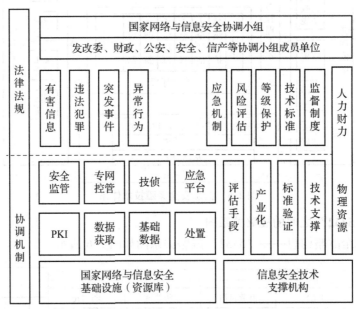

图2.7 我国信息安全保障体系框架

在保障体系中，资源是重要的构成要素，包括人力资源、财力资源、物力资源等，以及评估手段、产业化、标准验证、咨询建立等技术支撑环节，都构成了支持保障体系的重要的可调配资源。此外，还涉及十分重要的公共资源，包括基础设施、重要应用系统。如PKI网络信任体系、数据获取系统、基础资源库、安全事件处置系统等，可以为应用系统提供基本的支持；安全监管、专网控管、技侦平台、应急平台等安全应用设施关系到信息化环境下的网络与信息安全的主要问题的处置。

归根结底，国家信息安全战略的目标是要通过国家意志和国家行为，在进一步完善法律法规的基础上，采取风险评估、等级保护、应急机制、协调机制等多种管理手段，整合配置安全产品、专业服务、技术支撑、信息安全基础设施、信息安全应用设施等各类技术资源，从而建立一个由管理体系和技术体系所构成的国家信息安全保障体系，以应对信息网络环境下国家和社会所面临的安全风险与威胁，进而保障国家信息安全和促进国家信息化的可持续发展。

2.7.3 系统及其服务群体整体防护

本节主要讨论信息系统及其服务群体作为一个整体来考虑其安全保护方法。从系统层面上讲，这个整体也具有其本身的特殊性，例如银行信息系统、税务信息系统、客票信息系统等。除有作为服务工具的信息系统外，服务群体也是系统的服务主体，与信息系统是不可分割的一部分，整个信息系统为分布式结构，可以通过专网、公网或其他方法在广阔的区域中分布构成。就服务功能而言离不开个性信息和个性关系、信息作品，也离不开信息系统。如何保护信息系统及其服务群体，要从整体上、系统层面进行综合考虑，全面构建安全保障体系。不仅涉及技术方面，还涉及管理方面，尤其是复杂服务性信息系统往往具有开放特征，更增加了管理保证、安全服务的困难，只有根据不同的重点服务项所可能引发的安全风险威胁程度，结合技术进行动态考虑才可以导引出具体有效的方法。

2.7.3.1 系统层面分析

图 2.8 所示为某一信息系统及其服务群体融入更大系统中的体现。最外的圈表示更大的系统，特定信息系统及其服务群体在大系统或更大系统中，是一个具有"特殊性"的系统。

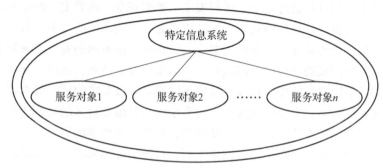

图 2.8 信息系统及其服务群体构成示意图

要保证信息与信息系统基本安全属性的要求，需要使信息系统具有网络与信息系统对信息安全事件的防御能力、发现能力、应急能力和对抗能力等。防御能力是指采取手段与措施，使得信息系统具备防范、抵御各种先进的针对信息与信息系统攻击的能力；发现能力是指采取手段与措施，使得信息系统具备检测、发现各种已知或未知的、潜在的信息与信息系统攻击的能力，这与系统制对抗信息权能力密切相关；应急能力是指采取手段与措施，使得信息系统针对所出现的各种突发事件，具备及时响应、处置信息系统所遭受的攻击，恢复信息系统基本服务的能力；对抗能力是指采取手段与措施，实施反其道而行的能力以对抗攻击信息系统，达到获取信息、控制信息系统、中止信息系统的服务、追踪攻击源头的能力。

系统具有了上述基本能力，即可综合运用管理方法、科学技术和信息、有关资源，通过合理配置各项资源，建立管理与技术相互协调的信息安全保障体系。

管理方面：实质上安全风险源于不同社会主体所涉及的社会位置和不同的利益属性，需要由不同的法律来规范和调整，也需要由不同的政府职能部门来监督和管理。如何组织实施好上述内容，管理是解决信息安全问题的基本要素之一。

技术方面：各种法律、行政和社会的管理手段在系统中需要由特定的技术措施来支撑，包括各种技术手段、工具及其应用过程。同时，网络与系统的技术环境的有关特性，以及有关技术操作及技术过程所导致的安全问题，需要由相应的技术功能和技术规则来控制，因此技术是解决信息安全问题的基本要素之一。

资源：管理与技术的有效实施，最终都依赖于各种必需的资源，包括人才、资金、基础设施、场所等。人既可以是管理规则的制定者与执行者，也可以是管理规定的遵循者与制约者；资金既是建设管理体系的必要条件，也是建设技术体系的必要条件；基础设施既可以是技术成果的结晶，又可以是服务于管理及技术的资源；那些可以服务于信息安全的成型的、固有的、客观存在的规则、设施、机构，以及人才、资金、教育等，都可以看成可调配的服务于信息安全保障体系的资源。因而资源也是解决信息安全问题的基本要素之一。

综上所述，从信息系统及其服务群体整体考虑，其安全保护方法要从管理、技术和资源三个基本要素入手，实现整个系统的防御、发现、应急和对抗能力，从而保证系统正常运行之几个基本安全属性，即保护机密性、保护完整性、保证可用性、保证真实性、实现可控性等。

2.7.3.2 技术方案

从整体上讲，其安全保护方法要从管理、技术和资源三个方面考虑，这里只讨论技术上的安全保护方法。根据技术上的不同特点，信息系统及其服务群体的安全保护方法可从不同角度加以综合考虑，如可从物理安全、运行安全、数据安全、内容安全四个层面考虑，也可从基础设施、网络边界、计算环境几个方面加以考虑。不同角度的考虑，其侧重点不同，无论从什么角度分析，均要建立一个系统的概念，将系统根据不同的安全需求划分成不同的域和层次，再根据具体的威胁和风险，制订针对性的安全保护措施，如图 2.9 所示。

图 2.9 中颜色不同深浅的小圈代表系统内不同安全等级要求的域，可根据具体的风险和威胁制定、实施安全方案；方型虚框代表主信息系统及其服务群体的外部边界。从图 2.9 中显然可以得出，安全保护方法不仅涉及系统内部，更要注意外部的边界。如果一个系统与外界是断开的，则无须考虑这一点，随着网络发展，这种情况越来越少。如果将主信息系统与服务群体作为整体按"特殊性"来考虑，要着重进行边界的保护，保护其内部的"特殊性"，以及个性信息、信息关系等。

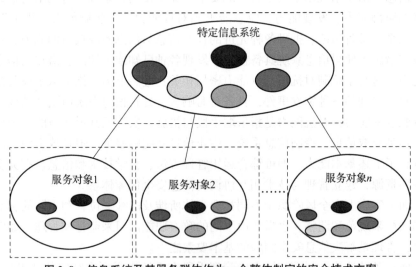

图 2.9　信息系统及其服务群体作为一个整体制定的安全技术方案

从技术角度来讲，安全保障体系的建设涉及多项技术，如为了保护计算环境，可采用访问控制、身份认证技术；为了保护边界，可以采用加密解密技术，采用虚拟专用网（VPN）技术；为了防止外部攻击，可以采用防火墙（FW）、入侵检测（IDS）、蜜罐技术等；为了防止病毒可以采用杀毒软件和操作系统加固技术等。此外，还涉及实体安全技术、安全审计、灾难恢复、自动入侵响应技术等。

2.8 本章小结

从顶层思考信息安全与对抗的理论、方法，构建特色的信息安全对抗领域的原理和方法体系，便于从系统层次把握和运用信息安全与对抗的理论和方法。随着信息系统在系统中的作用不断加强，信息安全问题应置于系统的顶层来考虑，而不是事后补缺。"反其道而行之相反相成"是信息安全与对抗的核心方法，同时要特别注意"共其道而行之相成相反"的方法和重视对抗复合攻击的方法。此外，要加强信息系统及其服务群体作为一个整体加强保护的方法。

习 题

①什么是信息安全？什么是信息攻击？什么是信息对抗？什么是对抗信息？
②信息系统安全问题分类如何？其内涵是什么？
③信息安全对抗问题产生的主要根源是什么？
④针对信息安全对抗问题的基本对策是什么？
⑤信息安全对抗领域基础层次原理有哪些？
⑥信息安全对抗领域系统层次原理有哪些？
⑦信息安全对抗领域攻击的主要方法有哪些？
⑧信息安全对抗领域对抗攻击的主要方法有哪些？
⑨信息安全保障体系的内涵是什么？

参考文献

[1] 王越，罗森林. 信息系统与安全对抗理论（第2版）[M]. 北京：北京理工大学出版社，2015.
[2] 罗森林. 信息系统与安全对抗——技术篇 [M]. 北京：高等教育出版社，2017.

第 3 章
胜战计

3.1 第一计 瞒天过海

备周则意怠，常见则不疑。阴在阳之内，不在阳之对。太阳，太阴。

3.1.1 引言

"瞒天过海"指的是将秘密藏匿在常见的事物中，避免他人产生怀疑的计策。唐朝薛仁贵就通过将唐太宗引入与陆地房屋装扮一致的船中，使唐太宗以为自己还在地面，隐瞒了正在海上航行的事实，从而达成"瞒天过海"的目的。在网络安全领域，攻击者们通常使用现实生活中常见的文件、网站等迷惑他人，使得他人放松警惕，从而执行打开文件、点击链接等操作，导致自己的设备被攻击、信息被窃取。

3.1.2 内涵解析

"瞒天过海"是三十六计中的第一计，其原文为："备周则意怠，常见则不疑。阴在阳之内，不在阳之对。太阳，太阴。"

其中，"备周则意怠"：防备十分周密，往往容易让人斗志松懈，削弱战力。"阴在阳之内，不在阳之对"：此计中所讲的阴指机密、隐蔽；阳，指公开、暴露。阴在阳之内，不在阳之对，在兵法上是说秘计往往隐藏于公开的事物里，而不在公开事物的对立面里。"太阳、太阴"：阴中寓阳，阳中隐阴，二者可以互相转化，阳发展到极端必然转化为阴，阴发展到极端必然转化为阳。

防备十分周密，往往容易让人松懈大意；经常见到的人和事，往往不会引起怀疑。秘密就隐藏在公开的事物中，而不在公开事物的对立面里。非常公开的事物中往往蕴藏着非常机密的事物。

3.1.3 历史典故

"瞒天过海"出自《永乐大典·薛仁贵征辽事略》。唐太宗贞观十七年（643年）御驾亲征，率领三十万大军去平定东辽。一天，大军来到海边，只见波涛汹涌、雾气缭绕、一望无际，从没见过如此阵势的唐太宗，一下就慌了阵脚，再也不愿过海。就在大家无计可施时，壮士薛仁贵忽出妙计：瞒着唐太宗一人，在海边建造一座大型的海上建筑，里面设施齐备,有市场、有宫殿、有各种娱乐活动场所,再让军士们扮作老百姓的模样,在里面自由活动,整个建筑,就像一座小型的城镇。待这座建筑建成,薛仁贵再让谋士设法把唐太宗忽悠上"船",唐太宗在里面,一直认为置身于市井,悠然自得。当唐太宗出船上岸后,才发觉已渡过了大海。"瞒天过海"用在兵法上,实属一种示假隐真的疑兵之计,用作战役伪装,以期达到出其不意的战斗成果。

在望梅止渴的故事中,"瞒天过海"的计策用于提振士气。曹操行军途中,找不到水源,士兵们都非常口渴,于是他传令道:"前边有一片梅子林,结了很多果子,梅子酸甜可以解渴。"士兵听了后,嘴里的口水都流了出来,曹操利用这个办法促使部队尽快赶到了前方,找到了水源。

"瞒天过海"的计策可以使对方放松戒备,从而偷袭成功。公元589年,隋朝大举攻打陈国。公元557年陈霸先称帝建国,定国号为陈,即为陈国,建都城于建康,也就是今天的南京。战前,隋朝将领贺若弼因奉命统领江防,经常组织沿江守备部队调防。每次调防都命令部队于历阳(现安徽和县一带)集中。还特令三军集中时,必须大列旗帜,遍支警帐,张扬声势,以迷惑陈国。果真陈国难辨虚实,起初以为大军将至,尽发国中士卒兵马,准备迎敌面战。可是不久,又发现是隋军守备人马调防,并非出击,陈国便撤回集结的迎战部队。如此五次三番,隋军调防频繁,蛛丝马迹一点不露,陈国由于司空见惯,渐渐放松戒备。直到隋将贺若弼大军渡江而来,陈国居然未有觉察。隋军如同天兵压顶,令陈兵猝不及防,遂一举拔取陈国的南徐州(现江苏镇江一带)。

3.1.4 信息安全攻击与对抗之道

"瞒天过海"核心要素及策略分析如图3.1所示。其中,"天"表示欺瞒的对象,例如唐太宗;"海"表示欺瞒的事物,例如向唐太宗隐瞒了大海的存在。

图3.1 "瞒天过海"核心要素及策略分析

"瞒天过海"是将秘密藏匿在常见的事物中,避免他人产生怀疑。在网络安全领域,攻击之道在于攻击者通常使用现实生活中常见的文件、网站等迷惑他人,使得他人放松警惕,从而执行打开文件、点击链接等操作,导致自己的设备被攻击、信息被窃取。防御之道在于防御者应当过滤和拦截不明来源的可疑邮件,及时安装系统、软件的漏洞补丁,避免打开不明来源的邮件附件。同时,也应当从官网上下载正版软件,并在个人电脑上安装安全软件。

3.1.5 信息安全事例分析

3.1.5.1 "瞒"钓鱼邮件中的漏洞文档控制受害者电脑

（1）事例回顾

2020年年初，腾讯安全威胁情报中心检测到有黑客利用新冠肺炎（COVID-19）疫情相关的诱饵文档攻击外贸行业。如图3.2所示，黑客伪造美国疾病控制和预防中心（CDC）作为发件人，投递附带Office公式编辑器漏洞的文档至目标用户邮箱，将漏洞利用的DOC Word文件命名为COVID-19-nCoV-Special Update.doc，引导收件人打开查看。收件人在存在Office公式编辑器漏洞（CVE-2017-11882）的电脑上打开文档，就可能触发漏洞下载商业远控木马Warzone RAT。

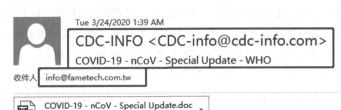

图3.2 假冒美国疾病控制和预防中心发送的有关新冠疫情的钓鱼邮件

本次事件中，黑客可以通过访问企业官网确定目标的邮箱地址、电话号码等信息，然后伪造发件人向目标邮箱发送钓鱼邮件，诱导收件人查看邮件中带有漏洞利用的邮件附件文档，一旦漏洞成功利用，黑客将控制目标电脑。

当收件人打开邮件附件文档的时候，会触发漏洞利用下载第一阶段攻击载荷，然后通过多次解密后获得并执行第二阶段和第三阶段攻击载荷，第三阶段攻击载荷便是Warzone RAT，最终连接C&C服务端等待指令。

Warzone RAT是在网络上公开销售的商业木马软件，具有密码采集、远程执行任意程序、键盘记录、远程桌面控制、上传下载文件、远程打开摄像头等多种远程控制功能，并且还可以在包括Win10在内的Windows系统上进行特权提升。Warzone RAT因为木马文件中存在字符串AVE_MARIA，又被安全厂商识别为Ave Maria。

2018年12月底，Ave Maria恶意软件对意大利某能源企业发起网络钓鱼攻击。黑客以供应商销售部的名义发出钓鱼邮件，附带了包含 CVE-2017-11882 漏洞利用的 Excel 文件，以运行从恶意网站下载的木马程序。

2019 年 2 月，Warzone RAT 又发生一起疑似针对西班牙语地区的政府机构及能源企业等部门的定向攻击活动。黑客以应聘者的身份发送诱饵文档，文档以简历更新的标题为诱饵，对目标人力资源部门进行定向攻击，诱使相关人员执行恶意代码，从而控制目标人员机器，从事间谍活动。

2019 年 11 月，研究人员发现思科重定向漏洞被利用，攻击者使用开放重定向漏洞，使得合法站点允许未经授权的用户在该站点上创建 URL 地址，从而使访问者通过该站点重定向到另外一个站点。黑客将垃圾邮件伪装成 WebEx 的会议邀请邮件，将其中的链接重定向到 Warzone RAT 木马下载链接。一旦运行该木马，受害者的电脑将被黑客完全控制。

（2）对抗之策

在以上案例中，攻击者们都利用了"瞒天过海"的技巧，将 Warzone RAT 木马隐藏于常见的文件和链接中，使得邮件接收者放松警惕，打开文件或者点击链接，最终导致信息被窃取。该事例与"瞒天过海"核心要素映射关系如图 3.3 所示。

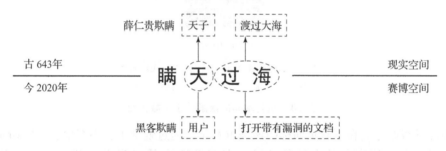

图 3.3　黑客发送钓鱼邮件与"瞒天过海"核心要素映射关系

为避免受到类似网络钓鱼事件的干扰，建议采取以下安全措施：

①避免打开不明来源的邮件附件，对于邮件附件中的文件要谨慎运行，如发现有脚本或其他可执行文件应该先使用杀毒软件进行扫描。

②及时安装系统、软件的漏洞补丁，禁用公式编辑器组件。例如，在本案例中应当安装 CVE-2017-11882 漏洞补丁，以避免 Warzone RAT 木马的攻击。

③企业网管可以针对不明来源的可疑邮件进行过滤和拦截。企业用户可以考虑部署威胁检测系统对黑客攻击行为进行检测，终端电脑可部署终端安全管理系统拦截病毒木马攻击。

3.1.5.2　"瞒"破解补丁中的窃密木马窃取用户信息

（1）事例回顾

2020 年 7 月，腾讯安全威胁情报中检测到大量用户感染 CracxStealer 窃密木马，病毒源于境外某个软件破解补丁下载站（cracx.com）。该网站提供下载的平面设计、媒体编辑、Office、大型游戏、系统工具等商业软件破解补丁包内已植入窃密木马，木马运行后会窃取用户浏览器保存的账号密码、数字加密币的钱包账号以及其他机密信息。

根据 CracxStealer 窃密木马运营者的页面统计数据，该网站单个破解补丁下载次数超过 8 万次，而该网站提供的常用软件（包括许多大型商业软件）破解补丁有数百种之多，全球受害者可能数百万计。

CracxStcalcr 窃密木马安装后会搜集各类浏览器的配置文件、数据库、Cookie 中保存的账号密码，搜集门罗币、以太币等多种数字加密货币的客户端软件中保存的钱包账号信息，以及获取电脑 IP 定位、操作系统版本、硬件和软件信息，桌面截屏，然后将所有搜集的敏感信息打包发送至黑客控制的服务器。

以该站提供的一个大型商业软件破解补丁为例进行分析，CorelDRAW Graphics Suite 是一款主要用于设计图形图像的工具，在平面设计行业为设计师们服务的功能强大齐全的软件。其官方网站显示，付费使用版本每年费用为 399 美元，约合人民币 2 600 元。

而网民一般会先从官网下载一个试用版安装，然后在网上搜索注册码或者下载破解工具进行激活。此次感染病毒的用户通过搜索引擎找到网站 https://cracx.com 并下载了激活程序 Coreldraw-Graphics-Suite-2017-Crack-License-Key-{Latest}-1594192147.zip，如图 3.4 所示，下载页面显示该程序已有超过 8 万次下载。

图 3.4 包含木马的破解补丁下载页面

该病毒下载站还会在下载页面标明该破解补丁已通过爱维士、小红伞、卡巴斯基、迈克菲、诺顿等多家国外知名杀毒软件认证，套路和国内某些病毒下载站完全一致。点击"Download Setup + Crack"按钮后，会经过多次 URL 跳转，并最终通过 https://filedl7.ga 下载文件。下载该文件并解压后会得到一个安装包程序 setup_installer.exe，该程序即是病毒母体，在运行过程中将释放窃密木马 11.exe、rokger.exe。

窃密木马从浏览器配置文件、数据库文件、Cookie 中获取登录账号密码，并搜集门罗币、以太币等数字加密货币的相关客户端软件中保存的钱包信息；查询本机 IP、IP 所属位置、运营商属性等信息保存至随机名 txt 文件，以及操作系统版本、语言环境、当地时间、用户名、CPU、内存、显卡、安装软件列表信息保存至 system_info.txt；将搜集到的所有信息打包为随机名 zip 压缩包文件，存放至 ProgramData 目录下；最后将压缩包数据通过 POST 发送至远程服务器。

(2) 对抗之策

在本案例中，攻击者同样运用了"瞒天过海"的方法，将窃密木马隐藏在常用的破解补丁中，并且声明"已经通过多家杀毒公司的认证"，从而使用户放松警惕，下载并运行破解补丁，最终导致信息被窃取。该事例与"瞒天过海"核心要素映射关系如图 3.5 所示。

面对类似的事件，建议采取以下安全措施：

①从官网上下载正版软件。从各类下载网站上下载的破解版软件的安全性难以保证，因此应当下载和安装正版软件，并且从软件的官方网站上进行下载。下载前需要仔细观察，避免在仿冒的网站上下载不安全的软件。

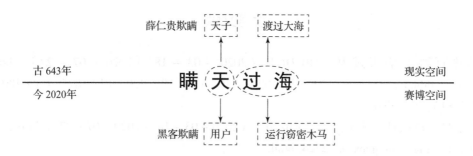

图 3.5　破解软件包含窃密木马案例与"瞒天过海"核心要素映射关系

②在个人电脑上安装安全软件。在个人电脑的使用过程中，很有可能会不小心下载并运行了木马，如果电脑上安装了安全软件，木马在窃取或篡改信息时很有可能被安全软件发现，使用安全软件可以降低被木马病毒入侵的风险。

3.1.6　小结

在"瞒天过海"的计策中，往往将秘密藏匿在常见的事物中，避免引起他人的怀疑。"瞒天过海"一计源于唐朝，唐太宗带着大军来到大海边上，犹豫不知如何渡海时，薛仁贵将其引入与陆地房屋装扮一致的船上房间中，使唐太宗以为自己还在陆地上，从而隐瞒了正在海上航行的事实，达到了隐瞒天子渡过大海的目的。

在网络安全领域，攻击者们往往将攻击代码放置于生活中常见的文件、网站中，使得用户放松警惕，从而执行打开文件、点击链接等操作，导致自己的设备被攻击、信息被窃取。在黑客假冒美国 CDC 发送有关新冠病毒疫情的钓鱼邮件的案例中，攻击者将恶意代码隐藏在常见的 Word 文档中，如果用户放松警惕运行文档，就会下载 Warzone RAT 木马，将自己的信息发送至攻击者；在软件破解补丁隐藏窃密木马案例中，攻击者将木马隐藏在常见的破解补丁中，如果用户毫不怀疑地运行破解补丁，破解补丁就会释放窃密木马，用户的密码等信息也会被攻击者窃取。

对于采用"瞒天过海"计策的攻击行为，应当过滤和拦截不明来源的可疑邮件，及时安装系统、软件的漏洞补丁，避免打开不明来源的邮件附件。同时也应当从官网上下载正版软件，并在个人电脑上安装安全软件。

习　题

①"瞒天过海"之计的内涵是什么？您是如何认识的？
②简述"瞒天过海"之计的真实事例 2~3 个。
③针对"瞒天过海"之计，简述其信息安全攻击之道的核心思想。
④针对"瞒天过海"之计，简述其信息安全对抗之道的核心思想。
⑤请给出"瞒天过海"之计的英文并简述西方事例 1~2 个。

参考文献

[1] 百度百科. 瞒天过海 [DB/OL]. (2020-03-18) [2020-07-27]. https://baike.baidu.com/item/%E7%9E%92%E5%A4%A9%E8%BF%87%E6%B5%B7/2718813?fr=aladdin.

[2] 国学梦. 胜战计·瞒天过海 [EB/OL]. (2020-03-18) [2020-07-27]. http://www.guoxuemeng.com/guoxue/12724.html.

[3] 看雪论坛. 黑客假冒美国 CDC 发送有关新冠病毒疫情的钓鱼邮件 [EB/OL]. (2020-03-25) [2020-07-27]. https://bbs.pediy.com/thread-258330.htm.

[4] 伏影实验室. 伏影实验室再次发现黑客利用新冠疫情实施钓鱼邮件攻击 [EB/OL]. (2020-03-30) [2020-07-27]. http://blog.nsfocus.net/fuyinglab-0330/.

[5] 腾讯安全. 软件破解补丁隐藏窃密木马,毒害全球数百万网民 [EB/OL]. (2020-07-14) [2020-07-27]. https://s.tencent.com/research/report/1034.html.

3.2 第二计　围魏救赵

共敌不如分敌,敌阳不如敌阴。

3.2.1 引言

"围魏救赵"一计的核心在于不正面迎击敌人主力,而是攻击敌人内部薄弱的部分,从而取得一招制胜的效果。"围魏救赵"的故事记载在《史记·孙子吴起列传》中,讲的是战国时期齐国与魏国的桂陵之战。在魏国攻打赵国时,齐国为帮助赵国击退魏军,并未直接迎击魏军主力部队,而是包围了魏国,使得魏军为保护魏国安全只能掉头回到魏国,从而解救了赵国。

在网络安全领域,攻击者为达到目的,往往不会直接攻击,而是利用组织或人员的薄弱点开展行动,从而在不耗费大量人力、物力的条件下,完成窃取信息、破坏资源、谋取利润的目的。

3.2.2 内涵解析

"围魏救赵"是三十六计中的第二计,其原文为:共敌不如分敌,敌阳不如敌阴。

其中,"共敌":指兵力较集中的敌人。共,集中的。分,分散。"敌阳":指敌人精锐强盛的部分。敌,动词,攻打。敌阴,指敌人必然存在的空虚薄弱环节。

攻打兵力集中的敌人,不如设法使它分散兵力而后各个击破;正面攻击敌人,不如迂回攻击其薄弱空虚的环节。其本指围攻魏国的都城以解救赵国,现借指用包超敌人的后方来迫使它撤兵的战术。

所谓"围魏救赵",是指当敌人实力强大时,要避免和强敌正面决战,应该采取迂回战术,迫使敌人分散兵力,然后抓住敌人的薄弱环节发动攻击,致敌于死地。

3.2.3 历史典故

"围魏救赵"的故事记载在《史记·孙子吴起列传》中,讲的是战国时期齐国与魏国的桂陵之战。公元前 354 年,魏惠王记着失中山的旧恨,派大将庞涓前去攻打。中山原本是东周时期魏国北邻的小国,被魏国收服,后来赵国趁魏国国丧将其强占,魏将庞涓认为中山不过弹丸之地,距离赵国又很近,不如直打赵国都城邯郸,既解旧恨又一举双得。魏王听从了他的建议,拨给庞涓五百战车,直奔赵国围了赵国都城邯郸。赵王在紧急情况下只好求救于齐国,并许诺解围后以中山相赠。齐威王应允,令田忌为将,并起用从魏国救得的孙膑为军师领兵出发。当田忌与孙膑率兵进入魏赵交界之地时,田忌想直逼赵国邯郸,孙膑制止说:"解乱丝结绳,不可以握拳去打,排解争斗,不能参与搏击,平息纠纷要抓住要害,乘虚取势,双方因受到制约才能自然分开。现在魏国精兵倾国而出,若我直攻魏国,那庞涓必回师解救,这样一来邯郸之围定会自解。我们再于中途伏击庞涓归路,其军必败。"田忌依计而行。果然,魏军听闻魏国被围,马上离开邯郸,归路中又受到了齐国的伏击,与齐军在桂陵开战,魏国部卒长途疲惫,溃不成军,庞涓勉强收拾残部,退回大梁。因此齐师大胜,赵国之围得到解决。这便是历史上有名的"围魏救赵"的故事。

"围魏救赵"的计谋应用于《三国演义》第五十八回"马孟起兴兵雪恨 曹阿瞒割须弃袍"的故事中。曹操得知周瑜病逝的消息,准备再次兴兵进犯江东。但是,他又担心西凉州的镇东将军马腾,会乘机袭取空虚的许都。为此,曹操特派使者西去凉州,以朝廷的名义给马腾加以征南将军的头衔,命令他随军讨伐孙权。于是,马腾带领次子马休、马铁及五千西凉兵卒应召来到许昌城下。不久,西凉兵被曹操消灭,马腾父子三人也惨遭杀害。此后,曹操自认为解除了后顾之忧,即时起兵三十万,直扑江东。江东闻报之后,立即让鲁肃派使者西上荆州,向刘备求援。诸葛亮对刘备说:"曹操平生最担心的就是西凉之兵。现在曹操杀了马腾,马腾长子马超仍然统领着西凉之众,曹操的杀父之仇定使马超刻骨切齿。主公只要修书一封,派人结援马超,让马超兴兵入关。这样一来,曹操岂能兵犯江东?"刘备闻言大喜,立即修书,派使者投送西凉的马超。

马超听说父亲和两个弟弟遇害的消息后,咬牙切齿,痛骂曹贼。正在此时,刘备的使者持书赶到。马超拆书一看:刘备在信中除了大骂曹操之外,还回忆了昔日与马腾同受汉帝密诏、誓诛曹贼的往事和旧情,并指出马超可以统领军队进军曹操。他认为此举不但曹操可擒、奸党可灭、大仇可报,而且汉室可以复兴。马超看罢,立即挥泪复信,打发使者先回,随后便点起西凉兵马,浩浩荡荡杀向长安。曹操得到关中警报以后,遂放弃南下攻击孙权的计划。诸葛亮一封书信就轻而易举地制止了曹军的南下,救了孙权的大驾。

3.2.4 信息安全攻击与对抗之道

"围魏救赵"核心要素及策略分析如图 3.6 所示。其中"魏"表示防御方的薄弱点,如魏国自身;"赵"表示攻击方的真正目的。

"围魏救赵",指的是通过迂回攻击敌人的薄弱面获取胜利的计策。在网络安全领域,攻击之道在于迂回攻击敌人内部薄弱的部分,攻击方应当搜寻对方的薄弱面,找准突破口进行攻击,而非正面迎击;防守方应该综合分析自己目前的情况,查漏补缺,尽量避免存在过于薄弱的地方,并时刻对自己的短板保持警惕。

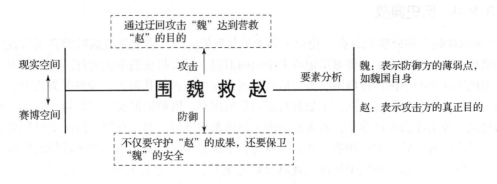

图 3.6 "围魏救赵"核心要素及策略分析

3.2.5 信息安全事例分析

3.2.5.1 犯罪团伙伪造法律文书蒙骗媒体删帖

(1) 事例回顾

2018年1月，上海市公安局网安总队在开展"净网2018"专项行动过程中，接市委网信办通报，称有人从事"有偿删帖"违法犯罪活动。经查，自2016年年底起，犯罪嫌疑人魏某某伙同其团伙成员，利用电脑技术伪造律师函、报案回执、营业执照等法律文书，以新闻媒体或企事业单位的名义要求相关网站撤稿删帖，继而达到有偿删帖的目的，涉及20余家媒体、近百家网站、300余家企事业单位，系一起假冒企事业单位和媒体等名义实施有偿删帖的新型网络犯罪案件。

据悉，该团伙有偿删帖的内容主要为各种公司企业的负面信息，他们从网上接单后，首先以涉事公司名义要求网站删帖，如未成功，则以首发媒体名义要求转载媒体删帖，如仍未成功，则冒充"互联网违法和不良信息举报中心"等部门的名义，向媒体施压要求删帖。

2018年3月，某P2P（点对点网终借款）公司法人代表被爆出负面新闻，为避免引发投资人挤兑，该公司希望删除网上的负面文章。很快，魏某某就通过QQ获知情况并接单。他的QQ聊天记录显示，每条帖子他开价5 000元，当时该公司这一负面报道共在6家平台网站发布。"放心吧，24小时内（删）掉"，魏某某通过QQ聊天，轻松应承了这家公司所有删帖需求。紧接着，他先指导卢某以"有人故意造谣、诽谤公司"等理由制作一份该公司申明，如图 3.7 所示。然后，指使卢某、郭某某伪造该公司法人代表的身份证，又私刻公司的印章，制作了一个假的营业执照。甚至他还伪造了一份该公司属地派出所的报案回执单。最后，魏某某把所有伪造好的文件发给了6家媒体要求撤稿。

案件中，媒体原本报道了这家公司法人代表的负面新闻，犯罪团伙通过改头换面，把公司法人代表从各个文件中换成了其他人，并加盖公章，使发稿媒体误以为自己报道有错。加上假冒公安机关的报案回执单，制造了企业已就"造谣"之事报案，而且警方已受理的假象，向媒体进一步施压，让媒体以为真的做了假新闻。删帖得手后，魏某某团伙一天内就非法获利3万余元。

关于（平台曝光）栏目不实报道的申明

图 3.7 假的公司申明

还有一些情况，魏某某等人冒充首发媒体甚至机关单位，要求相关网站平台删帖。2018年2月，多家媒体转载报道某公司食品存在安全隐患的负面新闻，魏某某接单后，指使卢某冒充首发媒体向多家媒体撰写撤稿函，称首发媒体"收到有关部门反馈，文章所涉内容目前正在进行司法调查，不适合网络传播"，并附虚假的已删帖链接，此外为了增加可信度，还指导卢某私刻了首发媒体的公章，在撤稿函上添加了首发网站的水印，冒充首发媒体，向转载媒体发送撤稿邮件。本案中的犯罪团伙通过仿冒水印、发送撤稿函等手法，要求转载媒体下撤相关报道，达到删帖目的，通过此手法成功删帖200余篇。

（2）对抗之策

在本案例中，犯罪团伙应用了"围魏救赵"的基本思想，利用媒体对于"官方"文件的信任和对问题的恐惧心理，通过伪造文件威胁恐吓达到让媒体删帖的目的，从而实现委托人的请求获取利润。该事例与"围魏救赵"核心要素映射关系如图3.8所示。

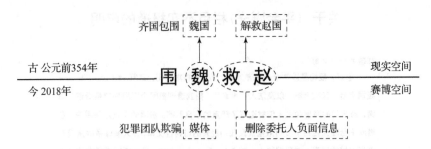

图 3.8　犯罪团伙蒙骗媒体删帖案例与"围魏救赵"核心要素映射关系

为避免被类似的手段所欺骗，广大媒体网站不要轻易相信所谓的"撤稿函""涉及司法调查"等内容的邮件，如遇类似情况，应当保持冷静，先联系多方核实文件的合规性，在确认文件中所描述的消息属实后，再按照要求进行操作；如果发现消息不属实或文件是伪造的，应及时联系警方，避免犯罪团伙逃脱法网。

3.2.5.2　犯罪团伙搭建第四方支付平台为非法网站提供服务

（1）事例回顾

"第四方支付"平台是指未获得国家支付结算许可，违反国家支付结算制度，依托支付宝、财付通等正规第三方支付平台，通过大量注册商户或个人账户，非法搭建的支付通道。第三方支付平台往往监管严格，非法网站不能接入，非法"第四方平台"便趁机出现。

2018年1月至9月，林某甲以杭州某智能科技有限公司名义，在未获得支付结算业务资质的情况下，伙同林某乙、张某等人，以支付宝、微信等第三方支付平台为接口，自建非法"第四方支付"系统。林某甲等人通过向他人收买、要求本公司员工注册等方式收集大量无实际经营业务的空壳公司资料（包括工商资料、对公银行账户、法人资料等），利用上述资料在支付宝、微信等第三方支付平台注册数百个公司支付宝、微信等账户，再将上述账户绑定在其自建的支付平台上，实现资金的非法支付结算。林某甲等人以上述方法为境外赌博网站等非法提供资金支付结算服务，结算金额共计人民币46亿余元。

上述非法"第四方支付"系统与境外赌博网站联通，协助资金支付转移。赌客在赌博网站点击充值后，赌博网站即向该系统发送指令，系统随机调用已接通的空壳公司支付宝、微信等账户，与赌客生成一笔虚假商业交易（如购买电子书等），并给赌客发送收款码。赌客扫描收款码支付赌博资金，资金直接进入空壳公司支付宝、微信等账户，再转移到空壳公司的对公银行账户，经过层层转账后，最终转入赌博平台实际控制的账户。

（2）对抗之策

在本案例中，犯罪团伙利用恶意注册的便捷性，收买公民个人信息，注册大量账号用于搭建第四方支付平台，为非法网站提供隐蔽的服务。该事例与"围魏救赵"核心要素映射关系如图3.9所示。

由于"第四方支付"平台没有支付许可牌照且由个人组建，资金安全没有保障，因此用户在从事互联网金融活动时要认准合规合法的网络支付平台，不要轻信平台虚假宣传，不要随意扫描来源不明的支付二维码，不要将个人资金转入此类非法支付平台，谨防上当受骗。同时公民应当保护好自己的个人信息，避免自己的个人信息被出卖，以免个人信息被用来做违法犯罪之事。

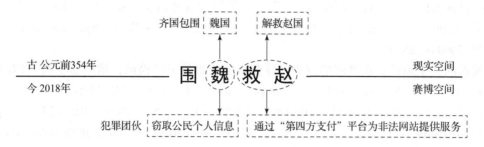

图 3.9　犯罪团伙为非法网站提供服务案例与"围魏救赵"核心要素映射关系

3.2.6　小结

"围魏救赵"是指当敌人实力强大时,要避免和强敌正面决战,应该采取迂回战术,迫使敌人分散兵力,然后抓住敌人的薄弱环节发动攻击,置敌于死地。"围魏救赵"一计出自《史记·孙子吴起列传》,在魏国攻打赵国时,赵国请求齐国帮助击退魏军,齐国军队并未在赵国直接迎击魏军主力部队,而是包围了魏国,使得魏军为保护魏国安全只能掉头回到魏国,从而达到解救赵国的目的。

在网络安全领域,攻击者为达到目的,往往不会直接攻击,而是利用组织或人员的薄弱点开展行动,从而在不耗费大量人力、物力的条件下,完成窃取信息、破坏资源、谋取利润的目的。在犯罪团伙伪造法律文书蒙骗媒体删帖的案例中,犯罪团伙利用媒体对官方文件的信任和对问题的恐惧心理,通过伪造文件威胁恐吓达到让媒体删帖的目的,从而实现委托人的请求获取利润;在犯罪团伙搭建"第四方支付"平台为非法网站提供服务的案例中,犯罪团伙利用恶意注册的便捷性,收买公民个人信息注册大量账号,用于搭建"第四方支付"平台,为非法网站提供隐蔽的服务。

对于采用"围魏救赵"计策的攻击行为,应当避免被攻击方迂回的方法所欺骗,而要认清楚迂回方法的本质目的和意图,及时发现并改善自身的薄弱点。

习　题

① "围魏救赵"之计的内涵是什么?您是如何认识的?
② 简述"围魏救赵"之计的真实事例 2~3 个。
③ 针对"围魏救赵"之计,简述其信息安全攻击之道的核心思想。
④ 针对"围魏救赵"之计,简述其信息安全对抗之道的核心思想。
⑤ 请给出"围魏救赵"之计的英文并简述西方事例 1~2 个。

参考文献

[1] 百度百科. 围魏救赵 [DB/OL]. (2020-07-07)[2020-07-27]. https://baike.baidu.com/item/%E5%9B%B4%E9%AD%8F%E6%95%91%E8%B5%B5/534529.

[2] 手机搜狐网. 上海破获新型网络犯罪: 团伙冒充媒体或企事业单位下撤稿函 有偿删帖 获利300余万 [EB/OL]. (2018-05-24) [2021-01-27]. https://m.sohu.com/a/232799410_653051/.

[3] 搜狐网. 上海破获新型网络犯罪: 冒充企事业单位下撤稿函, 删帖超千篇 [EB/OL]. (2018-05-25) [2021-01-27]. https://www.sohu.com/a/232919862_467373.

[4] 百度百科. 第四方支付 [DB/OL]. (2021-01-25) [2021-01-27]. https://baike.baidu.com/item/%E7%AC%AC%E5%9B%9B%E6%96%B9%E6%94%AF%E4%BB%98/17578568?fr=aladdin.

[5] 163论坛. 46亿非法支付案曝光: 主犯被判12年 自建非法第四方支付系统 [EB/OL]. (2021-01-26) [2021-01-27]. https://www.163.com/dy/article/FRALI5TR0519QIKK.html.

3.3 第三计 借刀杀人

敌已明,友未定,引友杀敌。不自出力,以《损》推演。

3.3.1 引言

"借刀杀人"指的是借用盟友的力量剿灭敌人,从而既能保存实力,又能消灭敌人的计策。"借刀杀人"一计起源于春秋末期,在齐国攻击鲁国时,鲁国的子贡借助齐国、吴国、晋国、赵国的矛盾,巧妙周旋,借吴国之"刀"击败齐国,借晋国之"刀"灭了吴国的威风,从而使得鲁国从危难中解脱。在网络安全领域,攻击者往往借助程序开发过程中的管理漏洞,在常用软件、硬件中添加自己的后门,使得相关软硬件的用户在不知不觉中被窃取信息。

3.3.2 内涵解析

"借刀杀人"是三十六计中的第三计,其原文为: "敌已明,友未定,引友杀敌,不自出力,以《损》推演。"

其中, "友未定": "友"指军事上的盟者,即除敌、我两方之外的第三者中,可以一时结盟而借力的人、集团或国家。"友未定",就是说盟友对主战的双方,尚持徘徊、观望的态度,其主意不明不定的情况。"《损》": 出自《易经·损卦》: "损: 有孚, 元吉, 无咎, 可贞, 利有攸往。"孚,信用; 元,大; 贞,正。意即取抑省之道去行事,只要有诚心,就会有大的吉利,没有错失,合于正道,这样行事就可一切如意。又有《象》曰: "损: 损下益上,其道上行。"意指"损"与"益"的转化关系,借用盟友的力量去打击敌人,势必使盟友受到损失,但盟友的损失正可以换得自己的利益。

在敌方已经明确,而盟友的态度还不明确的情况下,要引诱盟友去消灭敌人,自己就不用出力,从而保存实力,这是按照《损卦》推演出来的。

3.3.3 历史典故

春秋末期,齐简公派国书为大将,兴兵伐鲁。鲁国实力不敌齐国,形势危急。孔子的弟子子贡分析形势，认为唯吴国可与齐国抗衡，可借吴国兵力挫败齐国军队。于是子贡游说齐相田常。田常当时蓄谋篡位，急欲铲除异己。子贡以"忧在外者攻其弱，忧在内者攻其强"的道理，劝他莫让异己在攻弱鲁中轻易主动、扩大势力，而应攻打吴国，借强国之手铲除异己。田常心动，但因齐国已做好攻鲁的部署，转而攻吴怕师出无名。子贡说："这事好办。我马上去劝说吴国救鲁伐齐，这不是就有了攻吴的理由了吗？"田常高兴地同意了。子贡赶到吴国，对吴王夫差说："如果齐国攻下鲁国，势力强大，必将伐吴。大王不如先下手为强，联鲁攻齐，吴国不就可抗衡强晋、成就霸业了吗？"子贡马不停蹄，又说服赵国，派兵随吴伐齐，解决了吴王的后顾之忧。子贡游说三国，达到了预期目标，他又想到吴国战胜齐国之后，定会要挟鲁国，鲁国不能真正解危。于是他偷偷跑到晋国，向晋定公陈述利害关系：吴国伐鲁成功，必定转而攻晋，争霸中原。劝晋国加紧备战，以防吴国进犯。

公元前484年，吴王夫差亲自挂帅，率十万精兵及三千越兵攻打齐国，鲁国立即派兵助战。齐军中吴军诱敌之计，陷入重围，齐师大败，主帅及几员大将死于乱军之中。齐国只得请罪求和。夫差大获全胜之后，骄狂自傲，立即移师攻打晋国。晋国因早有准备，击退吴军。子贡充分利用四国的矛盾，巧妙周旋，借吴国之"刀"击败齐国；借晋国之"刀"灭了吴国的威风。鲁国损失微小，却能从危难中得以解脱。

在明朝天启六年（1626年），努尔哈赤亲自率部攻打宁远，以十三万之众围攻宁远守兵万余人。十三比一，力量悬殊。宁远守将袁崇焕，身先士卒，奋勇抗敌，击退满兵三次大规模进攻。明军的奋勇抵抗，力挫骄横的满兵。袁崇焕趁满军气馁之时，开城反攻，追杀数十里，击伤努尔哈赤，满军惨败。努尔哈赤遭此败绩，身体负伤，攻占明朝的壮志难酬，羞愧愤懑而死。皇太极继位，第二年，又率师攻打辽定。袁崇焕早有准备，皇太极又兵败而回。又经过几年的准备，皇太极再次攻打明朝。崇祯三年（1630年），他为避开袁崇焕守地，由内蒙古越长城，攻山海关的后方，气势汹汹，长驱而入。袁崇焕闻报，立即率部入京勤王，日夜兼程，比满兵早三天抵达京城的广渠门外，做好迎敌准备。满兵刚到，即遭迎头痛击，满兵先锋狼狈而逃。皇太极视袁崇焕为从未有过的劲敌，又忌又恨又害怕，袁成了他的心病。

皇太极为了除掉袁崇焕，绞尽脑汁，定下"借刀杀人"之计，他深知崇祯帝猜忌心重，难以容人，于是秘密派人用重金贿赂明廷宦官，向崇祯告密，说袁崇焕已和满州订下密约，故此满兵才有可能深入内地。崇祯勃然大怒，将袁崇焕下狱问罪，并不顾将士吏民的请求，将袁崇焕斩首。皇太极借崇祯之刀，除掉心腹之患，从此肆无忌惮，再也没有遇到袁崇焕这样的劲敌了。

3.3.4 信息安全攻击与对抗之道

"借刀杀人"核心要素及策略分析如图3.10所示。其中，"刀"表示他人的攻击。

"借刀杀人"一计，关键在于利用他人的力量消灭敌人。在网络安全领域中，攻击之道在于攻击者往往借助程序开发过程中的管理漏洞，在常用软件、硬件中添加自己的后门，使得相关软硬件的用户在不知不觉中被窃取信息。防御之道在于防御者应当关注网络安全有关的资讯，了解自己所使用的软硬件是否存在安全风险。同时应当及时更新软件、及时修补漏洞，尽量在个人电脑上安装安全防护软件，减少软硬件存在后门带来的风险。

图 3.10 "借刀杀人"核心要素及策略分析

3.3.5 信息安全事例分析

3.3.5.1 借 Xshell 开发管理中的漏洞之"刀"窃取用户信息

(1) 事例回顾

2017 年 8 月 7 日，远程终端管理工具 Xshell 系列软件的厂商 NetSarang 发布了一个更新通告，声称在卡巴斯基的配合下发现并解决了一个在 7 月 18 日发布版本的安全问题，提醒用户升级软件，其中没有提及任何技术细节和问题实质，而且称没有发现漏洞被利用。之后 360 威胁情报中心分析了 Xshell Build 1322 版本（此版本在国内被大量分发使用），发现并确认其中的 nssock2.dll 组件存在后门代码，恶意代码会收集主机信息收往 DGA 的域名。目前该 dll 已经被多家安全厂商标记为恶意。

2017 年 8 月 15 日，卡巴斯基发布了相关的事件说明及技术分析，可以比较明确地认为该事件是基于源码层次的恶意代码植入，非正常的网络行为导致相关的恶意代码被卡巴斯基发现并报告软件厂商，在 8 月 7 日 NetSarang 发布报告时事实上已经出现了恶意代码在用户处启动执行的情况。

同日，NetSarang 更新了 8 月 7 日的公告，加入了卡巴斯基的事件分析链接，如图 3.11 所示，标记删除了没有发现问题被利用的说法。

Xshell 的开发厂商 NetSarang 极可能受到渗透，软件的组件 nssock2.dll 被插进后门代码，相应的软件包在官网被提供下载使用，所发布的程序有厂商的合法数字签名。后门版本的 Xshell 软件被执行以后，内置的后门 Shellcode 得到执行，通过 DNS 隧道向外部服务器报告主机信息（主机名、域名、用户名）。同时，如果外部的 C&C 服务器处于活动状态，受影响系统则可能收到激活数据包启动下一阶段的恶意代码，这些恶意代码采用了插件式的结构，以无文件落地方式执行，配置信息注册表存储，可以执行攻击者指定的任意功能，完成后不留文件痕迹。恶意代码内置了多种抵抗分析的机制，显示了非常高端的技术能力。

根据 360 网络研究院的 C&C 域名相关的访问数量评估，国内受影响的用户或机器数量在 10 万级别，同时，数据显示，一些知名的互联网公司有大量用户受到攻击，泄露主机相关的信息。

(2) 对抗之策

在远程终端管理工具 Xshell 被植入后门代码案例中，攻击者借助 Xshell 开发管理过程中的漏洞，在里面加入自己的后门，达到"借刀杀人"的效果。该事例与"借刀杀人"核心要素映射关系如图 3.12 所示。

Security Exploit in July 18, 2017 Build

Posted Aug 7, 2017
Updated Aug 15, 2017

Kaspersky Labs has issued a press release regarding this issue along with a joint statement with NetSarang which can be read here:

https://usa.kaspersky.com/about/press-releases/2017_shadowpad-attackers-hid-backdoor-in-software-used-by-hundreds-of-large-companies-worldwide

On Friday August 4th, 2017, our engineers in cooperation with Kaspersky Labs discovered a security exploit in our software specific to the following Builds which were released on July 18, 2017. Currently, there is no evidence that the exploit was utilized. As of Aug 15, 2017, Kaspersky Labs has discovered a single instance of this exploit being utilized in Hong Kong.

Affected Builds

- Xmanager Enterprise 5.0 Build 1232
- Xmanager 5.0 Build 1045
- Xshell 5.0 Build 1322
- Xftp 5.0 Build 1218
- Xlpd 5.0 Build 1220

Build numbers before and after the above Builds were not affected. If you are using any of these above listed Builds, we highly recommend you cease using the software until you update your clients. The exploit was effectively patched with the release of our latest Build on August 5th, so if you've already updated, then your clients are secure. The latest Builds are Xmanager Enterprise Build 1236, Xmanager Build 1049, Xshell Build 1326, Xftp Build 1222, and Xlpd Build 1224.

How to Update

If you are using the affected Build, you can update by going to Help -> Check for Updates directly in your client or download the latest Build from our website here: https://www.netsarang.com/download/software.html.

The antivirus industry has been informed of the issue and therefore your antivirus may have already quarantined/deleted the dll file which was affected. If this is the case, you will not be able to run the software. You'll need to update manually by downloading the latest build from the link posted above. Installing the updated build over your existing installation will resolve the issue.

We are working with Kaspersky Labs to further evaluate the exploit and will update our users with any pertinent information.

图 3.11 NetSarang 更新 8 月 7 日的公告

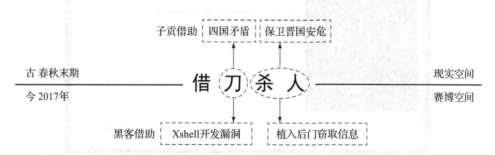

图 3.12 Xshell 被植入后门案例与"借刀杀人"核心要素映射关系

针对本事件,建议采取以下安全措施:

①检查目前所使用的 Xshell 版本是否为受影响版本,如果组织保存着网络访问日志或进行实时的 DNS 访问监控,检查所在网络是否存在相关 IOC 域名的解析记录,如发现,则有内网机器在使用存在后门的 Xshell 版本。

②应当及时更新软件、及时修补漏洞,在个人电脑上安装安全防护软件,减少软件存在后门带来的风险。

3.3.5.2 借惠普电脑内置键盘记录器之"刀"窃取用户密码

（1）事例回顾

2017年5月中旬，瑞士安全公司Modzero的安全研究员Thorsten Schroeder发现，许多惠普笔记本电脑和平板电脑中的Conexant音频驱动程序变身Keylogger，记录用户的击键内容。

Keylogger可以监测用户的每一次击键信息。该软件不仅捕获了特定按键的按键记录，而且记录了每个按键的点击信息，并将它们存储在一个可读的文件中（C:\Users\Public\MicTray.log）。恶意软件或木马可以利用这一点，绕过系统对可疑行为的安全检测，获取记录文件，窃取用户的账户信息、信用卡卡号、聊天记录、密码等个人信息。

Conexant是一家集成电路制造商，既生产音频芯片也开发相关驱动程序。Conexant High-Definition（HD）Audio Driver音频驱动程序（安装界面如图3.13所示），可帮助软件与硬件进行通信。惠普公司根据不同的计算机型号，在Conexant音频驱动程序中写入一些控制特定按键（如媒体按键）的代码。研究人员发现，与Conexant音频驱动程序安装包一起安装的MicTray64.exe应用程序已在Windows系统中注册为计划任务，能够监控击键内容以确定用户是否按下了音频相关的按钮（例如静音/取消静音）。用户的击键记录保存在名为"Users/Public"的文件夹中，可以传送给OutputDebugString调试端口，这个端口允许通过MapViewOfFile函数访问该文件夹中的数据。

图3.13 Conexant High-Definition（HD）Audio Driver音频驱动程序安装界面

Schroeder在一篇博客中表示，该软件的目的是识别用户是否已经按下或松开特殊键。但是开发人员加入了诊断和调试功能，用于确保所有按键都可以通过调试界面广播出去，也可以写入硬盘上公共目录中的日志文件。这种调试将音频驱动程序转换成了内置的Keylogger。

研究显示，2015年12月发布的MicTray64.exe的早期版本并不会把击键记录存储到文件夹中。2016年10月，惠普将MicTray64.exe更新到1.0.0.46版本，增添了诊断功能，记录用户击键内容并存储到本地文件夹。目前，共有30种型号的惠普电脑装有1.0.0.46版本的MicTray64.exe。而根据文件的元信息，至少在2015年圣诞节时期，惠普电脑安装的该驱动程序就已经存在击键记录行为。

目前没有证据表明惠普有意为Conexant音频驱动程序加入击键记录功能。这很可能是开发人员疏忽导致的问题，使得该程序对用户造成潜在威胁。

该漏洞被记录为"CVE－2017－8360"漏洞，已经影响了28款惠普笔记本电脑和平板电脑，包括EliteBook 800系列、EliteBook Folio G1、Elite X2、ProBook 600和400系列，以及ZBook等型号。Modzero的安全专家推断其他厂商出产的电脑如果装有Conexant硬件或驱动程序，也可能存在类似风险。

（2）对抗之策

在惠普电脑内置键盘记录器的案例中，攻击者利用开发人员疏忽留下的键盘记录文件，可以窃取用户的账号密码等信息。该事例与"借刀杀人"核心要素映射关系如图3.14所示。

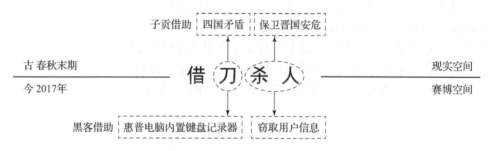

图3.14 惠普电脑内置键盘记录器案例与"借刀杀人"核心要素映射关系

针对此问题，惠普已经积极做出响应，发布了修复方案。用户可以前往惠普客户支持页面，查询自己的电脑型号并下载新的音频驱动程序。此外，Windows系统更新时，也会针对这一问题进行修复。

为进一步确保安全，惠普电脑用户可以检查电脑硬盘，如果发现下列文件之一，就表明击键记录已经被获取：

C:\Windows\System32\MicTray64.exe、C:\Windows\System32\MicTray.exe

尽管每次登录之后文件会被覆盖，但如果程序再次启动，击键信息还是会被记录下来。如果用户将驱动程序备份到云储存或外部储存设备中，历史记录也会保存。

因此，一旦发现以上可执行的文件，用户最好立即将其删除或将文件重命名，以禁止MicTray驱动器继续读取击键记录。同时，删除"用户—公共文档"中的MicTray.log日志文件夹。

3.3.6 小结

"借刀杀人"一计是指在敌方已经明确，而盟友的态度还不明确的情况下，引诱盟友去消灭敌人，自己就不用出力，以此来保存实力。"借刀杀人"一计起源于春秋末期，齐简公兴兵伐鲁，由于鲁国实力不敌齐国，子贡决定游说齐国攻打吴国，为使齐国不至于师出无名，游说吴国攻打齐国，为解决吴国后顾之忧说服赵国一同攻打齐国。为避免吴国战胜齐国之后要挟鲁国，子贡前往晋国寻求帮助。借助这些国家的力量，子贡实现了保护鲁国安全的目标。

在网络安全领域中，攻击者往往借助程序开发过程中的管理漏洞，在常用软件、硬件中添加自己的后门，使得相关软硬件的用户在不知不觉中被窃取信息。在远程终端管理工具 Xshell 被植入后门代码案例中，攻击者借助 Xshell 开发管理过程中的漏洞，在里面加入了自己的后门，起到"借刀杀人"的效果。在惠普电脑内置键盘记录器的案例中，攻击者利用开发人员疏忽留下的键盘记录文件，可以窃取用户的账号密码等信息。

对于采用"借刀杀人"计策的攻击行为，应当关注网络安全有关的资讯，了解自己所使用的软硬件是否存在安全风险。同时，应当及时更新软件、及时修补漏洞，在个人电脑上安装安全防护软件，减少软硬件存在后门带来的风险。

习　题

① "借刀杀人"之计的内涵是什么？您是如何认识的？
② 简述"借刀杀人"之计的真实事例 2~3 个。
③ 针对"借刀杀人"之计，简述其信息安全攻击之道的核心思想。
④ 针对"借刀杀人"之计，简述其信息安全对抗之道的核心思想。
⑤ 请给出"借刀杀人"之计的英文并简述西方事例 1~2 个。

参考文献

[1] 百度百科. 借刀杀人 [DB/OL]. (2019-11-16) [2020-07-29]. https://baike.baidu.com/item/%E5%80%9F%E5%88%80%E6%9D%80%E4%BA%BA/7810613.

[2] 国学梦. 胜战计·借刀杀人 [EB/OL]. (2019-11-16) [2020-07-29]. http://www.guoxuemeng.com/guoxue/12726.html.

[3] FreeBuf. 远程终端管理工具 Xshell 被植入后门代码事件分析报告 [EB/OL]. (2017-08-24) [2020-07-29]. https://www.freebuf.com/articles/terminal/144822.html.

[4] 飞鱼岛主. Xshell 系列软件被植入后门，赶紧更新 [EB/OL]. (2017-08-14) [2020-07-29]. https://jszbug.com/7389.

[5] FreeBuf. 惠普电脑内置键盘记录器？可窃取账号密码等敏感用户信息 [EB/OL]. (2017-06-15) [2020-07-29]. https://www.freebuf.com/news/134727.html.

3.4　第四计　以逸待劳

困敌之势，不以战。损刚益柔。

3.4.1　引言

"以逸待劳"指的是在战争中做好充分准备，养精蓄锐，等疲乏的敌人来犯时予以迎头痛击的计策。"以逸待劳"的典故源于战国时期的李牧破匈之战，通过故意以弱示敌，麻痹敌人，让敌人产生轻敌思想，从而争取到歼敌的有利战机。在网络安全领域，攻击者们往往先通过信息收集等方式了解目标人员的基本情况，再通过自动化的群发相关邮件、在社交软件上拉近关系等方式，在对方警惕性降低时进行攻击，以达到窃取秘密、盗取财物的目的。

3.4.2 内涵解析

"以逸待劳"是三十六计中的第四计，其原文为："困敌之势，不以战。损刚益柔。"

其中，"困敌之势"：迫使敌人处于围顿的境地。"损刚益柔"：语出《易经·损卦》。"刚""柔"是两个相对的事物现象，在一定的条件下相对的两方可相互转化。"损"，卦名。本卦为异卦相叠（兑下艮上）。上卦为艮，艮为山，下卦为兑，兑为泽。上山下泽，意为大泽浸蚀山根之象，也就是说有水浸润着山，抑损着山，故卦名为损。"损刚益柔"是根据此卦象讲述"刚柔相推，而主变化"的普遍道理和法则。

要迫使敌人处于困顿的境地，不一定要直接出兵攻打，而是采取"损刚益柔"的办法，即令敌人由盛转衰、由强变弱，再发动进攻，便可获胜。

3.4.3 历史典故

战国时期，经过兼并战争，只剩下七个大国：齐、楚、燕、韩、赵、魏、秦。七国之中，秦、赵、燕三国与胡人为邻，赵国在代郡、阴山之下修筑了长城，设置了云中、雁门、代三郡。到了战国末期，北方的匈奴部落强大起来。匈奴骑兵数量既多又精，常到赵国雁门、代郡一带劫掠，赵国军队无法与之抗衡。李牧是战国末年赵国名将，智勇双全，他长期驻守北疆的代郡和雁门，抵御匈奴入侵。

李牧根据敌强我弱的实际情况，对匈奴采取防御为主、设法使敌军产生骄傲情绪的策略。李牧在驻地设置官吏，将军中交易所得税收都作为士兵的伙食费用，每天宰杀牛羊为士兵改善伙食。士兵吃饱喝足之后，李牧就带领他们练习骑射。李牧在边疆修了烽火台，派出很多间谍去探察敌人的动静，并给士卒们订立了严格的制度，他传令说："匈奴骑兵来时，要迅速进堡自守，有敢去捕捉匈奴骑兵者斩首。"因此，当间谍侦知匈奴骑兵进犯时，烽火台立即举火报警，李牧从不迎战，而是及时坚壁清野，让军队收好畜产退入堡垒中坚守。像这样过了几年，人畜都没有伤亡损失。而匈奴以为他兵弱胆小，不敢出战，便不再把他放在眼里。

久而久之，赵国驻守边境的兵士以为守将胆怯。赵王认为李牧胆小怯战，遣使斥责他，但李牧依然照旧行事。赵王大怒，撤了他的职。代李牧守边的赵将每当匈奴来犯时，就率兵出战，结果屡遭失败，损失惨重，边疆不宁，百姓无法耕牧。一年后，赵王只得又派李牧去守边疆，李牧闭门不出，称病在家。赵王一再强令，他对赵王说："如果一定要起用我的话，请允许我仍按老办法行事，我才敢领命。"赵王答应了他。李牧到了边疆，一切如前。渐渐地，匈奴以为他胆小怯战，对他毫无戒心了。李牧关心士卒生活，每天仍是宰牛杀羊为士兵改善伙食。李牧善于治军，他率领的部队军纪严明，军事训练非常严格，士兵个个马术精熟、勇敢善战。将士们日日受赏而不能报效，时间长了，都愿和匈奴决一死战。在敌军骄惰无备、赵军求战心切的情况下，李牧选出战车一千三百乘、战马一万五千匹、勇士五万人、善射者十万人,全部进行操练,演习作战,准备发起攻击。

为了引诱匈奴骑兵,李牧让百姓出城放牧,漫山遍野都是牛羊。不久,敌人小股来犯,试探着进攻,李牧佯装败退,丢下数十人。匈奴单于听说后,忙率大军南侵,长驱直入。李牧见状,出其不意地摆出奇阵,从左右两翼包抄合围,敌兵立即乱了阵脚。只此一战,李牧就率赵军消灭敌人骑兵十余万。接着,李牧又率兵消灭了襜褴部族,打败了东胡族,收降了林胡部族。匈奴单于只得引兵远遁,十多年不敢犯边。

李牧破匈之战,先是坚壁清野,积极防御,为以后的破匈之战做好准备工作。然后故意以弱示敌,麻痹敌人,让对手产生轻敌思想,从而争取到歼敌的有利战机。李牧是匈奴崛起后第一个与之大规模交锋的汉族将领,并取得赵匈之战的大捷,从而解除了赵国北部的严重压力,使赵国能腾出手来西拒强秦,意义非凡。同时,在此战中,李牧创造了步兵大兵团围歼骑兵大兵团的奇迹,堪称战争史上的典范。

3.4.4 信息安全攻击与对抗之道

"以逸待劳"核心要素及策略分析如图3.15所示。其中,"逸"表示安闲的己方,"劳"表示疲倦的对方。

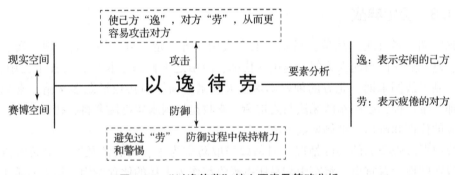

图 3.15 "以逸待劳"核心要素及策略分析

"以逸待劳"的核心在于等疲乏的敌人来犯时予以迎头痛击。在网络安全领域,攻击之道在于攻击者往往先通过信息收集等方式了解目标人员的基本情况,再通过自动化的群发相关邮件、在社交软件上拉近关系等方式,在对方警惕性降低时进行攻击,以达到窃取秘密、盗取财物的目的。防御之道在于防御者应当谨慎运行邮件附件中的文件,如发现有脚本或其他可执行文件可先使用杀毒软件进行扫描;在非官方渠道下载并运行文件和工具时保持警惕;谨慎对待网络上认识的朋友,尽量不泄露自己的个人信息,尽量不进行金钱交易。

3.4.5 信息安全事例分析

3.4.5.1 借助群发邮件欺骗用户运行带毒附件

(1) 事例回顾

2019年11月,腾讯安全御见威胁情报中心检测到以窃取机密为目的的钓鱼邮件攻击,主要危害我国外贸行业、制造业及互联网行业。黑客搜集大量待攻击目标企业联系人邮箱,然后批量发送伪装成"采购订单"的钓鱼邮件,邮件附件为带毒压缩文件。若企业用户执行带毒附件，会导致多个"窃密寄生虫"（Parasite Stealer）木马被下载安装，之后这些木马会盗取多个浏览器记录的登录信息、Outlook 邮箱密码及其他机密信息上传到指定服务器。

御见威胁情报中心根据一个窃密木马 PDB 信息中包含的字符"Parasite Stealer"，将其命名为 Parasite Stealer。

据腾讯安全御见威胁情报中心的监测数据，受 Parasite Stealer 病毒影响的地区分布特征明显，主要集中在我国东南沿海地区，其中又以广东、北京和上海最为严重。这些地区也是我国外贸企业和互联网企业相对密集的省市。

"窃密寄生虫"木马的主要作案流程为：通过邮件群发带毒附件，附件解压后是伪装成文档的 Jscript 恶意脚本代码，一旦点击该文件，脚本便会拷贝自身到启动项目录，然后通过写二进制释放木马 StealerFile.exe。StealerFile.exe 进一步从服务器下载名为"q""w""e""r""t"的多个木马盗窃中毒电脑机密信息，并将获取到的信息通过 FTP 协议上传到远程服务器。

钓鱼邮件示例如图 3.16 所示，附带的邮件附件名为 K378 – 19 – SIC – RY – ATHENAREF.AE19 – 295.gz。

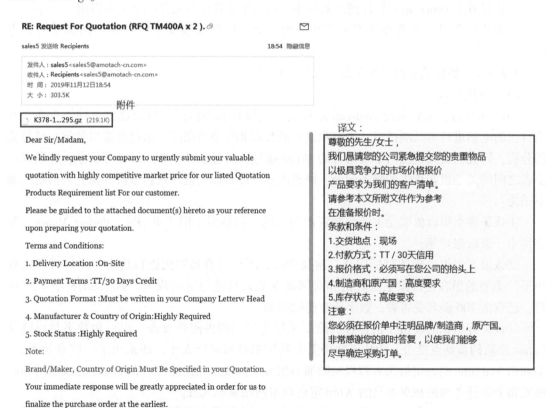

图 3.16 "窃密寄生虫"木马攻击邮件示例

（2）对抗之策

在"窃密寄生虫"木马群发邮件传播案例中，攻击者应用"以逸待劳"的思想，群发内容极具吸引力的钓鱼邮件，使得警惕性较低的受害者点开附件，导致信息被窃取。该事例与"以逸待劳"核心要素映射关系如图 3.17 所示。

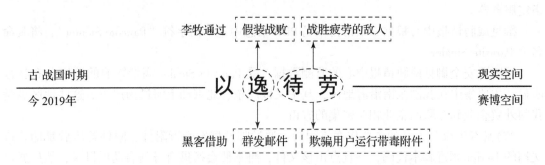

图 3.17　"窃密寄生虫"案例与"以逸待劳"核心要素映射关系

为避免受到类似钓鱼邮件的攻击，建议采取以下安全措施：

①不要打开不明来源的邮件附件，对于邮件附件中的文件要谨慎运行，如发现有脚本或其他可执行文件可先使用杀毒软件进行扫描。

②建议升级 Office 系列软件到最新版本，对陌生文件中的宏代码坚决不启用。

③推荐企业用户部署终端安全管理系统，个人用户安装安全防护软件防御木马病毒攻击。

3.4.5.2　借助钓鱼网站等手段窃取用户信息

（1）事例回顾

2018 年 3 月，东巽科技 2046Lab 跟踪到一起源自非洲的黑客组织攻击事件，攻击者利用自己的电脑进行木马测试后，未删除遗留的数据和屏幕截图的，通过对遗留数据、屏幕截图分析，研究人员又挖掘出了攻击者的 Skype 账号、网盘账号、邮件账号等信息，并缴获攻击者之间的关于黑客攻击的聊天记录、网盘内容。综合以上这些材料分析，研究人员得到如下结论：

①该黑客组织以盗取受害者金融资产为目的，包括但不限于 PayPal、Perfect Money、数字货币、银行账户等。

②该黑客组织攻击的目标广泛，遍及全球，不仅对普通网民进行攻击，还针对"工具小子"类型的黑客进行黑吃黑攻击和对网站兼职人员进行定向攻击。截至 2018 年 4 月 16 日，已攻击 700 多名受害者，数字还在持续增加。

③该黑客组织的攻击手法多样，除了采用常见的邮件附件攻击、银行和数字货币以及 Yahoo 邮箱钓鱼站点攻击、伪装成帅哥美女欺诈单身和离异人士，还采用了一些奇特手法，如利用 YouTube 明面讲解黑客教程实则捆马黑客工具攻击其他黑客、在 Fiverr 等兼职网站明面发布兼职任务实则捆绑木马的 Word 定向攻击网站兼职人员。

总的来看，该黑客组织是整合各种手段来达到盗取受害者资金的目的并以此为生，而本次的溯源分析揭露了这些手段的详细过程。

目标是攻击者拟计划实施攻击的人群，并非每一个目标都会中招成为受害者，通过目标分析可以判定攻击者对目标是否有倾向性。从截图综合分析看，该黑客组织攻击目标主要有以下几类：

① 普通网民：这类目标分为两类，一是大型网站泄露数据中的邮箱，如 Alibaba leads，该黑客组织通过购买获得；二是通过邮箱采集器如 Email Scraper 爬取的邮箱，该黑客组织常用的关键字为"石油天然气""航空航天制造业"等。这类目标主要是遭受钓鱼邮件攻击。

②"工具小子"黑客：该组织通过 YouTube 传播黑客视频教程，引诱"工具小子"类黑客通过视频下方的链接下载捆绑了木马的工具。

③ 网站兼职人员：该黑客组织上传捆绑木马的 Doc 文档到 Fiverr、Freelancer 等平台（兼职网站）并发布悬赏任务，诱使兼职人员打开文件查看任务需求时植入木马。

部分攻击目标最终会成为受害者，截至 2018 年 4 月 16 日，研究人员统计的受害者共有 727 名，黑客窃取了上万份键盘记录、密码和大量的屏幕截图。

通过对受害的 IP 进行区域统计，美国占比 22%（163 名）第一，其次是英国、法国各占 15%（109 名）和 10%（71 名），而其他国家占比达到了 20%（144 名），因此推测该黑客组织并未针对特定区域进行攻击，采取的是广撒网的模式。研究人员专门针对我国的受害者进行了分析，统计中国大陆和中国台湾受害者合计 47 人，在该组织的 Skype 聊天记录中也发现其登录国内受害者的 126 邮箱。但在深入分析被窃内容后发现，部分 IP 对应的受害者为安全公司的沙盒，因此真实的受害者数量低于统计数据，推测该黑客组织暂未针对我国的网民进行大面积攻击。

本次的跟踪溯源过程，研究人员发现了超过 6G 的大量截图和数据，这些数据包含攻击者从目标搜集、武器准备到投放利用以及最后进行资源收割的全过程。

该黑客组织采用了多种方式来搜索目标：

① 通过工具扫描搜集目标。该黑客组织最常用的搜集目标方式是通过 Email Scraper 一类的自动爬虫工具从互联网上自动爬取邮箱。

② 通过购买方式获取搜集目标。从成员 Kelechi 的截图和交易记录发现，该黑客组织还会从地下的黑客论坛购买网站泄露数据，从中提取目标的邮箱。

③ 通过交友方式搜集目标。在截图中，研究人员发现该团队伪装成帅哥或者美女，主动搭讪或者通过交友站点，引诱目标上钩。

针对搜集到的目标，该黑客组织会通过 YouTube 传播捆马黑客工具；在社交网络上伪装成帅哥美女进行欺诈；在兼职网站传播捆马文档；邮件群发工具发送大量的钓鱼邮件，其中以错误的转账确认、伪造盗用身份信息诈骗、银行账号安全升级等多种方式，诱骗目标打开邮件中捆绑了木马的附件；搭建了常见的银行、Yahoo 邮箱等风格钓鱼网站套取用户信息。除上述常见的钓鱼站点外，该黑客组织还注册了仿冒的黑客工具站点域名 hunterexploit.pro（原网站为 hunterexploit.com），并克隆了原网站页面，修改付款链接和价格，兜售比官方站点更便宜的工具，欺骗目标付费购买假的黑客工具。

当黑客组织通过各种攻击手法获取到受害者的信息或者权限后，便开始实现自己的最终目的：资源收割。透过分析投递利用阶段的社交网络欺诈、撞库攻击以及攻击者的其他截图，研究人员确定该黑客组织的最终意图是盗取或骗取受害者资金，手段或是通过欺诈收取礼物，或是通过黑客手段获取账户信息，然后转移银行资产或者虚拟货币。

（2）对抗之策

在非洲黑客组织花式攻击盗取资金案例中，攻击者通过邮件附件攻击、钓鱼站点攻击、伪装帅哥美女欺诈单身和离异人士、利用 YouTube 明面讲解黑客教程实则捆马黑客工具攻击其他黑客等方法，盗取受害者的资金，起到"以逸待劳"的效果。该事例与"以逸待劳"核心要素映射关系如图 3.18 所示。

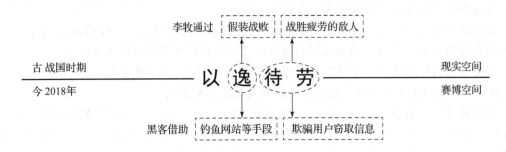

图 3.18　黑客组织花式攻击盗取资金案例与"以逸待劳"核心要素映射关系

针对其中的花式攻击手段，有以下几条安全建议：

①尽量不要运行来源不明的邮件中的附件，在登录网站时观察网站界面和 URL，避免在假冒网站上输入账号密码等信息。

②在非官方渠道下载并运行文件和工具时保持警惕。在兼职网站、YouTube 视频网站给出的下载内容可能捆绑着木马。

③谨慎对待网络上认识的朋友。认识到存在对方是假冒身份的可能性，尽量不泄露自己的个人信息，尽量不进行金钱交易。

3.4.6　小结

"以逸待劳"是指要迫使敌人处于困顿的境地，不一定要直接出兵攻打，而是采取"损刚益柔"的办法，即令敌人由盛转衰、由强变弱，再发动进攻，便可获胜。"以逸待劳"的一个著名典故是曹刿论战。公元前 684 年，齐国背弃了与鲁国订立的盟约，发兵侵犯弱小的鲁国。曹刿听到齐军第三次鼓响，才对鲁庄公说可以发动攻击。因为直到第三次击鼓时，齐军的士气低落、精神疲惫、战斗力骤减，而这时鲁军初次鸣鼓进攻，策新羁之马，攻疲乏之散，自然就可以旗开得胜。

在网络安全领域，攻击者们往往先通过信息收集等方式了解目标人员的基本情况，再在对方警惕性降低时进行攻击，以达到窃取秘密、盗取资金的目的。在"窃密寄生虫"木马群发邮件传播案例中，攻击者应用"以逸待劳"的思想，群发内容极具吸引力的钓鱼邮件，使得警惕性较低的受害者点开附件，导致信息被窃取。在黑客组织花式攻击盗取资金案例中，攻击者通过邮件附件攻击、钓鱼站点攻击、伪装帅哥美女欺诈单身和离异人士、利用 YouTube 明面讲解黑客教程实则捆马黑客工具攻击其他黑客等方法，盗取受害者的资金，起到"以逸待劳"的效果。

对于采用"以逸待劳"计策的攻击行为，应当谨慎运行邮件附件中的文件，如发现有脚本或其他可执行文件可先使用杀毒软件进行扫描；在非官方渠道下载并运行文件和工具时保持警惕；谨慎对待网络上认识的朋友，尽量不泄露自己的个人信息，尽量不进行金钱交易。

习　　题

①"以逸待劳"之计的内涵是什么？您是如何认识的？
②简述"以逸待劳"之计的真实事例2~3个。
③针对"以逸待劳"之计，简述其信息安全攻击之道的核心思想。
④针对"以逸待劳"之计，简述其信息安全对抗之道的核心思想。
⑤请给出"以逸待劳"之计的英文并简述西方事例1~2个。

参考文献

[1] 百度百科. 以逸待劳 [DB/OL]. (2020-02-06)[2020-07-31]. https://baike.baidu.com/item/%E4%BB%A5%E9%80%B8%E5%BE%85%E5%8A%B3/12005050.

[2] 腾讯电脑管家. "窃密寄生虫"木马群发邮件传播，危害北上广等地众多企业 [EB/OL]. (2019-11-22)[2020-07-31]. https://www.freebuf.com/220683.html.

[3] 腾讯安全. "窃密寄生虫"木马伪装成商务邮件钓鱼 数千家外贸企业遭攻击 [EB/OL]. (2019-11-22)[2020-07-31]. https://s.tencent.com/research/report/850.html.

[4] dongxun. APT追踪 | 尼日利亚黑客组织再起花式攻击 [EB/OL]. (2018-05-05)[2020-07-31]. https://www.freebuf.com/articles/network/170428.html.

3.5　第五计　趁火打劫

敌之害大，就势取利，刚决柔也。

3.5.1　引言

"趁火打劫"出自《三十六计》中第五计，被广泛运用于各种领域，如中国古代战争中的多尔衮趁乱入主中原，现代商业中的美国商人抓住瘟疫导致肉类涨价这一时机高收益买卖。随着当今信息网络的不断发展，"趁火打劫"也逐渐开始在网络空间安全领域得到应用，攻击者在了解目标用户的情况后，利用他们集中解决因环境等外部因素引起的问题而疏于防范这一时机，混淆他们的判断，使他们不能及时防御，从而更快地完成攻击。应对攻击者实施"趁火打劫"之计的方法是要尽量避免"火"的发生，如果无法避免则要在信息网络的使用过程中时刻保持警惕，及时采取安全防范措施，以免被攻击者利用。

3.5.2　内涵解析

《三十六计》第五计之"趁火打劫"记载云："敌之害大，就势取利，刚决柔也。"其中"火"，表示被攻击方的困难、麻烦，"劫"则表示达到的目的，表面意思是说：

趁别人失火的时候去抢东西,比喻乘人之危。在战争中其按语是指敌害在内,则劫其地;敌害在外,则劫其民;内外交害,则劫其国,当敌人遇到危难时,就要趁机出兵夺取胜利。在经商中通常是指经营者通过不断地获取对方信息,对这些信息分析论证,在认定对手无法及时解决这些困难时,"趁火打劫",千方百计地争夺利益,从而使自己的企业和产品在竞争中立于不败之地。在网络空间安全中则指攻击者利用外部的时势条件,使目标用户无法及时判断,从而抓住机会进行攻击。"趁火打劫"是一种坚决果断、洞察时事、攻其不备的策略表现。

3.5.3 历史典故

在中国历史中,使用"趁火打劫"方法来谋取利益达到目的的典故不计其数。明末清初,社会穷困,政治腐败,百姓生活极端困苦。崇祯皇帝虽殚精竭虑一心想振兴大明,可他生性多疑,真正的贤良之臣无法在朝廷立足。而清顺治即位时,朝廷的权力都集中在摄政王多尔衮身上。多尔衮早有攻占中原之意,时刻注视着明朝的一举一动,把握大局,等待时机。1644年,李自成率领农民军攻占京城,建立大顺王朝。吴三桂看明朝大势已去,本想投奔李自成巩固自己的实力,但李自成并没把吴三桂看在眼里,不断地欺压吴三桂。最终吴三桂无法忍受,投靠清朝,想要借清兵势力消灭李自成。多尔衮听到消息后,分析中原内部动乱,李自成江山未定,认定这就是正确的时机,于是迅速联合吴三桂的军队,进入山海关,赶走了李自成。多尔衮审时度势,关注中原的情况,趁着中原动乱这把"火",达成了自己入主中原的目的。

在国外也有这样的事例,1975年墨西哥发现了类似瘟疫的病例,亚默尔是美国某肉食加工公司的老板,他通过翻阅报纸得知这一消息,于是他想到如果墨西哥真的发生瘟疫,一定会从边境传染到美国,届时美国的肉类肯定会供不应求、价格飞涨。想到这里,亚默尔立即派手下赶到墨西哥探听情况。几天后,亚默尔得知墨西哥出现了很严重的瘟疫,随后他立即筹集全部资金,购买牛肉和生猪肉,储存起来备售。正如他所料,瘟疫很快蔓延到美国西部的几个州,政府下令严禁一切食品从这些地区外运。这样就导致了美国国内肉类奇缺、价格暴涨,亚默尔趁机将先前购进的牛肉和猪肉卖出,在短短几个月里,赚了近1 000万美元。亚默尔慧眼独具,通过一则新闻及时发现了瘟疫流行的征兆,预测到外部瘟疫将给美国肉类市场带来的影响。趁着墨西哥瘟疫这把"火",提前购买肉类食品,在市场价格飙升时出售,谋取巨大的利益。

3.5.4 信息安全攻击与对抗之道

"趁火打劫"核心要素及策略分析如图3.19所示。其中,"火"表示被攻击方遇到的困难、麻烦,通常指一些不可抗力或无法迅速解决的外部因素。网络空间安全领域,既可是由于外部因素对信息网络造成的影响,也可是由于网络内部出现的病毒,例如由于新冠疫情的外部因素,网络攻击更加频繁。

"劫"则表示攻击者达到的目的。网络空间安全领域主要是指截取信息,例如目标账号信息、目标涉密信息、目标敏感信息等。

攻击之道在于攻击者需抓住攻击目标遇到困难后无法及时解决这样的问题,从而在攻击目标内部"起火"的时机,使用"趁火打劫"之计,利用这种情况下攻击目标对外界攻击辨别能力差的特点实施"打劫",使用各种手段达到控制目标、窃取或破坏信息等目的。

防御之道在于防御者首先尽量避免外部困难的发生或降低外部困难造成的影响,快速地灭掉这把"火",同时在灭"火"的过程中提高警惕,提防灭"火"期间可能发生的攻击。要及时对"劫"进行防御,在信息网络的使用过程中时刻保持警觉,根据不同的外部环境采取安全防范措施,提升网络空间安全防御能力,以免被攻击者利用。

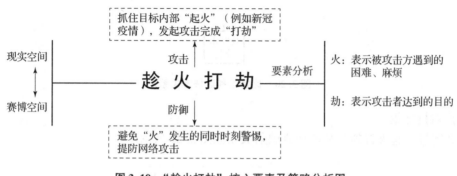

图 3.19 "趁火打劫"核心要素及策略分析图

3.5.5 信息安全事例分析

3.5.5.1 利用系统关闭之"火"盗取比特币

(1) 事例回顾

2016 年 8 月 3 日香港比特币交易平台 Bitfinex 被黑客入侵,被盗取价值约 6 580 万美元的比特币。比特币是一种以区块链为基础技术、开放源码的去中心化的加密货币。它利用点对点网络和共识特点,结合安全多方计算、门限密钥共享、环签名方案、一次性账户生成等进行交易,其关系如图 3.20 所示。每个人都可以参与比特币活动,并且可以通过计算机操作进行挖矿,一些国家的中央银行和政府机构把比特币看作虚拟商品而非货币。通过使用私人密钥作为数字签名,个人可以把比特币像现金一样直接支付给他人,无须通过银行、电子支付平台等第三方机构进行操作,从而避免了高昂的费用、烦琐的流程和监管等问题,任何用户只要有一个可以连接互联网的数字设备就可以使用。

Bitfinex 是一家成立于 2012 年,由金融技术公司 iFinex 持有的比特币四大交易平台之一。据 Bitcoincharts 网站数据显示,在 2016 年 7 月,Bitfinex 成为全球最大的比特币交易平台。但在 2016 年 8 月,Bitfinex 突然遭到黑客入侵,被盗大量比特币,根据 Bitfinex 社区与产品开发部主管 Zane Tackett 所述,Bitfinex 公司在这起事件中共丢失 119 756 个比特币,而且该事件的公开传播,导致比特币市场价格下跌 16%,达到比特币最低值 512 美元,同时也导致在其他公司平台交易的数字代币受到影响。Bitfinex 随后在公司官方网站上声明,该公司的比特币交易系统被黑客入侵,因此需要暂停该平台的所有交易和比特币访问。根据公司调查,此次事件很可能是受台风影响,香港金融市场暂时关闭,黑客们抓住机会利用系统安全防御措施未及时调整、安全防护不全面等条件向系统注入木马、钓鱼邮件等恶意文件,由此引发比特币数据丢失问题,最终导致巨额经济损失。

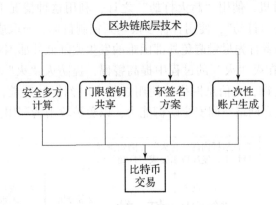

图 3.20 比特币和区块链关系图

(2) 对抗之策

该事例与"趁火打劫"核心要素映射关系如图 3.21 所示。

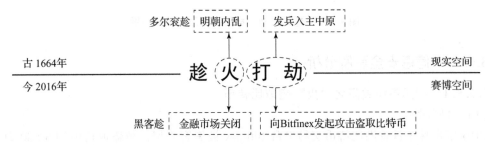

图 3.21 盗取比特币与"趁火打劫"核心要素映射关系

对于这类问题,可以从比特币的技术基础区块链角度进行防范。根据网络系统的安全需求,结合区块链的特点,区块链系统构建的基本安全目标是通过密码学和网络安全等技术手段,保护区块链系统中的数据安全、共识安全、隐私保护、智能合约安全和内容安全。此外,区块链不仅在自身技术安全上存在漏洞风险问题,在生态上也会遭受攻击,所以不仅要关注区块链技术本身,也要重点关注使用者。下面给出三个区块链的安全防御措施。

①研发技术人员应加强安全技术研究,避免因开源漏洞而遭受黑客攻击,理解代码标准,遵循开发原则,保证代码的高准确性,通过制定形式化验证规范,加强智能合约审计,及时发现并修复开源漏洞,从源头上减少安全漏洞的发生,减少经济损失。

②管理运维人员应建立健康安全的生态环境,对交易场所等提供方案评估,明确其所面临的风险威胁,并对交易状态进行实时监测,一旦发现异常及时报警,防止非法集资、诈骗等违法行为,运用加密技术加强对私钥的保护,确保交易安全,保障生态系统安全稳定运行;此外还要加强对区块链安全的监督和管理,防范安全风险,为区块链的应用过程提供安全可靠的环境;加快区块链安全标准和规范的建设,建立规范区块链行业市场的区块链安全等级评价体系,从整体上提高区块链开发的安全性,从根本上消除安全隐患;积极关注区块链的动态发展,促进安全企业提供安全服务,制定相应的解决方案,解决各种风险漏洞。

③终端用户应积极关注区块链的风险,增强安全防范意识,警惕钓鱼陷阱,充分了解区块链再进行交易,避免因私钥和账户泄露造成不必要的财产损失。

在区块链的安全基础上，为了更好地保护比特币，还需要了解比特币的购买和储存。在购买比特币时，首先要注意区分比特币交易平台的真假，一些假的比特币交易平台会以销售低于市场价格的比特币作为诱饵，使用户上当，在这种情况下交易时，无法得到比特币。其次要提防网络欺诈，它通常是通过电子邮件或虚假网络与用户联系，当访问其网址时，就有可能遭到恶意软件攻击或丢失比特币。

对于比特币储存，许多人以为热钱包不安全，会购买冷钱包来储存比特币，但是一些假的冷钱包会盗取密码或私钥，将相应账户下的比特币转移出去。另外在储存时也要识别庞氏骗局，这种骗局是指一些虚假机构可能会宣称，只要在这样的机构储存比特币，就能给予高额返利，如果参与人数增加，返利也会增加。除了上述保护比特币的措施外，用户本身也需要加强对数字资产的保护意识，与其他资产不同的是，数字资产的私钥一旦丢失，很难找回，因此提高自己私钥保护的安全意识是很重要的，一般选择物理保存的方式来保管数字资产，例如将它记录在其他实物上、存在 USB 设备里等。

随着区块链技术的不断发展，比特币的交易将会更加频繁，比特币安全就成为必须关注的问题，所以在使用比特币时，用户应当注意各种风险问题，从多方面考虑，防止不法分子利用外部因素，"趁火打劫"发起网络攻击，给用户造成损失。

3.5.5.2 利用新冠疫情之"火"实施 APT 攻击

（1）事例回顾

2020 年新型冠状病毒引发全世界范围的疫情，多家医疗机构和企业受到黑客的攻击。生物病毒具有传播能力强、隐蔽能力强、破坏能力强等特点，计算机病毒与之同理，计算机被入侵后，计算机病毒会对计算机和网络造成破坏，利用病毒的特点向系统发起攻击。有些不法分子正是趁着中国人民万众一心与疫情做斗争的时候，对我国网络发动攻击，非法获取或破坏数据。例如，2020 年 2 月国内安全研究机构 360 安全大脑捕获的一例利用新冠肺炎疫情题材进行攻击的事例，攻击者利用疫情题材作为诱饵文档，部分诱饵文档（如"武汉旅行信息收集申请表.xlsm""卫生部指令.docx"等），攻击者以邮件、网页等作为投递方式，通过相关提示诱导目标用户执行系统指令代码，对抗击疫情的医疗工作领域发动高级可持续威胁攻击（APT 攻击）。

APT 攻击是指黑客为了窃取核心数据而对用户发起的网络攻击和入侵行为。这一行为往往经过长期的策划和运作，具有很强的隐蔽性。其攻击手法就是隐蔽自己，利用应用程序、操作系统的漏洞或传统网络保护机制无法提供统一防御的缺陷，针对特定对象长期、有计划、有组织地窃取数据，是集合多种常见攻击方式的综合攻击。此外，该攻击方式还采用多阶段穿透网络，提取有价值的信息，使其攻击更不容易被发现，这种窃取数据、在数字空间收集情报的行为可称为"网络间谍"。例如，有一个名为海莲花的 APT 组织，又称 APT32，被认为是具有越南国家背景的攻击组织。该组织一直针对中国的政府部门、国企等目标进行攻击，是近年来对中国大陆进行网络攻击最频繁的 APT 组织。自新冠疫情爆发以来，该组织对中国大陆重点目标的攻击愈加频繁，攻击方式是采用鱼叉邮件攻击，其中邮件内容使用与新冠病毒疫情相关的诱饵文档。攻击者在加密的文档中存储关键数据信息，通过诱导用户点击文档中的某些系统指令代码，获得明文信息数据。执行用户点击系统指令代码的同时，攻击者访问他们所控制的远程服务器并载入恶意脚本，远程执行恶意脚本文件，最后完成对特定目标的攻击。

APT 组织的搅局，让这场艰难的疫情斗争雪上加霜，它的"阴谋"一旦得逞，轻则造成电脑故障、数据丢失，重则影响各地疫情防控工作的有序进行，危害个人、企业甚至政府等多个部门的信息安全。

（2）对抗之策

该事例与"趁火打劫"核心要素映射关系如图 3.22 所示。

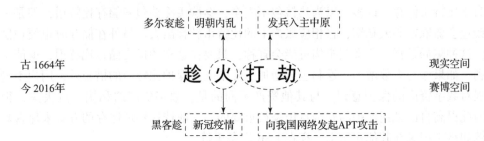

图 3.22　新冠疫情下 APT 攻击与"趁火打劫"核心要素映射关系

从新冠疫情期间的 APT 攻击事例中，可以看出因无法预见的自然灾害和公共卫生事件引起的信息安全问题的严重性。为了预防这类问题首先要知道 APT 的攻击特点是高级与持续，其中高级指的是攻击手段高、攻击对象高、攻击有着极强的隐蔽性，而且大部分是对政府部门、政府或企业高管人员、国家机密等发起攻击。持续指攻击持续时间长，APT 攻击组织会长期盯着目标，收集情报，根据实际情况不断地发起攻击。可以使用以下技术有效防御 APT 攻击：

① 异常流量检测技术。异常流量检测技术主要采用流量检测方法和分析方法，对流量信息进行提取，并对流量中可能出现的异常信息，如带宽占用、端口、协议等进行有效的监控和检测，同时结合节点、拓扑和时间等分析方法，对流量异常、流量行为等可能发生的异常信息进行统计，从而根据分析的结果和数据，准确识别可能发生的漏洞攻击。异常流量检测技术相对于传统的网络防御技术，采用数据采集机制保护原始系统，有效地跟踪发生的异常行为，确定异常流量点，从而达到防御 APT 攻击的目的。

② 信誉技术。信誉是评价网络资源和相关服务主体的安全绩效的指标和表现，信誉技术是有针对性地建立信誉数据库，包括 URL 信誉库、MD5 代码库和威胁情报库等，并且可以作为辅助支持技术，帮助系统提高对 APT 攻击行为的检测能力。当计算机遇到不可信的资源时，可以使用网络安全设备来隔离和阻止。信誉库在网络安全防护过程中，能发挥自身优势，保护系统相关信息，提高计算机系统的安全防护指数，为计算机信息系统的安全提供有效的保障。

③ 沙箱恶意代码检测技术。通过模拟 Windows、Linux 等计算机环境，沙箱检测技术可以在沙箱中运行文件，利用自动分析、观察和警告来发现未知威胁。在应用时，沙箱能够创建一个模拟的真实环境，隔离本地系统中的注册表、内存和文件等相关信息，使系统的访问、文件控制等都可以通过虚拟环境进行操作，同时沙箱能够在特定的文件夹中，利用定向技术对文件进行修改和生成，防止出现修改核心数据和真实注册表的现象，一旦系统受到 APT 攻击，所实现的虚拟环境能够对特征码进行观察和分析，从而有效防御攻击，防止直接攻击真实系统。

④ 大数据分析技术。利用大数据分析技术，从网络系统本身或 SOC 安全平台产生的大

量日志数据进行分析,通过数据统计、数据挖掘和形势分析等方法,发现记录的历史数据中存在的 APT 攻击痕迹,弥补传统安全防御技术的不足,提升检测的准确性和全面性。

APT 攻击的防御还需要关注人员因素,包括安全人员和普通员工,由于缺乏经验,企业的安全人员容易低估 APT 攻击者的能力及其手段的复杂性,而普通员工的安全意识也需提高,须防范 APT 攻击者所发送的恶意消息。此外,还应及时根据不同情况进行调整,比如,2020 年由于疫情这把"火"的影响,许多企业实行远程办公,这无疑会带来个人数据、共享文件等敏感信息泄露的信息安全问题。在重视信息安全和隐私问题的同时,根据实际情况及时调整工作,针对市场岗、职能岗等数据相对不敏感的场景,通过 SSL 和 VPN 构建远程应用安全访问平台,支持身份认证、传输加密等端到端保护系统,保证员工远程访问内部网的安全性。对研发、财务等数据敏感场景的解决方案则是直接部署虚拟桌面,将办公桌面移至数据中心,将相关桌面、应用和数据全部部署到云中,确保数据不落地,支持统一控制,为员工提供安全可控的远程桌面办公环境,减少攻击者攻击的机会。

3.5.6 小结

本节介绍了"趁火打劫"的基本含义,讨论了国内外多个应用事例。在网络空间安全领域,不法攻击者利用"趁火打劫"这一计策,发起攻击。2016 年,攻击者利用台风导致金融市场关闭这一条件,攻击 Bitfinex 比特币交易平台,从而盗取大量比特币,通过加强区块链安全建设以及了解比特币基本使用规范等方法可以进行防御。2020 年,在新冠疫情期间多个组织向中国发起 APT 攻击,可以使用流量监测技术、信誉技术等方法进行防御。在尽力减少"火"发生的同时,时刻防范攻击者,不断提升个人网络安全意识,加强对各种软件和系统的管理,使想要"趁火打劫"的攻击者无处可攻。

习 题

① "趁火打劫"之计的内涵是什么?您是如何认识的?
② 简述"趁火打劫"之计的真实事例 2~3 个。
③ 针对"趁火打劫"之计,简述其信息安全攻击之道的核心思想。
④ 针对"趁火打劫"之计,简述其信息安全对抗之道的核心思想。
⑤ 请给出"趁火打劫"之计的英文并简述西方事例 1~2 个。

参考文献

[1] 百度百科. 趁火打劫 [DB/OL]. (2020-05-23)[2020-06-02]. https://baike.baidu.com/item/趁火打劫/357550? fr = aladdin.

[2] 双刀. 香港比特币平台遭黑客攻 损失超 6 000 万美元 [EB/OL]. (2016-08-05)[2020-06-10]. http://www.cs.com.cn/xwzx/hwxx/201608/t20160805_5028718.html.

[3] 赵甜,魏昂,周鸣爱. 区块链安全发展现状. 问题与对策研究 [J]. 网络空间安全,2019,10(11):21-25.

[4] CSDN. 趁火打劫!"疫情做饵"的网络攻击来了 [EB/OL]. (2020-02-03)[2020-

06-23]. https://blog.csdn.net/weixin_43634380/article/details/104237121.

[5] FreeBuf. 近期使用新冠疫情（COVID-19）为诱饵的APT攻击活动汇总[EB/OL]. (2020-03-28)[2020-06-24]. https://www.freebuf.com/articles/network/231594.html.

[6] 程三军，王宇. APT攻击原理及防护技术分析[J]. 信息网络安全，2016（9）：118-123.

[7] 张婷婷. 针对APT攻击的防御技术[J]. 电子技术与软件工程，2018（24）：193.

3.6 第六计 声东击西

敌志乱萃，不虞。坤下兑上之象，利其不自主而取之。

3.6.1 引言

"声东击西"出自《三十六计》中第六计，在很多方面被实践与应用，例如，东汉时期班超出使西域，诱导龟兹出兵，声东击西反攻莎车国使其投降；20世纪70年代，苏联宣称投资建造客机制造厂，实则声东击西获取美国波音公司技术。在网络空间安全领域，黑客们使用"声东击西"计策也多次得手，攻击者先抛出诱饵迷惑目标用户，使用户集中解决当前危机，而攻击者的最终目标则是利用诱饵提供的时间和空间发起另一攻击，从而获取或修改数据信息，使目标计算机系统造成破坏。应对攻击者实施"声东击西"之计的方法是及时判断攻击者的攻击意图，通过识别IP、判断域名正确性等策略对攻击进行检测，在计算机系统的各个方面展开防守，减少网络攻击带来的损失。

3.6.2 内涵解析

《三十六计》第六计"声东击西"记载云："敌志乱萃，不虞。坤下兑上之象，利其不自主而取之。"

其中"声"表示声张、传扬，"东"是计谋的手段，"西"是攻击者攻击的目标。表面意思是声称攻打东边，实际却攻打西边，其按语是指在充分估计敌方情况后，抓住敌人不能自控的混乱之势，展现出时东时西、似合似离的状态，给敌人造成错觉，出其不意地取得成功。在网络空间安全领域攻击者先使用一些攻击方法发起攻击，吸引目标用户的注意力，然后再进行可以达成攻击者最终目的的网络攻击。"声东击西"是一种迷惑敌人、出奇制胜的策略，其成功关键在于"声"能否成功吸引目标的注意力。

3.6.3 历史典故

东汉时期，班超出使西域，目的在于联合西域各国对抗匈奴。要达到这一目的，首先要打通南北道路，但地处大漠西部边缘的莎车国起了反叛之心，鼓动周边小国归附匈奴，反对汉朝。班超决定先平定莎车国，莎车王得到消息后向龟兹求助，龟兹王亲率五万人马救援，班超虽联合于阗等国，但兵力仅二万五千人，难以直接进攻，于是班超便定"声东击西"之计，迷惑敌人。在营中他派人对自己发泄不满，制造了士气低落、军队涣散、不能打赢龟兹想要撤退的局面，并让莎车国的俘虏们了解此事。随后，班超命于阗大军向东撤退，自己率部分军队向西撤退，并故意让俘虏趁机而逃。在俘虏逃回莎车国后，向龟兹王报告汉军慌乱撤退的消息，龟兹王大喜，误以为班超害怕自己而慌乱逃窜，想趁此机会，追杀班超，于是下令兵分两路，亲自率一万精兵向西追杀班超，另一路追杀于阗及其军队。班超趁夜幕笼罩大漠，撤退仅十里①便命令军队隐蔽等候时机，乌兹王求胜心切，率追兵从班超隐蔽处飞驰而过，班超立即集合军队，和事先约定好的东路军会合，迅速回师，杀向莎车国。莎车国见势慌乱逃窜，迅速瓦解，最终莎车国大败只能投降。此时的龟兹王追击一夜，仍未见到班超军队的踪影，又得知莎车国已投降，无法返回营救，只好收拾残局回到龟兹。在这一案例中班超创造机会扰乱敌人的判断，佯装退却，实则伏击，以待时机向另一个目标发起进攻，最终达到平定莎车国的目的。

除了战争，"声东击西"计策也被应用在其他领域，例如苏联使用此计来获取美国制造客机的技术。1973年，苏联对外宣称打算与美国的一家飞机制造公司合作为苏联建造一个年产高达100架客机的世界上最大的喷气式客机制造厂，如果美国公司提供的条件不能满足苏联要求，苏联将同英国或德国的其他公司做这笔高达3亿美元的交易。美国波音公司、洛克希德公司和麦克唐纳·道格拉斯公司三大飞机制造商闻讯后，都想抢到这笔"生意"，所以背着美国政府分别同苏联进行私下接触，而苏联却在它们之间周旋，让它们竞争，以满足更多的条件。波音公司为了能够抢到这笔生意，第一个同意苏联方面的要求，把二十多名苏联专家视为贵宾，不仅让他们仔细参观飞机装配线，还可以到公司机密的实验室进行考察，他们先后拍了成千上万张照片，获取了大量的资料，最后还带走了波音公司制造巨型客机的详细计划。没过多久美国人发现苏联利用波音公司的技术资料设计制造了伊柳辛式巨型喷气运输机，这种飞机使用的合金材料正是从美国获得。究根溯源，苏联专家穿了一种特殊的皮鞋，鞋底能吸引从飞机部件上切割下来的金属屑，在分析这些金属屑后就得到了制造合金的技术，最终达成可以自己制造客机的目的。此案例讲述了苏联人为了获得美国飞机制造商制造巨型客机的详细材料，故意宣称挑选美国的一家飞机制造公司为苏联建造喷气式客机制造厂，从而"声东击西"迷惑波音公司，达成其目的。

3.6.4 信息安全攻击与对抗之道

"声东击西"核心要素及策略分析如图3.23所示。其中，"声东"表示攻击者抛出的烟幕弹或诱饵，在网络空间安全领域，通常指攻击者为了达成另一目的而制造的一起攻击，例如攻击者先使用勒索病毒吸引目标注意，再发起另一攻击。

"击西"表示攻击者最终要达成的目的。在网络空间安全领域主要是指窃取数据信息，例如目标游戏数据、目标隐私数据等。

攻击之道在于攻击者先通过大流量攻击、病毒文档攻击等方式抛出"烟幕弹"迷惑目标用户，转移安全人员的注意力，产生"声东"的效果；然后再向另一目标发起攻击，获取或修改数据信息达成"击西"的目的。

防御之道在于防御者必须紧跟时代发展的步伐，防御新型威胁，确保不只关注一起攻击活动，而忽略二次破坏性攻击，防止因攻击者对系统某部分的"声东"攻击，而减少对系统其他数据的保护，使攻击者达成"击西"的目的。此外，为了更好地解决这样的多重混合型攻击，IT管理人员和决策者应积极寻找解决方案，及时发现针对性网络攻击活动，提

---

① 1里=500米。

供网络可预见性。

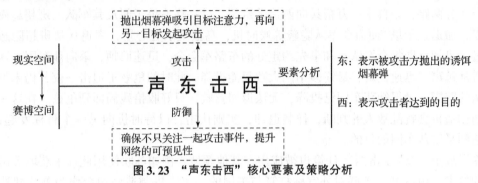

图 3.23 "声东击西"核心要素及策略分析

3.6.5 信息安全事例分析

3.6.5.1 DDoS "声东"攻击，"击西"修改游戏数据

（1）事例回顾

2016 年 4 月，Lizard Squad 组织对暴雪公司战网服务器发起 DDoS 攻击，包括《星际争霸2》《魔兽世界》《暗黑破坏神3》在内的重要游戏作品离线宕机，玩家无法登录。而在登录中的玩家也因服务器无法响应被迫强制下线，而发起这样攻击的目的不仅仅是让暴雪的服务器短时间瘫痪，更重要的是"声东击西"，在服务器瘫痪期间攻击者更方便地修改游戏数据、破坏玩家的游戏体验，从而对公司造成影响。经过多次调查还找到了名为 Poodle Corp 的黑客组织曾针对暴雪发起多次 DDoS 攻击，攻击导致战网服务器离线，平台多款游戏受到影响，包括《守望先锋》《魔兽世界》《暗黑破坏神3》以及《炉石传说》等，甚至连主机平台的玩家也遇到了登录困难的问题，而这些问题最终导致数据的不完整，严重破坏游戏运行。除了暴雪公司，还有"美国大半个互联网下线事件""连续五家俄罗斯银行遭遇攻击"等 DDoS 攻击事件，这些攻击者通过使目标服务器系统瘫痪的方式，"声东击西"发起另一起攻击，获取或更改目标数据，对公司和用户造成损失。

（2）对抗之策

该事例与"声东击西"核心要素映射关系如图 3.24 所示。

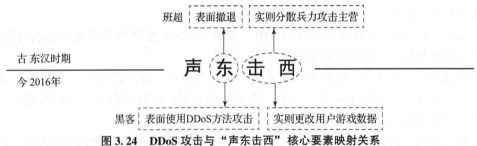

图 3.24 DDoS 攻击与"声东击西"核心要素映射关系

针对这样的问题首先应该了解 DDoS。它是 Distributed Denial of Service 的简称，中文是分布式拒绝服务，而 DDoS 的前身为 DoS（即拒绝服务），最基本的 DoS 攻击是攻击者利用大量合理的服务请求来占用目标的服务资源，从而使合法用户无法得到服务的响应。DoS 攻击一般是采用一对一的方式，当攻击目标各项性能指标不高时，攻击的效果是明显的，如 CPU 速度低、内存小或者网络带宽小等。但是随着计算机与网络技术的发展，计算机的处

理能力与网络带宽迅速增长，使得 DoS 攻击的困难程度大大增加了，这时出现了多个攻击者同时发起的分布式攻击，即 DDoS 攻击。

DDoS 攻击是指攻击者控制网络中的僵尸主机向攻击目标发送大流量数据，耗尽攻击目标的系统资源，导致其无法响应正常的服务请求。攻击者可以很容易地从互联网获取各类 DDoS 攻击工具发起攻击，如 LOIC（鲁瓦）、Hulk、DAVOSET、Goldeneyes 等。DDoS 还有防御难度和造成损失大的特点，据不完全统计，65%以上的 DDoS 攻击每小时给受害企业造成的损失高达 1 万美元，例如攻击者曾对美国的 DNS 服务提供商进行攻击，导致 Twitter、GitHub、Xbox、Starbucks 等大量站点无法正常访问，造成了大量的损失。在了解 DDoS 的攻击原理及其危害后，可以从以下几方面对 DDoS 进行防御：

①拦截 HTTP 请求。如果在服务器检测系统中检测到有恶意请求，要直接进行拦截防止进一步扩充，例如，如果恶意请求都是从某个 IP 发出的，可以直接将该 IP 封掉。但是这种方法也有较大的弊端，Web 服务器的拦截非常消耗性能，对于较大的攻击，这种拦截方式就显得力不能及。

②筛选系统漏洞。在系统中及早发现攻击漏洞，及时安装系统补丁，建立和完善重要信息备份机制，并对特定特权的账户设置密码。很多攻击者已经成功地攻击企业，这不是因为攻击者使用了更先进的工具和技术，而是因为系统的基础结构本身存在缺陷，所以及时修复系统漏洞，根据实际情况进行调整对防御 DDoS 显得尤为重要。

③扩充带宽容量。如果服务器被 DDoS 攻击则可以通过购买更多的临时主机等方法在短时间内急剧扩容，提供几倍或几十倍的带宽，接受大量的流量请求。例如，如果某云服务商提供每台主机可以负载 5G 流量以下的攻击，购买五台主机后将网站建设在其中一个主机上，但不暴露给用户，其他四台主机都是镜像，DNS 会把访问量均匀分配到这四台镜像服务器，一旦出现 DDoS 攻击，这种架构就可以抵御 20G 的流量。所以如果有更大的攻击可以通过购买更多的临时主机来抵御这些进攻。

④建立负载均衡。一般的服务器每秒最多能处理数 10 万个链接请求，网络处理能力则非常有限，基于已有网络结构的负载均衡技术，为扩展网络设备和服务器的带宽、增加吞吐量、增强网络数据处理能力、提高网络的灵活性和可用性提供了一种廉价而有效的方法，对 DDoS 流量攻击的防御有良好的效果。随着负载均衡方案与企业网站相结合，链接请求被均衡地分配到不同的服务器上，从而减轻了单一服务器的负担，使整个服务器系统每秒可处理的服务请求超过千万个，用户访问速度加快。

⑤CDN 清洗流量。CDN 是建立在网络之上的内容分发网，依靠分布在各地的边缘服务器，通过中央平台的分发、调度等功能模块，让用户就近获得需要的内容，减少网络拥塞，提高用户访问响应速度和命中率。CDN 相对于高防御的硬件防火墙来说，承担不起无限流量的限制，但目前大多数 CDN 节点都具有 200G 的流量保护功能，加上辅助硬件保护，可以更好地防御 DDoS 攻击。

通过采取这些措施不断地防范 DDoS 进攻，从而防止进攻者"声东击西"，在抛出诱饵破坏服务器正常的运作之后，窃取数据等破坏计算机系统的行为。

3.6.5.2 勒索病毒"声东"攻击，"击西"窃取敏感信息

(1) 事例回顾

2017 年，"坏兔子"勒索病毒成功感染俄罗斯和乌克兰 200 多家组织机构。"坏兔子"

利用"影子经纪人"窃取得来的NSA漏洞利用工具，使其能迅速渗透至受害者的网络并进行传播。当"坏兔子"攻击初次浮出水面时，研究人员发现感染始于被感染的俄罗斯媒体网站的路过式下载，利用虚假的Flasher Player安装恶意软件，成功感染之后，研究人员快速发现"坏兔子"除了感染及勒索以外，其样本还隐藏了强大的鱼叉式网络钓鱼攻击活动，大量乌克兰计算机系统遭遇网络钓鱼攻击，这些网络钓鱼活动旨在窃取财务信息和其他敏感数据。因此，最初的"坏兔子"勒索软件只是障眼法，更具针对性的攻击意在获取有价值的公司数据。乌克兰国家网络警察局局长Demedyuk将这些实例称为"混合攻击"，并指出此为"声东击西"之计，先抛出第一个诱饵攻击获得大量关注，从而使第二个攻击达成最终"破坏性结果"。

（2）对抗之策

该事例与"声东击西"核心要素映射关系如图3.25所示。

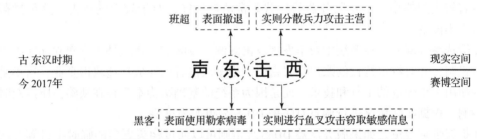

图3.25 "坏兔子"鱼叉式攻击与"声东击西"核心要素映射关系

"坏兔子"勒索病毒再一次体现出了"声东击西"这种计策在网络安全中的使用。针对这样的问题，首先应该防御勒索病毒的攻击，让攻击者在攻击的"声东"阶段就失败，但由于勒索病毒的变种较多，同时具有病毒、蠕虫、人为投毒等多种形式，当勒索病毒成功运行后，解密较为困难，所以勒索病毒的防治要以预防为主。可以使用以下方法对勒索病毒进行防御：

①基础措施的防护。很多勒索病毒的攻击并不一定经过长时间复杂的过程，可能就是源于一封普通文件或垃圾邮件，所以需要建立并维护基础设施以抵御这些基本的勒索攻击。此外，还要将备份作为基础设施维护的一部分，对业务系统及数据及时进行备份，建立安全灾备预案，一旦核心系统遭受攻击，需要确保备份业务系统可以立即启用，同时做好备份系统与主系统的安全隔离工作，定期验证备份系统及备份数据的可用性，将它作为周期性的工作，避免主系统和备份系统同时被攻击，影响业务连续性。

②增加口令强度。勒索病毒最常用的攻击方式是利用如永恒之蓝漏洞和远程桌面协议等服务弱口令，所以应及时修改系统和各应用的弱口令、空口令和多台服务器共用的重复口令，强密码长度不少于8个字符，至少包含大小写字母、数字符号等，在企业中可以通过配置密码策略为计算机使用者配置一个更为复杂的密码。

③修复系统和应用漏洞。企业或个人应借助安全软件完成漏洞修复。尤其当企业有庞大数量的主机需要管理时，应选择合适的安全管理系统完成漏洞修复、定期检测以及版本更新的工作。

④端口管理。除了必要的业务需求，通过防火墙配置、安全软件隔离或准入管理关闭135、3389等端口，及时做出配置仅限部分机器可访问。

总之勒索病毒的防御是一个系统工程，除了必要的安全产品外还需要强化安全意识。将预防、对抗、加固相结合，形成一整套完整的方案。

此外还要对鱼叉式网络攻击进行防御，这也是这次勒索病毒最终的目的。对于鱼叉式网络攻击，其过程是首先攻击者选择目标网址，然后利用一些抓取工具或数据采集工具来复制原始网站中的内容，利用动态 DNS 服务和虚拟服务器来发布类似的网站。此时如果用户不会注意到 URL 中的细微变化，攻击者就会获取到受害者输入的凭证，获取数据后攻击者可以利用指纹识别、数据采集等相关工具获取尽可能多的数据，从而造成数据泄露等问题。

为了防御这样的鱼叉式网络攻击，普通用户需下载如 Google Safe Browsing 等拥有防网络钓鱼功能的杀毒软件，这样可以提供基本的网络钓鱼攻击保护措施。而对于企业级的用户，这样的防御往往是不够的，还需要做到：

①域名信誉分析。通过收集有关 URL 黑名单的情报，利用信誉分析技术对域名信誉和列入黑名单的一级域名等数据信息进行分析，从这些服务中得到相关信息从而进行拦截。但是这种方法也有一些较为明显的缺陷，多数攻击者会使用一次性利用技术来获得域名，用于恶意 URL，但是由于时间很短，可以躲过 URL 黑名单和信息分析技术的分析检测。

②DNS 保护。利用这一防护方法，使得看似与合法网站相似的域名可以记录到代码仓库。相关软件每天都会监控 DNS 注册，以发现特定的警报模式，也可以在通用 TLD 和 .com、.net 等注册点探查潜在域名从而进行提前的防护。

③SSL 证书保护。由于多数用户认为有效的 SSL 证书可以实现更好的安全保障，因此利用 SSL 证书的网络钓鱼攻击尤其危险。所以应利用一些防网络钓鱼产品检索数百万的 SSL 证书，以便查找伪造证书。

④人工智能技术。不仅依赖传统的安全措施，还应寻找一种可以检测并阻止鱼叉式网络钓鱼攻击的解决方案。例如，通过机器学习的方式学习几种域名分析工具，从而生成可以自动分析企业组织中域名的插件，更快更准确地发现可能是攻击迹象的任何异常。

3.6.6 小结

本节介绍了"声东击西"的基本含义，讨论了国内外应用这一计策的多个事例。在网络空间安全领域，先介绍了 DDoS 攻击，攻击者通过多次对服务器发起非法访问，从而发起 DDoS 攻击，在 2016 年曾让暴雪等大型公司网站崩溃，从而获取或修改服务器内数据，可以采用扩展带宽、均衡负载等方法进行防御。2017 年"坏兔子"勒索病毒引起的大量鱼叉式网络钓鱼攻击也使用了"声东击西"的策略，先使用"坏兔子"勒索病毒诱导目标用户，然后进行鱼叉式钓鱼攻击窃取信息，可以使用域名分析等技术进行防御。用户需不断提升自身对信息安全事件以及基本网络安全知识的了解，增强网络安全意识，及时判断攻击者意图，减少因"声东击西"之策的网络攻击带来的损失。

习 题

①"声东击西"之计的内涵是什么？您是如何认识的？
②简述"声东击西"之计的真实案例 2~3 个。
③针对"声东击西"之计，简述其信息安全攻击之道的核心思想。

④针对"声东击西"之计,简述其信息安全对抗之道的核心思想。
⑤请给出"声东击西"之计的英文并简述西方案例1~2个。

参考文献

[1] 百度百科. 声东击西 [DB/OL]. (2020-05-04) [2020-06-25]. https://baike.baidu.com/item/声东击西/533828.

[2] FreeBuf. 暴雪以及英雄联盟游戏服务器遭遇大规模DDoS攻击 [EB/OL]. (2016-08-07) [2020-06-27]. https://www.freebuf.com/news/111295.html.

[3] 孙鸿成. 网络安全之应对DDoS攻击 [J]. 中国科技博览, 2015 (25): 64.

[4] 张永铮, 肖军, 云晓春. DDoS攻击检测和控制方法 [J]. 软件学报, 2012, 23 (8): 2058-2072.

[5] e安全. 坏兔子攻击: NSA网络武器"永恒浪漫"再被利用 [EB/OL]. (2017-10-28) [2020-06-27]. https://www.easyaq.com/news/267008146.shtml.

[6] 黄华军, 王耀钧, 姜丽清. 网络钓鱼防御技术研究 [J]. 信息网络安全, 2012 (4): 30-35, 42.

[7] 田雨霖. 网络钓鱼攻击行为分析及防范对策研究 [J]. 信息网络安全, 2010 (6): 73-75.

第 4 章
敌 战 计

4.1 第七计 无中生有

诳也，非诳也，实其所诳也。少阴、太阴、太阳。

4.1.1 引言

"无中生有"出自《三十六计》第七计，在历史上有很多使用此计的事例，例如诸葛亮巧用"二桥"无中生有为"二乔"劝周瑜出兵，美国一家餐厅巧用明星之名无中生有解决餐厅生意惨淡问题。在网络空间安全领域，攻击者使用"无中生有"计策也多次得手，他们利用目标经常使用且不注重防御的细节，对那些看似正常实则攻击者已经提前设定好的系统发起攻击，欺骗目标，最终对其造成破坏。用户应该使用有完整安全协议的软件或系统，了解一些网络安全的基本概念，例如 HTTP、SSL 等，确保在进入网络时不轻易落入攻击者的圈套。

4.1.2 内涵解析

《三十六计》第七计"无中生有"记载云："诳也，非诳也，实其所诳也。少阴、太阴、太阳。"

其中，"诳也，非诳也，实其所诳也"：诳，表示欺诈、诳骗；实，表示真实、实际，意思为运用假象欺骗对方，但并不是一直为假，而是让对方把受骗的假象当成真相。

"少阴，太阴，太阳"：阴，指假象；阳，指真相，意思为用大大小小的假象去掩盖真相。此计意思为用假想欺骗敌人，但并不是完全弄虚作假，而是要巧妙地由假变真、由虚变实，以各种假象掩盖真相，造成敌人的错觉，出其不意地打击敌人。

此计主张以"无"假象迷惑敌人，乘敌人对"无"习以为常之际，以虚为实，出其不备，打击敌人。在网络空间安全领域，攻击者通常利用一些目标习以为常的事情，在某些条件下化"无"为"有"发起攻击，从而达到破坏、窃取信息的目的。

4.1.3 历史典故

三国时期，曹操率军南下，想消灭刘备趁机夺取东吴。刘备不敌，只能联合东吴来抗曹，于是派孔明来见周瑜，周瑜虽然心里愿意抗曹，但是想让孔明相求才更能彰显其才干，便主张不战。而此时孔明早已识破周瑜用心，便心生一计说："周公瑾决心降曹，甚为合理呀，曹操很会用兵，天下无敌，吕布、袁绍等都被他打败，只有刘备不识时务，执意与曹操相抗。周公瑾要降曹，可以保全妻子，保全富贵，国家的存亡就不算什么了。"周公瑾虽然心生动摇，但还是忍住，没有提出出战。孔明又说："我有一计，不用送礼，不用投降，也不用亲自谈判，只需派一个使者，用一个小船，送两个人给曹操，便可解东吴之困。"周公瑾急忙问道："是什么样的两个人，竟能退曹兵？"孔明便说到曹操的好色之心——广选天下美女进入铜雀台，又提及曹操有两大愿望，一是扫平四海，二是得到二乔以安度晚年。孔明又补充说，范蠡把西施送给夫差，结果为国立功，东吴难道还吝惜民间二女吗？而孔明也知道二乔中小乔是周公瑾的妻子，为了让周公瑾更加相信，便背诵了曹植奉曹操命令作的《铜雀台赋》。曹操本意是建二桥，但被孔明说成是"二乔"。周瑜终于忍不住了，勃然大怒，大骂曹操老贼，并誓死抗战到底。这里孔明借用了曹植奉曹操命令作的一篇赋，巧妙地把"二桥"换成"二乔"，"无中生有"编织谎言，从而刺激周公瑾以达到劝他出兵抵抗的目的。

在商业经营中，"无中生有"这一计策也被频繁使用。在美国肯塔基州的一个小镇上，有一家格调高雅的餐厅。店主发觉每星期二的生意总是特别冷清，便在空闲时间翻翻当地的电话号码本，发现当地有一个叫约翰·韦恩的人，他的名字和当时美国一位的明星名字一样。店主心生一计，立即打电话给这位约翰·韦恩说，他的名字是在电话号码簿中随便抽样选出来的，他可以免费获得该餐厅的双份晚餐，时间是下星期二晚上 8 点，欢迎他同夫人一起来用餐。在约翰·韦恩答应之后这家餐厅门口立马贴出了一幅海报，上面写着"欢迎约翰·韦恩下星期二光临本餐厅"，这张海报引起了当地居民的关注，到了星期二，来客大增，晚上 8 点时店内已被挤得水泄不通，创下了该餐厅有史以来的最高纪录。而在约翰·韦恩到达时，餐厅里突然安静下来，谁知那儿竟站着一位老农民与一位老妇人。店老板非常尴尬，后悔这个安排太荒谬，但就在这时，人们顿时明白了这样的安排，掌声和欢声笑语此起彼伏，客人们簇拥着约翰夫妇上座，并要求与他们合影留念。从此以后，店老板又继续从电话号码簿上寻找一些与名人同名的人，请他们来吃晚餐，利用了"无中生有"计策解决了星期二生意冷清的问题。

4.1.4 信息安全攻击与对抗之道

"无中生有"核心要素及策略分析如图 4.1 所示。其中，"无"表示没有，指被攻击方可以为常的事情，网络空间安全领域通常为在网络使用过程中的一些日常操作，例如使用浏览器时对信息进行缓存。"有"表示存在，拥有，在网络空间安全领域主要指攻击者通过改变正常的网络事务发起的攻击，例如改变路由信息、改变缓存信息等。

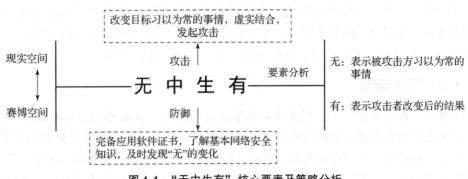

图 4.1 "无中生有"核心要素及策略分析

攻击之道在于攻击者要真假有变化、虚实要结合，一直为假容易被人察觉，先假后真，先虚后实，通过改变网络中一些习以为常的事情发起攻击。

防御之道在于防御者要在日常的网络使用过程中注重细节，了解网络安全基本知识，警惕"无"的变化，同时企业或者开发人员要在软件应用的开发过程中做好安全认证工作，防止被有心之人利用。

4.1.5 信息安全事例分析

4.1.5.1 Cloudflare"云滴血"漏洞"无中生有"泄漏数据

（1）事例回顾

2017 年谷歌研究人员发现并报告了 Cloudflare 的一起严重数据泄露事件，这一泄露事件导致用户随机获取他人会话中的敏感信息。截至 2016 年 9 月，数据泄露已长达数月，受影响的网站至少 200 万个，例如 Uber、Fitbit 等大型科技公司均受此事件的影响。

Cloudflare 可以为众多互联网公司提供 CDN、安全保证等服务，帮助优化网页加载性能。然而由于一个编程错误，在特定的情况下，Cloudflare 系统会将服务器内存里的部分内容缓存到网页中，当用户访问 Cloudflare 支持的网站时，可以随机获取来自他人会话中的敏感内容，更为严重的是，搜索引擎可以自动缓存这些泄露信息，将信息保存在浏览器中。Google Project Zero 团队的研究人员 Tavis Ormandy 首次发现该问题，并于 2017 年 2 月 17 日向 Cloudflare 报告了此安全问题，Tavis Ormandy 表示他发现主流相亲网站上的私人信件、在线密码管理者数据、成人网站的框架、酒店的预订信息等，所有的 HTTPS 请求、客户 IP 地址、全部的回复、数据包、密码、密钥、数据都被泄露。2017 年 2 月 23 日，Cloudflare 在事件报告中承认此事并表示导致该缺陷的三个功能电子邮件混淆、服务器端排除和自动 HTTPS 重写已经被关闭，而且已联合各个搜索引擎删除缓存的泄露信息。Cloudflare 提到了漏洞的关键影响期在 2 月 13 日至 18 日，在每 330 万个 HTTP 请求中，会有 1 个请求出现信息泄露。由于 Cloudflare 这起安全事件与 2015 年的"心脏滴血"漏洞类似，因此该事件被称为"云滴血"漏洞，虽然 Cloudflare 声称尚未发现任何证据表明该漏洞被恶意利用，但业内人士建议所有使用 Cloudflare 服务的公司用户更改密码，以防万一。

其实每年都会发生大大小小类似这样的信息泄露事件，北卡罗来纳州立大学研究发现，超过 100 000 个 GitHub 存储库一直在泄露秘密的 API 令牌和密钥，其中包括加拿大银行业巨头丰业银行，它们将内部源代码、登录凭证和访问密钥存储在公开可访问的 GitHub 存储库中长达数月之久。另外比较普遍的泄露源还有使用开源代码的软件，根据 ImmuniWeb 的一份报告发现，在 100 家最大的银行中，有 97 家银行的 Web 和移动应用的代码使用了脆弱的开源组件、库和框架，存在暴露的已知漏洞，很容易受到攻击者的攻击。据不完全统计，在 2019 年全球每次数据泄露造成的损失高达 392 万美元，是网络空间安全中急需解决的问题之一。

（2）对抗之策

该事例与"无中生有"核心要素映射关系如图 4.2 所示。

为了防止信息泄露或者减少信息泄露带来的损失可以从企业和用户两方面进行防御，以经济高效的方式来降低风险。

对于企业而言需要做到：

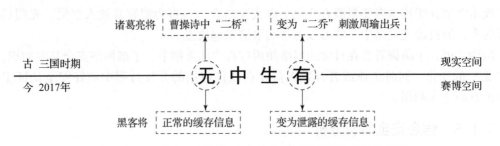

图 4.2 "云滴血"漏洞与"无中生有"核心要素映射关系图

① 所属软件需要代码签名证书。企业应使用代码签名证书将所属应用签名，经过签名后的软件，可向用户展示软件开发者的真实性，同时证明软件在传输过程中没有被非法篡改或植入木马病毒。用户可通过证书判断软件来源的真实性及软件程序的完整性和安全性。

② 严格控制信息的出入。针对网络攻击和未授权的访问，企业应严格控制信息的出入，通过安全审计来检测和监督可疑用户，取消可疑用户的权限，调用更强的保护机制，及时修复或删除故障网络以及系统的失效组件。

③ 相关网站应部署 SSL 证书。对企业官网进行加密部署的 SSL 证书是目前最有效的网络安全保护措施之一，为了防止用户误入假冒网站的陷阱，需要将企业网站和钓鱼网站明显区分开，网址信息栏展示 HTTPS、安全锁以及证书等网站的真实信息，让用户拥有足够的信息清晰地判断网站真实性。

④ 为员工通信邮箱部署电子邮件证书。为保护客户的利益，维护信息数据安全，使用密信邮件加密软件对电子邮件进行数字签名并加密传输，一方面保证邮件发送者身份的真实性，另一方面保障邮件传输过程中不被他人阅读及篡改，并由邮件接收者进行验证，确保电子邮件内容的完整性。

⑤ 保持软件更新、实施补丁管理和自动更新。大多数成功的攻击，并没有使用复杂的攻击，而是应用公开的漏洞，搜索系统中最薄弱的环节发起攻击，所以要及时对所有的系统和应用程序进行更新、测试以及监控。

对于普通用户而言需要做到：

① 在计算机系统中安装和更新杀毒软件。在上网前应该打开防火墙，给计算机穿上一件防护衣，避免外来的攻击，而且需要定期对计算机进行清理，及时更新杀毒软件，防止计算机中病毒或木马等，减少通过网络泄露自己信息的概率。

② 减少隐私的填写。在注册账号时，首先观察网站的基本信息，不随便在非 HTTPS 的网站上注册信息，尽量减少隐私信息的填写，做到不需要填的不填，而且在浏览器中不随意点开弹窗，防止错误操作将病毒植入计算机系统。

在互联网时代，数据泄露问题受到人们的广泛关注，可能一个不经意间的动作就会让自己的信息泄露出来，被别有用心的人利用，成为他行骗的诱饵，大到国家小到个人都应该从细节做起，保护数据安全。

4.1.5.2 伪造路由和流量攻击"无中生有"窃取信息

（1）事例回顾

每年我国都会发生伪造流量攻击，包括跨域伪造流量攻击和本地伪造流量攻击，它们是路由攻击的一种常见形式。2017 年根据 CNCERT（国家计算机网络应急技术处理协调中心）

监测数据，通过跨域伪造流量发起的攻击来自 379 个路由器。按照参与攻击事件的数量统计，归属于吉林省联通的路由器参与的攻击事件数量最多，约 320 件，其次是归属于安徽省电信的路由器。按照涉及路由器的数量统计，北京市占的比例最大，占比 13.2%；其次是江苏省、山东省及广东省。按照路由器所属运营商统计，联通占的比例最大，占比 46.7%，电信占比 30.6%，移动占比 22.7%。此外，通过本地伪造流量发起的攻击来自 725 个路由器。按照参与攻击事件的数量统计，归属于安徽省电信的路由器参与的攻击事件数量最多，约 420 件，其次是归属于陕西省电信的路由器。按照涉及路由器的数量统计，江苏省占的比例最大，占比 8.7%；其次是北京市、河南省及广东省。按照路由器所属运营商统计，电信占的比例最大，占比 54.2%，联通占比 29.6%，移动占比 16.2%。

攻击者通过发送伪造的路由信息，构造原计算机和目标计算机之间的虚假路径，使流向目标计算机的数据包均经过黑客所操作的计算机，从而获取这些数据包中的银行账户密码等个人敏感信息。攻击者构造虚假路径，让原计算机认为这仍然是正确路径，从而"无中生有"窃取用户信息。

(2) 对抗之策

该事例与"无中生有"核心要素映射关系如图 4.3 所示。

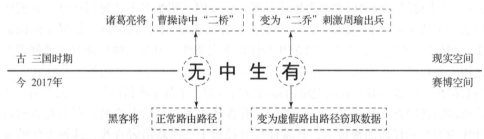

图 4.3 伪造路由和流量攻击与"无中生有"核心要素映射关系

跨域伪造流量来源路由器是指转发了大量任意伪造 IP 攻击流量的路由器。由于我国要求运营商在接入网上进行源地址验证，因此跨域伪造流量的存在说明该路由器或其下路由器的源地址验证配置可能存在缺陷，而且该路由器下的网络中存在发动跨域伪造流量攻击的设备。同理，本地伪造流量来源路由器是指转发了大量伪造本区域 IP 攻击流量的路由器。说明该路由器下的网络中存在发动本地伪造流量攻击的设备。

可以使用两个不同解决方案来防御这样的攻击，第一个是基于路径上的过滤方案，这是一种对伪造地址路径的数据检查和过滤，即在路径中间有检查数据的能力。这种方案可以在伪造路由地址到达原计算机地址之前将其过滤，使原计算机完全或者很大程度上避免接触这些伪造的路由信息，起到了较好的保护效果，但因为使用了与路径相关的信息，所以可能会丢失一些正确的数据和信息，基于这种原理的代表性方法有 Ingress Filtering、DPF 和 SAVE 等。

Ingress Filtering 是指部署在两个网络连接处的路由器或者防火墙中，由该路由器或者防火墙负责检查来自网络传输数据的源地址是否属于这个网络，Ingress Filtering 是最有效且轻量的过滤方案，它可以限制所有伪造源地址数据的活动范围，使其不能离开攻击者所属的子网，而且只需要使用路由器中最基本的数据结构，当一个 ISP 使用 Ingress Filtering 来处理来自另一个 ISP 的数据时，它将得到一定的保护，但由于 ISP 地址分配和路由选择的复杂性，

Ingress Filtering 的实用性受到限制。DPF 是根据路由信息和网络拓扑信息来判断到达一个路由器的数据是否拥有合法的地址，它也是一种轻量方案，过滤数据增加的负荷接近于一次或两次路由查找的负荷，单个路由器部署 DPF 过滤效果有限，因为一个路由器只和较少的链路相连，如果 DPF 广泛部署过滤效果将会很明显。DPF 主要的缺点是无法处理攻击者伪造同一反向路径上的其他主机地址的行为，尤其是在反向路径特别大的情况下，DPF 的过滤能力就会十分弱。SAVE 是一种在自治域边界的路由器上建立到达本地数据地址和接口对应关系的协议。在 SAVE 协议中，边界路由器之间相互交换路由信息，将收到的路由信息映射到接收这个信息的接口，以获取正确的源地址和接口对应表。SAVE 较好地解决了非对称路由下的伪造源地址过滤问题，但是它依然无法解决攻击者伪造同一反向路径上源地址的问题，而且 SAVE 参与协议的路由器必须进行大量、可认证的数据交换，整个过程复杂性较高。

第二个是端到端的解决方案，这种方案使数据的接收端在获取数据时能够获知其源地址的真实性，即在数据的发送端添加签名，接收端根据这个签名来判断数据源地址的真伪性，而在中间网络不判别地址的真实性。端到端的方案不仅可以用来确保源地址的真实性，还可以用于防御带有伪造源地址的 DDoS 攻击，这类方案的典型代表有 IPSec、SPM 和 APPA 等。

IPSec 是主机级别的端到端真实地址方案，它采用私钥签名方式进行认证，在发送的数据中增加一个认证头 AH，接收方使用发送方的公钥解密 AH，就可以得知报文的源地址是否真实，AH 头还能用于防止重放攻击和验证报文完整性。但是这种认证方式的网络开销较高，适用于高粒度的互相认证。SPM 是一种域间真实地址方案，采用签名与认证的验证体系，当数据离开发送端时，其网关路由器为数据添加一个基于源目的计算机的签名，当到达目的路由器时将检查这个签名，如果数据没有签名或者含有错误签名，那么此数据将被丢弃。SPM 没有采用任何加密技术，其验证代价接近于一次路由表查找，这种方法的安全性是基于主要网络中的数据难以被窃听这一前提，但这一前提也是较难实现的，特别是在数据穿越不同路由器时，签名被窃取的可能性很大，一旦签名被窃取，攻击者就可以伪造出具有正确签名的数据。APPA 类似于 SPM，都使用双方共享的签名来对数据源地址的真实性进行认证，APPA 的特点在于通信双方共同使用一个单向的 Hash 函数来自发地计算通信签名，而不是采用交互的方式，这样可以减少通信双方的交互，降低复杂性，避免交互带来的安全问题。这种方法采用的签名方式可以快速生成下一个签名，可以做到一个签名只使用一次，在这种情况下，签名即便被窃听，攻击者也无法使用这个签名伪装成 APPA 的部署者，所以 APPA 在安全性上比 SPM 要高。这些方法都可以作为伪造路由和流量攻击的防御手段，使用者可以根据自身的情况，结合复杂性和实用性进行部署和防护。

4.1.6 小结

本节介绍了"无中生有"的基本含义，讨论了对这一计策的应用。在网络空间安全领域，2017 年 Cloudflare "云滴血"事件，攻击者利用用户们在缓存中的一些数据，"无中生有"在用户无意间窃取这些数据信息，达到自己的目的，用户可以采用监控外部信息并及时更新查看相关证书来防御。同样，2017 年国内发生多起伪造路由和流量攻击事件，通过发送伪造的路由信息构造与目标计算机的虚拟路径，从而使目标用户无意间发送数据给攻击者，可以使用对路径的过滤和端到端的真实性检测来解决。互联网使用过程中应积极关注网络信息安全问题，及时采取安全防御措施不断防范这些攻击者对数据"无中生有"的掌控。

习　题

① "无中生有"之计的内涵是什么？您是如何认识的？
② 简述"无中生有"之计的真实案例 2~3 个。
③ 针对"无中生有"之计，简述其信息安全攻击之道的核心思想。
④ 针对"无中生有"之计，简述其信息安全对抗之道的核心思想。
⑤ 请给出"无中生有"之计的英文并简述西方案例 1~2 个。

参考文献

[1] 百度百科. 无中生有 [DB/OL]. (2018-02-04) [2020-07-01]. https://baike.baidu.com/item/无中生有/5244?fr=aladdin.

[2] TeachWeb. 云出血漏洞凶猛！[EB/OL]. (2017-02-24) [2020-07-03]. http://www.tcchweb.com.cn/news/2017-02-24/2491775.shtml.

[3] FreeBuf. 2017 年 7 大数据泄露 [EB/OL]. (2018-01-09) [2020-07-03]. https://www.freebuf.com/articles/database/158465.html.

[4] FreeBuf. 2017 年我国 DDoS 攻击资源分析报告 [EB/OL]. (2017-12-25) [2020-07-04]. https://www.freebuf.com/articles/paper/158270.html.

[5] 姚广，毕军. 互联网中 IP 源地址伪造及防护技术 [J]. 电信科学，2008 (1)：26-32.

4.2　第八计　暗度陈仓

示之以动，利其静而有主，"益动而巽"。

4.2.1　引言

"暗度陈仓"出自《三十六计》中第八计，全称"明修栈道，暗度陈仓"，为敌战计的第二计。该计是指将真实的意图隐藏在表面行动背后，用某一方面的明显行动迷惑对方，使敌人产生错觉，利用敌人在这一方面防守而忽略对方的真实意图，从而出奇制胜。历史上，"暗度陈仓"最早记录于《史记·高祖本纪》，为秦朝末年大将军韩信向刘邦所献之计，刘邦采纳后派兵修复栈道，引诱雍王章邯派遣重兵在斜谷口进行防御，暗地里率大军绕道到陈仓发动突然袭击，攻克汉中，为统一中原奠定了基础。在信息高速发展的今日，暗度陈仓依旧有着重要的借鉴意义。一方面，在网络空间安全领域中，不少恶意软件开发者，通过将恶意软件伪装成正常应用来欺骗使用者，当使用者安装这些应用时，它们便会暗中执行其中的恶意代码，对使用者信息、财产造成极大损害。同样，一些网站被植入恶意挖矿代码，当用户使用、浏览这些网页时，代码会通过后台使用大量 CPU 资源进行挖矿，对用户造成严重影响。另一方面，在 APT 攻击中，常用的鱼叉攻击、钓鱼邮件，也正是通过表面的"明修栈道"，来引诱被攻击者打开附件，而实际在附件中夹杂的木马病毒趁机进入被攻击者计算机，以此实现"暗度陈仓"。而应对"暗度陈仓"之计的方法是能够正确分析入侵的明与暗两条线，把握入侵的主要途径，做到各信息交换口的严固防守，从而使入侵无孔可入。

4.2.2 内涵解析

暗度陈仓，亦为"明修栈道，暗度陈仓"。

明，指表面上，明面上。修，指修整、修建。栈道，又名复道、栈阁道，指古代在河水隔绝的悬崖峭壁等险要地方开凿菱形孔穴，孔穴内插上石桩或木桩，铺上木板或石板而建成的通道，可以行军、运输粮草辎重，也可供马帮商旅通行。暗，指私下、暗地里。度，通"渡"，越过，通过。陈仓，古代县名，今陕西省宝鸡市东部，是汉中通向关中的交通要道。明修栈道，暗度陈仓，原意为刘邦表面上令樊哙带领一万老弱残兵修建褒斜栈道迷惑章邯，使其放松警惕，暗地里与韩信带领十万军队急速行军通过陈仓，进入关中，一举平定雍、塞、翟三秦大地。

其战争按语为"示之以动，利其静而有主，'益动而巽'"。

其中："示之以动"中的示，指示意，给人看。动，指军事上的正面佯攻、佯动等迷惑敌方的军事行动。利，指利用。静，平静，指军事上的防守。主，主张，指某种行动主张。"益动而巽"："利其静而有主"：出自《易经·益卦》。益，八卦名，上卦为巽，巽为风，下卦为震，震为雷，意指风雷激荡，其势愈增。《象传》中有"益动而巽，日进无疆"，意为下震雷为动，上巽风为顺，此为动而顺，天生地长，好处无穷。所以它的意思是，故意向敌人展示某一方向的佯攻以迷惑敌人，利用敌人在这一方面防守的时机，偷偷在另一面进行偷袭，这就是益卦的乘虚而入、出奇制胜。所以，此计所表达的就是将自己真实的意图隐藏在表面行动背后，用明显的行动迷惑对方，使敌人产生错觉而忽略对方的真实意图，从而出奇制胜。

4.2.3 历史典故

暗度陈仓出自《汉祖·高祖本纪》，为韩信向刘邦所献之计。

公元前206年正月，项羽自立为西楚霸王，统治梁地、楚地的九个郡，建都彭城，违背当初"谁先攻下咸阳，就封谁为秦王"的约定，改立刘邦为汉王，统治巴蜀、汉中之地，建都南郑，并把关中一分为三，封给秦朝的三个降将：章邯为雍王，建都废丘；司马欣为塞王，建都栎阳；董翳为翟王，建都高奴。

四月，各路诸侯在项羽旗帜下罢兵，各自回到封属国。刘邦也前往南郑，项羽派遣三万士兵随从前往，而张良也奉韩王成之命，护送刘邦就国，并在褒谷口观向刘邦劝言，烧掉褒斜栈道，以示忠心，麻痹项羽，以汉中为基，屯兵养马，养精蓄锐，再图他日。刘邦听从张良的劝言，烧掉褒斜栈阁之道，向项羽表明没有向东扩张的意图。

刘邦进入汉中后，励精图治，养精蓄锐。韩信向刘邦建议："若想争夺天下，应先攻击雍王章邯、塞王司马欣和翟王董翳，他们三人是秦朝降将，而之前所率秦军二十余万被项羽诈坑而死，所以秦民对他们恨之入骨；而大王除秦法，与民约法三章，秦民无不盼望大王统治关中，所以三秦可传檄而定。"刘邦欣然同意，同年八月，举兵十余万，抓住时机迅速挥师东进。而褒斜栈阁之道已经烧掉，韩信献计，派遣樊哙、周勃率领老弱病残一万余人，修复褒谷口的褒斜栈道，引诱雍王章邯。章邯见此，派重兵在斜谷口进行防御。

与此同时，刘邦暗自与韩信统率十万大军兵分两路，绕过褒水，从今勉县百丈坡入口，经土地梁、火神庙、九台子、铁炉川、翻箭锋垭到大石崖，北出陈仓沟口的连云寺等地，日夜暗行，沿连云栈道，从陈仓道攻克散关。当章邯得知时，韩信统率的精锐已从陈仓进入关中平原。章邯深知中计，慌忙应战，却已经措手不及，节节败退，从陈仓兵败，退至右扶风好畤，再次被击败，退至废邱。此时刘邦的军队赶到，与韩信会师，平定了雍地。刘邦向东挺进咸阳，率军在废丘包围章邯，章邯兵败自杀，刘邦派遣将领们去夺取土地，平定了陇西、北地、上郡。

次年，汉王向东夺取土地，塞王司马欣、翟王董翳归降刘邦。至此，刘邦顺利平定"三秦"，倚据富饶、形胜的关中地区，与项羽逐鹿天下。

4.2.4 信息安全攻击与对抗之道

暗度陈仓核心要素及策略分析如图 4.4 所示。

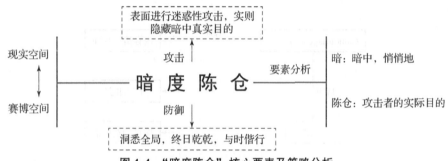

图 4.4 "暗度陈仓"核心要素及策略分析

此计重点在于"表里不一"，以表象迷惑对手，实则在暗中实施真实的攻击，出其不意。这种攻击方式在网络安全领域十分常见。例如，在恶意软件方面，攻击者将恶意软件伪装成正常程序，用户在不知情的情况下下载，使得恶意软件成功植入设备，在初次打开时，恶意软件会申请并获取大量权限，在之后的使用中，该类软件在表面上与正常应用无异，而在后台用户不知情的情况下执行各项恶意操作，对设备造成破坏；在 APT 攻击方面，常用的鱼叉攻击，就是通过钓鱼邮件诱骗用户打开，从而使木马病毒成功入侵；在挖矿网站方面，挖矿代码被暗中植入正常网站中，用户在浏览这些网页的同时，这些代码会被运行，消耗用户大量的 CPU 资源进行挖矿。

攻击之道在于攻击者的伪装、欺骗。攻击者通过表象迷惑被攻击者，使得被攻击者的注意力转移到表象上，从而造成某一环节防守的薄弱。此时，攻击者便可利用"暗度陈仓"之计，抓住被攻击者防守最薄弱的环节实施恶意代码植入、DDoS 等网络攻击手段暗中打击对方，使被攻击终端在不经意间遭受破坏。

防守之道在于防御者的全局观念。防御者要能够做到洞悉全局，明辨表面的迷惑性攻击与暗中的实际攻击，成功做到全面防守，保证系统中的每一模块"牢不可破"，及时修复各环节漏洞。同时，保证各个信息交换面的安全性，做出外部防御攻击与内部提防信息泄露的兼顾策略。

4.2.5 信息安全事例分析

4.2.5.1 安卓恶意软件"暗度陈仓"盗话费

（1）事件回顾

2016年12月，安天AVL移动安全和猎豹移动安全实验室捕获一个名为"Camouflage"的病毒程序。

经过统计，2016年10月1日到12月1日，该病毒累计感染超过50万次，感染情况最严重的是广东省，其次是四川省和北京市。而该病毒程序的攻击方式与暗度陈仓之计颇为类似，Camouflage病毒通过远程控制指令弹出锁屏界面前置锁定用户手机屏幕，并将锁屏界面伪装成内存清理界面以迷惑用户，达到"明修栈道"的目的。而实际上，在锁屏期间，Camouflage病毒会拨打扣费电话、发送扣费短信，使用户蒙受资产损失，实现"暗度陈仓"。并且，Camouflage病毒还会通过删除通话记录和短信记录来消除证据，使用户在神不知鬼不觉的情况下被骗取财产，实现了真正的"暗度陈仓"。Camouflage病毒程序的目的关系如图4.5所示。

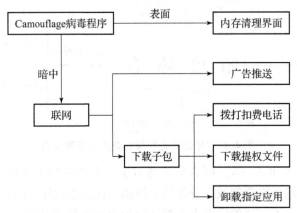

图 4.5 Camouflage 病毒程序的目的关系

除此之外，该病毒还会通过联网下载恶意子包，利用子包联网获取多种Root工具对用户手机提权。当提权成功时，立即删除并替换系统Root工具，使自身成为手机中唯一具备Root权限的应用。同时，该病毒通过联网，会私自下载同类恶意软件并安装运行，影响用户使用。为防止自身被卸载，该病毒会监视手机中正在运行的应用包名，卸载对自身有威胁的应用。

2019年，暗影安全实验室同样检测到一个类似的病毒，名为"换机精灵"。从表面来看，"换机精灵"仅仅是一款为手机提供备份的应用软件，而实际与Camouflage病毒类似，"换机精灵"在暗中留下远程控制的暗门，以此来下载恶意APK，同时模拟用户点击浏览器，达到刷流量的目的。"换机精灵"恶意程序目的关系如图4.6所示。

（2）对抗之策

事例与"暗度陈仓"核心要素映射关系如图4.7所示。

以上两种恶意程序均为安卓系统上的恶意软件。安卓作为目前市场份额占有量最大的移动平台系统，拥有庞大的用户群体，所以也造成了大量的恶意程序涌入安卓应用市场。对抗

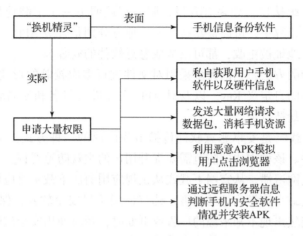

图 4.6 "换机精灵"恶意程序目的关系

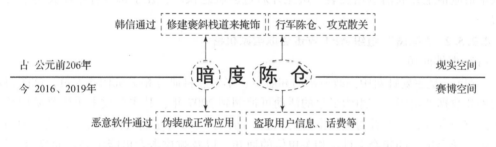

图 4.7 安卓恶意软件与"暗度陈仓"核心要素关系映射图

安卓恶意软件的恶意行为，需要确切了解、掌握安卓恶意软件的传播、运行和目的，从而进行防范。

从安卓恶意软件的安装来看，主要为三种方式：重打包、更新劫持和偷渡下载。

"重打包"意味着将正常应用程序进行反编译，在其中加入恶意代码、插入广告或修改原有的付费逻辑，并重新编译为 APK 提交给第三方市场，该类恶意行为会严重危害移动产品和用户利益，同时也会影响企业口碑。避免安卓应用被重打包可以从 APK 加固方面进行防范：

①代码混淆。Java 是一种非常容易反编译的语言，Java 代码在编译过程中，从源代码转变为"字节码"存储于 Class 文件中，由于跨平台性，字节码带有许多语义信息，很容易被反编译为 Java 源代码。为了更好地保护 Java 源代码，开发者会对编译好的 Class 文件进行混淆处理，对其发布出去的程序进行重新组织和处理，使得处理后的代码拥有和处理前完全相同的功能，而处理后的代码难以被反编译成原有的源代码，即使编译成功也难以得出真正的语义。

②Dex 文件加密。Dex 是 Android 工程中的代码资源文件，通过 Dex 可以反编译出 Java 代码。Dex 的加壳是常见的加密方式。通过对 Dex 文件加密拼接加壳，可以有效地对工程代码进行保护。APK 工程在安装成功后，应用程序启动时会有 Dex 解密的过程，然后重新加载解密后的 Dex 文件。

同样，"更新劫持"是安卓恶意软件传播的另一种常见方式，在应用程序版本升级时一般流程是采用请求升级接口,如果有升级,服务端返回下一个下载地址,下载好 APK 后,再点击安装。在整个流程中,可以被劫持的三个地方分别是升级 API、下载 API 和安装 Path 路径,其中任意一个地址被更改,都可以造成恶意软件的安装。

而解决恶意劫持的方法,当前大多采用对文件进行多次校验的形式,对文件的 Hash 值校验、对服务端返回的自定义 Key,以及对 APK 文件进行包名和签名验证,都可以防范安卓应用升级时的恶意劫持行为。

最后,"偷渡下载"是安卓恶意软件传播最为广泛的一种方式,引诱用户访问恶意网站,并下载恶意软件。该种方式的防范需要提升用户的主观防范意识:

①保持良好的上网习惯。从官网下载或从正规应用商店下载手机应用软件,避免从论坛等处下载,可以有效减少该类病毒的侵害。建议使用手机安全软件,保持定期扫描的习惯。同时,发现手机中突然出现不知来源的广告或页面时,及时使用安全软件进行查杀。

②注意手机应用申请的权限。首次安装手机应用时应仔细看清其申请的权限,对于可疑权限申请应拒绝并取消应用安装。避免开启过多敏感权限,在手机设置里面关闭不必要的权限。

4.2.5.2 "绿斑"组织 APT 攻击盗取国家机密

(1)事件回顾

"绿斑"是主要针对中国政府部门和航空、军事、科研等相关机构和人员,试图窃取机密文件和数据的组织。该组织最早的活动可追溯到 2007 年,其主要攻击手法是采用社工邮件传送攻击载荷,主要针对被攻击者的职业、岗位、身份等定制文档内容,伪装成中国政府的公告、学会组织的年会文件、相关单位的通知,以及被攻击者可能感兴趣的政治、经济、军事、科研、地缘安全等内容。

该组织被国内安天实验室以与该地区有一定关联的海洋生物作为该攻击组织的名字——"绿斑"(Green Spot)。而 360 威胁情报中心将该组织命名为"毒云藤",主要参考以下两种原因:一是该组织在多次攻击行动中,都使用了毒藤(Poison Ivy)木马;二是该组织在中转信息时,曾使用云盘作为跳板传输资料,这和爬藤类植物凌空而越过墙体,颇有相似之处。下文统一称其为"绿斑"。

"绿斑"组织的主要攻击手段是采用鱼叉攻击钓鱼邮件来发送木马病毒,其占总体攻击的 90% 以上,攻击前会对攻击目标进行深入调研,并选用与目标所属行业或研究领域密切相关的内容构造诱饵文件和邮件,如领域相关会议材料、研究成果或通知公告等主题,引诱目标打开附件,以此达成"明修栈道"的目的。当目标打开附件时,相关木马病毒等恶意代码就会趁机侵入目标计算机,实现"暗度陈仓"。

2018 年 9 月 360 威胁情报中心发布的关于该组织攻击的分析报告中指出,"绿斑"组织 2007—2018 年对中国持续 11 年的间谍活动,涉及国防、政府、科技、教育等行业,内容包括海洋(南海、东海)、军工以及涉台问题(两岸关系)、中美关系,其攻击的主要时间节点如下:

2007 年 12 月,首次发现与该组织相关的木马;

2008 年 3 月,对国内某高校重点实验室进行攻击;

2009 年 2 月,开始对军工行业展开攻击;

2009 年 10 月,木马增加了特殊的对抗静态扫描的手法(API 字符串逆序);

2011年12月，木马增加了特殊的对抗动态检测的手法（错误API参数）；

2013年3月，对中科院，以及若干科技、海事等领域国家部委、局等进行了集中攻击；

2013年10月，对中国某政府网站进行攻击；

2015年2月，对某军工领域协会组织（国防科技相关）、中国工程院等进行攻击；

2017年10月，对某大型媒体机构网站和泉州某机关相关人员进行攻击；

2018年5月，针对数家船舶重工企业、港口运营公司等海事行业机构发动攻击。

为增强"暗度陈仓"的隐蔽性，"绿斑"组织分别在2009年和2011年对木马增加了特殊的对抗静态扫描和动态分析的手法。360威胁情报中心的报告披露了这两种方式：

针对HttpBot、酷盘、XRAT、未知RAT木马（2007~2011版）等，"绿斑"组织在2009年增加了对抗静态扫描的手法，即在编写的过程中使用了逆序API字符串。当木马执行时，通过_strrev函数将逆序字符串转换为正常API字符串，最后调用GetProcAddress函数动态获得API地址。逆序API字符串增加了字符串检测难度，使得API字符串不易被检测。除此之外，API地址是在木马动态执行中获得，在PE静态信息中很难被检测到，增加了API检测难度。

针对酷盘、Poison Ivy、XRAT、ZxShell、未知RAT木马（2007~2011版）等，"绿斑"组织在2011年增加了对抗动态分析的手法，即使用了GetClientRect函数对抗杀毒软件的动态扫描技术。GetClientRect原型为：BOOL GetClientRect（HWND hWnd，LPRECT lpRect），作用是获得窗口坐标区域。其中第一个参数为目标窗口句柄，第二个参数为返回的坐标结构。木马调用GetClientRect，故意在第一个参数传递参数为0，这样使得GetClientRect函数在正常Windows操作系统中永远执行失败，返回值为0。而目前很多杀毒软件使用了动态扫描技术，在模拟执行GetClientRect函数时并没有考虑错误参数的情况，使得GetClientRect函数永远被模拟执行成功，返回值非0。这样一来，杀毒软件虚拟环境和用户真实系统就可以被木马区分，从而躲避杀毒软件检测。

（2）对抗之策

绿斑组织APT攻击事例与"暗度陈仓"核心要素映射关系如图4.8所示。

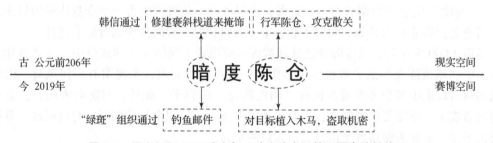

图4.8　绿斑组织APT攻击与"暗度陈仓"核心要素映射关系

"绿斑"组织对我国政府部门、航空、军事、科研等相关机构和人员进行的网络攻击，是一场长久的、有针对性的网络入侵活动。它试图窃取相关行业机密文件或数据，对我国政治、军事、科研发展造成了巨大威胁。它采用鱼叉攻击加木马病毒这种"暗度陈仓"式的攻击方式，在APT攻击里是十分常见的，但依然值得保持高度警惕。正如安天实验室的报告中所言，"APT的核心从来不是A（高级），而是P（持续），因为P体现的是攻击方的意图和意志。而对拥有坚定的攻击意志、对高昂攻击成本的承受力、团队体系化作业的攻击组织来说，不会有'一招鲜、吃遍天'的防御秘诀，必须建立扎实的系统安全能力"。

对抗诸如"绿斑"组织这样的APT攻击，需要做好类似邮件这样的信息交换入口的安全防范措施：

①实施DMARC身份验证和报告机制。基于域的邮件身份验证、报告和一致性（DMARC）适用于发件人策略框架（SPF）和域密钥识别邮件（DKIM），用于对邮件发件人进行身份验证，并确保目标电子邮件系统的可信，当接收方收到该域发送过来的邮件时，则进行DMARC校验，若校验失败需发送一封Report到指定URL，以此防止域名欺诈和品牌劫持。

②多因子验证。大多数情况下采用的用户名和密码不足以保证信息的安全性，而多因子在简单的用户名和密码的基础上增添了另一层安全性，如果启用了双因素身份验证，即使攻击者成功窃取了用户的密码，他们也无法访问用户的账户，可以说这是一种高效的安全措施。多因素认证方案的认证因素可以包括：用户拥有的一些物理物体、用户已知的一些密码以及用户的某些生物特征。

③终端的安全巩固。"绿斑"组织攻击所植入的木马病毒等，是以窃取资料为目的的恶意代码，相较于行为明显的破坏性病毒或勒索软件，其隐藏性更强，更难被发现。所以，存储重要资料的终端机器，更需做好安全巩固工作，定期检测系统漏洞，进行安全评估，尽早发现终端所存在的威胁，及时修补。

4.2.6 小结

本节介绍了三十六计中的第八计敌战计中的第二计——暗度陈仓。

2000多年前，韩信运用暗度陈仓之计，迷惑了章邯，助刘邦一举平定三秦，为楚汉之争的胜利奠定坚实基础。韩信的暗度陈仓，胜在出其不意，他利用明、暗两条线进行双线作战。以明线为辅，迷惑对手，转移敌方注意力。以暗线为主，长驱直入，使对手出其不意。

但是，暗度陈仓作为敌战计，又是一个十分冒险的计策，它放弃正面战场的直接对抗，转而依赖侧面战场造成的奇袭之势，打对手一个措手不及。它将所有可能押在了"暗度"之上，"暗度"的过程中倘若有一点失误，走漏风声，就可能换得一个全盘皆输的局面。所以在历史上，若非兵力悬殊、地势不利，很少有将领愿意冒险使用暗度陈仓之计。

然而2000多年后，暗度陈仓之计却被再次应用到了网络安全的战争中。今非昔比，网络攻击中"暗度陈仓"的失败也仅仅是作为一次攻击的失败，不再留有任何风险，因此大多数的网络攻击中都会或多或少留有"暗度陈仓"的影子。此外，对防守者而言，面对频繁的网络攻击，更需要谨慎细心，提升主观防卫意识，洞观全局的同时，与时俱进，掌握最新攻击手段，以此来保持各个信息交换入口的牢固。

示之以动，利其静而有主，"益动而巽"。

洞息全局，终日乾乾，与时偕行。

习　题

①"暗度陈仓"之计的内涵是什么？您是如何认识的？
②简述"暗度陈仓"之计的真实案例2~3个。

③ 针对"暗度陈仓"之计,简述其信息安全攻击之道的核心思想。
④ 针对"暗度陈仓"之计,简述其信息安全对抗之道的核心思想。
⑤ 请给出"暗度陈仓"之计的英文并简述西方案例1~2个。

参考文献

[1] 百度百科. 明修栈道,暗度陈仓 [DB/OL]. (2010-04-15)[2018-09-28]. https://baike.baidu.com/item/明修栈道%EF%BC%8C暗度陈仓/6855206? fr = aladdin.

[2] FreeBuf. 当攻击者熟读兵法,Camouflage 病毒实战演示暗度陈仓之计 [EB/OL]. (2016-12-12)[2020-07-05]. https://www.freebuf.com/articles/terminal/122215.html.

[3] FreeBuf. "暗度陈仓"病毒分析报告 [EB/OL]. (2019-08-26)[2020-07-06]. https://www.freebuf.com/network/210551.html.

[4] antiylab. "绿斑"行动——持续多年的攻击 [EB/OL]. (2018-09-28)[2020-07-07]. https://www.freebuf.com/vuls/185139.html.

[5] FreeBuf. 毒云藤(APT-C-01)军政情报刺探者揭露 [EB/OL]. (2018-09-21) [2020 07 08]. https://www.freebuf.com/articles/network/185149.html.

[6] 搜狐网. 防范鱼叉式网络钓鱼攻击的8个诀窍 [EB]/[OL]. 搜狐网,2019[2019-06-25]. https://www.sohu.com/a/303606748_185201.

[7] 百度百科. 多因素验证 [DB/OL]. (2018-06-13)[2018-06-23]. https://baike.baidu.com/item/多因素验证/22657576? fr = aladdin.

4.3 第九计 隔岸观火

阳乖序乱,阴以待逆。暴戾恣睢,其势自毙。顺以动豫,豫顺以动。

4.3.1 引言

"隔岸观火"出自《三十六计》中第九计,最早被记载于唐朝乾康的《投谒齐已》:"隔岸红尘忙似火,当轩青嶂冷如冰。"原指隔岸截然不同的两种情景,后被引申为隔着河看失火,比喻置身事外,对别人的危难不去救助,采取袖手旁观的态度。在《三十六计》中,"隔岸观火"保留了它原本"置身事外"的意思,原文"阳乖序乱,阴以待逆。暴戾恣睢,其势自毙。顺以动豫,豫顺以动",相较于敌战计的其他计策,"隔岸观火"更加突出"静"的策略,以静代动,坐山观虎斗,使敌人自取灭亡。

在信息高速发展的今日,"隔岸观火"依旧有着重要的借鉴意义。在网络空间安全领域中,"隔岸观火"已不再强调单纯的静观其变,毕竟,网络上的战争不同于军事,目标在于终端,途径在于网络,它难以受政治、心理等因素的影响,仅靠客观的系统漏洞,若不施加"外力",则难以形成"弥天的大火"。而计算机病毒,恰好成为这个"外力",当病毒携带着利用漏洞写出的恶意代码,被攻击者播散出去时,宛如一根火柴被丢入一堆干草中。放眼互联网发展的数十年,无论是"永恒之蓝"WannaCry 病毒,还是"震网"Stuxnet 病毒,每一个席卷全球的超级病毒,都或多或少利用了一个或多个"零日"(0day)漏洞。对抗网络黑客的"隔岸观火"之计,需要及时整顿内部"矛盾",及时安装系统补丁,尤其针对系统高危漏洞,更要及时修复,避免病毒利用漏洞进行入侵。

4.3.2 内涵解析

"隔岸观火"是三十六计中的第九计,其原文为"阳乖序乱,阴以待逆。暴戾恣睢,其势自毙。顺以动豫,豫顺以动"。其表面意指隔着河看对岸失火,比喻置身事外,对别人的危难不去救助,采取袖手旁观的态度。在战争中其按语是在敌方内部产生争斗秩序混乱之时,我方应静观其变,待敌人穷凶极恶、自相仇杀,必定会自取灭亡。

《孙子兵法·军争篇》有言:"以治待乱,以静待哗,此治心者也。"说的是以治理严整待其混乱,以稳定待其哗变。这和隔岸观火之计不谋而合。敌人自相倾轧的势头出现时,应静观其变,不要急于去逼迫它,逼迫它你就会受到反击。如果退避得远远的,敌人反而会自己出现内乱。

名君名将常以慎重的态度达成战争的目的。他们若无有利的情况或必胜之优势绝不发起作战行动,若非万不得已时绝不采取军事行动。而且即使我方兵力有必胜的优势,亦不可不分青红皂白地采取攻击行动,因为就算我方真的胜利,亦免不了要付出相当大的死伤代价,此种胜算不是最佳的作战方式。尤其是当对方内部产生纷争时,我方更应该袖手旁观,以待对方自灭,才是明智之举。在敌方内部起纷争时,己方若即攻击,虽有战胜的可能,但亦可能造成反效果,因此算不得是好策略。总之,仔细观察敌情,正确地判断,才是成功的"隔岸观火"的策略,达到不战而胜的目的。

4.3.3 历史典故

公元前 260 年,秦将武安君白起在长平一战歼灭赵军四十万,赵国上下为之震惊,从此元气大伤,赵国国内一片恐慌。白起乘胜连下赵国十七座城池,直逼赵国国都邯郸,赵国岌岌可危。平原君的门客苏代向赵王献计,愿冒险赴秦,以解燃眉之急。赵王与群臣商议后采纳了他的建议。

苏代用重金贿赂秦相应侯范雎说:"白起擒杀赵括,围攻邯郸,赵国一亡,秦就可以称帝,白起也将封为三公,他为秦攻拔七十多城,南定鄢、郢、汉中,北擒赵括之军,虽周公、召公、吕望之功也不能超过他。如果赵国灭亡,秦王称王,那白起必为三公,您能在白起之下吗?即使您不愿处在他的下位,那也办不到。秦曾经攻韩、围邢丘,困上党,上党百姓皆奔赵国,天下人不乐为秦民已很久。今灭掉赵国,秦的疆土北到燕国,东到齐国,南到韩魏,但秦所得的百姓,却没多少。还不如让韩、赵割地求和,不让白起再得灭赵之功。"于是范雎以秦兵疲惫、急待休养为由,请求允许韩、赵割地求和。秦昭襄王应允。赵割六城以求和,正月皆休兵。白起闻知此事,从此与范雎结下仇怨。

公元前 258 年,秦又发兵,改派王陵率十万大军又去攻打赵国。可这时赵国已起用老将廉颇,设防甚严,秦军久攻不下。秦昭襄王大怒,决定让白起挂帅出征。白起对秦昭襄王说:"邯郸实非易攻,且诸侯若援救,发兵一日即到。诸侯怨秦已久,今秦虽破赵军于长平,但伤亡者过半,国内空虚。我军远隔河山争别人的国都,若赵国从内应战,诸侯在外策应,必定能破秦军。因此不可发兵攻赵。"秦昭襄王改派王龁替王陵为大将,八、九月围攻邯郸,久攻不下。楚国派春申君同魏公子信陵君率兵数十万攻秦军,秦军伤亡惨重。昭王更迁怒于白起，命他即刻动身不得逗留。白起只得带病上路，行至杜邮，秦昭襄王与范雎商议，以为白起迟迟不肯奉命，"其意怏怏不服，有余言"，派使者赐剑命其自刎。最终，白起死于公元前 257 年 11 月。

要打击并消灭敌人，不能盲目地趁火打劫，要先袖手观望，看清火势发展，等待火势蔓延，从内部烧垮敌人的有生力量，这时才能坐收渔利。这才是隔岸观火的精髓。就这样苏代不但解了赵国之危，还除掉了敌人的一员猛将。当白起围邯郸时，秦国国内本无"火"，可是苏代点燃了范雎的妒忌之火，制造秦国内乱，文武失和。赵国隔岸观火，使自己免遭灭亡。由此可见，运用隔岸观火之计不应是消极等待、观望，而是要充分掌握竞争对手的矛盾，加速两极转化，才能取得成功。

4.3.4 信息安全攻击与对抗之道

"隔岸观火"核心要素及策略分析如图 4.9 所示。

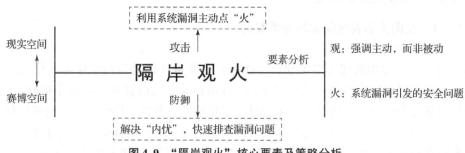

图 4.9 "隔岸观火"核心要素及策略分析

隔岸观火之计，利用敌人内部矛盾，自相残杀，产生分裂，我方坐山观虎斗，促使敌方的内部矛盾更加激化，在其两败俱伤时，从中取利。然而，在网络空间安全领域，战争双方由人变成了终端。不同于人，机器没有思想，也不受心理、政治等影响，不存在内部的"钩心斗角"，若网络攻击者仅凭"静观其变"就妄想"隔岸观火"，那无异于痴人说梦。

所以，网络斗争中的"隔岸观火"更要根据具体情况加以运用，它的"观"并非消极的被动的等待，而是要把握时机，要主动去点火，有时甚至要想方设法让对岸的火烧得更大，视情况采取相应的对策。

攻击之道在于攻击者能否找到被攻击方的内部矛盾，加以利用，主动引燃，才能烧起一场弥天大火。而对于计算机终端而言，它的内部矛盾是一些安全漏洞。漏洞是在硬件、软件、协议的具体实现或系统安全策略上存在的缺陷，可以使攻击者在未授权的情况下访问或破坏系统，是受限制的计算机、组件、应用程序或其他联机资源无意中留下的不受保护的入口点。

防御之道在于防御者能否处理内部的"火源"。在"起火"之时，能够优先处理"内忧"，快速查找系统出现的安全漏洞，尽快修补，解决因漏洞引发的一系列安全问题。在解决"内忧"后，对系统进行全面扫描，避免留下病毒对系统进行二次破坏。

常见的漏洞攻击包括：

①SQL 注入。对于没有判断用户输入数据合法性使程序存在安全隐患的网站，用户可以提交一段数据库查询代码，根据程序返回结果而获取其想要的数据。

②跨站脚本攻击。攻击者向 Web 页面中插入恶意代码，当用户浏览该网页时，嵌入

Web 中的代码便会执行，达到攻击用户的特殊目的。

③文件上传漏洞攻击。由于程序员在对用户文件上传部分的控制不足或处理缺陷，用户可以越过其本身权限向服务器上传可执行的动态脚本文件。攻击者利用这些漏洞可直接向服务器上传一个 Webshell，从而控制该网站。

这些常见的漏洞都是由代码开发阶段开发者对系统的编程不够完善，系统缺乏一些合理性检测造成的，漏洞被攻击者利用，使攻击者主动点火引发攻击。除此之外，对于一个大型工程项目，尤其是操作系统，更是或多或少地存在未被检测出的漏洞，即 0day 漏洞。实际上，在所有已知的漏洞中，0day 通常能够造成最大的风险，原因就在于它们是未知的，没有针对它们的补丁程序。回望互联网发展的几十年，凡是在世界范围内引发波动的计算机病毒，无论是 2017 年爆发并迅速引起轩然大波的 WannaCry 勒索病毒，还是 2010 年席卷全球工业界的 Stuxnet 蠕虫病毒，都能看到它们和 0day 漏洞之间或多或少的联系。

4.3.5 信息安全事例分析

4.3.5.1 美国人事管理局资料外泄案例

（1）事件回顾

2015 年 7 月，美国联邦人事管理局（OPM）公开承认曾遭到两次黑客入侵攻击，这两次攻击共造成现任和退休联邦雇员超过 2 210 万份相关个人信息和 560 万个指纹数据泄露。泄露内容包括社会安全码、姓名、出生年月、居住地址、教育工作经历、家庭成员和个人财务信息等个人信息。相关官员声称，这是美国政府历史上最大的数据泄露案件之一。而美国前高级反间谍官员 Joel Brenner 表示，对外国情报机关来说，这些信息简直就是金矿或者皇冠上的明珠。

2015 年 9 月 7 日，美众议院监督和政府改革委员会公布了《美国人事局数据泄露报告》（"The OPM Data Breach: How the Government Jeopardized Our National Security for More than a Generation"），报告中详细披露了事件的经过，并批评了 OPM 的领导不力，缺乏根本的防患于未然的意识，仅仅通过"扬汤止沸"的举措，最终才造成了本次的冲天"大火"。

该报告指出，美国国土安全部（DHS）早在 2012 年就对 OPM 发出入侵攻击警告。在 2014 年 3 月，DHS 爱因斯坦入侵检测系统监测到 OPM 数据遭到泄露，OPM 网络在晚上 10 时到次日上午 10 时经常出现可疑异常流量，经分析，这是黑客在半夜进行大量资料窃取活动。

经过取证分析，OPM 追踪到了这名入侵系统的黑客。在之后的几个月中，OPM 联合 FBI（美国联邦调查局）和 NSA（美国国家安全局）以及其他合作机构对其展开严密的监控调查，并拟定了 Big Bang 计划，准备在 2014 年 5 月将这名黑客驱逐出去。

然而这一行动，却给了另一名黑客"隔岸观火"的机会。

出乎所有人意料，在 Big Bang 计划执行前，另一名黑客假冒 OPM 承包商入侵了 OPM 系统并安装了后门软件 PlugX。而后 Big Bang 计划实施，采取的主要措施包括：下线清理所有被入侵的系统、重置可能遭到攻击的 150 个账户信息、强制所有管理员账户使用 PIV 个人身份认证卡进行登录验证、重置所有管理员账户、为入侵系统重建账户、重置内部路由信息等，用以驱逐第一个黑客的入侵，而此时，所有人都不知道植入了 PlugX 的黑客此时还潜伏在 OPM 网络中。

在之后的一年中，该黑客窃取了 OPM 的多种资料：

2014 年 7 月，窃取了 OPM 的背景调查资料。2014 年 12 月，从内政部 DOI 数据库中转移了从 OPM 系统窃取的 420 万份个人信息。2015 年 3 月，窃取了 OPM 大量指纹数据。然而一直到 2015 年 4 月，OPM 才发现自己遭到这名黑客入侵。

本次事件造成极为严重的后果，泄露的信息一旦被非法利用，将对美国家安全造成威胁。然而早在 2008 年，OPM 督察办报告就指出，OPM 的信息系统存在的重要漏洞没有被完全解决，可能会对信息系统产生重要威胁。同时，督察办警告 OPM 现有的安全策略多年未更新，主要认证鉴别系统存在重大缺陷，另外，在措施执行和里程碑计划中，缺乏专业的信息安全人员。然而，领导的更替让安全警告一次次作废，直到 2013 年年底，OPM 督察办发布了两份重要审计报告，第一份声称 OPM 信息系统存在重要漏洞，第二份对存储有背景调查资料的 PIPS 系统给予安全警告。然而，在两份报告发布后，OPM 又迎来了一次领导的更替，而这造成了事态的扩大，第二名黑客仅仅靠"隔岸观火"就成功地悄无声息地入侵了 OPM 网络，并盗取了 2 210 万份相关个人信息和 560 万个指纹数据，造成了极其严重的影响。

（2）对抗之策

该事例与"隔岸观火"核心要素映射关系如图 4.10 所示。

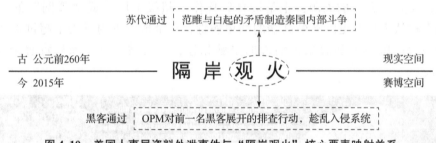

图 4.10　美国人事局资料外泄事件与"隔岸观火"核心要素映射关系

在互联网时代，个人信息是互联网经济最宝贵的资源之一，不仅是商业竞争的着力点，更是众多诈骗活动的"金矿"。一旦大量的用户信息落入黑色产业中，将会沦为非法牟利的工具。黑色产业可利用他人身份证号、手机号、邮箱、家庭住址等真实信息注册虚假身份，进行违法犯罪活动。信息的泄露不仅会对被泄露信息者个人造成严重损害，而且从公信力和社会信誉角度，对组织、企业乃至机构也会造成无法预估的破坏。所以，避免信息泄露是在当前互联网时代中的一个重要问题。

避免信息泄露，需要严加防范：

①端口管控。端口管控是从物理层面对信息的保护措施，管控诸如 USB 端口拷贝、刻录、打印等行为，控制所有的终端端口外泄。通过这一措施可以有效避免信息由内部人员泄露的风险问题。

②信息加密。在常规的邮政系统中，寄信人用信封隐藏其内容，这就是最基本的保密技术。在互联网时代，有形的信封被无形的电子邮件取代。为了信息的保密性，就必须实现该信息对除特定收信人以外的任何人都是不可读取的。为了保证共享设计规范的贸易伙伴的信息安全性就必须采取一定的手段来隐藏信息，而隐藏信息的最有效手段便是加密，目前较为流行的加密算法有 RSA、CCEP 等。通过这一措施可以有效避免信息传输中存在的风险

问题。

③日志审计。日志审计是防止信息泄露的一个重要手段,同时也能在信息泄露后提供完整的信息操作过程。通过对加密文件的所有操作进行详细的日志审计,并对审计日志提供查询、导出、备份和导出数据表等支持,对信息的复制、移动、修改、删除等涉密操作过程进行详细记录,便于监督检查和事后的追溯,有效避免文件因版本更新或意外破坏而造成的风险,极大地保护了信息的完整性和安全性。

另外,从政府的角度讲,要加强网络信息安全能力建设,最大限度地保护个人信息安全和国家安全不受威胁。大型组织、企业或机构需要对涉密系统提供最大限度的安全保护。目前,许多组织、企业或机构的管理系统安全交由第三方安全机构保障,这就需要定时对系统进行信息安全风险评估,重视系统安全报告,及时修复系统漏洞。

4.3.5.2 "震网"Stuxnet 病毒事例

(1) 事件回顾

说起"隔岸观火",2010 年的一场"大火"曾席卷了全球工业界,而这场"大火"的中心,正是美国的政治仇敌——伊朗。在伊朗,60% 的个人电脑受到波及,而这场"火",也一把"燃尽"了伊朗的核设施,对伊朗布什尔核电站造成严重破坏,使伊朗德黑兰的核计划推迟了两年之久。这一切,着实令地球另一端的美国成了"隔岸观火"者。

这场弥天大"火"的火源,正是被日后称作"超级工厂"或"震网"的 Stuxnet 病毒,该病毒被认为是有史以来最高端的蠕虫病毒,在全球范围内感染了超过 45 000 个网络,任何一台电脑只要和感染该病毒的电脑相连,都会被感染。该病毒感染过程如图 4.11 所示。

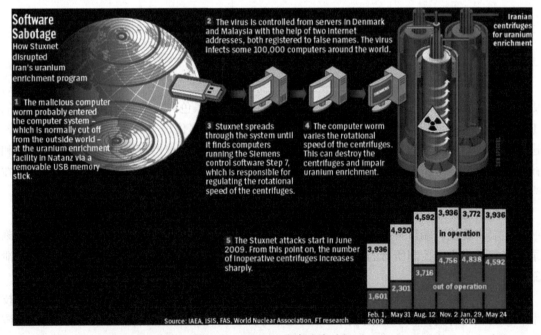

图 4.11　Stuxnet 病毒感染过程

Stuxnet 病毒被认为最早通过携带病毒的 U 盘传入网络,因为在病毒中发现了多种先进技术,因此具有极强的隐身和破坏力。只要电脑操作员将被病毒感染的 U 盘插入 USB 接口,这种病毒就会在不知不觉中取得一些工业用电脑系统的控制权。而一旦获得控制权，Stuxnet 病毒便将自己复制到西门子的 SIMATIC WinCC 系统逻辑控制器中。该系统是一个数据采集与监视控制（SCADA）系统，被广泛用于钢铁、汽车、电力、运输、水利、化工、石油等核心工业领域，特别是国家基础设施工程；它运行于 Windows 平台，常被部署在与外界隔离的专用局域网中。

病毒在完成以上一系列操作后便会在其中安营扎寨，并开始搜寻用于工业离心机的变频驱动机。一旦找到便立刻休眠，度过漫长的等待期。在病毒入侵工厂中所有离心机后，病毒开始收到背后的指令，对离心机的某些参数进行修改，让它转得快一点或慢一点，增加气压或者是减少气压；而为了躲避离心机中的警报装置，Stuxnet 病毒甚至会记录离心机的周期，并对周期内的正常数据进行采集，当病毒攻击时，会固定循环这个周期内的数据以欺骗警报装置。在伊朗的核设施内，一个个离心机就这样悄无声息地坏掉了。

以往的电脑病毒以窃取个人隐私信息牟利，而 Stuxnet 病毒的攻击目标直指西门子的 SIMATIC WinCC 系统。一般情况下，蠕虫病毒的攻击价值在于其传播范围的广阔性、攻击目标的普遍性。此次攻击与此截然相反，最终目标既不是开放主机，也不是通用软件。无论是要渗透到内部网络，还是挖掘大型专用软件的漏洞，都非寻常攻击所能做到。

除此之外，该病毒利用了微软 Windows 操作系统的多个漏洞：RPC 远程执行漏洞（MS08－067）、快捷方式文件解析漏洞（MS10－046）、打印机后台程序服务漏洞（MS10－061）、内核模式驱动程序漏洞（MS10－073）、任务计划程序漏洞（MS10－092）。其中，除 RPC 远程执行漏洞，其余四种都是在 Stuxnet 中首次被使用的 0day 漏洞。同时，Stuxnet 病毒还被发现通过伪装 Realtek 和 JMicron 的数字签名来躲避反病毒程序的静态查杀。

综上所述，无论是从精准的攻击目标，还是，极强的破坏性目的，抑或从利用如此大量的 0day 漏洞来看，Stuxnet 病毒都不像一般组织或个人所制造。根据卡巴斯基实验室目前所掌握的证据，Stuxnet 病毒的幕后操作者为尖端网络犯罪组织"方程式"（Equation Group）。早在 Stuxnet 爆发之前，"方程式"组织就已经掌握了这些 0day 漏洞，有时候，它还会同其他网络犯罪组织分享漏洞利用程序，而该组织又曾被怀疑与 NSA 有联系。一篇名为"Equation = NSA？Researchers Uncloak Huge 'American Cyber Arsenal'"的文章披露了有关细节，这种说法确实存在一定的合理性。而无论真相为何，这次事件都让美国着实完成了一次"隔岸观火"。

（2）对抗之策

该事例与"隔岸观火"核心要素映射关系如图 4.12 所示。

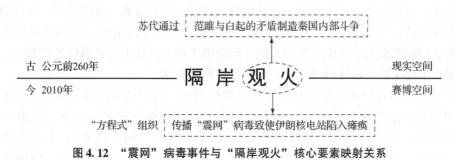

图 4.12 "震网"病毒事件与"隔岸观火"核心要素映射关系

Stuxnet 病毒本质是一种蠕虫病毒，而蠕虫是一种可以自我复制的代码，并且通过网络传播，通常无须人为干预就能传播。蠕虫病毒入侵并完全控制一台计算机之后，就会把这台机器作为宿主，进而扫描并感染其他计算机。当这些新的被蠕虫入侵的计算机被控制之后，蠕虫会以这些计算机为宿主继续扫描并感染其他计算机，这种行为会一直延续下去。而蠕虫病毒的防范需要了解蠕虫病毒的传播过程：

①扫描。扫描的过程就是用扫描器扫描主机，探测主机操作系统的类型、版本、主机名、用户名、开放的端口、开放的服务器软件版本等。

②攻击。蠕虫病毒根据扫描的结果探知主机存在的漏洞，并利用漏洞进行攻击。如果扫描返回的操作系统信息或某些软件信息是具有漏洞的版本，那么就可以直接用对该漏洞的攻击代码获得相应的权限。

③复制。复制过程的本质就是文件传输的过程，蠕虫病毒的复制模块通过原主机和新主机的交互将其复制到新主机并启动。

所以，对抗蠕虫病毒可以采用以下几点：

①漏洞扫描与修复。对于终端而言，漏洞是其"内部矛盾"，蠕虫病毒的攻击方式正是利用系统漏洞进行攻击，从而获得系统权限。漏洞扫描是指基于漏洞数据库，通过扫描等手段对指定的远程或者本地计算机系统的安全脆弱性进行检测，发现可利用漏洞的一种安全检测（渗透攻击）行为。通过漏洞扫描，能够及时准确地发现主机、网络上存在的可利用漏洞，从而及早修复，防患于未然。

②关闭不需要的文件共享。蠕虫病毒的传播是通过局域网的文件传输，关闭不需要的文件共享，例如 Windows 系统的 IPC＄共享和其他共享（C＄、D＄、Admin＄），可以避免病毒复制到主机。

③反病毒软件与防火墙。个人用户防范蠕虫病毒最有效的方式就是安装并使用合适的杀毒软件进行病毒查杀；开启个人防火墙，根据应用情况和针对某类病毒，设定一些协议、端口、程序、入侵检测等的防护规则；同时，定期检查服务、进程、注册表中的可疑项，及时关闭或删除不需要的服务或者启动项。

4.3.6 小结

本节介绍了三十六计中的第九计敌战计中的第三计——隔岸观火。

"隔岸观火"出自乾康的《投谒齐已》，比喻隔岸双方的景象截然不同，后被引申形容人置身事外，对别人的危难不去救助，采取袖手旁观的态度。而在《三十六计》中，"隔岸观火"又被做出更为独到的解释：对敌人的内部矛盾，采取坐山观虎斗的态度，促使其内部矛盾激化，自相残杀，产生分裂，在其两败俱伤时，从中取利。战国时期，苏代利用挑起秦国的内部矛盾，令白起撤兵。这把"火"不仅解除了赵国的危机，更间接除掉了名将白起。在苏代的隔岸观火之计中，我们看到，运用隔岸观火之计不应是消极等待观望，而是要充分掌握对手的矛盾，加速两极转化，这样才能取得成功。

在网络安全的对抗中，隔岸观火之计时常被用到。利用对手内部矛盾消灭对手，本就是一种"坐收渔翁之利"的策略。然而，网络安全的对抗不比实际战争，它更强调"点火"的主动性，否则，仅靠"静观其变"，恐怕很难实现"隔岸观火"。对于各路网络黑客而言，系统漏洞就是计算机的"内部矛盾"，充分利用漏洞，主动点火，便能实现"隔岸观火"之计。

而"隔岸观火"的对抗之道，同样需要寻找这个"内部矛盾"点，早发现，早修复，令系统内部不再充斥"可燃物"。这样，攻击者也就无处点火，"隔岸观火"自然无效。

习　　题

①"隔岸观火"之计的内涵是什么？您是如何认识的？
②简述"隔岸观火"之计的真实案例2~3个。
③针对"隔岸观火"之计，简述其信息安全攻击之道的核心思想。
④针对"隔岸观火"之计，简述其信息安全对抗之道的核心思想。
⑤请给出"隔岸观火"之计的英文并简述西方案例1~2个。

参考文献

[1] 百度百科．白起［DB/OL］．(2020-03-26)[2020-06-16]．https://baike.baidu.com/item/白起/131407？fr=aladdin．

[2] 360文档．常见安全漏洞［EB/OL］．(2019-08-26)[2020-06-16]．http://www.360doc.com/content/18/0403/12/15146666_742512251.shtml．

[3] 搜狐网．盘点那些年令人抓狂的漏洞攻击［EB/OL］．(2019-09-23)[2020-06-16]．https://www.sohu.com/a/342866250_744477．

[4] FreeBuf．美国人事管理局遭遇大规模网络攻击，400万雇员信息被盗［EB/OL］．(2015-06-05)[2020-06-16]．https://www.freebuf.com/news/69209.html．

[5] FreeBuf．盘点21世纪以来最臭名昭著的15起数据安全事件［EB/OL］．(2017-06-20)[2020-06-16]．https://www.freebuf.com/news/137467.html．

[6] 百度百科．震网病毒［DB/OL］．(2020-06-06)[2020-06-26]．https://baike.baidu.com/item/震网病毒？fromtitle=%E9%9C%87%E7%BD%91&fromid=3082657．

[7] FreeBuf．深度：震网病毒的秘密（一）［EB/OL］．(2013-12-03)[2020-06-16]．https://www.freebuf.com/system/19059.html．

[8] FreeBuf．震网病毒大电影Zero Days明日首映，解密美国以色列网络攻击行动［EB/OL］．(2016-02-18)[2020-06-16]．https://www.freebuf.com/news/96259.html．

[9] 百度百科．蠕虫病毒［DB/OL］．(2020-08-05)[2020-08-23]．https://baike.baidu.com/item/蠕虫病毒/4094075？fr=aladdin．

[10] 百度百科．漏洞扫描［DB/OL］．(2020-07-30)[2020-08-08]．https://baike.baidu.com/item/漏洞扫描/9795525？fr=aladdin．

4.4　第十计　笑里藏刀

信而安之，阴以图之。备而后动，勿使有变。刚中柔外也。

4.4.1 引言

"笑里藏刀"出自《三十六计》中第十计,意思是表面对人和和气气,背地里却阴险毒辣。在《旧唐书·李义府传》中,形容唐朝右丞相李义府"笑中有刀",在跟别人交往的时候,总是面带微笑,使人对他放松警惕,同时拉拢别人归附自己。但实际上,谁要是冒犯了他或稍微有点不顺从他的心意,他就运用手中的权力对别人加以陷害。最终,在一次卖官敛财的行径中,被右金吾仓曹参军杨行颖告发,后被流放于巂州(现四川西昌市),落得个悲惨结局。

在信息高速发展的今日,网络诈骗日益猖獗。而绝大多数网络诈骗,无论是以社会工程学见长的商业电子邮件(BEC)诈骗,还是把加密技术拉满的勒索软件,无一不折射出"笑里藏刀"的影子:表面诱导目标,降低目标的防备,实则暗地筹备,待到时机成熟,便开始对目标实施诈骗,这种"以笑示人,以刀伤人"的诈骗方式数不胜数。对付"笑里藏刀",在生活上,应当秉持"不来往,不得罪,不招惹"的态度,时刻谨慎,防范小人之为。同样,面对网络安全上的"笑里藏刀",更应做到不好奇、不试探,严谨认真,时刻防范,只有看破表面的"笑",才能看清背后藏的"刀"。

4.4.2 内涵解析

《三十六计》第十计之"笑里藏刀"记载云:"信而安之,阴以图之。备而后动,勿使有变。刚中柔外也。"

其中"笑"指的是表面上对别人和气,使之安然而不生疑心,"刀"则表达实际目的,即背后所展现的阴险毒辣。笑里藏刀,表面是以笑示人,背后却以刀伤人。现在常用于形容人外表和气,内心阴险毒辣。其按语的意思是设法使被攻击者相信攻击者是善意友好的,从而对我方不加戒备。我方则暗中策划,积极准备,伺机而动,不要让敌方有所察觉而采取应变的措施。这是一种暗藏杀机、外示柔和的计谋。

《孙子兵法·行军篇》中有言,"辞卑而益备者,进也……无约而请和者,谋也",说的是敌人言辞谦卑,其实正在加紧备战;没有条约而前来求和的,定是不怀好意的人。这里与"笑里藏刀"不谋而合。所以,敌人的花言巧语,往往是阴谋诡计的表现,在军事谋略上,通过政治、外交的伪装手段,欺骗麻痹对方,以掩饰暗中的军事活动。

信而安之,则笑之以百态:有人"笑"得阿谀奉承,有人"笑"得故作羸弱,有人"笑"以求和,有人"笑"以归顺……而所有"笑"的尽头,目的皆为"阴以图之","藏刀"以备,伺机而动。

4.4.3 历史典故

此计出自《旧唐书·李义府传》,文中描述李义府:"府貌状温恭,与人语必嬉怡微笑,而褊忌阴贼。既处要权,欲人附己,微忤意者,辄加倾陷。故时人言义府笑中有刀。"说的是他看上去容貌温和谦恭,与人说话交谈必微笑以对,然而他心地极其阴险狡诈。当时他身居高职,想要拉拢别人依附自己,然而谁冒犯了他或稍微有点不顺从他的心意,他就运用手中的权力对别人加以陷害,所以当时的人说他"笑中有刀"。这里的"笑中有刀",形容李义府的性格表里不一、佛口蛇心。

在战国时期,就有了与"笑里藏刀"相似的战争案例。

在《史记·商君列传》和《史记·魏世家》中记载,秦孝公二十二年、魏惠王三十年(公元前340年),秦国公孙鞅变法已有近二十年之久,兵强马壮,粮仓满盈,空前强盛。其间,公孙鞅劝说秦孝公进行军事上的对外扩张,对秦孝公说:"魏国建都安邑城,西以黄河与我们为界,东临崤山以为天险。现在我国实力强盛,而魏国败于齐国,实力大减,各国也都背弃了与它的盟约,我们趁此之机攻伐魏国,他们定无法抵抗,向东迁都。而此时我们秦国占据黄河、崤山之险要,向东可制约其他诸侯国,可奠定日后大业。"秦孝公采纳了公孙鞅的建议,派他伐魏。

秦国公孙鞅领兵犯魏的消息传至魏国,魏国派公子卬将而击之。

公孙鞅大军抵至吴城城下,而吴城地势险要,工事坚固,过去乃魏名将吴起苦心经营之地,正面进攻恐难奏效。公孙鞅苦思攻城之计,却探得敌方守将是自己曾有过交情的公子卬,于是修书一封,表示你我虽为两国交兵,各为其主,但为两国百姓所想,不忍相兵,希望你我二人见面,签订盟约,然后就此罢兵。

当时,魏国已因马陵之战遭受重创,士兵身心俱惫。另外,公孙鞅在信送出去后,主动摆出撤兵的姿态,命令秦国前锋立即撤回,公子卬见秦军撤兵,十分高兴,又念昔日旧情,于是回书约定会谈日期。

会谈当日,公子卬带了三百随从到达约定地点,却见公孙鞅带的随从更少,并且无人携带兵器,于是更加相信公孙鞅的诚意。会谈十分融洽,两人重叙昔日之情,表达双方交好的诚意,公孙鞅同时设宴款待公子卬。然而,会谈结束,公孙鞅一声令下,周围埋伏好的甲士便将公子卬包围起来。公子卬和三百随从没有反应过来便全部被擒。公孙鞅接着利用俘虏,骗开吴城城门,攻击魏军。结果可想而知,魏军被秦军的突然袭击打得落花流水,丢盔卸甲,死伤无数。

公孙鞅打垮魏军后返回秦国,魏惠王得知消息后十分恐慌,先后败于齐、秦,使得国内十分空虚,于是派遣使者割让河西之地给秦国以求和解。最终魏惠王离开安邑,将都城迁到大梁。而公孙鞅击败魏军后归来,秦孝公将於、商之间的十五个邑给他,从此公孙鞅号称商君。

对于公孙鞅的评价,世人褒贬不一,有人称赞公孙鞅兵不厌诈,用智谋成功赢下战争。有人则认为他失信于世,《史记》作者司马迁就总结他是个"残忍少恩"之人。而无论评价如何,从结果上看,公孙鞅还是用"笑里藏刀"的手段赢下了这场战争,为秦国赢得河西之地,为日后秦国统一六国奠定了地理优势。

4.4.4 信息安全攻击与对抗之道

"笑里藏刀"核心要素及策略分析如图4.13所示。

其表面以"笑"示人,迷惑对手,让对手放松警惕,而背地里紧锣密鼓地暗中筹划,待到时机成熟,便将背后藏的"刀"亮出来,令对手猝不及防。在网络安全领域,笑里藏刀之计多用于各种形式的诈骗:无论是以社会工程学见长的网络诈骗活动,还是把加密技术拉满的勒索病毒,无一不用到了"笑里藏刀"之计。

攻击之道在于攻击者通过各种形式的"笑"诱导目标,降低目标的防备。这一过程大多采用社会工程学原理,在传统的网络诈骗中会采取网络赌博、成人色情服务引诱。在针对

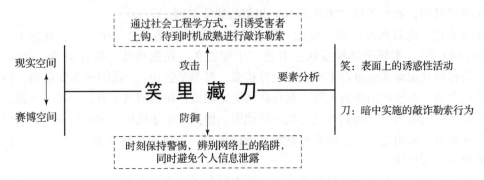

图 4.13 "笑里藏刀"核心要素及策略分析

企业的 BEC 诈骗中，攻击者直接通过伪造身份，使目标员工降低防备。在勒索软件传播中，攻击者将勒索软件挂载到目标某常用程序中，并开放下载，抑或者直接通过钓鱼邮件的鱼叉攻击将此软件发送给目标，引诱其打开。以上种种方式，均是攻击者的"笑里藏刀"，使目标降低防备或骗取目标的信任，以掩藏实际的诈骗行为。

防御之道在于防御者要有严谨的辨别能力，能够时刻警惕未知来源、不明身份的邮件消息，看清攻击者的真实意图，不被攻击者的"笑"所欺骗，严格按照上网规范检查信息来源，确保应用程序从正规渠道安装，同时谨慎打开电子邮件附件，必要时开启多重身份认证，以严格确保身份的真实性。除此之外，个人上网用户还应保持良好的上网习惯，提防个人信息泄露，提升网络自我防卫意识。

4.4.5 信息安全事例分析

4.4.5.1 FACC 公司遭 BEC 诈骗

（1）事例回顾

从目前来看，一家企业或机构面临的最严重的威胁，一个是勒索病毒攻击，黑客通过勒索病毒加密企业或机构计算机中的机密文件，迫使其缴纳高昂赎金；另一个更为突出的就非 BEC 诈骗莫属了。

FBI 将 BEC 定义为经济损失最大的网络犯罪之一，BEC 的展开利用了这样的一个事实——大多数公司员工通过电子邮件开展业务。在 BEC 诈骗中，攻击者发送的电子邮件看似是合法来源的合法请求，例如以下几个场景：

①一个与公司开展多次合作的供应商向公司发送带有最新邮寄地址的发票。

②一位公司 CEO 要求她的助手购买几十张礼品卡作为员工奖励，要求提供序列号，以便可以立即通过电子邮件发送。

③一位购房者从其产权公司收到一条有关如何预付定金说明的消息。

这些场景的不同版本都发生自真实事件。然而，这些消息却是攻击者伪造的，在每一个案件中，都有大量资金被攻击者骗走。FBI 发布的美国 2019 年互联网犯罪报告中显示，FBI IC3 小组在 2019 年收到互联网和网络犯罪投诉共 467 361 起，涉及损失 35 亿美元，其中仅 BEC 就造成了超过 17 亿美元的损失，且依然呈上升趋势。随着诈骗者越来越厉害，BEC 也在不断发展。

早在 2016 年 5 月，奥地利飞机零部件制造商 FACC 宣布遭遇一次大金额 BEC 诈骗。

FACC 是一家生产先进复合材料的企业，是世界上所有大型飞机制造企业的内饰供应商，客户包含空中客车、波音公司、庞巴迪公司、巴西 Embraer 公司和中国商用飞机有限责任公司。

攻击者在 2016 年 1 月伪造了一封假电子邮件，冒充时任 FACC 首席执行官的沃尔特·斯蒂芬（Walter Stephan）。攻击者找准了公司正在进行一次收购项目的时机，将这封假冒的电子邮件发送给了 FACC 公司财务部的一名员工，邮件中要求该员工向一个账户转入 5 280 万欧元以用于当时的收购项目。由于对方时机把握太好，该员工并未仔细检查邮件的真实性便按照邮件中"领导"的指示做了，将 5 280 万欧元汇入了攻击者的银行账户。FACC 在察觉到自己受骗后，立刻采取了相应对策，阻止了收款人账户上 1 090 万欧元的转账，然而，其余的 4 190 万欧元已经消失在了斯洛伐克和亚洲。

这起 BEC 诈骗事件对 FACC 公司造成了严重打击，让公司股票严重跳水，从 6.33 欧元直接跌到 5.46 欧元，而这起事件也使得在 FACC 任职 17 年的首席执行官沃尔特·斯蒂芬被立即解雇。

（2）对抗之策

该事例与"笑里藏刀"核心要素映射关系如图 4.14 所示。

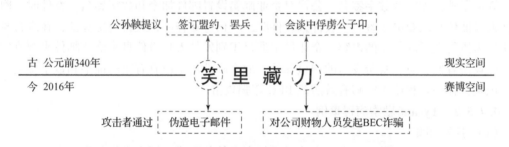

图 4.14　FACC 遭 BEC 诈骗事例与"笑里藏刀"核心要素映射关系

BEC 诈骗，更像是网络诈骗的一种高级形式。近年来，BEC 诈骗越来越猖獗，一方面是由于它的诈骗目标为企业、公司这类具有规模的组织，一旦成功就能获得高额的财产。另一方面，BEC 诈骗执行相对简单，不需要复杂的高级入侵技术或复杂的恶意程序就可实现。将 BEC 诈骗映射到"笑里藏刀"这个计谋中，"笑"指的是攻击者的伪造电子邮件，通过身份伪造博取公司员工、合作伙伴或交易对象的信任，"刀"则指的是实际的诈骗行为，利用上下属、合作关系或某一件涉及交易的事情，令目标将钱财汇入自己的账户。在 BEC 诈骗中，受害者往往被攻击者表面的"笑"欺骗，没有认真检查邮件的真实性就按照邮件中提出的要求进行汇款，造成大量财产损失。

防御 BEC 诈骗首先要清楚 BEC 诈骗是如何进行的。BEC 诈骗开始于攻击者伪造电子邮件账户，他们通过抢占名称相似具有高度迷惑性的域名并实现邮件功能，伪造电子邮件冒充公司的主管、CEO、交易对象或者供应商，常见的迷惑性策略如下：

①使用大小写替换。例如，使用 BeiJingForestStdio@bit.edu.com 替代 BeijingForestStdio@bit.edu.com。

②字母和数字的替换。例如，使用 Ka1i@bit.edu.com 替代 Kali@bit.edu.com；使用 BeijingF0restStdio@bit.edu.com 替代 BeijingForestStdio@bit.edu.com。

③相似字母的替换。例如，使用 Weiyu@Arnerica.com 替代 Weiyu@Amcrica.com。

除抢注相似域名来冒充目标对象，攻击者同样会使用其他手段来获取信息以使他的诈骗计划更加周密。例如，发送鱼叉式电子邮件。邮件看起来像是来自受信任的发件人，旨在诱骗受害者泄露机密信息。该信息使罪犯可以访问公司账户、日历和数据，从而为他们提供执行 BEC 计划所需的详细信息。或者使用恶意软件，恶意软件可以渗透到公司网络中，并获得有关账单和发票的合法电子邮件的访问权。这些信息被用来确定付款请求或发送信息的时间，这样目标公司的财务人员就不会对付款请求产生怀疑。恶意软件还可以使攻击者能够访问目标公司的数据，包括密码和金融账户信息。

由此可见，应对 BEC 诈骗，需要企业人员特别是涉及财务管理的人员格外注意邮件来往。针对 BEC 诈骗的"笑里藏刀"，对抗方法如下：

①仔细检查。员工仔细检查任何通信中使用的电子邮件地址、URL 和拼写。攻击者会利用细微差别来欺骗目标并取得目标信任。

②身份核实。保证公司财务人员在遇到交易类指令邮件时多次与发送方进行核实与确认。财务人员可以选择其他方式联系发送方、核实账号及任何付款程序的修改以确保其身份真实。

③电子邮件加密及数字签名。公司对企业邮箱设置邮件加密和数字签名，发件时，附属发件人验证信息以及电子签名。收件人收件时，严格遵守程序，进行身份验证，在进行身份确认后再执行电子邮件中的内容。企业员工通过识别发件人身份信息来确认邮件来源真实可信，而攻击者假冒员工身份发送的钓鱼邮件、欺诈邮件由于没有有效的证书和数字签名，可以被识别，在一定程度上能够有效防范 BEC 诈骗攻击。

4.4.5.2 Tyrant 勒索病毒事例

（1）事例回顾

相较于网络诈骗，勒索病毒是直接通过加密文件的形式对用户进行敲诈勒索。而勒索病毒的传播除暴力破解端口和通过漏洞、口令在网络空间中进行蠕虫式的传播外，主要还是通过挂载到某个"笑里藏刀"的程序中，用户打开该程序时，勒索病毒也随之运行。

2017 年 10 月，一个名为"Tyrant"的勒索病毒在伊朗肆虐，而它的挂载程序则是伊朗最受欢迎的 VPN 程序 Psiphon VPN。

当用户打开被挂载上勒索病毒的 Psiphon VPN 时，勒索病毒随之运行，受害者被要求在 24 小时支付相当于 15 美元的比特币。而 Tyran 被设计为专门针对伊朗，因为目前的赎金票据仅有波斯语版本，而赎金票据中也提及两个伊朗本地支付服务商 Exchange.ir 和 Webmoney724.ir。

伊朗计算机应急响应小组协调中心（Iran CERTCC）也在 2017 年 10 月中旬迅速发布了关于该勒索病毒的活动安全警报。在警报中，Iran CERTCC 的分析师发现该勒索病毒仍有较大缺陷，有时并不能成功加密受害者文件，推测可能为较大攻击的第一个版本或试用版本。

（2）对抗之策

该事例与"笑里藏刀"核心要素映射关系如图 4.15 所示。

勒索病毒是网络诈骗的另一种"技术流"形式，作为一种新型计算机病毒，通过邮件、程序木马等方式进行传播，该病毒性质恶劣、危害极大，一旦感染便会通过各种加密算法对

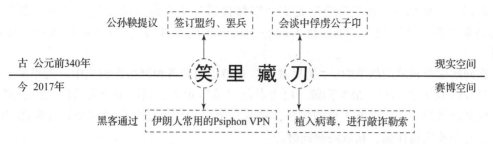

图 4.15　Tyrant 勒索病毒事例与"笑里藏刀"核心要素映射关系图

感染计算机的文件进行加密，同时对目标进行勒索，机主需要对传播者支付赎金才能获得解开加密文件的私钥，否则勒索病毒会在一段时间后对文件进行销毁或公开，给用户带来无法估量的损失。而勒索病毒的传播，除暴力破解端口和通过漏洞、口令在网络空间中进行蠕虫式的传播，最主要的方式还是挂载到某个以"笑"示人的附件程序中，当受害者被"笑"蒙蔽而打开程序时，勒索病毒也随之运行。首先，勒索病毒会先连接背后传播者的 C&C 服务器，进而上传本机信息并下载加密的公钥和私钥。然后，勒索病毒开始遍历计算机磁盘上的所有文档、Office 文件和图片等文件，进行篡改和加密。待到一切都准备就绪后，勒索病毒便露出"藏刀"，在桌面或显眼位置生成"文件已被加密"的勒索提示，并指导机主进行赎金的缴纳等相关操作。

勒索病毒相较于传统的破坏型的病毒目的更为简单明了，即勒索钱财。而绝大多数情况，受害者都是通过打开未知邮件附件或者下载某些不明来源的应用程序而导致勒索病毒入侵计算机。针对这种勒索病毒的"笑里藏刀"，对抗的方法如下：

①文件备份。勒索病毒主要通过加密 Office 文件、图片等文件和频繁打开文档来对用户进行敲诈勒索，对于重要文件要做到定期备份，建议使用单独的文件服务器对备份文件进行隔离存储。

②谨慎打开邮件附件。钓鱼邮件是勒索病毒的主要传播方式之一，对于来源不明的电子邮件，请勿打开其附件。

③启用文档扩展名显示。大多数勒索病毒以 .js、.vbs、.exe、.scr 或 .bat 结尾，如发现来源不明的该类文件，请勿打开。

④从正规渠道安装应用程序。挂载到应用程序上也是勒索病毒的一种主要传播方式，下载安装应用程序时，请从官方直接下载，切忌从不明网站下载安装。

⑤安装反病毒软件。绝大多数勒索病毒都逃不过反病毒软件的检测，所以，安装强大的反病毒软件，对系统进行实时监测，可有效减少勒索病毒的入侵。

4.4.6　小结

本节介绍了三十六计中的第十计敌战计中的第四计——笑里藏刀。

笑里藏刀，原用于形容唐朝右丞相李义府为人表面和善，实则背地里阴险毒辣。而"笑里藏刀"作为三十六计之一，在战争中也被广泛应用。战国时期，秦国的公孙鞅靠"笑里藏刀"骗过昔日交好公子卬，智取吴城，大败魏军。对于这种计谋，有人说它是兵不厌诈，也有人评价说这是一种背信弃义的做法。无论如何，笑里藏刀之计最终还是被认可而归于三十六计当中。作为一种靠智谋取胜的计策，笑里藏刀之计比"暗度陈仓"更多了一丝阴险，如果说"暗度陈仓"是靠"明修栈道"骗过敌人的眼睛来实现，那笑里藏刀则是靠"笑"诱导敌人，骗过敌人的心，从而实现"藏刀"，待到时机成熟，便露出杀机。

在网络安全领域的战争中，"笑里藏刀"多被运用到各种网络诈骗当中。近年来，以企业为目标的 BEC 诈骗攻击最为猖獗，攻击者以"笑"示人，利用企业交易信息以及邮箱身份的伪装降低目标公司财务人员的防备，趁着一个"恰到好处"的时间便将诈骗邮件发送出去，对企业实施诈骗，获取高额钱财。

此外，勒索病毒作为网络诈骗的技术流形式，在传播上大多还是运用了"笑里藏刀"的方式，将自己挂载到一个灰色产业程序上，游戏外挂、薅羊毛软件，抑或是"翻墙"的 VPN，都无一例外成了勒索病毒的藏身之处。

对抗"笑里藏刀"，首先要有更加严谨的辨别能力，能够看破网络上形形色色的"笑"，看清其中的陷阱。企业员工应时刻保持严谨，涉及钱财交易时，多次进行认真核实，以确保对方身份的真实性。个人应保持良好的上网习惯，提防个人信息泄露。同时，用户要洁身自好，不被外界诱惑吸引。

习　题

① "笑里藏刀"之计的内涵是什么？您是如何认识的？
② 简述"笑里藏刀"之计的真实案例 2~3 个。
③ 针对"笑里藏刀"之计，简述其信息安全攻击之道的核心思想。
④ 针对"笑里藏刀"之计，简述其信息安全对抗之道的核心思想。
⑤ 请给出"笑里藏刀"之计的英文并简述西方案例 1~2 个。

参考文献

[1] 百度百科. 笑里藏刀［DB/OL］.（2020 - 06 - 18）［2020 - 06 - 28］. https：//baike. baidu. com/item/笑里藏刀/532963？fr = aladdin.

[2] 安全内参. FBI：2019 年商务邮件诈骗造成损失达 17. 7 亿美元［EB/OL］.（2020 - 02 - 13）［2020 - 06 - 28］. https：//www. secrss. com/articles/17068.

[3] Reuters. Austria's FACC, Hit by Cyber Fraud Fires CEO［EB/OL］.（2016 - 06 - 25）［2020 - 06 - 28］. https：//www. reuters. com/article/us - facc - ceo/austrias - facc - hit - by - cyber - fraud - fires - ceo - idUSKCN0YG0ZF.

[4] FreeBuf. 如何有效防范 BEC 骗局（商业电子邮件妥协）［EB/OL］.（2020 - 02 - 18）［2020 - 06 - 28］. https：//www. freebuf. com/company - information/227503. html.

[5] 易安全. 伪装成 VPN 应用程序的勒索软件 Tyran 正在伊朗蔓延［EB/OL］.（2017 - 10 - 26）［2020 - 06 - 28］. https：//www. easyaq. com/news/1673914929. shtml.

[6] 百度百科. 勒索病毒［DB/OL］.（2019 - 03 - 18）［2019 - 06 - 14］. https：//baike. baidu. com/item/勒索病毒/16623990？fr = aladdin.

4.5　第十一计　李代桃僵

势必有损，损阴以益阳。

4.5.1　引言

"李代桃僵"出自《三十六计》中第十一计，源自北宋郭倩茂的《乐府诗集·相和歌辞三·鸡鸣》，用桃树与李树之间的关系代指兄弟关系。"李树代桃僵"暗指兄长有难，弟代兄死，谓以桃李能共患难，喻弟兄应能同甘苦。在军事战略上，"李代桃僵"是指在敌我双方势均力敌，或者敌优我劣的情况下，通过牺牲小我，而换取大的胜利的谋略。春秋末期，田完子牺牲自己换得越国退兵，从而保得齐国免遭劫难，获得一段时间的休养生息，奠定齐国日后霸主之位。在信息高速发展的今日，李代桃僵依旧有着重要的借鉴意义。在网络空间安全领域，众多计算机病毒在成功入侵计算机后，会通过联网下载更多的变种病毒，从而混淆自身的攻击。与这类病毒相似，DDoS 攻击作为一种分布式攻击，同样使用了多个攻击者共同攻击的"抱团"方式。此外，间谍软件会在自己被"暴露"后，实现自身的销毁以删除证据，以此实现"李代桃僵"。而对网络空间安全中"李代桃僵"之计的防范，应更加强调全局观念，对于被植入病毒的计算机，应做到全盘查杀，应更严谨认真地检查系统中的任何孤立线程、隐藏进程，无死角地扫描计算机中所有可疑文件，让计算机病毒的"李代桃僵"之计竹篮打水。

4.5.2　内涵解析

《三十六计》第十一计之"李代桃僵"记载云："势必有损，损阴以益阳。"

其中，"李"指的是攻击方中分量较轻的东西，而"桃"则指攻击方中意义更为重要的东西。"李代桃僵"，表面是讲用分量较轻的李树代替更为重要的桃树死亡，是一种以小换大的策略。在战争中其按语是如果局势要求必须做出某种牺牲，那么指挥官需要当机立断，做出局部或暂时的牺牲，来确保全局、整体的胜利。

敌我双方一般都有各自的优劣，每个方面都完全胜过对方，在战争中是不存在的。胜负的秘诀就在于双方优劣之间的较量，通过牺牲自己的劣势来限制对方的优势，这就是敌优我劣情况下的取胜技巧。《史记·孙子吴起列传》中所记载的"田忌赛马"正是这样一个道理，以下驷敌上驷，以上驷敌中驷，以中驷敌下驷。通过牺牲下等马，来换得中等马和上等马的胜利，比赛结果为二胜一负，自然获得胜利。

势必有损，则李树代桃僵。"李"是被牺牲的一方，而"桃"为要保全的一方，以牺牲"小我"换取全局的胜利，即为李代桃僵。

4.5.3　历史典故

北宋郭倩茂的《乐府诗集·相和歌辞三·鸡鸣》中，用"李树代桃僵"比喻兄弟间休戚与共的情谊。而后人将"李代桃僵"归入三十六计中，表示为借助某种手段，以一事物的损失、牺牲，来换取另一事物的安全、成功，以局部的牺牲换取全局的转危为安的谋略。

春秋末期，田完子舍身保齐国正是"李代桃僵"的案例。

田成子，即田恒。为齐国田氏家族第八任首领。公元前485年，田成子承袭父亲田乞之位，而后唆使齐国大夫鲍息杀掉齐桓公，立齐简公为齐国君主。田成子和阚止任齐国的左右相。公元前481年，田成子再次发动政变，杀掉阚止和齐简公，拥立齐简公的弟弟齐平公为齐国国君。

　　之后，田成子独揽齐国大权，他对齐平公说："施行恩德是人们所希望的，由您来施行。惩罚是人们所厌恶的，请让臣去执行。"田成子在之后相继诛杀鲍氏、晏氏等齐国强盛的公族，并分割齐国从安平以东到琅琊的土地为自己的封地。其封地面积甚至超过齐平公享有的土地。庄子在《南华经·胠箧》记载"田成子取齐"，为"诸侯之盗"。

　　田成子独揽大权的做法，造成齐国内外交困的形势，内部百姓怨气冲天，外部各国因田成子的做法"名分不正"而纷纷不服。越国更是借口他篡权诸侯，出兵攻打齐国。田成子无计可施，召集群臣商量对策。有人提议，齐国当前实力虽不比越国，但面对越国，可出动全国军民共同迎敌。而有人却说时下国内人心浮动，许多臣民还没有受到国君的恩惠，若倾巢出动，恐怕难得民心，难以服众。何不效仿他国，割让几座城池，免动干戈？

　　田成子认为，倾巢出动迎敌，会消耗大量国力，并且靠善战的士兵将领带领普通老百姓打仗，也难以获胜，当前自己地位还不稳，搞不好甚至会出现反戈的局面。而割让城池也非良策，自己刚刚掌权，就将城池割让他国，将来难以树立威望，如果这样做，后患无穷。

　　此时，田成子的兄长田完子向他献计："请允许我率领一群贤良之臣出城迎敌，迎敌一定要真打，打一定要战败，不仅战败而且一定要全部战死。如此，可退越兵，保全国家。"群臣惊愕，田成子也不解地追问："何为这样说？"田完子从容回答："你现在占据齐国，老百姓不了解你的治国本领，没有看到你的政绩，有的私下里议论纷纷，说你是窃国之盗，不一定愿意为你打仗。现在越国来犯，而贤良之中又有不少骁勇善战之臣，认为我们蒙受了耻辱，急于出兵迎战。在我看来，出现这样的情况，我们齐国已经很令人忧虑了。"田成子说："兄长所言极是，那为何必须战败？而战败又为何必须战死才能保全国家？"田完子回答说："越国出兵有名，且想在各诸侯国间展现自己，捞个正义的名声。况且，以越国现在的实力完全吞并我们还不可能。我带领一批贤良之臣，出兵迎敌，战而败，败而死，这叫以身殉国。越国一看杀死了大王的兄长，'教训'我国的目的也就达到了。而随我战死的那些人也为国尽了忠心，没有战死的也不敢再回到齐国，这样一来，国内人心也就稳定了。在我看来，这是唯一的救国之策了。"

　　田成子听从了兄长的建议，哭着为他送行。田完子率领一批贤良之士出城与越国交战，在兵力悬殊的情况下，最终兵败殉国。而如计划一样，越国在第二天收兵回国。田完子用自己的牺牲保全了齐国，为齐国换得一段休养生息的时间，齐国不断发展壮大，最终成为一方霸主。

4.5.4　信息安全攻击与对抗之道

　　"李代桃僵"核心要素及策略分析如图4.16所示。

　　李代桃僵之计更多强调了保全整体，通过牺牲局部来换取整体更大的胜利是其核心。这种"牺牲局部，保全整体"的精神与现实生活中所推崇的"牺牲个人利益，维护集体利益"不谋而合。在我国，国家与公民个人的利益在根本上是一致的。当个人利益与国家利益产生矛盾时，个人利益要服从国家利益。这也与社会主义核心价值观中的"爱国"相一致。

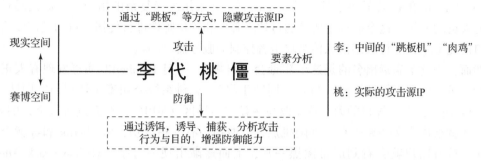

图 4.16 "李代桃僵"核心要素及策略分析

对于现实生活中某些特殊岗位,同样要遵从这种思想,这无关社会形态和个人品格,而是职业的需求,间谍正是其中之一。这是一个极具风险的职业,在众多影视作品中我们看到了他们的形象:通过特殊手段获取对方的情报,而当行动暴露时,甚至会采取极端手段来销毁证据保守秘密。与间谍相似,在网络安全领域,有一类恶意软件也存在和现实中的间谍相似的行为,该类恶意软件被称作间谍软件。间谍软件是一种能够在用户不知情的情况下,在其电脑里安装后门、收集其信息的软件,与现实世界中间谍的目的相同,间谍软件同样是靠潜伏寻找敏感信息。反间谍软件联盟(ACS)曾在 2005 年定义"间谍软件"这一概念为:"削弱用户对其使用经验、隐私和系统安全的物质控制能力,使用用户的系统资源,包括安装在他们电脑上的程序,或者搜集、使用并散播用户的个人信息或敏感信息"的一类恶意软件。大多间谍软件如间谍一样,在行踪暴露时,为防止追踪自己背后的操作者,会启动自身的自毁代码,让自己悄然消失,从而完成网络攻击的"李代桃僵"。

除去这种"保全整体"的精神外,李代桃僵之计还强调了"整体"与"局部"之间的关系,因为整体大于局部,所以用局部去保全整体,因为桃树大于李树,所以李树代替桃树枯萎。在网络空间安全领域,黑客可能会通过代理服务器来攻击你,他们会使用 800 电话的无人转接服务来连接 ISP,然后再盗用他人的账号上网,使用多个跳板进行攻击。这样,被攻击方追踪的很可能是其中的某个跳板,很难追踪到攻击者的实际 IP。

攻击之道在于攻击者能够正确把握大小观念,使用跳板来隐藏攻击源。为了更好地隐蔽自己,攻击者并不直接从自己的系统向目标发动攻击,而是先攻破若干中间系统,让它们成为"跳板",再通过这些"跳板系统"完成攻击行动。当被防御者反向追踪 IP 时,这些中间"跳板"就成了"李代桃僵"中的"李",从而保全了攻击者的源 IP。

防御之道在于防御者的防御策略,防御者需要增强终端的防御能力,避免被攻击成为中间跳板的"肉鸡"。对攻击的防范,可以利用蜜罐技术进行诱饵式欺骗,捕获、分析攻击者的攻击行为,让自己清晰地了解所面对的安全威胁,并通过技术和管理手段来增强实际系统的安全防护能力。

4.5.5 信息安全事例分析

4.5.5.1 间谍软件事例

(1)事件回顾

2015 年 4 月,思科安全团队发现了一个代号为 Rombertik 的病毒,它的主要危害是窃取

Chrome、Firefox 和 IE 浏览器上输入的文本信息，并采用超级复杂的指令和垃圾代码对抗安全研究人员的分析。这个病毒主要是通过垃圾邮件和钓鱼邮件进行传播，目的是窃取输入浏览窗口的纯文本，并将敏感信息传给攻击者控制的服务器。

然而，令这个病毒出名的是这个病毒会"自爆"，一旦 Rombertik 病毒发现有人正在对它进行分析，就会摧毁计算机，与其"同归于尽"。思科系统公司安全情报研究团队表示，Rombertik 病毒摧毁计算机的第一招是改写磁盘主引导区（MBR），对其进行自杀式的袭击，如果失败就给用户文件夹所有文件随机加密，两招中有一招成功，Rombertik 病毒就会重启计算机，接着用户就会看到屏幕漆黑一片，上面逐渐出现一行字"Carbon Crack Attempt, Failed."。

这种"同归于尽"的自爆方式，着实让当时的研究人员十分震惊。Rombertik 病毒通过自我毁灭来销毁样本，同时破坏分析者的计算机，防止其他人对其进行分析。然而赛门铁克的研究人员有不同的想法，他们认为 Rombertik 病毒的"自毁"功能是针对那些试图使用、修改这款木马的人。Rombertik 病毒的作者把它卖给其他犯罪团伙，而这些被传播的版本的二进制代码中包含 C&C 服务器的地址，这使得客户不能更改。很多黑客会尝试反编译而使用"盗版"恶意软件，他们试图将 C&C 地址更改为自己的，并逃避向 Rombertik 团队支付费用。

无论 Rombertik 病毒作者的本意是什么，他们都成功地让 Rombertik 病毒实现了"李代桃僵"之计：通过"自爆"的方式与试图分析它的人"同归于尽"。Rombertik 通过"自我牺牲"成功保住了团队的利益，这种反分析技术成功展现了"李代桃僵"的精髓。

与 Rombertik 病毒相似，许多间谍软件都携带"自毁"功能。2017 年，Google 和 Lookout 的安全研究专家发现了一款非常复杂的 Android 间谍软件，名为 Chrysaor。该间谍软件的主要功能是从手机的聊天软件中窃取用户的隐私数据，同时可以通过手机的摄像头和麦克风来监视用户的一举一动。同样，它也可以进行自毁操作。也正是这种自我毁灭机制，令 Chrysaor 成功潜伏了三年之久。

当 Chrysaor 发现任何有可能威胁到自身的检测行为时，它便可以将自己从目标设备中删除。Lookout 的安全研究专家 Michael Flossman 是这样形容 Chrysaor 的："如果 Chrysaor 感觉自己可能会被发现，那么它便会立刻将自己删除。"例如出现下面这四种情况时，它将会进行自毁操作：

① SIM MCC ID 无效；
② 设备中存在与安全产品有关的文件；
③ 持续六十天无法与后台服务器连接；
④ 接收到服务器发送过来的自毁命令。

Chrysaor 与 Rombertik 病毒一样拥有"自毁"功能，甚至在敏锐性方面，Chrysaor 要更胜一筹，Rombertik 病毒仅仅是在被分析时，出于对代码的保护而实施自我销毁功能，是一种反分析手段。而 Chrysaor 认为自己被"发现"时，就立刻销毁自己，试图掩盖入侵证据，是一种反监测手段。对于 Chrysaor 而言，通过销毁自己而藏匿隐私窃取行为，是通过牺牲局部而换得整体不被暴露的做法，毫无疑问，这也是李代桃僵之计的展现。

（2）对抗之策

该事例与"李代桃僵"核心要素映射关系如图 4.17 所示。

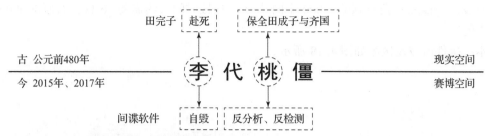

图 4.17　间谍软件事例与"李代桃僵"核心要素映射关系

间谍软件是能够在使用者不知情的情况下，在用户电脑里安装后门程序的软件。用户的隐私数据和重要信息会被那些后门程序捕获，甚至这些后门程序还能使黑客远程操纵用户的电脑。而对抗诸如 Rombertik 和 Chrysaor 等间谍程序的"李代桃僵"，对于一般用户而言，更多的是做好防范：

① 针对 Rombertik 病毒。Rombertik 病毒主要以钓鱼邮件的方式传播。因此，用户应警惕来路不明的陌生邮件，不要下载和点击可疑附件。中 Rombertik 病毒后的主要症状是浏览器上网速度变慢，如果发现网速异常，及时使用安全软件扫描查杀病毒。

② 针对 Chrysaor 间谍程序。Chrysaor 间谍程序的传播主要是通过非法渠道下载，对于一般用户来说，需要保持良好的上网习惯，不要轻易安装共享软件或所谓的免费软件，这些软件里往往会包含广告程序、间谍软件等，可能会给用户带来安全风险。另外，要及时安装系统补丁，防止间谍软件利用漏洞进行信息窃取等破坏行为。

4.5.5.2　Dyn 遭受大规模 DDoS 攻击事例

（1）事件回顾

相较于间谍软件通过"自毁"来保全整体的牺牲策略，DDoS 攻击更强调通过局部来实现整体无法做到的事情，DDoS 攻击中常见的一种攻击形式就是僵尸网络，攻击者通过各种途径传播恶意程序感染互联网上的大量主机，而被感染的主机将通过一个控制信道接收攻击者的指令，组成一个僵尸网络，并使用僵尸网络进行攻击。

2016 年 10 月 21 日，有许多 Twitter 用户发现自己无法登录 Twitter 官网，而后 SecurityWeek 报道称，Twitter.com 在全球部分区域已经无法访问"到截稿为止，Twitter.com 已经下线了大约两个小时"。另外，GitHub 很早就通知用户，其上游 DNS 提供商遭遇严重问题，而它们的 DNS 服务器提供商，正是美国域名服务器管理服务供应商 Dyn。同日，Dyn 宣布，公司在当地时间周五早上遭遇了 DDoS 攻击，导致许多网站在美国东海岸地区宕机，Dyn 正在就此事进行处理。

这次 DDoS 攻击，令美国的半个互联网几乎陷入瘫痪，很多 DNS 查询无法完成，用户无法通过域名访问 Twitter、GitHub 等站点。受波及的站点还包括 PayPal、BBC、华尔街日报、Xbox 官网、CNN、HBO Now、星巴克、纽约时报、The Verge、金融时报……

本次针对 Dyn 公司的 DDoS 攻击持续了三波，首波攻击大约发生在美国东部时间的上午 7 点 10 分，这波攻击影响了美国东海岸的网络访问——这是绝大部分媒体当时掌握到的情报。而大约在中午时分，黑客又发起了第二波攻击，将 DNS 查询失败的范围扩大到了西海岸——据说远在澳大利亚的用户也因此受到了持续五个小时的影响。第三波攻击直接指向 Dyn 公司所管理的 DNS 基础设施，这次攻击被 Dyn 公司轻松化解。根据相关报道，"在攻击高峰时段，Dynatrace 监测到的 2 000 个网站 DNS 连接时间大约需要 16 秒，而原本 500 毫秒是正常的"。

本次事件所波及区域如图 4.18 所示。

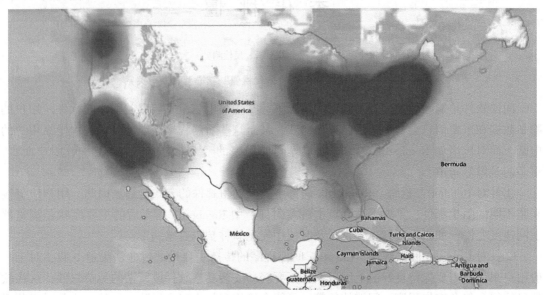

图 4.18　事件所波及区域

事后，安全情报公司 Flashpoint 就本次事件发布一份声明报告，其中提到其安全专家对 Mirai 僵尸网络进行了观察，并且确认 Mirai 的确参与到 Dyn 攻击事件之中。Flashpoint 确认，针对 Dyn DNS 服务发起本次 DDoS 攻击的基础设施，正是被 Mirai 恶意程序感染的僵尸网络。先前 Mirai 僵尸网络曾用于对安全研究人员 Brian Krebs 的博客，以及法国互联网服务与主机提供商 OVH 发起 DDoS 攻击。不过针对 Dyn 的攻击，与先前针对 Krebs on Security 和 OVH 的攻击又是存在明显区别的。

在本次事件中，Mirai 僵尸网络就是"李代桃僵"中的局部，通过僵尸网络发起 DDoS 攻击而取代单一的攻击行为，这造成了美国半个互联网的瘫痪。

（2）对抗之策

该事例与"李代桃僵"核心要素映射关系如图 4.19 所示。

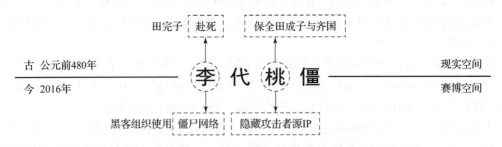

图 4.19　DDoS 攻击事例与"李代桃僵"核心要素映射关系

DDoS 又名分布式拒绝服务攻击，指处于不同位置的多个攻击者同时向一个或数个目标发动攻击，或者一个攻击者控制了位于不同位置的多台机器并利用这些机器对受害者同时实施攻击。由于攻击的发出点是分布在不同地方的，这类攻击被称为分布式拒绝服务攻击，其中攻击者可以有多个。单一的 DoS 攻击一般是采用一对一的方式，它利用网络协议和操作系统的一些缺陷，采用欺骗和伪装的策略进行网络攻击，使网站服务器充斥大量要求回复的信息，消耗网络带宽或系统资源，导致网络或系统不胜负荷以至于瘫痪而停止提供正常的网络服务。与 DoS 攻击由单台主机发起攻击相比较，分布式拒绝服务攻击 DDoS 是借助数百甚至数千台被入侵后安装了攻击进程的主机同时发起的集团行为。DDoS 是目前最难以防御的网络攻击之一，所以，当前的对抗之策是尽量缓解 DDoS 攻击：

①扩充带宽。网络带宽决定了承受攻击的能力，所以，对抗 DDoS 攻击最简单的方式就是扩充带宽。攻击者进行 DDoS 攻击往往会通过控制服务器、个人电脑作为"肉鸡"，向某网站发起攻击。当带宽大于这个攻击流量时，攻击就无法奏效。因此，直接扩充带宽是防御 DDoS 攻击最简单的方式。然而，高带宽代表更高的成本，扩充带宽会带给网站更大的经济开销，是大多数网站迫不得已才会选择的方式。

②负载均衡。负载均衡建立在现有网络结构之上，它提供了一种廉价、有效且透明的方法，扩展网络设备和服务器的带宽、增加吞吐量、加强网络数据处理能力、提高网络的灵活性和可用性。通过负载均衡，可以解决并发压力，提高应用处理性能，这是缓解 DDoS 攻击的一种有效方式。

③流量清洗。流量清洗是一种抵抗 DDoS 攻击的常见手段，它在全部网络流量中区分出正常的流量和恶意的流量，将恶意流量阻断和丢弃，而把正常的流量回源给服务器。为了不影响网站正常业务，流量清洗需要做到恶意流量准确地从流量中抽取，目前所用的抽取方式包括攻击特征匹配、IP 信誉检查和协议完整验证等。

另外，对于个人用户而言，需要避免成为"肉鸡"，本次事件中所使用的 Mirai 僵尸程序，感染对象包括摄像头等各类型 IoT 设备。建议在 IoT 设备联网前修改设备的默认密码，并且关闭不必要的服务。同样，对于不必要联网的设备，尽量不要接入互联网。最后，用户应检查设备更新，及时安装漏洞补丁。

4.5.6 小结

本节介绍了三十六计中的第十一计敌战计中的第五计——李代桃僵。

李代桃僵，源自郭倩茂的《乐府诗集·相和歌辞三·鸡鸣》，用于比喻兄弟和睦、共患难的情感，而在《三十六计》中，"李代桃僵"被赋予了更广的内涵：若需做出必要牺牲，则通过牺牲局部来保全整体。在战国时期，田完子通过自我牺牲，使得越国退兵，为齐国争取了一个和平的局面。在国难面前，他舍弃个人利益，保住了齐国的整体利益。

在网络安全领域的战争中，李代桃僵的计策一方面保留了这种"牺牲"精神，诸如间谍软件等恶意程序，在突发事后会自我毁灭，从而销毁证据，保全幕后攻击者。另一方面，强调了整体与局部之间的关系，通过局部的联合在效果上更强于整体的单一攻击，诸如利用僵尸网络发起的 DDoS 攻击，通过各种傀儡设备对服务器发起攻击，在效果上要远优于攻击者的单独 DDoS 攻击。

李代桃僵的对抗之道，更多侧重"擒贼擒王"，优先把握整体，再将局部一网打尽。而对于网络普通用户而言，对抗李代桃僵之计，应重点注意针对个人设备攻击的防范，避免自己的设备成了幕后攻击者可动用的"棋子"。

习 题

① "李代桃僵"之计的内涵是什么？您是如何认识的？
② 简述"李代桃僵"之计的真实案例2~3个。
③ 针对"李代桃僵"之计，简述其信息安全攻击之道的核心思想。
④ 针对"李代桃僵"之计，简述其信息安全对抗之道的核心思想。
⑤ 请给出"李代桃僵"之计的英文并简述西方案例1~2个。

参考文献

[1] 百度百科. 李代桃僵 [DB/OL]. (2015 – 03 – 29) [2020 – 03 – 30]. https://baike.baidu.com/item/李代桃僵/532832? fr = aladdin.

[2] 百度百科. 间谍软件 [DB/OL]. (2015 – 04 – 12) [2020 – 06 – 12]. https://baike.baidu.com/item/间谍软件/949332? fr = aladdin.

[3] 百度百科. 分布式拒绝服务攻击 [DB/OL]. (2015 – 05 – 07) [2020 – 01 – 17]. https://baike.baidu.com/item/分布式拒绝服务攻击/3802159? fromtitle = DDOS&fromid = 444572&fr = aladdin.

[4] FreeBuf. 会"自爆"的病毒：揭开 Rombertik 的神秘面纱 [EB/OL]. (2015 – 05 – 19) [2020 – 06 – 12]. https://www.freebuf.com/vuls/67680.html.

[5] FreeBuf. "自爆"病毒 Rombertik：多级混淆、高度复杂，遭遇分析自动擦除硬盘 [EB/OL]. (2015 – 05 – 07) [2020 – 06 – 12]. https://www.freebuf.com/news/66545.html.

[6] FreeBuf. 防火防盗防同行：木马 Rombertik 的"自我摧毁"机制原来是为了防盗版 [EB/OL]. (2015 – 05 – 21) [2020 – 06 – 12]. https://www.freebuf.com/news/67960.html.

[7] FreeBuf. 谷歌发现了一个潜伏了三年的 Android 间谍程序 [EB/OL]. (2017 – 04 – 09) [2020 – 06 – 12]. https://www.freebuf.com/news/131520.html.

[8] FreeBuf. 美国半个互联网瘫痪了！DNS 服务提供商遭遇几波大规模 DDoS 攻击 [EB/OL]. (2016 – 10 – 22) [2020 – 07 – 06]. https://www.freebuf.com/news/117403.html.

[9] FreeBuf. 有人企图利用 Mirai 僵尸网络关闭某个国家的互联网 (2016 – 10 – 22) [2020 – 07 – 06]. https://www.freebuf.com/news/119068.html.

[10] 百度百科. 负载均衡 [DB/OL]. [2020 – 04 – 05]. https://baike.baidu.com/item/负载均衡/932451? fr = aladdin.

4.6 第十二计 顺手牵羊

微隙在所必乘，微利在所必得。少阴，少阳。

4.6.1 引言

"顺手牵羊"出自《三十六计》中第十二计,被广泛应用于各种领域。如三国时期司马懿千里急行军,趁孟达工事未固,斩了孟达。现代商业经营活动中,商家往往将自家产品与竞争产品进行比较,间接贬低对方,宣传本企业产品优点。随着信息网络的不断发展,"顺手牵羊"也被应用于网络空间安全领域,攻击者在对即将入侵的主机进行信息收集之后利用网上用户对口令管理宽松的弱点进行攻击,一举入侵主机。应对攻击者实施"顺手牵羊"之计的方法是尽量减少攻击者可以"顺手"的"空子",同时在网络使用过程中保持警惕,及时采取安全防范措施,避免被攻击者利用。

4.6.2 内涵解析

《三十六计》第十二计之"顺手牵羊"记载云:"微隙在所必乘,微利在所必得。少阴,少阳。"其中"顺手"指利用微小的疏忽,"羊"指防守有间隙、有薄弱环节的地区。表面意思是说顺手把人家的羊牵走,比喻趁势将敌手捉住或乘机利用别人。深层含义是在不影响进攻主要目标、完成主要任务的前提下,利用时机,出动小股部队,神出鬼没发动攻击,以获得意外的、原先没有料到的战果。现实生活中,商家利用竞争产品设计的微小疏忽,达到宣传自己产品的设计优势的目的。在网络空间安全中,攻击方利用用户对弱密码设置的疏忽或者对安全防范的疏忽,达到入侵主机控制系统的目的。"顺手牵羊"是一种善于抓住时机,变劣势为优势的智慧策略。

4.6.3 历史典故

在中国历史中,使用"顺手牵羊"方法来谋取利益达到目的的典故不计其数。魏明帝太和元年(公元227年),魏国新城太守孟达密谋反曹,消息马上传到驻守在宛城的曹军元帅司马懿那里。司马懿以国家利益为重,一边上疏报告情况、解释原因,一边率大军即刻进发。为偷袭敌人,打敌人一个措手不及,司马懿让三军偃旗息鼓,分八队齐头并进,昼夜兼程,1 200里地8天就赶到了。司马懿兵马一出现,孟达军中一片惊慌。原来按计划,司马懿请示朝廷后率兵至此,少说也要1个月,哪知司马懿仅8天便到了新城,一下子打乱了孟达的部署,城墙不坚固的弱点一下子暴露出来。司马懿稍事休整,便挥师杀来。孟达部将邓贤和李辅等见大势已去,打开城门投降。司马懿挥师杀进城去,斩杀孟达。司马懿得到消息后当机立断,趁孟达城墙不坚固机,"顺手牵羊"进行千里急行军,达到平定叛乱的目的。

在国外也有这样的事例,20世纪80年代之前,百事可乐一直经营惨淡。主要是其竞争手法不够高明,尤其是广告竞争不得力,所以被可口可乐甩在后面。1983年,罗杰·恩里克总裁发现消费者对可口可乐的评价是保守传统,所以他将焦点聚在塑造商品的性格上。随后百事可乐以"新生代可乐"的形象对可口可乐进行侧翼攻击,将青少年作为自己的品牌形象,并创造了许多极富想象力的电视广告,针对战后高峰期出生的美国青年独树一帜的消费方式,提出"新一代"的消费品位。百事可乐的广告拉着可口可乐捆绑宣传,这样更容易获得病毒式传播,让用户在挑选饮料时直接忽视非可乐饮料。恩里克通过市场调查了解到消费者对可口可乐传统刻板的品牌印象,并抓住战后出生的美国青年渴望标新立异的心理,将品牌定位到"新一代",从可口可乐那里抢得大量消费者。

4.6.4 信息安全攻击与对抗之道

"顺手牵羊"核心要素及策略分析如图 4.20 所示。其中,"顺手"表示利用对手微小疏忽或者被忽视的空子,通常指一些防守有空隙、薄弱环节的部分。在网络空间安全领域,主要是指系统设计考虑不周或者用户操作使用不当而留下的一些破绽,例如黑客利用人们设置弱密码的内部破绽,成功攻占主机。"牵羊"指攻击者成功入侵攻击目标。在网络空间安全领域,主要是指控制系统、截取信息,例如截取机关涉密信息、控制机密系统等。

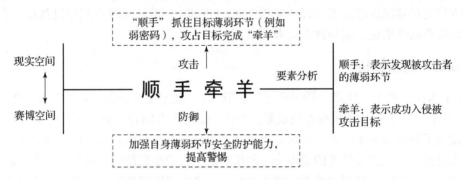

图 4.20 "顺手牵羊"核心要素及策略分析

攻击之道在于发现被攻击的目标粗心大意留下的破绽或者防守薄弱的环节。被攻击者通常忽视破绽的危害,疏于对薄弱部分的管理,攻击者针对破绽部分进行攻击,使用"顺手牵羊"之计,利用被攻击安全防护薄弱的特点进行破坏,使用各种手段达成控制目标、泄露或者篡改、破坏目标信息等目的。

防御之道在于防御者加强对自身薄弱环节的安全防护,以及发现系统破绽时及时进行补救,防止攻击者"钻空子","顺手"获得更大的利益;在信息网络的使用过程中时刻保持警惕,如有异样,及时溯源解决,防止发生更大的损害;提高网络空间安全防御能力,防止被攻击者利用。

4.6.5 信息安全事例分析

4.6.5.1 "顺手"利用弱口令"撞库"恶意登录网站

(1) 事例回顾

2015 年 12 月,阿里云安全团队发现黑客利用网站用户使用弱口令的弱点进行撞库攻击,使得此网站大量用户账号被恶意登录,部分用户账号内的代金券和余额被黑客消费。安全专家立即配合客户进行安全响应,在云盾态势感知系统中发现曾经检测到来自黑客的撞库攻击,请求有数百万之多。经过进一步深入调查,发现黑客持有一份数百万条用户账号和明文密码数据库,并且这个数据库和之前某门户网站数据泄露有关。黑客收集了大量含有账户密码的社工库,同时购买了大量代理服务器,通过社工库的信息绕过网站对登录次数的限制和风控策略。在网站管理者看来,就像不同的用户在登录,很难察觉到异常。最关键的一点,黑客用了"扫码平台",这种平台提供人工或者智能识别验证码技术,黑客只需要交纳一定费用,就可以高效地破解受害网站的验证码,最终对受害网站进行撞库攻击。撞库事件攻击过程如图 4.21 所示。

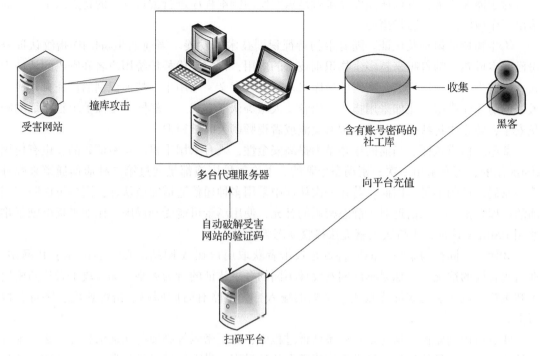

图 4.21 撞库事件攻击过程

"弱口令"是指很简单的密码,比如"123456"或者和用户信息密切相关的如"生日+姓名首字母"。"撞库"是指黑客通过收集互联网已泄露的用户和密码信息,生成对应的字典表,批量尝试登录其他网站。很多用户在不同网站使用相同用户名和密码,因此黑客可通过获取用户 A 网站的账户从而尝试登录 B 网站。"撞库"和"暴破"有区别,但是基本思路和原理相似,都是挂上字典对网站的登录界面不停地尝试登录。区别主要在使用的字典上,暴破使用的字典质量不高,而撞库的字典都是从别的网站收集的真实用户账号密码,再次被使用的可能性很高。随着社工库规模的壮大和精准度的不断提高,撞库攻击的账号密码组合比暴力破解字典的精准度更高,因此攻击的效率和效果比暴力破解高得多。

此次事件就是黑客利用用户在不同网站使用相同密码的弱点,使用社工库"顺手"攻破用户网站登录信息,达到窃取用户账户余额的目的。

(2)对抗之策

该事例与"顺手牵羊"核心要素映射关系如图 4.22 所示。

图 4.22 网站弱口令撞库与"顺手牵羊"核心要素映射关系

对丁撞库攻击，可以从撞库登录就是黑客使用脚本程序进行批量登录的特点入手。下面给出五个撞库的安全防御措施：

①生物特征识别及认证。随着生物特征识别技术的发展。当前如 Touch ID 指纹认证身份已基本成熟，随着越来越多生物识别技术的应用，肯定会代替传统用户名和密码的认证方式，因此当前基于用户名、密码的撞库未来将失去意义。采用生物特征识别的认证自然成为最好的防撞库措施，比如采用指纹、语音、人脸等认证方式。当然同时要保护生物特征的隐私安全，防止生物特征在握手、沟通交流或者视频聊天时被窃取。

②第二信道认证。当前网银登录为提高安全性，既有采用手机动态验证码的，也有使用 USBKey 的，还有采用一次一密动态令牌的。无论何种措施都是通过第二种通信通道来弥补静态密码认证的不足。因此，若在一次认证中采用多种通信通道完成认证，同样可以防范当前的撞库攻击。第二信道对于静态密码的补充，使用场景可能受到局限。比如平板电脑很难使用 USBKey 认证，手机丢失就无法接收动态验证码。

③使用不同行为策略。撞库特点是攻击者获取用户在 A 网站的账户尝试登录 B 网站。在密码相同的情况下，如果不同网站设计不同的登录认证的行为策略，那么攻击者只知密码不知策略，也无法完成撞库攻击。常见的输入行为策略有时间间隔、击键速度、字符分段习惯。

④身份识别监控。这是指在登录认证过程中，除了密码等必要的认证信息外，必须带有可接收的其他身份信息作为辅助来完成整个认证过程。带有辅助身份信息完成认证的目的是加大区分真实用户登录过程与撞库攻击登录过程的唯一认证参数维度，比如加入服务端推送的唯一参数标识，如时间戳、Token 等。

⑤行为的识别监控。在日常的登录认证过程中，记录真实用户的登录行为和习惯，形成该用户的行为特征库，当出现撞库攻击时，由于不符合日常的行为特征或客观事实来进行下一步防范，比如识别监控网路 IP 地址、物理登录地点、终端类型等行为。

对于确定被撞库成功的账号，要及时对账号进行保护性锁定，同时发邮件或短信告知用户，及时修改密码。

4.6.5.2 "顺手"利用 Qbot 木马窃取欧美政府组织机密信息

（1）事例回顾

2020 年 8 月，Emotet 木马团伙利用 Qbot 恶意软件在全球范围内发起多次攻击，窃取了欧美的政府、军工和制造业的机密信息。Qbot 本是 2008 年被发现的一个恶意软件，已经活跃了 10 多年，以收集浏览器数据、窃取受害者银行凭证和其他财务信息而出名。该木马代码具有高度结构化和分层清晰的特点，并且团伙不断开发扩展新功能。这些新的"手法"意味着 Qbot 尽管已经存在了很久，但仍具有持续性的威胁。此次事件中，Qbot 的恶意蔓延主要是由于一项新"手法"，一旦机器被 Qbot 感染，木马就会激活一个特殊的"邮件收集模块"，该模块从受害者的 Outlook 客户端中提取所有邮件会话，并上传到硬编码地址的远程服务器上。这些被窃取的邮件数据将用于之后的恶意软件分发，由于垃圾邮件延续了已有的邮件会话，用户更容易被诱骗点击木马附件。其中具有针对性的劫持邮件会话的案例，涉及 COVID - 19、纳税提醒和工作招聘等相关主题。

此次事件中，该木马攻击者通过推送与新冠肺炎相关的钓鱼邮件，并将邮件内容包装为当地政府关于新型冠状病毒肺炎疫情的相关通报信息，诱导用户打开携带恶意宏病毒的木马附件,带有木马附件的垃圾邮件如图4.23所示。

图4.23 Qbot事件中带有木马附件的垃圾邮件示意

通常,这种附件文档包含一个高度混淆的宏病毒,当用户点击启用宏之后,会调用WMI启动PowerShell并下载银行木马Emotet,早期版本的Emotet木马具有银行盗号模块,主要对银行进行攻击。最新版本的Emotet木马则不再加载自己的银行木马模块,而是加载第三方恶意软件,最终,黑客成功对被攻击者进行信息窃取。Qbot木马感染流程如图4.24所示。

Qbot木马攻击性特别强,就像恶意软件界的瑞士军刀,主要功能包括:
①窃取受感染机器的信息,包括密码、电子邮件、信用卡详细信息等。
②在受感染的机器上安装其他恶意软件,如勒索软件。
③允许僵尸网络团伙连接到被攻击者机器(即使在被攻击者登录的状态下),通过被攻击者的机器和IP地址进行银行交易。
④劫持Outlook客户端的邮件会话,并尝试利用邮件会话感染其他用户的机器。
(2)对抗之策
该事例与"顺手牵羊"核心要素映射关系如图4.25所示。

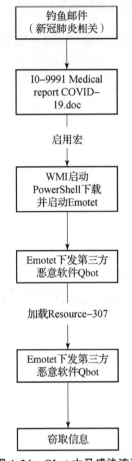

图 4.24　Qbot 木马感染流程

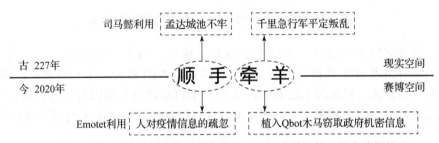

图 4.25　利用 Qbot 木马窃取信息事件与"顺手牵羊"核心要素映射关系

此次 Emotet 木马团伙更新 Qbot 对全球范围内的组织机构进行木马攻击，导致机密信息泄露。随着互联网的发展，木马入侵电子商务领域，在一些网络购物应用上挂木马程序，当用户点击时，很容易进入用户系统，当用户使用网络银行时，窃取用户银行密码，之后盗取用户财物，给用户造成巨大的经济损失。木马在政治、军事、金融、交通等众多领域被用作攻击的手段，攻击者借此获取相关信息或者进行破坏。木马病毒可以长期存在的主要因素是它可以隐匿自己，将自己伪装成合法应用程序，使得用户难以识别，经常使用伪装的手段将自己合法化。木马病毒为了保证自己不断蔓延，往往像毒瘤一样驻留在被感染的计算机中，有多份备份文件存在，一旦主文件被删除，可以马上恢复。针对木马具有隐蔽性、欺骗性、顽固性的特点，提出如下几种方法进行防御：

①端口扫描。检查远端计算机有无木马病毒的最好方法就是端口扫描，其原理是，扫描程序对某个端口进行尝试连接，如果连接成功则端口开放，失败或者超时则端口关闭。

②IE 安全准则。IE 有自动完成功能，在用户开启自动完成功能的时候，该功能给用户带来了一定便利，如给用户填写窗体等。但是，该功能也给用户带来潜在的感染木马病毒的风险，因此用户最好停用该功能。

③电子邮件安全准则。对于收到的电子邮件一定要保持高度的警惕性，不要轻易打开或者运行附件中的程序，尤其是陌生人发来的程序。另外，在 E-mail 客户端软件中，要对邮件大小进行限制，并且对垃圾邮件进行过滤；使用远程登录或网页信箱的方式来预览邮件的时候，最好先申请数字签证，然后再使用。

④定期更新系统。当今用户经常使用的操作系统和某些程序的核心大都有一定的缺陷和漏洞，其中有些漏洞能让恶意攻击者很从容地进入用户的系统，对用户的计算机进行破坏，因此用户一定要小心提防。同时，软件开发商发布了修补公告，用户要及时对这些漏洞进行修补，对常用的操作系统和程序要定期更新，减少漏洞，减少恶意攻击者入侵的机会。

4.6.6 小结

本节介绍了"顺手牵羊"的基本含义，讨论了国内外多个应用事例。在网络空间安全领域，不法攻击者经常利用"顺手牵羊"这一计策，发起攻击。2015 年，攻击者利用数百万条账户和明文密码数据库对某运营网站进行了撞库攻击，"顺手"消费了部分用户的账户余额。通过生物特征识别及认证、第二信道认证以及使用登录验证码等方法可以进行防御。2020 年，Emotet 木马团伙利用人们对新冠疫情信息的疏忽，"顺手"植入 Qbot 恶意软件，从而达到窃取欧美政府、军工和制造业机密信息的目的。用户可以通过端口扫描技术、关闭 IE 自动完成功能、定期更新系统等方法来防御黑客攻击。防御者要尽力减少自身缺陷，对薄弱环节加强安全防范，提高安全防范意识，使想要"顺手牵羊"的攻击者无处下手。

习　题

①"顺手牵羊"之计的内涵是什么？您是如何认识的？
②简述"顺手牵羊"之计的真实事例 2~3 个。
③针对"顺手牵羊"之计，简述其信息安全攻击之道的核心思想。
④针对"顺手牵羊"之计，简述其信息安全对抗之道的核心思想。
⑤请给出"顺手牵羊"之计的英文并简述西方事例 1~2 个。

参考文献

[1] 百度百科. 顺手牵羊 [DB/OL]. (2018-01-10) [2020-06-16]. https://baike.baidu.com/item/%E9%A1%BA%E6%89%8B%E7%89%B5%E7%BE%8A/17346?fr=aladdin.

[2] 李澍晔."顺手牵羊"，商机忽现：《三十六计》在经营活动中的运用之十二 [J]. 中

国经贸导刊, 2002 (9): 48.

[3] 鲁小萌. 广告在竞争中的作用: 谈百事可乐与可口可乐百年广告战 [J]. 中外企业家, 2005 (3): 58-61.

[4] FreeBuf. 阿里云安全发布 2015 年度态势感知报告: 预警撞库攻击 [EB/OL]. (2016-04-12) [2020-06-17]. https://www.freebuf.com/articles/paper/101354.html.

[5] 刘凯. 信息泄露之拖库撞库思考及安全防御策略 [EB/OL]. (2017-08-21) [2020-09-14]. https://max.book118.com/html/2017/0718/122799705.shtm.

[6] 看雪论坛. 老木马新玩法: Qbot 最新攻击手法探究 [EB/OL]. (2020-09-11) [2020-09-14]. https://bbs.pediy.com/thread-261973.htm#msg_header_h2_1.

[7] 360 安全卫士. "银行窃贼"转型"病毒分销商", Emotet 木马加持横向渗透掀起安全危机! [EB/OL]. (2020-09-07) [2020-09-14]. https://www.360.cn/n/11805.html.

[8] 王付强, 常国锋. 浅析网络木马的入侵与防御 [J]. 科技信息, 2010, 8 (31): 59, 46.

第 5 章
攻 战 计

5.1 第十三计 打草惊蛇

疑以叩实,察而后动。复者,阴之媒也。

5.1.1 引言

"打草惊蛇"出自《三十六计》中第十三计,被广泛运用于各种领域,如中国古代秦军长途攻打郑国未果惊动了晋国,晋国埋伏于山隘险要处,致秦军全军覆没。"二战"中希特勒特意放走溃败的英法联军,保存力量挥师南下进军法国。随着当今信息网络的不断发展,"打草惊蛇"也逐渐在网络空间安全领域得到应用,攻击者在大范围的信息搜集,基本了解目标的情况之后,利用其不周密的缺陷,趁其疏于防范,更快地完成攻击。应对攻击者实施"打草惊蛇"之计的方法就是在早期不要轻举妄动,尽量避免"打草",及时修补不周密的缺陷。待一切陷阱准备就绪,再假装"打草",故意引蛇出洞,一举歼灭。

5.1.2 内涵解析

《三十六计》第十三计之"打草惊蛇"记载云:"疑以叩实,察而后动。复者,阴之媒也。"其中"草",表示被攻击方的缺陷、漏洞,"蛇"则表示攻击者。表面意思是说:打的是草,却惊动了藏在草丛里的蛇。比喻做事不周密,致使对方有了警觉和防范。其按语就是说发现可疑情况就要调查落实,在调查清楚之后才能行动;反复调查研究、考察分析,是发现对方阴谋的重要手段。"打草惊蛇"可以从两个角度理解。第一,面对隐蔽企图进攻我方的敌人,我方不要轻举妄动,以免敌方发现我方意图而采取行动;第二,我方布置好陷阱,然后假装"打草",故意引蛇出洞,中我方埋伏,一举歼灭。在网络空间安全中,则指攻击者利用目标不周密的漏洞和缺陷,乘目标疏于补漏之机,发动进攻。"打草惊蛇"是一种攻其不备、思虑周密的策略表现。

5.1.3 历史典故

在中国历史中,使用"打草惊蛇"的典故不计其数。公元前 627 年,秦穆公发兵攻打郑国,他打算和安插在郑国的奸细里应外合,夺取郑国都城。大夫蹇叔认为秦国离郑国路途遥远,兴师动众长途跋涉,郑国肯定会做好迎战准备。秦穆公不听,派孟明等三帅率部出征。蹇叔警告他们袭郑不成反遭晋国埋伏。果然不出蹇叔所料,郑国得到了秦国袭郑的情报,逼走了秦国安插的奸细,做好了迎敌准备。秦军见袭郑不成,只得回师,但部队长途跋涉十分疲惫，经过崤山时，他们认为秦国对晋国有恩不会攻打秦军，仍然不做防备。没想到晋国早在崤山险峰峡谷中埋伏了重兵。一天，秦军发现晋军小股部队，孟明十分恼怒，下令追击。追到山隘险要处，晋军突然不见踪影。孟明知道事情不妙。这时晋军伏兵蜂拥而上，大败秦军。秦军不察敌情，轻举妄动，"打草惊蛇"终于遭到惨败。

"二战"中也有"打草惊蛇"的战例。1940年5月21日，40万英法联军被包围在法、比边境的小港口敦刻尔克，前边是一片茫茫大海，后有德国气势汹汹的坦克，三面受敌，一面临海，形势万分危急。英法联军走投无路之际，一路高歌猛进的德军装甲部队却停下了追击的脚步，先是古德里安命部队休整两天，5月24日，希特勒下令装甲部队停止追击，眼睁睁看着英国人在9天的时间里以举国之力将33.8万英法联军撤到英国。希特勒根本就没想过要消灭英法联军，或者说是看到不可能在短时间之内消灭联军后，用了一招"打草惊蛇"，将联军吓跑，赶到英国去，继而部队主力南下，一举击败法国。希特勒放跑的不过是一股如惊弓之鸟的溃军，得到的却是整个法国。

5.1.4 信息安全攻击与对抗之道

"打草惊蛇"核心要素及策略分析如图5.1所示。其中，"草"表示被攻击方由于某种原因存在的缺陷。通常指一些受限制的计算机、组件、应用程序或其他联机资源的开发者无意中留下的不受保护的安全漏洞，例如数据库安全漏洞。这些漏洞使得网络非常容易受到攻击。"蛇"则表示攻击者。攻击者发现了攻击目标的破绽。"惊蛇"则表示攻击者达到了攻击目的，例如成功侵入目标系统，截取机密信息，破坏敏感信息等。

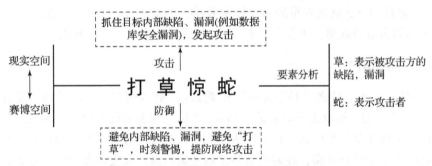

图 5.1 "打草惊蛇"核心要素及策略分析

攻击之道在于攻击者需要发现被攻击目标存在的缺陷、漏洞，并疏于解决，于是，利用这种情况，使用各种手段达成控制目标、窃取或者破坏信息等目的。

防御之道在于防御者首先经常检查修复自身的缺陷和漏洞，避免"打草"。同时在消灭漏洞的过程中时刻保持警惕，提防修复过程中可能发生的攻击。否则需要及时对"蛇"的攻击行为进行防御，构建健全的安全防御系统。良好的开发、部署和操作习惯都非常必要。从基本做起，采取主动防御措施，不给攻击者可乘之机。

5.1.5 信息安全事例分析

5.1.5.1 利用SQL安全漏洞盗取服务器敏感信息

（1）事例回顾

2020年8月6日，腾讯安全威胁情报中心发布了Apache SkyWalking SQL注入漏洞

(CVE-2020-13921)风险通告。仅仅几天后,腾讯安全捕获首个利用该高危漏洞对某大型企业的定向攻击,入侵者试图利用漏洞获取服务器的敏感信息。所谓 SQL 注入,就是通过把 SQL 命令插入 Web 表单提交或输入域名或页面请求的查询字符串,最终达到欺骗服务器执行恶意 SQL 命令的目的。SQL 注入攻击流程如图 5.2 所示。具体来说,攻击者访问有 SQL 注入漏洞的网站,寻找可以攻击的注入点。选好目标之后,构造注入语句,将注入语句和程序中的 SQL 语句结合生成的恶意 SQL 语句上传至网络上的服务器。服务器将恶意 SQL 语句提交到数据库中进行处理。数据库终端因执行了恶意的 SQL 语句引发了 SQL 注入攻击。先前很多影视网站的 VIP 会员密码就是由于 Web 表单递交查询字符泄露的,这类表单特别容易受到 SQL 注入式攻击。

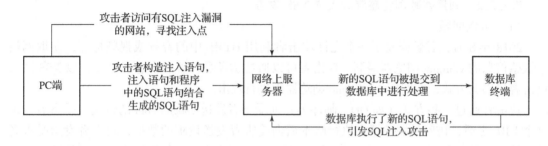

图 5.2　SQL 注入攻击流程

网站遭遇 SQL 注入攻击之后,需要工程师尽快修复漏洞,防止后续产生更大的危害。

(2) 对抗之策

该事例与"打草惊蛇"核心要素映射关系如图 5.3 所示。

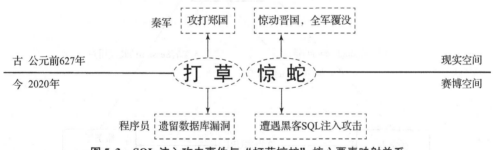

图 5.3　SQL 注入攻击事件与"打草惊蛇"核心要素映射关系

通过此次腾讯安全中心发现的利用 SQL 注入窃取数据库信息泄露事件,可以发现 SQL 注入攻击对用户个人信息安全和企业机密的诸多危害。它会泄露数据库中存放的用户隐私信息,通过操作数据库对特定网页进行篡改,修改数据库一些字段值,嵌入网马链接,进行挂马攻击,更甚者破坏硬盘数据、瘫痪全系统,等等。解决 SQL 注入问题的关键是对所有可能来自用户输入的数据进行严格的检查,对数据库配置使用最小权限原则。通常使用的方案有如下七条:

①所有的查询语句都使用数据库提供的参数化查询接口,参数化的语句使用参数而不是将用户输入变量嵌入 SQL 语句中。当前几乎所有的数据库系统都提供了参数化 SQL 语句执行接口,使用此接口可以非常有效地防止 SQL 注入攻击。

②对进入数据库的特殊字符("\<>&*;等)进行转义处理或编码转换。

③数据长度应该严格规定,能在一定程度上防止比较长的 SQL 注入语句无法正确执行。

④网站每个数据层的编码统一,建议全部使用 UTF-8 编码,上下层编码不一致有可能导致一些过滤模型被绕过。

⑤严格限制网站用户的数据库的操作权限,给此用户提供仅仅能够满足其工作需要的权限,从而最大限度减少注入攻击对数据库的危害。

⑥避免网站显示 SQL 错误信息,比如类型错误、字段不匹配等,防止攻击者利用这些错误信息进行一些判断。

⑦在网站发布之前建议使用专业的 SQL 注入检测工具进行检测,及时修补这些 SQL 注入漏洞。

5.1.5.2　利用谷歌浏览器漏洞实施 XSS 攻击

(1) 事例回顾

2018 年 8 月,谷歌修复了一个允许攻击者利用 HTML 中的音频或视频标签,窃取网站中敏感信息的 Chrome 浏览器漏洞。攻击者可以通过诱导受害者点击恶意链接,以 XSS 注入攻击者代码的方式,在旧版本 Chrome 浏览器中进行攻击。

攻击者通过一些方式(如 QQ、邮件等)向受害者发送 google.com 的链接,受害者点击这个 URL 之后,访问的服务器在执行脚本后向受害者发送请求的数据,攻击者发给受害者的链接会携带一些特定的 JS 脚本,这些 JS 脚本会对受害者得到的数据进行一定的处理(如发送用户的 Cookie 信息给黑客,然后黑客利用这个 Session 伪装成用户向服务器访问受害者的信息)。XSS 攻击流程如图 5.4 所示。

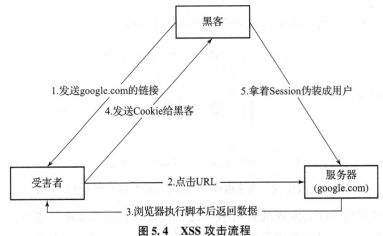

图 5.4　XSS 攻击流程

攻击者可以利用 XSS 漏洞向用户发送攻击脚本,而用户的浏览器因为没有办法知道这段脚本是不可信的,所以依然会执行它。对于浏览器而言,它认为这段脚本是来自可以信任的服务器的,所以脚本可以光明正大地访问 Cookie,或者保存在浏览器里被当前网站所用的敏感信息,甚至可以知道用户电脑安装了哪些软件。这些脚本还可以改写 HTML 页面,进行钓鱼攻击。攻击者就是利用 Chrome 浏览器漏洞以 XSS 方式注入攻击者代码,窃取网站中的敏感信息。

(2) 对抗之策

该事例与"打草惊蛇"核心要素映射关系如图 5.5 所示。

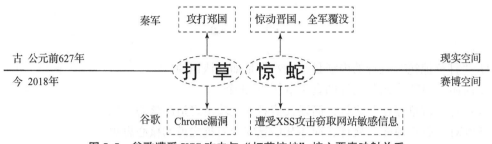

图 5.5　谷歌遭受 XSS 攻击与"打草惊蛇"核心要素映射关系

XSS 攻击方式危险系数很高，XSS 攻击成功后，攻击者就可以获取大量的用户信息，例如，通过 CSS 的 Visited 属性识别用户浏览过的网站；通过 WebRTC 获取用户真实的 IP；盗取用户的各类账号，如用户网银账号、各类管理员账号；盗取企业重要的具有商业价值的资料；非法转账；控制受害者机器向其他网站发起攻击；注入木马等。产生 XSS 漏洞的原因各种各样，对于漏洞的利用也是花样百出，XSS 攻击的本质是将用户数据当成 HTML 代码一部分来执行，从而混淆原本的语义，产生新的语义。据此提出如下防御原则，可以有效防止 XSS 攻击的发生：

①假定所有输入都是可疑的，必须对所有输入中的 Script、Iframe 等字样进行严格的检查。这里的输入不仅仅是用户可以直接交互的输入接口，也包括 HTTP 请求中的 Cookie 中的变量，HTTP 请求头部中的变量等。

②不仅要验证数据的类型，还要验证其格式、长度、范围和内容。

③不要仅仅在客户端做数据的验证与过滤，关键的过滤步骤在服务端进行。

④对输出的数据也要检查，数据库里的值有可能会在一个大网站多个功能页面处都有输出。即使在输入点做了编码等操作，在各处的输出点也要进行安全检查。

⑤不要在页面中插入任何不可信数据，除非这些数据已经根据下面几个原则进行编码。原则一，在将不可信数据插入 HTML 标签之间时，对这些数据进行 HTML Entity 编码。原则二，在将不可信数据插入 Style 属性里时，对这些数据进行 CSS 编码。原则三，在将不可信数据插入 HTML 的 URL 里时，对这些数据进行 URL 编码。原则四，在使用富文本时，使用 XSS 规则引擎进行编码过滤。

5.1.6　小结

本节介绍了"打草惊蛇"的基本含义，讨论了国内外多个应用事例。在网络空间安全领域，不法攻击者利用"打草惊蛇"这一计策，发起攻击。2020 年攻击者利用 Apache Sky Walking SQL 注入漏洞对企业数据库进行攻击，盗取服务器敏感信息数据。通过对所有可能来自用户输入的数据进行严格的检查、对数据库配置使用最小权限原则的方法可以有效进行防御。2018 年攻击者利用谷歌浏览器漏洞实施 XSS 攻击，盗取网站敏感信息。可以通过对所有输入字样进行严格检查，或者禁止在页面插入不可信数据进行防御。防御方应尽量减少网络漏洞，避免"打草"；同时，要时时提防攻击者突然袭击，加强个人网络安全意识，提高系统防护识别恶意代码的能力，使像"蛇"一样到处"钻空子"的攻击者无处可攻。

习 题

① "打草惊蛇"之计的内涵是什么?您是如何认识的?
② 简述"打草惊蛇"之计的真实事例 2~3 个。
③ 针对"打草惊蛇"之计,简述其信息安全攻击之道的核心思想。
④ 针对"打草惊蛇"之计,简述其信息安全对抗之道的核心思想。
⑤ 请给出"打草惊蛇"之计的英文并简述西方事例 1~2 个。

参考文献

[1] 百度百科. 打草惊蛇 [DB/OL]. (2020-04-02)[2020-06-20]. https://baike.baidu.com/item/%E6%89%93%E8%8D%89%E6%83%8A%E8%9B%87/532605?fr=aladdin.

[2] 搜狐网. 敦刻尔克——希特勒一招绝妙的"打草惊蛇"[EB/OL]. (2020-03-21)[2020-09-09]. https://www.sohu.com/a/381894972_120331303.

[3] CN-SEC 中文网. 腾讯安全捕获 Apache SkyWalking SQL 注入漏洞在野攻击 [EB/OL]. (2020-08-11)[2020-09-09]. http://cn-sec.com/archives/83342.html.

[4] 搜狐网. Chrome 浏览器漏洞让攻击者有机可乘 [EB/OL]. (2018-08-16)[2020-09-09]. https://www.sohu.com/a/247599054_804262.

[5] FreeBuf. 防御 XSS 的七条原则 [EB/OL]. (2013-05-28)[2020-06-21]. https://www.freebuf.com/web/9977.html.

5.2 第十四计 借尸还魂

有用者,不可借;不能用者,求借。借不能用者而用之。匪我求童蒙,童蒙求我。

5.2.1 引言

"借尸还魂"出自《三十六计》中第十四计,被广泛运用于各种领域。如中国古代田子春在不知不觉中利用张石庆与吕后斗智,等拿到兵权,一举攻下汉朝。现代商业中,健力宝集团借助已经退役的李宁的明星效应,推出李宁系列运动服,名扬国内外。随着当今信息网络的不断发展,"借尸还魂"也逐渐开始在网络空间安全领域得到应用。在网络安全应用中,病毒通常会借助已感染的计算机感染其他健康的计算机,达到使整片网络瘫痪的目的。应对攻击者实施"借尸还魂"之计的方法是尽量避免"尸"的出现,及时清除已经死亡的"尸"可以有效避免"尸"被利用,二度还魂。这需要人们在使用网络过程中时刻保持警惕,采取安全方法措施,以免被攻击者利用。本节将对计算机病毒攻击以及回滚攻击进行分析并提出相关防治策略。

5.2.2 内涵解析

《三十六计》第十四计之"借尸还魂"记载云:"有用者,不可借;不能用者,求借。

借不能用者而用之。匪我求童蒙，童蒙求我。"其中，"尸"表示旧事物或者处于劣势地位，"魂"则表示新事物或者处于优势地位。表面意思是说：借一个尸体用之以让自己的灵魂能复生。比喻已经消灭或没落的事物，又假托别的名义或以另一种形式重新出现。其按语是说凡是自身能有所作为的人，往往难以驾驭和控制，因而不能为我所用；凡是自身不能有所作为的人，往往需要依赖别人求得生存和发展，因而就有可能为我所用。将自身不能有作为的人加以控制和利用，这其中的道理正与幼稚蒙昧之人需要求助于足智多谋的人，而不是足智多谋的人需要求助于幼稚蒙昧的人一样。在人类社会中，借他人幌子，达到自己的目的，可谓随处可见。在军事上，是指利用、支配那些没有作为的势力来达到我方目的的策略。在政治方面，改朝换代之际，一些人拥立亡国之君的后代，并不是真心恢复故国，而是打着前朝的旗号，利用人们的正统观念，来实现自己的军事与政治愿望。在商业中，商家结合老牌明星创造自己的品牌新形象，拓展消费市场，使得自己的产品在竞争中脱颖而出。在网络空间安全中，则指攻击者借助幌子，使目标用户无法及时发现危险，抓住时机大举进攻。"借尸还魂"是一种隐蔽的借助外力、削弱劣势、增强优势的巧妙策略。

5.2.3 历史典故

在中国历史中，使用"借尸还魂"方法来谋取利益达到目的的典故不计其数。汉高祖驾崩后，吕后独揽国家大权，排斥异己。齐王刘泽的一个部下田子春给他出计。田子春为了取得吕后心腹张石庆的信任送他两匹快马。田子春以讨好吕后为借口让张石庆进谏册封吕后族人为王。果然，正中吕后下怀，顺便封张石庆为宰相。事后，田子春又故作惊讶地劝说张，为防止刘氏王造反，应让吕后给刘氏王一些兵权。张石庆本来就是个没主见的庸才，他赶忙给吕后进谏，吕后又召见宰相陈平商议，陈平本来就暗中支持刘泽三人，也唆使吕后恢复他们的兵符。刘泽如愿获得兵权，与田子春会合，赶紧拔寨起程，率二十五万大军，浩浩荡荡地回山东去了。吕后得知实情后，严厉地查办了张石庆。田子春借助张石庆这个"尸"，屡次向吕后进谗言，达到使刘泽获得兵权的目的。

1984年洛杉矶奥运会上，李宁一人独得3块金牌，威震体坛，而健力宝饮料也在奥运会上初试锋芒，赢得"中国魔水"之美称，"中国魔水"的桂冠与锃亮的奖牌结伴凯旋。此时，新闻媒介又助了健力宝一臂之力，迅即把信息传遍了海内外。从此之后，健力宝便一直成为体育活动的"宠物"，令健儿们倍加钟爱，新闻界津津乐道，各界人士慕名选购。而健力宝则因势利导，充分借助体育、新闻的作用，全面发起宣传攻势。驰骋体坛17年的李宁退役以后，出任健力宝集团总经理助理。随后，健力宝借助李宁的明星效应，迅速向国内外推出了李宁牌系列运动服，一炮走红。健力宝集团借助运动健儿的光环以及退役运动员的明星效应，使自己的产品"魂"名扬海内外。

5.2.4 信息安全攻击与对抗之道

"借尸还魂"核心要素及策略分析如图5.6所示。其中，"尸"表示攻击者为了攻击目标所借助的一些具有劣势地位的事物，既可以是由于外部因素对被攻击目标造成的不好影响，又可以是被攻击目标自身的缺陷和问题，例如系统自身由于设计者考虑不周导致的系统漏洞，使得网络攻击更加容易。"魂"则表示攻击者借力成功，达到了攻击目标的目的。网络空间安全领域主要是指黑客进攻大量主机，例如病毒借助一台感染病毒的主机使得大量的网络受到感染,从而瘫痪。

攻击之道在于攻击者需要捕捉可以用来进攻目标的助力点,被攻击目标可能会出现一些问题,并且无法及时解决处理,这种情况下攻击者借被攻击者的缺陷和问题之"尸",使用各种手段达到感染、破坏和窃取系统的目的。

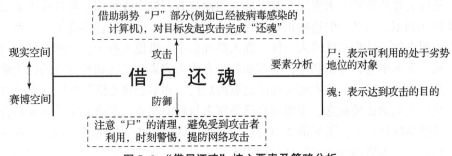

图5.6 "借尸还魂"核心要素及策略分析

防御之道在于防御者首先尽量避免内部产生问题,不给攻击者可乘之机,经常检查和修复自身的漏洞和问题,消灭"尸"的存在。同时在灭"尸"的过程中提高防护,防止灭"尸"过程中遭遇攻击。否则需要及时对"还魂"进行防御,在网络使用过程中加强安全检查能力和防护能力,避免遭受攻击者迫害。

5.2.5 信息安全事例分析

5.2.5.1 借助MS17-010漏洞之"尸"敲诈巨额资金

(1) 事例回顾

2017年5月12日,WannaCry蠕虫通过MS17-010漏洞在全球范围大爆发,感染了大量的计算机,该蠕虫感染计算机后会向计算机中植入勒索病毒,导致计算机中大量文件被加密。受害者的计算机被黑客锁定后,病毒会提示支付价值相当于300美元(约合人民币2 069元)的比特币才可解锁。勒索病毒感染后计算机界面如图5.7所示。

图5.7 勒索病毒感染界面

WannaCry主要利用了微软视窗系统的漏洞"永恒之蓝",获得自动传播的能力,能够在数小时内感染一个系统内的全部计算机。"永恒之蓝"是指NSA泄露的危险漏洞

"EternalBlue"。WannaCry 利用泄露的方程式工具包中的"永恒之蓝"进行网络端口扫描攻击，目标机器被成功攻陷后会从攻击机下载 WannaCry 木马进行感染，并作为攻击机再次扫描互联网和局域网其他机器，超快速扩散形成蠕虫大范围感染。勒索病毒被漏洞远程执行后，会从资源文件夹下释放一个压缩包，此压缩包会在内存中通过密码 WNcry@2ol7 解密并释放文件。这些文件包含后续弹出勒索框的 exe、桌面背景图片的 bmp，包含各国语言的勒索文字，还有辅助攻击的两个 exe 文件。这些文件会释放到本地目录，并设置为隐藏。特别注意，"永恒之蓝"是 NSA 泄露的漏洞利用工具的名称，并不是该病毒的名称。当然还可能有其他病毒也通过"永恒之蓝"这个漏洞传播，因此给系统打补丁是必需的。

此木马母体为 mssecsvc.exe，运行后会扫描随机 IP 的互联网机器，尝试感染，也会扫描局域网相同网段的机器进行感染传播，此外会释放敲诈程序 tasksche.exe，对磁盘文件进行加密勒索。其攻击流程如图 5.8 所示。

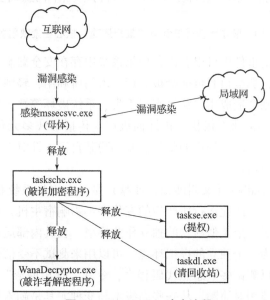

图 5.8　WannaCry 攻击流程

木马加密使用 AES 加密文件，并使用非对称加密算法 RSA 2048 加密随机密钥，每个文件使用一个随机密钥，理论上不可破解。木马加密流程如图 5.9 所示。

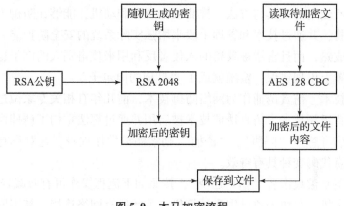

图 5.9　木马加密流程

此次事件主要利用了微软视窗系统的漏洞"永恒之蓝",使病毒获得自动传播的能力,能够在数小时内感染一个系统内的全部计算机,被感染的计算机中大量文件被加密。被攻击者只有支付比特币才可解锁,最终攻击者成功敲诈巨额资金。

(2) 对抗之策

该事例与"借尸还魂"核心要素映射关系如图 5.10 所示。

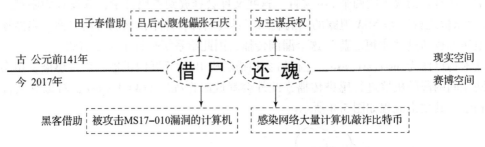

图 5.10　敲诈比特币事例与"借尸还魂"核心要素映射关系

从此次勒索病毒攻击事件中可以看出,如果系统中存在安全漏洞不及时修复并且计算机内没有安装防病毒软件,那么很有可能会被病毒、木马所利用,轻则使计算机操作系统某些功能不能正常使用,重则会造成用户账号密码丢失、系统破坏等严重后果。为了预防这类问题首先要知道病毒具有感染速度极快、扩散面极广、传播形式多元化、无法彻底清除等特点,并且病毒自身传播机理的工作目的就是复制和隐蔽自己。针对以上特点,防御者可以用如下几种方法应对病毒攻击:

①依托沙箱技术。Sandbox(又叫沙箱、沙盘)是一个虚拟系统程序,允许在沙盘环境中运行浏览器或其他程序,因此运行所产生的变化并不影响宿主机,重启进程后可以随时删除模拟的程序。它创造了一个类似沙盒的独立作业环境,在其内部运行的程序并不能对硬盘产生永久性的影响。作为一个独立的虚拟环境,可以用来测试不受信任的应用程序或上网行为。利用沙箱技术,可以测试多数恶意代码程序,令其"现出原形",以做好防范。缺点是沙箱技术虚拟的系统环境相对简陋,从一些高级木马变种尤其是勒索病毒已知变种来看,反沙箱检测技术已经很成熟,所以沙箱技术本身已显落后。

②依托蜜罐技术。蜜罐技术本质上是一种对攻击方进行欺骗的技术。通过布置一些主机、网络服务或者信息,诱使攻击方对它们实施攻击,从而可以对攻击行为进行捕获和分析,了解攻击方所使用的工具与方法,推测攻击意图和动机,能够让防御方清晰地了解他们所面对的安全威胁,并通过技术和管理手段来增强实际系统的安全防护能力。当下,蜜罐逃逸技术也已经很成熟,而且蜜罐被狡猾的入侵者反利用来攻击别人的例子也屡见不鲜,只要管理员在某个设置上出现错误,蜜罐就成了"打狗的肉包子"。

③仿真诱捕技术。仿真诱捕作为网络防御技术,前几年有相关专家做过研究论证,作为勒索病毒防治的晋级新技术,仿真诱捕技术被启用并通过算法重构了诱捕模型。构建高仿真系统,设置勒索病毒感染"陷阱","诱捕"勒索病毒发作现身,这对具有反沙箱、蜜罐逃逸技术特征的恶意代码变种具有奇效。

一旦计算机不幸被攻击者"借尸还魂",按照如下流程操作可有效减轻伤害:

①隔离感染主机:尽快隔离已中毒计算机,关闭所有网络连接,禁用网卡。

②切断传播途径：关闭潜在终端的 SMB 445 等网络共享端口，关闭异常的外联访问。

③查找攻击源：手工抓包分析或借助态势感知类产品分析。

④查杀病毒：推荐使用 EDR 工具进行查杀。

⑤修补漏洞：打上"永恒之蓝"漏洞补丁，到微软官网下载对应的漏洞补丁。

5.2.5.2 借助黑名单账号之"尸"进行回滚攻击窃取奖金

（1）事例回顾

2018 年 12 月 19 日，众多游戏类 DApp 遭遇交易回滚攻击，其中包括 BetDice、EOSMax、ToBet 等，损失超过 500 万元。其间，BetDice 通过链金术平台发出多次公告，一度造成恐慌。BetDice 是一个博彩 DApp，攻击者已经知道了一次竞猜的结果，就利用漏洞将程序回滚到开奖之前，压注赢的一方。不断回滚就可以进行重放攻击。这就相当于知道了这期彩票的开奖号码，回到前一天去彩票站买彩票，还买了很多张。

①技术背景。

在详细介绍攻击手段之前，先简单了解一下回滚和重放攻击的概念以及进行攻击的技术背景。

"回滚"是指程序或者数据处理错误时，将程序或数据恢复到上一次正确状态的行为。

重放攻击是指攻击者从网络上截取主机 A 发送给主机 B 的报文，并把由 A 加密的报文发送给 B，使主机 B 误以为攻击者就是主机 A，然后主机 B 向伪装成 A 的攻击者发送给 A 的报文。它的主要思想就是利用一个漏洞，不断重复发送能获得自己想要的结果的指令，便可以重复获得自己想要的结果。

了解回滚和重放攻击的概念之后，接下来对此次攻击事件的技术背景进行介绍，有助于我们对攻击手法进行详细回顾。以 EOS 使用的 DPOS 算法为例，此共识算法采用 21 个超级节点轮流出块的方式。这 21 个超级节点以外的其他节点没有出块权限。其他节点的作用是将收到的交易广播出去，然后超级节点将其打包。

如果一笔交易发给除了超级节点外的其他全节点，这笔交易会经历两个过程。首先，这笔交易先被全节点接收，然后交易再被节点广播出去进行打包。若一笔交易经过超级节点中超过 2/3 + 1 的节点的确认，这种情况被认为是不可回滚的，也被称为不可逆的。

这个过程大概耗时三分钟，当交易发到除了超级节点外的全节点的时候，由于全节点没有打包的权利，所以这时交易仍然处于可逆状态。

除此之外，每一个 BP（超级节点）都可以在自己的节点的 config.ini 文件内进行黑名单的配置，在黑名单中的账号是不能进行交易的，也就是说无论怎样，黑名单的交易都会被回滚。以下是 Mac 系统和 Linux 系统的黑名单配置路径以及配置方法。

黑名单配置路径：

a. Mac OS 黑名单配置路径：

~/Library/Application Support/eosio/nodeos/config/config.ini

b. Linux：

~/.local/share/eosio/nodeos/config/config.ini

配置方法：将 config.ini 文件内的 actor-blacklist 填入黑名单账号，然后将 attacker 这个账号作为黑名单账号。

② 攻击流程。

利用以上攻击理念，黑客对游戏类 DApp 进行了回滚攻击，使众多游戏公司损失惨重。下面详细分析此次攻击流程，唯有了解利用黑名单的回滚攻击的每一个细节，才能找到更好的防御方法。

跟踪攻击者的其中一个攻击账号，发现账号合约内只有一个 Transfer 函数，如图 5.11 所示。同时，通过复盘这个账号的所有交易记录发现，这个账号只有开奖记录，而没有下注记录，看起来就像项目方故意给这个账号进行开奖一样。然而事实并非如此。那为什么会出现这样的情况呢？理解上文所述的关键技术，下文对此攻击流程进行详细介绍。

图 5.11　操作接口 transfer 函数

a. 攻击者调用非黑名单合约的 Transfer 函数，函数内部有一个 inline action 进行下注，From 填写的是攻击者控制的非黑名单合约账号，To 填写的是游戏合约账号。这时，攻击者使用黑名单账号发送交易，发向游戏合约账号的全节点服务器。

b. 游戏节点读取到了这笔交易，立刻进行开奖，如果中奖，将对攻击者控制的非黑名单账号发送 EOS。

c. 经历一轮上述两个操作之后，理论上攻击者控制的非黑名单账号是进行了余额扣除，然后进行正常的开奖逻辑。到这里之前，一切都是正常的。原因是这个黑名单生效范围是在 BP 内，普通的全节点的 config.ini 内是没有黑名单的配置的，所以攻击者依然可以发起交易。

d. 至此，攻击正式开始，也到了最关键的地方，由于项目方节点在收到下注交易的时候已经立马完成了开奖逻辑，而且采用的是线下开奖的模式，即下注交易和开奖交易是两笔不同的交易。但是，这两笔交易仅仅是在项目方的节点内完成，仍然是可逆的。当项目方节点向 BP 广播这两笔交易的时候，由于第一笔下注交易的发起者在 BP 的黑名单内，所以这一笔交易将被回滚，也就是打包失败。而开奖交易的发起者是项目方，不在黑名单之内，会被正常打包。因此两笔交易中的第一笔下注交易一定会被回滚，而开奖交易依旧会被打包，这也就解释了为什么只有开奖记录，而没有下注记录。因为下注记录都被回滚了。整个流程如图 5.12 所示。

这次攻击者利用超级节点设置黑名单账号无法对交易进行正常打包的漏洞，在两笔交易中回滚第一笔下注交易，打包开奖交易。利用漏洞"借尸还魂"将程序回滚到开奖之前，不断回滚就可以进行重放攻击，达到提前知道竞猜结果获取大额奖金的目的。

（2）对抗之策

该事例与"借尸还魂"核心要素映射关系如图 5.13 所示。

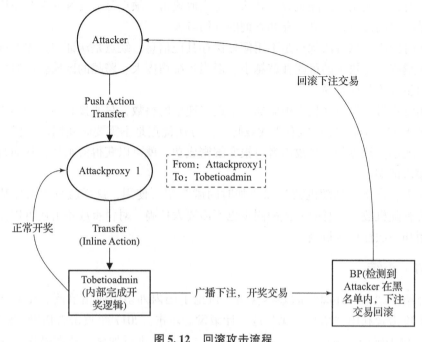

图 5.12　回滚攻击流程

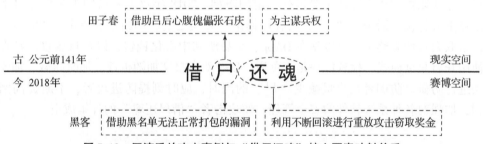

图 5.13　回滚重放攻击事例与"借尸还魂"核心要素映射关系

通过此次针对游戏类 DApp 交易回滚攻击窃取下注奖金事件，对回滚攻击提出一个"三管齐下"的防治策略，分别站在 DApp 游戏管理角度、交易所和中心化钱包管理角度、防御回滚重放攻击特点的角度提出防御建议。

①针对 DApp 的防御建议。

节点开启只读（Read Lnly）模式，防止节点服务器上出现未确认的块。

建立开奖依赖，如订单依赖。开奖的时候判断订单是否存在，就算在节点服务器上开奖成功，由于在 BP 上下注订单被回滚，所以相应的开奖记录也会被回滚。

②针对交易所和中心化钱包的防御建议。

慢雾安全团队建议 EOS 交易所及中心化钱包在通过 RPC 接口 get_actions 查询热钱包充值记录时，应检查充值 Transaction 所在的 block_num 是否小于 last_irreversible_block（最新不可逆区块），如果 block_num 大于 last_irreversible_block 则表示该区块仍然是可逆的，存在"假充值"风险。

③针对回滚重放攻击特点的防御建议。

一是加随机数。该方法优点是认证双方不需要时间同步，双方记住使用过的随机数，如发现报文中有以前使用过的随机数，就认为是重放攻击。缺点是需要额外保存使用过的随机数，若记录的时间段较长，则保存和查询的开销较大。

二是加时间戳。该方法优点是不用额外保存其他信息。缺点是认证双方需要准确的时间同步，同步越好，受攻击的可能性就越小。但当系统很庞大、跨越的区域较广时，要做到精确的时间同步并不是很容易。

三是加流水号。双方在报文中添加一个逐步递增的整数，只要接收到一个不连续的流水号报文（太大或太小），就认定有重放威胁。该方法优点是不需要时间同步，保存的信息量比随机数方式小。缺点是一旦攻击者对报文解密成功，就可以获得流水号，从而每次将流水号递增欺骗认证端。

在实际中，常将"加随机数"和"加时间戳"组合使用，这样就只需保存某个很短时间段内的所有随机数，而且时间戳的同步也不需要太精确。对付重放攻击还可以使用挑战应答认证机制和一次性口令机制。

5.2.6 小结

本节介绍了"借尸还魂"的基本含义，讨论了国内外多个应用事例。在网络空间安全领域，不法攻击者利用"借尸还魂"这一计策发起攻击。2017年攻击者借助 MS17-010 漏洞之"尸"攻击感染大量计算机，对计算机内大量文件进行加密，从而敲诈巨额资金。可以通过依托沙箱技术或蜜罐技术等进行一定的防御。2018年攻击者借助黑名单账号下注信息无法被正常打包的漏洞之"尸"，将程序回滚至开奖之前，不断重放攻击，"预知"开奖记录，窃取大量博彩奖金。可以站在 DApp、交易所和中心化钱包，以及重放攻击特点的角度，使用开启只读模式、检查区块是否可逆，以及双方报文加随机数、加时间戳、加流水号等方法进行防御。防御者在尽量减少"尸"的同时，应时刻提防进攻者，不断提高网络安全意识，加强对各种系统软件的安全管理，使攻击者"借尸还魂"的计策成空。

习 题

① "借尸还魂"之计的内涵是什么？您是如何认识的？
② 简述"借尸还魂"之计的真实事例 2~3 个。
③ 针对"借尸还魂"之计，简述其信息安全攻击之道的核心思想。
④ 针对"借尸还魂"之计，简述其信息安全对抗之道的核心思想。
⑤ 请给出"借尸还魂"之计的英文并简述西方事例 1~2 个。

参考文献

[1] 百度百科. 借尸还魂 [DB/OL]. (2020-02-09) [2020-06-23]. https://baike.baidu.com/item/%E5%80%9F%E5%B0%B8%E8%BF%98%E9%AD%82/2711737.

[2] 个人图书馆. 刘龙谈营销:《商战三十六计》第 14 计借尸还魂 [EB/OL]. (2018-01-25) [2020-09-08]. http://www.360doc.com/content/18/0125/11/28616454_724935129.shtml.

[3] 百度百科. 永恒之蓝病毒 [DB/OL]. (2020-01-17) [2020-06-23]. https://baike.

baidu. com/item/WannaCry/20797421？fromtitle = % E6% B0% B8% E6% 81% 92% E4% B9% 8B% E8% 93% 9D% E7% 97% 85% E6% AF% 92&fromid = 20805569&fr = aladdin#3.

[4] 百度百科. 比特币勒索病毒席卷全球，中英同时"沦陷"［EB/OL］. （2017 - 05 - 13）［2020 -06 -23］. https：//baike. baidu. com/tashuo/browse/content？id =46cc373d419d810a7bae712d&lemmaId =20797421&fromLemmaModule = pcBottom.

[5] FreeBuf. WannaCry 蠕虫详细分析［EB/OL］. （2017 -05 -14）［2020 -06 -24］. https：//www. freebuf. com/articles/system/134578. html.

[6] FreeBuf. WannaMine 来了？警惕"永恒之蓝"挖矿长期潜伏［EB/OL］. （2018 -03 -15）［2020 -06 -24］. https：//www. freebuf. com/articles/network/164869. html.

[7] FreeBuf. EOS 回滚攻击手法分析之黑名单篇［EB/OL］. （2019 -01 -02）［2021 -01 -17］. https：//www. freebuf. com/vuls/192935. html.

[8] 百度百科. 重放攻击［DB/OL］. （2020 -05 -24）［2020 -06 -24］. https：//baike. baidu. com/item/% E9% 87% 8D% E6% 94% BE% E6% 94% BB% E5% 87% BB/2229240？fr = aladdin.

5.3　第十五计　调虎离山

待天以困之，用人以诱之，往蹇来返。

5.3.1　引言

"调虎离山"出自《三十六计》中第十五计，被广泛运用于各种领域，如东汉末年孙策以弱者身份向刘勋求救，将刘勋调离庐江，一举攻占庐江。现代商业中永利制碱公司趁英国卜内门公司将精力投入中国市场，一举将中国制碱打入卜内门在日本的市场，使得卜内门首尾难顾。随着当今信息网络的不断发展，"调虎离山"也逐渐开始在网络空间安全领域得到应用，攻击者在搜集了目标的情况后，率先攻击外部要素，当被攻击者将防御重心转移至外部，疏于防范原本的内部重心时，便乘虚而入，完成攻击任务。应对攻击者实施"调虎离山"之计的方法是要尽量避免被表面问题蒙蔽，而对重要的安全防护工作降低了警惕性。

5.3.2　内涵解析

《三十六计》第十五计之"调虎离山"记载云："待天以困之，用人以诱之，往蹇来返。"其中"虎"，表示防御者或者被攻击者，"山"则表示被攻击者原本应守护的领地，表面意思是说：设法使老虎离开原来的山冈。比喻用计使对方离开原来的地方，以便乘机行事。在战争中是指若遇强敌，要善用谋，用假象使敌人离开驻地，诱其就范，使其丧失优势、处处皆难、寸步难行、由主动变被动，而我方则出其不意而制胜。在商业上通常是指搜集对手信息，分析对手市场定位，当竞争对手忙于其他业务无暇顾及主要产品业务时，乘虚而入，将自家产品打入对手市场，打对手一个措手不及。在网络空间安全中则指攻击者率先攻击目标用户防护薄弱的外部，使目标用户将防护重心转移至外部，再暗地攻击目标用户内部要害之处。"调虎离山"是一种洞察一切、远交近攻的策略表现。

5.3.3 历史典故

在中国历史中，使用"调虎离山"方法来谋取利益达到目的的典故不计其数。东汉末年，军阀并起，孙策势力逐渐强大。公元199年，孙策欲向北推进，准备夺取江北庐江郡。庐江郡易守难攻，占据庐江的军阀刘勋势力强大，如若硬攻，取胜的概率很小。于是针对军阀刘勋贪财的弱点，孙策派人给刘勋送去一份厚礼，并在信中把刘勋大肆吹捧一番。孙策还以被上缭欺辱的弱者身份向刘勋求救，请求发兵降服上缭。刘勋见孙策极力讨好他，万分得意。刘勋早就想夺取上缭一带，今见孙策软弱，免去后顾之忧，决定发兵上缭。孙策时刻监视刘勋的行动，见庐江城内空虚，心中大喜，说："老虎已被我调出山了，我们赶快去占据它的老窝吧！"于是立即率领人马袭击庐江，顺利控制了庐江。孙策以示弱求救的方式将刘勋这只"虎"调离庐江攻打上缭，趁庐江这座"山"内空虚，一举攻占庐江。

在近代该计谋也被灵活应用于商战之中，如第一次世界大战爆发后，范旭东为了打破国外资本家对中国造碱市场的垄断，成立了永利制碱公司。英国卜内门公司不甘心与永利制碱公司共享市场，企图以低价销售的方式挤垮永利制碱公司。两个公司实力差距很大，范先生决定尽量避免正面冲突。日本是卜内门公司在远东的大市场，战争刚刚结束，百废待兴，卜内门公司产量有限，在中国市场倾销这么多碱，运到日本的数量肯定不多，日本碱市场肯定缺货。于是范先生乘虚将中国制碱打入日本市场，等卜内门回顾日本时，范先生又在中国市场出击，令对手首尾难顾，由于将卜内门这只"虎"调离了中国市场，从而有机会占领中国市场。

5.3.4 信息安全攻击与对抗之道

"调虎离山"核心要素及策略分析如图5.14所示。其中，"虎"表示被攻击方的防御注意力，"调虎"的原因既可以是外部因素转移了被攻击方的注意力，也可以是被攻击方自身的疏忽。例如黑客攻击银行网站，暗地转移账户资金。"山"则表示被攻击目标高度防守的内部核心。网络安全领域主要是指网络中的机密资源信息，例如银行资金、用户机密信息、系统核心信息等。

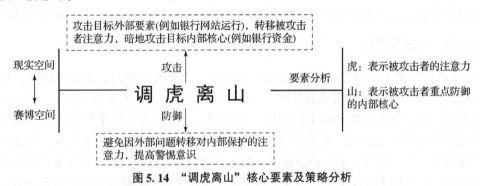

图 5.14 "调虎离山"核心要素及策略分析

攻击之道在于当攻击者正面强攻难度很大时，为了转移被攻击目标的注意力，首先攻击目标外部要素，将被攻击目标的注意力调离到维护外部，利用被攻击目标的内部核心区域空虚的时间点乘虚而入，进行资源窃取或目标控制等破坏行动。

防御之道在于防御者首先要避免因被外部障碍蒙蔽而忽视了对核心安全的维护。当发现外部问题时,要及时处理,同时兼顾内部核心的安全问题,防止造成核心安全维护薄弱,被"调虎离山"。人们在使用网络时要保持警惕,根据不同的网络状态采取不同的防御措施。全面做好安全防御,避免被攻击者乘虚而入。

5.3.5 信息安全事例分析

5.3.5.1 利用 DDoS 攻击暗地"调离"银行资金

(1) 事例回顾

2016 年 5 月,孟加拉国中央银行遭到黑客攻击,损失达到 8 100 万美元。通常境外黑客在对银行进行攻击时,一般会先使用 DDoS 攻击等,使站点瘫痪。当银行察觉到网站瘫痪开始维护时,黑客便可以"调虎离山"去进行电子转账等非法操作。等到银行意识到网站被黑造成了资金流失时,黑客已经通过大量无法追踪的账户将钱洗白了。

此次事件中,黑客使用的 DDoS 表现形式主要有两种。一种为流量攻击,主要是针对网络带宽,即网络接收大量攻击包造成网络带宽被阻塞,合法网络包被虚假的攻击包淹没而无法到达主机;另一种为资源耗尽攻击,主要是针对服务器主机,即通过大量攻击包导致主机的内存被耗尽或 CPU 被内核及应用程序占用完而无法提供网络服务。攻击者使用可控制的计算机对网络中大量计算机进行控制,使其形成僵尸网络,利用大量僵尸网络攻击目标计算机,攻击成功后,网络陷入瘫痪,导致正常用户访问目标计算机失败。DDoS 攻击流程如图 5.15 所示。

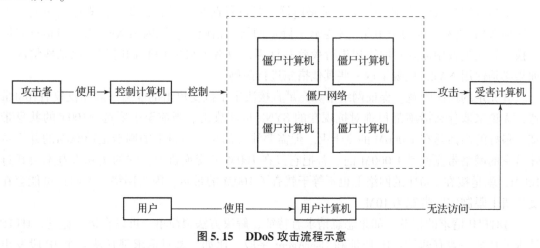

图 5.15 DDoS 攻击流程示意

当网络遭受 DDoS 攻击时,主要表现为:

①被攻击计算机上有大量等待的 TCP 连接。

②网络中充斥着大量的无用的数据包,源地址为假。

③制造高流量无用数据,造成网络拥塞,使受害计算机无法正常和外界通信。

④利用受害计算机提供的服务或传输协议上的缺陷,反复高速地发出特定的服务请求,使受害计算机无法及时处理所有正常请求。

⑤严重时会造成系统死机。

黑客使用 DDoS 攻击,大量多次访问孟加拉国中央银行的网站,使站点瘫痪。银行安全人员的注意力全部被调离到维护网站上,此时银行内部核心资金账户安全防范薄弱,黑客便暗地里占领资金账户，成功窃取资金。

（2）对抗之策

该事例与"调虎离山"核心要素映射关系如图 5.16 所示。

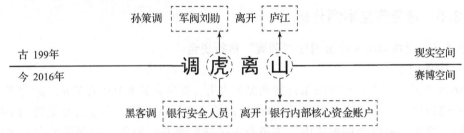

图 5.16　窃取银行资金事例与"调虎离山"核心要素映射关系

DDoS 攻击多次被用于银行账户资金窃取，对储户资金安全和社会稳定造成了很大的伤害。防御 DDoS 攻击的关键在于精准识别非法流量，及早发现非法流量的入侵，将危害扼杀在摇篮中。下面提出六种有效防御 DDoS 攻击的方法：

①采用高性能的网络设备。首先，要保证网络设备不能成为瓶颈。因此选择路由器、交换机、硬件防火墙等设备时，要尽量选用知名度高、口碑好的产品。其次，当大量攻击发生时，邀请网络提供商在网络接点处进行流量限制，这种方法对抗某些种类的 DDoS 攻击是非常有效的。

②尽量避免 NAT 的使用。无论是路由器还是硬件防护墙设备，要尽量避免采用网络地址转换 NAT 技术，因为采用此技术会较大降低网络通信能力。原因是 NAT 需要对地址来回转换，转换过程中需要对网络包进行校验和计算，浪费了很多 CPU 的时间。但某些情况下如果必须使用 NAT，就要采取一些其他措施进行防御。

③充足的网络带宽。保证网络带宽充足直接决定了抗受攻击的能力。假如仅仅有10M带宽，无论采取什么措施都很难对抗现在的 SYN Flood 攻击。当前至少要选择100M的共享带宽，最好的当然是在 1 000M 的主干上。但需要注意的是，主机上的网卡是1 000M的并不意味着它的网络带宽就是 1 000M 的。若把它接在 100M 的交换机上，它的实际带宽不会超过100M，就是接在 100M 的网络上也不等于就有了 100M 的带宽，因为网络服务商很可能会在交换机上限制实际带宽为 10M。

④HTTP 请求的拦截。如果恶意请求有特征，解决方法很简单，可以直接拦截它。HTTP请求的特征一般有两种：IP 地址和 UserAgent 字段。比如，恶意请求都是从某个 IP 段发出的，可以直接把这个 IP 段封掉。或者，它们的 UserAgent 字段包含某个特定的词语，那就把带有这个词语的请求拦截。

⑤部署 CDN。CDN 指的是网站的静态内容分发到多个服务器，用户就近访问，提高速度。因此，CDN 也是带宽扩容的一种方法，可以用来防御 DDoS 攻击。网站内容存放在源服务器，CDN 上面是内容的缓存。用户只允许访问 CDN，如果内容不在 CDN 上，CDN 再向源服务器发出请求。这样的话，只要 CDN 够大，就可以抵御大量的攻击。不过，这种方法有一个前提，网站的大部分内容必须可以静态缓存。对于以动态内容为主的网站（比如论坛），就要想别的办法，尽量减少用户对动态数据的请求。各大云服务商提供的高防 IP 也是这样的原理。网站域名指向高防 IP，它提供一个缓冲层，清洗流量，并对源服务器的内容

进行缓存。这里有一个关键点，一旦上了 CDN，千万不要泄露源服务器的 IP 地址，否则攻击者可以绕过 CDN 直接攻击源服务器，前面的努力都将白费。

⑥部署高防 IP。高防 IP 是指高防御机房提供的 IP 段，主要用于保护用户免遭网络中的 DDoS 攻击。在网络世界中，IP 相当于服务器的门牌号，都是通过 IP 对服务器进行访问和管理。高防 IP 是由大流量引起的 DDoS 攻击后由 Internet 服务器发起的付费增值业务，用户可以配置高防 IP，将攻击流量转移到高防 IP 上，以保证源站稳定可靠。

高防 IP 防御包括但不限于以下类型：SYN Flood，UDP Flood，ICMP Flood，IGMP Flood，ACK Flood，Ping Sweep 和 CC。

5.3.5.2 利用隐魂木马"调离"安全软件保护成功篡改主页

（1）事例回顾

2017 年 8 月，360 安全中心紧急预警了一款感染 MBR（磁盘主引导记录）的"隐魂"木马，该木马捆绑在大量色情播放器的安装包中诱导网民下载，降低被攻击者的安全防范意识，入侵系统后篡改浏览器主页并安插后门实现远程控制。据统计，短短两周内，"隐魂"木马的攻击量已达上百万次，是迄今传播速度最快的 MBR 木马。

"隐魂"木马的反侦查能力极强并且制作技术极其复杂。"隐魂"MBR 木马通过结束原浏览器进程，创建新的系统进程，"调离"安全软件对浏览器的保护，再通过创建新浏览器进程的方式完成主页篡改。"隐魂"还会把大多数杀毒软件的正常挂钩全部抹掉，使得浏览器主页彻底失去安全类软件的保护。下面详细讲解此木马的反侦查能力和复杂性：

①隐蔽性极高。从感染方式上来说，不同于恶意程序直接写入 MBR 的木马，"隐魂"入侵后选择了关机回调的方式伺机启动。电脑关闭前一刻是不少安全软件的监管盲区，"隐魂"就是趁这个空当植入磁盘底层。同时，它还启动了多达五个白利用文件，以此与安全软件进行对抗。"隐魂"木马会通过挂钩磁盘底层驱动实现自我保护，普通 ARK 工具或查杀类工具无法深入磁盘底层，难以有效检测到 MBR 被修改；同时，应用层代码在 TimerQueue 中调度，目前除了利用调试器进行反复测试外，根本没有其他方法能检测该系统触发机制；另外，内核 LoadImage 挂钩代码在 Nt 节的空白区域，这部分在未知内存区域执行的代码也是检测工具的一大盲区。

②对抗性极强。从攻击手段上来说，"隐魂"木马使用了多个漏洞组合，这是在以往 MBR 木马中前所未见的。其中，2015 年曝光的老版本 Adobe 提权漏洞威力格外惊人，它能绕过不少安全软件直接在内核中执行任意代码，是黑客攻击的一个大杀器。为了与检测工具及杀毒软件对抗，"隐魂"使用签名和 PDB 文件名方式，禁止一系列驱动加载，即使加载成功相关功能函数也会被 IAT 挂钩。

③兼容性极高。"隐魂"是目前支持系统范围最广的 MBR 木马，从 Windows XP 到 Windows10 64 位最新系统均支持，兼容性远远超过 2016 年开始活跃的暗云Ⅲ木马。

④反侦查能力极强。"隐魂"是迄今为止反侦查功能的集大成者，它的写入过程完全依靠驱动，不会留下任何落地驱动文件；它会通过 RPC 远程调用的方式创建进程，木马源头很难被追溯。更值得一提的是，"隐魂"的执行过程十分复杂，在每次写入动作之前，都会小心翼翼地检测计算机上是否存在网络抓包工具、进程监控工具、调试器、反汇编工具、虚拟机等，如果存在上述情况之一，就会即刻停止感染执行，很大程度上避免了被安全研究者逆向追踪。"隐魂"的活跃量已经直逼暗云系列木马，复杂性和查杀难度则创造了史上新

高。下面简单介绍隐魂木马篡改主页的步骤。

APC 注入 Explorer.exe 后，入口点修正导入表，创建线程并加载篡改首页模块；

线程函数中申请执行空间，并将代码拷贝，高端地址执行；

然后修正导入表，重定位；

执行入口点函数。

（2）对抗之策

该事例与"调虎离山"核心要素映射关系如图 5.17 所示。

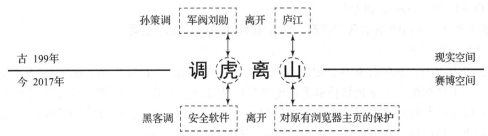

图 5.17 "隐魂"木马篡改主页与"调虎离山"核心要素映射关系图

"隐魂"木马程序是一种程序，它能提供一些有用的或是仅仅令人感兴趣的功能。但是它还有用户所不知道的其他功能，例如在用户不了解的情况下拷贝文件或窃取用户的密码。随着互联网的迅速发展，木马的攻击速度不断提升，危害性也越来越大。在上述案例中，"隐魂"木马可以在短短两周内达到上百万次的攻击量，给用户造成极大损失。在了解木马本质之后，"对症下药"才可以真正做到成功防御。下文根据木马特点提出"查、堵、杀"三种方法将它"缉拿归案"，让使用"调虎离山"的攻击者没有可乘之机。

① "查"。首先，检查系统进程。大部分木马运行后会显示在进程管理器中，所以对系统进程列表进行分析和过滤，可以发现可疑程序，特别是利用与正常进程的 CPU 资源占用率和句柄数的比较，发现异常现象。

其次，检查注册表、ini 文件和服务。木马为了能够在开机后自动运行，往往在注册表如下选项中添加注册表项：

HKEY_LOCAL_MACHINE\Software\Microsoft\Windows\CurrentVersion\Run

HKEY_LOCAL_MACHINE\Software\Microsoft\Windows\CurrentVersion\RunOnce

HKEY_LOCAL_MACHINE\Software\Microsoft\Windows\CurrentVersion\RunOnceEx

HKEY_LOCAL_MACHINE\Software\Microsoft\Windows\CurrentVersion\RunServices

HKEY_LOCAL_MACHINE\Software\Microsoft\Windows\CurrentVersion\RunServicesOnce

木马也可在 Win.ini 和 System.ini 的"run ="" load ="" shell ="后面加载，如果在这些选项后面加载陌生程序，就有可能是木马。木马最惯用的伎俩就是把"Explorer"变成自己的程序名，改"Explorer"的字母"l"改为数"1"，或者把"o"改为数字"0"，这些细微改变是很难被发现的。

在 Windows NT/2000 中，木马会将自己的程序作为服务添加到系统中，甚至随机替换系统没有启动的服务程序来实现自动加载，所以要求检测者了解操作系统的常规服务，避免被欺骗。

再次，检查开放端口。远程控制型木马以及输出 Shell 型的木马，大多会在系统中监听某个端口，接收从控制端发来的命令并执行。可以通过检查系统上开启的一些"奇怪"的端口，来发现木马的踪迹。在命令行中输入 Netstat na，可以清楚地看到系统打开的端口和连接。也可从 www.foundstone.com 下载 Fport 软件，运行该软件后，可以知道打开端口的进程名、进程号和程序的路径，这样为查找"木马"提供了方便。

最后，监视网络通信。对于一些利用 ICMP 数据通信的木马，被控制端没有打开任何监听端口，无须反向连接。不会建立连接，采用第三种方法检查开放端口的方法就行不通。可以关闭所有网络行为的进程，然后打开 Sniffer 软件进行监听，如果此时仍有大量的数据，则基本可以确定后台正运行着木马。

② "堵"。首先，堵住控制通路。如果网络连接处于禁用状态后或取消拨号连接，反复启动、打开窗口等不正常现象消失，那么可以判断计算机中了木马。通过禁用网络连接或拔掉网线，就可以完全避免远端计算机通过网络控制目标计算机。当然，亦可以通过防火墙关闭或过滤 UDP、TCP、ICMP 端口。

其次，杀掉可疑进程。如通过 Pslist 查看可疑进程，用 Pskill 杀掉可疑进程后，如果计算机正常，说明这个可疑进程通过网络被远端控制，从而使计算机不正常。

③ "杀"。首先，手工删除。对于一些可疑文件，不能立即删除，有可能由于误删系统文件导致计算机不能正常工作。可先备份可疑文件和注册表，接着用 Ultraedit32 编辑器查看文件首部信息，通过可疑文件里面的明文字符对木马有一个大致了解。还可以通过 W32Dasm 等专用反编译软件对可疑文件进行静态分析，查看文件的导入函数列表和数据段部分，初步了解程序的主要功能。最后，删除木马文件及注册表中的键值。

其次，使用软件杀毒。由于木马编写技术的不断进步，很多木马有了自我保护机制。普通用户最好通过专业的杀毒软件（如瑞星杀毒软件）进行杀毒。杀毒软件一定要及时更新，并通过病毒公告及时了解新木马的预防和查杀绝技，或者通过下载专用的杀毒软件进行杀毒。

5.3.6 小结

本节介绍了"调虎离山"的基本含义，讨论了国内外多个应用事例。在网络空间安全领域，不法攻击者利用"调虎离山"这一计策发起攻击。本节围绕"调虎离山"的谋略对 DDoS 和"隐魂"木马攻击方法进行了全面分析。2016 年黑客利用 DDoS 攻击孟加拉国中央银行的网站，使站点瘫痪，转移了银行安全人员的注意力，趁机"调虎离山"，达到暗地对银行资金账户进行窃取的目的。对此种情况，防御者可以使用精准流量识别或者高防 IP 等方法进行防御。2017 年 8 月，"隐魂"木马捆绑在大量色情播放器的安装包中诱导网民下载，降低被攻击者的安全防范意识，通过"调离"安全软件对浏览器的保护完成主页篡改，安插后门实现远程控制。这种情况下，可以通过"查、堵、杀"三种方法来进行防御。除了要教育用户提高安全防范意识之外，也要设置好安全防御系统，时刻警惕"调虎离山"事件的发生，让攻击者无可乘之机。

习 题

① "调虎离山"之计的内涵是什么？您是如何认识的？
② 简述"调虎离山"之计的真实事例 2~3 个。

③针对"调虎离山"之计,简述其信息安全攻击之道的核心思想。
④针对"调虎离山"之计,简述其信息安全对抗之道的核心思想。
⑤请给出"调虎离山"之计的英文并简述西方事例1~2个。

参考文献

[1] 百度百科. 调虎离山 [DB/OL]. (2019-12-19) [2020-06-26]. https://baike.baidu.com/item/%E8%B0%83%E8%99%8E%E7%A6%BB%E5%B1%B1/532416.

[2] 百度百科. 近代国货能崛起,还是多亏了三十六计这一招?[EB/OL]. (2019-12-11) [2020-09-08]. https://baike.baidu.com/tashuo/browse/content?id=b7f93dd6bc41efd7ab3eaf24&lemmaId=532416&fromLemmaModule=pcBottom.

[3] FreeBuf. 2016十大最具国际影响力的黑客事件 [EB/OL]. (2017-01-01) [2020-06-26]. https://www.freebuf.com/news/124246.html.

[4] AP. DDoS防御的11种方法详解 [J]. 电脑知识与技术(经验技巧), 2018 (08): 91-93.

[5] FreeBuf. 史上反侦查力最强木马"隐魂":撑起色情播放器百万推广陷阱 [EB/OL]. (2017-08-15) [2021-01-17]. https://www.freebuf.com/articles/web/143912.html.

5.4 第十六计 欲擒故纵

逼则反兵,走则减势。紧随勿迫,累其气力,消其斗志,散而后擒,兵不血刃。需,有孚,光。

5.4.1 引言

在《三十六计》中"欲擒故纵"的意思是:故意先放开目标对象,使之放松警惕,充分暴露,然后再把他捉住。在网络空间安全领域,防御者也可以对攻击者使用这招,假装没有发现攻击者的攻击,拖延时间,使攻击者放松警惕,为防守反击争取更多的时间和证据。

5.4.2 内涵解析

欲擒故纵之计原文为"逼则反兵,走则减势。紧随勿迫,累其气力,消其斗志,散而后擒,兵不血刃。需,有孚,光。"其译文是:逼迫敌人无路可走,它就会反扑;让它逃跑则可减弱敌人的气势。追击时,跟踪敌人不要过于逼迫它,以消耗它的体力,瓦解它的斗志,待敌人士气沮丧、溃不成军,再捕捉他,就可以避免流血。按照《易经·需卦》的原理,待敌人心理上完全失败而信服我,就能赢得光明的战争结局。

欲擒故纵中的"擒"和"纵",是一对矛盾。军事上,"擒",是目的,"纵",是方法。古人有"穷寇莫追"的说法。实际上,不是不追,而是看怎样去追。把敌人逼急了,它只得集中全力,拼命反扑,不如暂时放松一步,使敌人丧失警惕,斗志松懈,然后再伺机而动,使敌人步入我方的圈套,由我方掌握节奏。

5.4.3 历史典故

诸葛亮七擒孟获就是军事史上一个"欲擒故纵"的绝妙战例。蜀汉建立之后，定下北伐大计。当时西南夷酋长孟获率十万大军犯蜀。诸葛亮为了解决北伐的后顾之忧，决定亲自率兵先平孟获。蜀军主力到达泸水（现金沙江）附近，诱敌出战，事先在山谷中埋下伏兵，孟获被诱入伏击圈内，兵败被擒。

按说，擒拿敌军主帅的目的已经达到，敌军一时也不会有很强的战斗力了，乘胜追击，自可大破敌军。但是诸葛亮考虑到孟获在西南夷中威望很高、影响很大，如果让他心悦诚服，主动请降，就能使西南真正稳定。不然的话，西南夷各个部落仍不会停止侵扰，后方难以安定。诸葛亮决定对孟获采取"攻心"战，释放孟获。孟获表示下次定能击败诸葛亮，诸葛亮笑而不答。孟获回营，拖走所有船只，据守泸水南岸，阻止蜀军渡河。诸葛亮乘敌不备，从敌人不设防的下游偷渡过河，并袭击了孟获的粮仓。孟获暴怒，要严惩将士，激起将士的反抗，于是相约投降，趁孟获不备，将孟获绑赴蜀营。诸葛亮见孟获仍不服，再次释放。以后孟获又施了许多计策，都被诸葛亮识破，四次被擒，四次被释放。最后一次，诸葛亮火烧孟获的藤甲兵，第七次生擒孟获，终于感动了孟获，他真诚地感谢诸葛亮七次不杀之恩，誓不再反。从此，蜀汉西南安定，诸葛亮得以举兵北伐。

欲擒故纵的擒、纵手段还可用于网络空间安全之中，例如在知道有黑客利用木马入侵盗取信息时，防御者可以布下反控制陷阱，但是黑客却不会察觉，仍然能够轻松地入侵。一旦黑客入侵进入陷阱，就进入了防御者的节奏，反控制陷阱会让黑客暴露真实身份。

5.4.4 信息安全攻击与对抗之道

"欲擒故纵"核心要素及策略分析如图5.18所示。其中，"擒"表示攻击者最终要达到的目的，策略上可以是让目标臣服于己，在网络空间安全领域，可以是获取被攻击者的隐私、资产等敏感信息；"纵"表示攻击者的方法手段，例如上述诸葛亮七次放走孟获，在网络安全领域，可以是利用欺骗网站和木马病毒非法套取用户的个人信息和资金等。

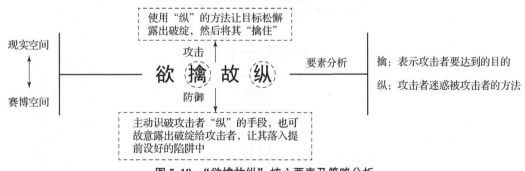

图5.18 "欲擒故纵"核心要素及策略分析

攻击之道在于攻击者要使用一些手段让目标放松警惕，能够成功落入自己设下的圈套之中。在"欲擒故纵"之计中，主要在于"纵"的手段的使用，让目标在己方的计策下毫无还手之力，成功地完成"擒"的目的，即套取目标对象的敏感信息或资金。

防御之道在于防御者要主动识破攻击者"纵"的手段，一旦攻击者的手段无法正常实施，那么"擒"的目的也就不能顺利实现了。在网络空间安全领域，主要就是主动识别欺骗网站和提防木马病毒。防御之道还有一个角度，主动设置有安全漏洞的陷阱诱惑潜在攻击者，从而捕获攻击者的 IP 地址，进行全网封锁。

5.4.5 信息安全实例分析

5.4.5.1 利用木马"擒"住被攻击者的计算机成为肉鸡

（1）事例回顾

2018 年 6 月一款名为"流量宝流量版"的软件，在运行时会自动请求带有 CVE – 2018 – 8174 漏洞（浏览器高危漏洞）的 URL，URL 在软件的内置 IE 浏览器中触发 CVE – 2018 – 8174 漏洞并执行 Shellcode，然后下载天罚 DDoS 木马、远程控制木马，控制计算机成为肉鸡（受黑客远程控制的计算机）。该漏洞攻击 URL 日累计访问次数高达 30 多万次。

据了解，流量宝软件为网站流量刷量（作弊）工具，多用于自媒体文章阅读量及网店流量刷量。由于相关内容运营者有较强烈的刷量需求，流量宝工具使用量较高，当这款刷量工具开始内置漏洞攻击病毒传播时，中毒计算机数量在很短时间内就高居病毒排行榜前列。

染毒的流量宝刷量工具来自多个软件下载站，这些网站均做过搜索优化，当用户搜索"流量宝"时，该软件将出现在搜索结果的前列。当流量宝内置的漏洞攻击被触发时，中毒计算机将会下载多个恶意病毒文件，包括 DDoS 攻击工具、远程控制木马，以及门罗币挖矿病毒。病毒传播者会充分利用肉鸡计算机资源，随时可以对其他目标发起网络攻击，攻击内部局域网其他计算机，窃取肉鸡计算机机密文件，以及利用肉鸡计算机挖矿赚钱。

攻击流程如图 5.19 所示。

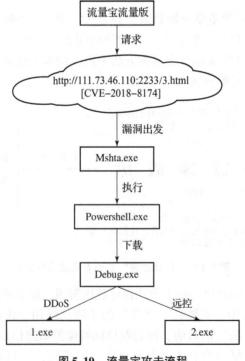

图 5.19 流量宝攻击流程

用于刷网站流量的"流量宝流量版.exe""流量宝挂机版.exe""天天挂机1.1.50.exe"等软件请求带有漏洞的恶意 HTML 文件（http://111.73.46.110:2233/3.html）并触发 CVE-2018-8174 漏洞。恶意软件在开始运行时不会立即请求漏洞 URL，而在第 1097159 条包数据开始才接受云控指令访问漏洞攻击 URL，此时距离软件开始运行已有三个多小时。在运行一段时间后才开始漏洞 URL 的请求，更不容易被发觉。

跟踪分析发现，此次攻击使用的 C2 地址还在不断更新中，截至 2018 年 6 月 21 日已经发现五个地址。通过这些 C2 地址下面传播的木马略有不同，但主要类型为 DDoS 木马、挖矿木马以及后门木马。

（2）对抗之道

该事例与"欲擒故纵"核心要素映射关系如图 5.20 所示。

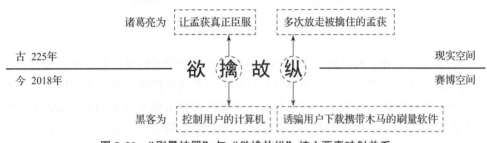

图 5.20 "刷量神器"与"欲擒故纵"核心要素映射关系

在"刷量神器"陷阱攻击中，黑客主要是利用漏洞下载木马病毒进行攻击。对于漏洞，可以及时升级系统补丁，避免遭受漏洞攻击。而对于木马，它在互联网时代让无数网民深受其害，无论是网购、网银还是网游账户密码，只要是与钱或者隐私有关的网络交易，都是当下受木马攻击的重灾区，用户稍有不慎极有可能遭受巨大财产损失和隐私被窃。

木马是隐藏在正常程序中的一段恶意代码，它具备破坏和删除文件、发送密码、记录键盘和攻击 DoS 等特殊功能。一个完整的木马系统是由硬件部分、软件部分和具体连接部分组成。木马具有伪装的特点，普通用户难以发现，但是它没有复制能力，却能很好地与新型病毒和漏洞一起使用。上述案例中就是利用漏洞触发下载木马病毒。

木马攻击的基本过程包括六个步骤：配置木马、传播木马、运行木马、泄露信息、建立连接、远程控制。其工作原理如图 5.21 所示。一个完整的木马程序包含服务端（服务器部分）和客户端（控制器部分）两部分。被攻击者计算机植入的是服务端，攻击者计算机利用客户端访问安装服务端的计算机。被攻击的计算机运行木马服务端程序后，暗中打开端口，向指定地点发送数据，通常为账户密码等私密信息，攻击者还可以利用打开的端口进入被攻击者计算机的系统。

木马常见的技术有：修改注册表技术、多线程技术、后台监控技术和定时触发技术等。

俗话说得好，"魔高一尺，道高一丈"。网络安全攻防之间总是呈此消彼长的状态，这也是技术不断升级换代的表现。针对上述木马攻击，一般用户可以安装常用的杀毒卫士进行拦截，保护网购记录以及自身计算机安全。

针对木马的防御措施如下：

普通用户：日常生活中，要有网络安全意识，在打开或下载文件之前，一定要确认文件的来源是否可靠，阅读 Readme.txt，并注意 Readme.exe；使用杀毒软件定时检查计算机，

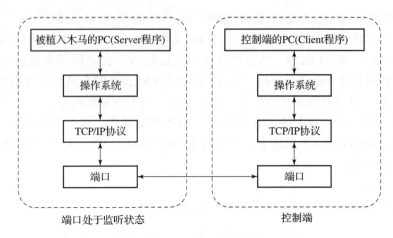

图 5.21 木马工作原理

发现有不正常现象出现立即挂断。有些基础的用户可以监测系统文件和注册表的变化；备份文件和注册表；特别需要注意的是不要轻易运行来历不明软件或从网上下载的软件，即使通过了一般反病毒软件的检查也不要轻易运行；不要轻易相信熟人发来的 E – mail 不会有黑客程序；不要在聊天室公开自己的 E – mail 地址，对来历不明的 E – mail 应立即清除；不要随便下载软件，特别是不可靠的 FTP 站点；不要将重要密码和资料存放在联网的计算机中，以免被破坏或窃取。

专业用户：有木马反入侵方法。在被控主机中运行木马的客户端，然后在"命令控制台"下的"设置类命令"中"服务配置"里选择"读取服务端配置"，就可以看到攻击者设置的信息接收邮箱等信息，也就知道是谁在攻击自己。

还有一种利用陷阱的方式来反控制"攻击者"，当远程控制端（即攻击者客户端）对被控制主机进行连接后，陷阱程序将自动模拟被木马控制后的情况，包括对命令的响应等，同时还能记录监控端的 IP 地址、命令、命令参数等相关信息。如果攻击者从远端上传文件，所有的上传文件都会被保存在特殊的目录下，供被攻击用户分析，而不会影响被攻击的系统。陷阱程序中还可以包括"文件列表生成工具"，生成虚拟的文件列表，让陷阱更加真实。陷阱程序中还提供追捕数据库（wry.dll），可以查询到攻击者 IP 地址对应的确切物理地址，对攻击者实施抓捕。

还有针对反弹式木马的反入侵，最基础的就是通过端口监听查获，使用 Active Ports 可以监控计算机中所有打开的 TOP/IP/UDP 端口，可以将系统中所有打开的端口都显示出来，还支持显示所有端口对应的程序所在的路径。

在 Active Ports 界面中，首先是进程，然后是进程 ID，接下来是 IP 和正在开放的端口，对应的是远程连接的 IP 和端口、状态和使用协议，最后是这个进程的文件路径。这样就很容易监听系统内部的木马打开的端口情况，并追查攻击者的来源 IP 地址，从而根据追捕数据库得到其真实地址。

5.4.5.2 利用"蜜罐"陷阱"擒"获攻击者并拦截

（1）事例回顾

2015 年一个普通的星期六下午，网络安全专家 Matt Olney 搭建了一个"蜜罐"，这是一个看起来无害的服务器，其密码薄弱到令人震惊，而且安全补丁也已过期，目的就是吸引潜在的攻击者。为了进一步加强伪装，Olney 通过设置使该服务器看起来像是位于新加坡。这是一场陷阱游戏。

激活"蜜罐"之后，就发现了第一次失败的登录记录。换句话说，网络攻击者已经在攻击"蜜罐"的防御系统，并试图对其进行快速渗透和感染。攻击者使用的是暴力攻击，也就是快速地尝试使用一连串的已知或常见的连续密码，以期能够获得访问权限，而且进攻速度很快。利用手中的"鱼饵"，Olney 快速地设置了更多的"蜜罐"，以吸引更多的攻击者并锁定危险分子。但是，在接下来的 20 分钟，攻击者便使用伪造的安全凭证登录到所有的"蜜罐"上。Olney 立即怀疑有人正在构建一个具有 DDoS 功能的攻击，通过这种攻击能够使成千上万的系统遭到木马病毒的侵害和感染，并且攻击者可以自由决定是否让这个木马病毒进行休眠且不被监测到。一段时间之后，攻击者可以通过激活这些受感染的系统来攻陷或破坏其他系统或站点，并有效地将其关闭。

更严重的是本次攻击的规模，黑客使用的是安全外壳或 SSH，这种加密协议可以允许合法用户通过安全的远程访问接入网络。Talos（思科 Talos 团队，Olney 是其成员之一）发现这一群进行暴力攻击的危险攻击者全部来自一个站点，但是其攻击活动却足足占到了整个互联网所有 SSH 活动的三分之一。

由于"蜜罐"会暗中记录下每一次失败的登录尝试，因此分析师能够将这些登录尝试与已知的密码"词典"进行匹配，所谓的密码"词典"，是指黑客们通常在线交易的含有超过 45 万个密码的数据库。

威胁情报团队承担了分析流量模式的任务。检测研究团队对产生威胁的 DDoS 木马病毒代码进行反向工程破解。Talos 数据分析师团队发现了更多可能有助于锁定攻击者的线索。在全体通力合作下，Talos 最终精确地锁定了攻击来源：位于香港的两个网络。在迅速地想出了几个有趣的绰号后，Talos 的成员最终称这些攻击者为 SSHPsychos。锁定 SSHPsychos 攻击者的位置后，就可以跟踪他们了。

但随着调查的迅速扩大，攻击者有所察觉，SSHPsychos 几乎马上停止了活动，陷入沉寂。有史以来第一次，Talos 无法追踪他们的足迹。Talos 团队很沮丧，他们怀疑 SSHPsychos 主谋已经吓得不敢再出来了。不过难以置信的是，就像攻击者突然消失一样，他们突然又重新出现了。五天之后，他们继续顺着原先的路径再次开始进攻，本以为他们至少会重新选择不同的网络。因此，没过多久 Talos 和 Level 3（Level 3 通信公司，位于科罗拉多州布鲁姆菲尔德市的威胁研究机构）就再次锁定了他们的操作。Talos 和 Level 3 对执法部门做出了提醒，并提供了所能得到的有关服务器、IP 地址和攻击者的所有信息。2015 年 4 月 7 日，Level 3 采取了前所未有的行动，使用黑洞法拦截或屏蔽了其全球网络上的所有 SSHPsychos 流量，而且联系了其他互联网供应商，敦促他们也这么做。

（2）对抗之道

该事例与"欲擒故纵"核心要素映射关系如图 5.22 所示。

上述"蜜罐"陷阱就是很好的对抗网络攻击的事例，安全专家 Olney 通过设置"蜜罐"陷阱诱惑潜在攻击者，这就是"纵"的手段。而"蜜罐"陷阱能够记录失败的登录信息，通过分析这些信息锁定攻击来源，从而联合网络供应商屏蔽攻击者的流量，达到"擒"的真正目的。

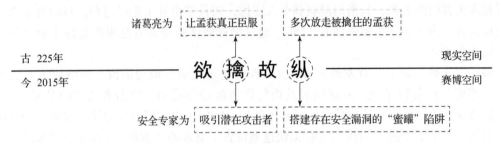

图 5.22 "蜜罐陷阱"与"欲擒故纵"核心要素映射关系图

"蜜罐"陷阱技术本质上是一种对攻击方进行欺骗的技术,通过布置一些作为诱饵的主机、网络服务或者信息,诱使攻击者对它们实施攻击,从而可以对攻击行为进行捕获和分析,了解攻击者所使用的工具与方法,推测攻击意图和动机,能够让防御者清晰地了解他们所面对的安全威胁,并通过技术和管理手段来增强实际系统的安全防护能力。

"蜜罐"好比是情报收集系统,是故意让人攻击的目标,引诱黑客前来攻击。所以攻击者入侵后,我们就可以知道他们是如何得逞的,随时了解针对服务器发动的最新的攻击和漏洞。还可以通过窃听黑客之间的联系,收集黑客所用的种种工具,并且掌握他们的社交网络。

5.4.6 小结

欲擒故纵之计主要体现在擒、纵手段的巧妙运用上。看似矛盾的两个字,以纵为手段,从而达到擒的效果。看似松,实则紧,让敌人放松警惕,避其锋芒,使用陷阱程序模拟主机被攻击者控制,然而一张无形的网已包裹在攻击者的周围,时机一到便让攻击者无计可施,束手就擒。在防御案例中的"蜜罐"陷阱案例就能很好地体现擒纵手段,让攻击者毫无察觉轻松地进入自己设置的陷阱,通过陷阱收集攻击者的信息,让其原形毕露,最终采取手段拦截攻击者的流量使其无法继续攻击。

习 题

① "欲擒故纵"之计的内涵是什么?您是如何认识的?
② 简述"欲擒故纵"之计的真实案例 2~3 个。
③ 针对"欲擒故纵"之计,简述其信息安全攻击之道的核心思想。
④ 针对"欲擒故纵"之计,简述其信息安全对抗之道的核心思想。
⑤ 请给出"欲擒故纵"之计的英文并简述西方案例 1~2 个。

参考文献

[1] 百度百科. 欲擒故纵 [DB/OL]. (2019-04-30) [2021-01-17]. https://baike.baidu.com/item/%E6%AC%B2%E6%93%92%E6%95%85%E7%BA%B5/499789.

[2] FreeBuf. 刷量神器藏漏洞攻击陷阱,数十万自媒体电脑沦为肉鸡 [EB/OL]. (2018-06-26) [2021-01-17]. https://www.freebuf.com/articles/system/175316.html.

[3] 王玉芳,宋晓峰,魏婷,等. 特洛伊木马的攻击原理与防护措施[J]. 数字技术与应用,2018,36(11):180-181.
[4] 任皓,刘敏超. 木马病毒的隐藏及发现技术研究[J]. 中国数字医学,2019,14(6):76-78.
[5] 罗子懿. 计算机木马的工作原理[J]. 通讯世界,2017(24):104-105.
[6] Cisco. 漂亮的一仗[EB/OL]. (2015-04-09)[2021-01-17]. https://www.cisco.com/c/m/zh_cn/products/security/the-good-fight/index.html.

5.5 第十七计 抛砖引玉

类以诱之,击蒙也。

5.5.1 引言

在《三十六计》中,抛砖引玉的意思是:抛出砖去,引回玉来。类似的手段也可以用在网络空间安全攻防之中,例如抛出去一个漏洞吸引恶意攻击者,然后通过技术手段得到其 IP 地址,捕获其踪迹。这一抛一引之间有着无穷的奥妙。

5.5.2 内涵解析

"抛砖引玉"的原文为:"类以诱之,击蒙也。"译文是:用极类似的东西去迷惑敌人,使敌人懵懂上当。

"砖"指小利,是诱敌上当的诱饵;"玉"是大利,是真实的意图。此计策指用类似的事物去迷惑、诱骗敌人,使之懵懂上当,中我方圈套,然后击败敌人。后来抛砖引玉也指以自己粗浅的意见引出别人高明的见解,比喻用自己不成熟的意见或作品引出别人更好的意见或好作品,是一种自谦的说法。出自宋代释道原《景德传灯录·卷十·赵州东院从稔禅师》。

诱敌必先迷敌,两者密切联系。抛砖引玉,"抛砖"是手段,"引玉"是目的。"抛砖"贵在所抛之"砖"要像"玉",是一种示形于敌的伪装;"引玉"关键在于所"引"之"玉"确实是比"砖"价值要高的"玉"。用相似的东西去迷惑对方,使其做出错误的判断,以假为真,然后再试图消灭,是这一计策要害所在。

5.5.3 历史典故

历史上,抛砖引玉的案例有很多,例如刘天就优惠价迎财源。

1955 年,刘天就创办香港妙丽集团,自任董事长。初创时,妙丽集团只有 6 个人,经营品种很少的小百货零售店。经过 20 多年的努力,妙丽集团发展成为以百货批发业为主,兼营百货零售、地产、工业加工、旅馆、学校、旅游的多业综合集团。经营地域从中国香港扩展到美国、加拿大、新加坡、日本、中国深圳等地。特别是 1976 年以来,妙丽集团的发展更为迅速,每年都要增设一两个门市部,1984 年的营业额近 4 亿港元。

妙丽集团之所以取得今天这样的成就,主要是靠刘天就那"晤(不)平赔 5 倍"的竞争妙诀。所谓"晤平赔 5 倍",就是妙丽集团出售的商品,如果不比其他商店的价格便宜,他愿按价格的 5 倍给予赔偿。

刘天就了解到，顾客购买商品一般是首先考虑同类商品哪家商店售价最便宜。于是，他就紧紧抓住顾客的心理来扩大销售，大张旗鼓地以批发价为号召，零售的商品一律按批发价出售；同时他又想出"唔平赔5倍"的口号，把它写成标语到处张贴，写成巨大的横幅挂在商场3楼外面，和商店的大牌号放在一起。刘天就这一招果然灵验，妙丽集团从此门庭若市、生意兴隆。为了保证多销以降低成本，刘天就严把进货关。他指导采购部门保证只进那些既适销对路又价廉物美的商品，这样资金周转快、成本低、积压耗损少。

刘天就还实行"妙丽会员制度"，以维持老顾客，吸引新顾客。在妙丽超市，你会看到商品价签上往往标着会员价和非会员价；会员价比非会员价要低些，而且越高档的商品差价越大，比如一套近2 000港元的真皮沙发，会员价要便宜400港元。"妙丽会员制度"规定：对香港常住居民设有长期会员制度，每人交80港元会费，即可享受一年会员待遇；一个单位中凑足人集体入会的，每人每年交50港元会费；对香港上百万的在校学生，会费按以上标准减半；还实行一种星期天会员制度，每逢星期天，租用多辆公共汽车，从几条线路把顾客接到妙丽商场来，每人只需要花5角钱就可获得一天期会员证。

据测算，妙丽的星期天会员通常维持在1万名左右，而长期会员则高达20万人。刘天就以优惠价为"砖"，"引"来每年数千万港元会员费之"玉"。而这数千万港元的资金投入市场的流通领域里，又为刘天就引来源源不断的财富。

抛砖引玉的抛、引的手段还可以用于网络空间安全领域，抛出引回之间，可以找出那些隐藏的潜在攻击者。通过抛出一些诱饵，引出背后的恶意攻击者，就如同钓鱼一般。抛出去的饵料既能吸引"鱼儿"，又不会使自己有过大的损失。

5.5.4 信息安全攻击与对抗之道

"抛砖引玉"核心要素及策略分析如图5.23所示。其中，"砖"指小利，是诱惑目标用户受骗的诱饵，"抛砖"是攻击者的方法手段；"玉"指大利，是攻击者真正的意图，"引玉"是攻击者真正的目的。

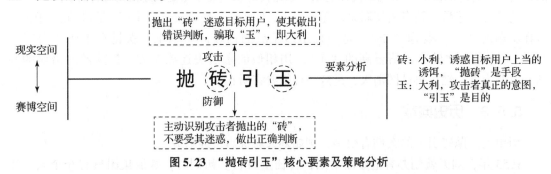

图5.23 "抛砖引玉"核心要素及策略分析

在网络空间安全领域，"砖"可以对应攻击者抛出的钓鱼网站，或者启动病毒的文件；而"玉"可以对应攻击者想通过钓鱼网站获取的目标用户的敏感信息，或要启动的关键病毒程序等。

攻击之道在于攻击者要通过"抛砖"的手段，达到"引玉"的目的。要把抛出去的"砖"伪装起来，让目标用户无法辨别其真实的目的，并且受到"砖"的诱惑，进行攻击者需要的操作，从而达到攻击者的目的，例如非法获取目标用户的账户密码信息、在用户计算机中安装运行病毒等。

防御之道在于防御者要看穿攻击者伪装的"砖",识破攻击者的意图,不在攻击者设置的钓鱼网站上操作或下载运行攻击者包装的文件。提前识别预防远比中招之后破解更有效率,在浏览陌生网站和下载陌生文件时,要提高警惕,采取有效的防范措施,以免被利用。

5.5.5 信息安全事例分析

5.5.5.1 "抛"钓鱼网站"引"用户敏感信息

(1) 事例回顾

利用程序可以让恶意网络钓鱼网站具备与已知可信网站一模一样的 URL。

现在大家都知道要检查浏览器地址栏的绿色小锁头,看看是否启用了 TLS 加密。看到这个小锁头,就知道没人能窃听你提交的任何数据——这对金融和医疗网站而言是一个特别重要的考量。但是,能够冒充合法 URL 并绘制小锁头的恶意网站,就几乎不会给出你正在访问冒充者的任何提示。

该漏洞利用很多域名没有使用拉丁字母(比如中国汉字或斯拉夫语),基于英文的浏览器遇到这些 URL 时,会用 Punycode 域名编码,从在线文本标准 Unicode 维护的标准字符编码库中,对每个字符进行渲染。这个转换过程就被攻击者利用。

网络钓鱼者可以给出看起来很熟悉但实际上指向不同的 URL 和 Web 服务器的域名。因为站点看起来可信,诱骗用户加载了虚假页面的攻击者,可以更容易说服他们回答问题或提供个人信息。此类 URL 字符操纵行为,被称为同形异义字攻击,而且数年前便出现。互联网网络号分配机构之类的组织与浏览器开发商合作,创建包括 Punycode 自身在内的防御机制,让 URL 欺骗更难进行。

但是,该攻击的新变体层出不穷。Web 开发者郑旭东(音)在 2017 年 1 月向谷歌和 Mozilla 报告该漏洞利用,并进行了公开演示,创建了虚假 Apple.com 网站,在没打补丁的浏览器中看起来就是合法安全网站。

在此之前,你可以通过复制粘贴 URL 到文本编辑器中,来检查网站的有效性。冒充的 URL 仅仅是看起来熟悉,实际上用的是以 "www.xn--" 开头的地址,在浏览器地址栏外面就能看到。比如说,郑旭东演示的虚假苹果网站,其地址就是 https://www.xn--80ak6aa92e.com。想要让这个地址获得 "HTTPS" 安全可信状态,郑旭东需要做的,仅仅是从 Let's Encrypt 这样的实体申请 TLS 加密。

(2) 对抗之策

该事例与"抛砖引玉"核心要素映射关系如图 5.24 所示。

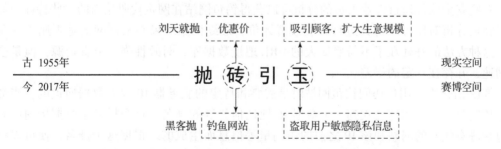

图 5.24 同形异义字与"抛砖引玉"核心要素映射关系

钓鱼网站这种欺骗方式，主要是通过模仿其他知名网站的站点，达到100%的相似度，让用户误认为是在原网站操作，输入重要的个人信息，例如银行账号密码等，造成用户的经济损失。这些敏感的个人信息对黑客的吸引力非常大，他们可以利用这些信息冒充用户本人进行欺诈，谋取经济效益。

简单的钓鱼网站的上传工作流程如下：

①钓鱼者先申请一个免费的域名空间，获得系统自动分配的域名以及 FTP 上传地址；

②免费域名空间创建后，将钓鱼程序上传至 FTP 中；

③上传成功后，用 IE 浏览器登录所创建的域名，进入钓鱼网站的网页，随意输入账号密码，点击登录，显示登录成功；

④进入管理后台，输入管理员账号密码，登录后显示前面输入的账号密码信息。

这是个简单的钓鱼网站上传过程，总体上是通过邮件方式传播钓鱼网站，用户进入网站后，认为是在合法商业站点操作，输入自己的用户重要信息，这些信息会被后台记录，钓鱼者可以通过这些信息牟利。

钓鱼网站对抗思想如下：

钓鱼网站一般用到的技术方案有：域名蒙眼术；DNS 劫持。

域名蒙眼术：比如 www.taobao.com 是淘宝的域名，我们可以申请购买一个域名：www.taobao.com.xx.cn（注意 .xx.cn 才是真正的域名），普通用户如果不注意，是不会注意到域名上的区别的，从而在钓鱼网站上进行相关操作导致个人信息或财产被窃取。交易网站通常是以 HTTPS 开头的，这个证书是很难伪造的，当然能够入侵客户的操作系统也是可以搞定的，这个方法更加困难。一般的钓鱼网站都是 HTTP 开头的，而且后面的域名是类似 ".xx.cn"，比较细心的用户可以发现。

DNS 劫持：关键是拥有客户端操作系统的权限，比如通过给用户发一些病毒程序，安装浏览器插件来实现。

对钓鱼网站的防范措施有：

①URL 数据库。钓鱼网站都有其特定的 URL 地址，因此最为常见的防护技术是建立钓鱼网站的 URL 数据库。将用户访问的网址与建立的数据库进行对比查找并判断是否可以继续访问。这其实是一个穷举的方法，需要采集足够多的样本才能建立数据库，并要对其不断更新。

②Web 实时防护。Web 实时防护技术，能够智能地、动态地分析用户所访问的网页内容。因为无论呈现给用户的网页多么复杂，对于各类浏览器而言都只是其可识别的网页代码。有些安全软件通过专业人员的分析可以获得钓鱼网站在网页代码层面的一些特征，然后通过特征分析对比可以对其进行分类或者评价，最终根据结果判断该网页是否属于钓鱼网站。这种方法的好处在于不需要庞大的 URL 地址数据库，时效性强，节省资源，但是会影响网速，并存在一定的误差。

③IP 信誉度。用户访问钓鱼网站时是需要和特定的服务器 IP 建立数据通道的，当数据发生传输时，终端软件会收到一个根据 IP 地址信誉度的排名，这个排名是根据指向的是否为包含恶意代码的网站和该 IP 之前的访问量等信息而生成的。根据这个排名，便可以给用户一个信息，即这个 IP 地址是可信任的还是可疑的或者是被禁止的，据此告知用户该网站是否为钓鱼网站。

④与云计算结合。当今 IT 信息技术界火热的云计算也能够给防范钓鱼网站提供新的思路。"云安全"这个概念已被越来越多的安全软件采纳。众所周知,各类安全软件都拥有足够庞大的用户群,这些用户碰到的钓鱼网站可以迅速有序地集中整合到云数据库中,并可以便捷地分享给其他用户。这个云数据库可以包含前面所述的技术数据,也可以是它们的一种组合,从而提供多层次的防护保障。

5.5.5.2 "抛"autorun.inf 文件启动病毒程序

(1) 事例回顾

2019 年 3 月,深信服安全团队收到客户反馈,其内网多台主机中的文件感染了病毒,影响正常业务。经分析,该病毒为"熊猫烧香"病毒变种,虽然该病毒已有十余年历史,但由于其具有很强的感染及传播性,依然很容易在缺少防护的企业内网中传播。

病毒会对主机中的可执行文件、压缩文件以及网页文件进行感染,并可通过磁盘、局域网进行传播,同时具有对抗杀毒软件的行为。

最早的"熊猫烧香"病毒中毒后被感染的可执行文件都会变成"熊猫烧香"的图标,这也是该病毒名称的来源。本次捕获的变种由于其在感染可执行文件时会提取原文件的图标并插入被感染文件中,所以感染后图标不会变。病毒的行为如图 5.25 所示。

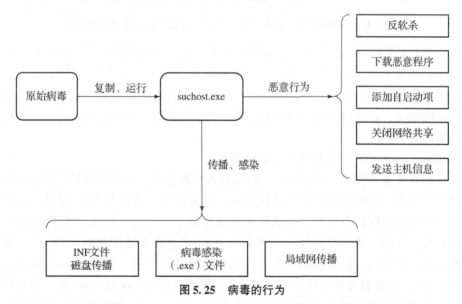

图 5.25 病毒的行为

病毒分析:

①病毒植入。病毒运行后先会将自身复制到% SystemRoot% \ System32 \ drivers \ suchost.exe。运行 suchost.exe 然后退出。

②病毒传播。suchost.exe 将自身复制到每个磁盘根目录下,命名为".exe",同时在每个根目录下创建一个"autorun.inf"文件,文件属性为"只读""隐藏""系统"。autorun.inf 文件的功能为打开磁盘后自动运行病毒体".exe",通过这种方式病毒可以通过 U 盘或者网络磁盘传播。微软在 2011 年发布的补丁包 KB967940 中对自动运行功能进行了限定,只支持 CD/DVD 媒体,所以打了补丁包或者 Windows7 以后的系统不会通过这种方式感染。运行磁盘根目录下的".exe",会打开磁盘对应的目录,并关闭"我的电脑"窗口,后

面的执行流程不变。每感染一个文件夹，都会在其目录下创建一个 Desktop_.ini 记录感染日期。病毒在下次感染前会将当前的日期与记录的日期进行比较，如果相同则不再重复感染。病毒程序运行时，会判断其所在目录是否存在 Desktop_.ini 文件，如果存在就将其删除。

③恶意行为。停止或卸载杀毒软件；访问特定网页获取恶意程序下载链接，下载恶意程序并运行；添加开机自启动项并禁止显示隐藏文件；关闭网络共享；将默认浏览器设置为 IE，然后将本机 MAC 作为参数访问链接"hxxp://www.daohang08.com/down/tj/mac.asp?mac ="，用于统计中毒主机信息。

(2) 对抗之策

该事例与"抛砖引玉"核心要素映射关系如图 5.26 所示。

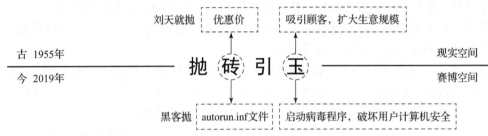

图 5.26 "熊猫烧香"变种病毒与"抛砖引玉"核心要素映射关系

autorun.inf 文件是计算机使用中比较常见的文件之一。攻击者可以利用这个"砖"制造攻击，甚至利用 autorun.inf 文件使目标主机的所有磁盘完全共享或中木马病毒。autorun.inf 文件的作用是允许在双击磁盘时自动运行指定的某个文件，但是出现了用 autorun.inf 文件传播木马病毒的情况，它通过使用者的误操作让目标程序执行，达到侵入计算机的目的，带来了很大的负面影响。

针对 autorun.inf 文件类病毒的对抗思想如下：

这种病毒有着非常明显的外部特征，但是又容易被忽略。之所以容易忽略，是因为它并不会令计算机变慢，所以很多人就不会注意到。但是如果在双击打开 U 盘时，不是在当前窗口打开，而是在新窗口中打开，那么则有可能中毒了。这时可以在"我的电脑"中右击盘符，看其最上方的一项命令是什么，如果为"Auto"，而不是正常的"打开"，那么中毒的可能性则进一步增大；但要确认中毒，还需要在地址栏中输入 E:\autorun.inf（E 盘需换成实际的盘符），如果打开的文件中 Open 行后所跟的文件是 sxs. xls. exe 等，那么则肯定中毒了。或者在你的 U 盘中建个空的文件夹，命名为 autorun.inf。如果你的 U 盘无法完成重命名，这说明你的 U 盘已中毒，这时，建议你先备份重要文件，再格式化。原理是：大多数病毒是先建立 autorun.inf 再键入内容，病毒在进入 C 盘时就是以这个文件夹里的内部文件为媒介的。

针对 autorun.inf 文件类病毒的具体应对策略有：

①在插入 U 盘时按住键盘 Shift 键直到系统提示"设备可以使用"，然后打开 U 盘时不要双击打开，也不要用右键菜单的打开选项打开，而要使用资源管理器（打开"我的电脑"，按下上面的"文件夹"按钮，或者开始—所有程序—附件—Windows 资源管理器）将其打开，或者使用快捷键 Windows + E 打开资源管理器后，通过左侧栏的树形目录打开可移动设备。

②如果盘内有来路不明的文件，尤其是文件名比较诱惑人的文件，必须多加小心；需要特别注意的是，不要看到图标是文件夹就认为是文件夹，不要看到图标是记事本就认为是记事本，伪装图标是病毒惯用伎俩。

③要有显示文件扩展名的习惯。方法：打开"我的电脑"，工具—文件夹选项—查看，去掉"隐藏已知文件类型的扩展名"的钩，建议选择显示扩展名的同时选上"显示隐藏文件"，去掉"不显示系统文件"的钩，这样可以对病毒看得更清楚。有图标的诱人的病毒文件基本是可执行文件，显示文件扩展名之后，通过文件名后的". exe"即可判断出一个文件为可执行文件，从而不会把伪装的病毒可执行文件误认为是正常文件或文件夹。

④最后不管你用什么办法，或者用什么软件，插入U盘然后用这个方法检验你有没有中 autorun. inf 型病毒的风险。

5.5.6 小结

抛砖引玉计策中最重要的是抛的手段，既不能过于刻意，又要能通过抛引出相应的有价值的东西。钓鱼网站中，攻击者抛出的是鱼饵，即伪装的网站和诱惑的信息，从而引出的是被攻击者的敏感信息和财产；autorun 病毒抛的就是 autorun. inf 文件，利用自启动的特点，启动病毒，从而引发病毒扩散或达到窃取机密的目的。总之抛只是手段，目的是引出有价值的东西。

习　题

① "抛砖引玉"之计的内涵是什么？您是如何认识的？
② 简述"抛砖引玉"之计的真实案例 2~3 个。
③ 针对"抛砖引玉"之计，简述其信息安全攻击之道的核心思想。
④ 针对"抛砖引玉"之计，简述其信息安全对抗之道的核心思想。
⑤ 请给出"抛砖引玉"之计的英文并简述西方案例 1~2 个。

参考文献

[1] 百度百科. 抛砖引玉［DB/OL］.（2019-11-14）［2021-01-17］. https://baike. baidu. com/item/%E6%8A%9B%E7%A0%96%E5%BC%95%E7%8E%89/81278.

[2] 阿里云. 同形异义：最狡猾的钓鱼攻击［EB/OL］.（2017-09-04）［2021-01-17］. https://yq. aliyun. com/articles/214519? spm = a2c4e. 11155472. 0. 0. c5823968cIy1ar.

[3] 李倩. 钓鱼网站技术与防护［J］. 硅谷，2012（1）：193.

[4] 周耀鹏. 浅谈钓鱼网站的技术原理及防护［J］. 黑龙江科技信息，2011（29）：93-94.

[5] 张茜，延志伟，李洪涛，等. 网络钓鱼欺诈检测技术研究［J］. 网络与信息安全学报，2017，3（7）：7-24.

[6] FreeBuf. 高龄病毒"熊猫烧香"还没退休？［EB/OL］.（2019-03-30）［2021-01-17］. https://www. freebuf. com/articles/system/199141. html.

[7] 贺惠萍,荣彦,张兰. autorun. inf 病毒的原理及防范 [J]. 电脑知识与技术, 2011, 7 (1): 27-28.

5.6 第十八计 擒贼擒王

摧其坚,夺其魁,以解其体。龙战于野,其道穷也。

5.6.1 引言

在《三十六计》中"擒贼擒王"的意思是作战要先擒拿主要敌手,比喻做事要抓关键。攻打敌军主力,捉住敌人首领,这样就能瓦解敌人的整体力量。敌军一旦失去指挥,就会不战而溃。挽弓当自强,用箭当用长,射人先射马,擒贼先擒王。作战时要先把敌方的主力摧毁,先俘虏其指挥员,就可以瓦解敌人的战力。在网络空间安全领域,要抓住攻击的关键因素,即打蛇要打七寸[①],揪住问题的核心,将其解决,这样才能从根本上解决问题。

5.6.2 内涵解析

擒贼擒王的原文是:"摧其坚,夺其魁,以解其体。龙战于野,其道穷也。"其译文是:摧毁敌人的主力,抓住它的首领,就可以瓦解它的整体力量。好比龙出大海到陆地上作战,面临绝境一样。其中"龙战于野,其道穷也"语出《易经·坤卦》。坤,卦名。本卦是同卦相叠(坤下坤上),为纯阴之卦。引本卦上六,《象辞》:"龙战于野,其道穷也。"是说强龙在田野大地上争斗,是走入了困顿的绝境。比喻战斗中擒贼擒王谋略的威力。擒贼擒王的寓意是:在两军对战中,如果把敌人的主帅擒获或者击毙,其余的兵马则不战自败。比喻解决问题要抓住关键,解决了主要矛盾,次要矛盾便可以迎刃而解。

5.6.3 历史典故

历史上,擒贼擒王的案例不胜枚举,其中较有名的是秸秆箭引出尹子奇。

唐朝安史之乱时,安禄山气焰嚣张,连连大捷,安禄山之子安庆绪派勇将尹子奇率十万劲旅进攻睢阳。御史中丞张巡驻守睢阳,见敌军来势汹汹,决定据城固守。敌兵二十余次攻城,均被击退。

尹子奇见士兵已经疲惫,只得鸣金收兵。晚上,敌兵刚刚准备休息,忽听城头战鼓隆隆,喊声震天,尹子奇急令部队准备与冲出城来的唐军激战。而张巡"只打雷不下雨",不时擂鼓,像要杀出城来,可是一直紧闭城门,没有出战。尹子奇的部队被折腾了整夜,没有得到休息,将士们疲乏至极,眼睛都睁不开,倒在地上就呼呼大睡。这时,城中一声炮响,突然之间,张巡率领守兵冲杀出来,敌兵从梦中惊醒,惊慌失措,乱作一团。张巡一鼓作气,接连斩杀五十余名敌将、五千余名士兵,敌军大乱。

张巡急令部队擒拿敌军首领尹子奇,部队一直冲到敌军帅旗之下。张巡从未见过尹子奇,根本不认识他,现在他又混在乱军之中,更加难以辨认。张巡心生一计,让士兵用秸秆削尖作箭,射向敌军。敌军中不少人中箭,他们以为这下完了,没命了。但是发现,自己中

---

① 1寸≈3.33厘米。

的是秸秆箭，心中大喜，以为张巡军中已没有箭了，便争先恐后向尹子奇报告这个好消息。

张巡见状，立刻辨认出了敌军首领尹子奇，急令神箭手、部将南霁云向尹子奇放箭。正中尹子奇左眼，这回可是真箭，只见尹子奇鲜血淋漓，抱头鼠窜，仓皇逃命。敌军一片混乱，大败而逃。

5.6.4 信息安全攻击与对抗之道

"擒贼擒王"核心要素及策略分析如图5.27所示。其中，"贼"表示攻击者采取的各种攻击手段，就如同从各个方向攻击而来的群贼；"王"表示攻击者攻击手段利用的核心技术，例如利用某个漏洞进行攻击，这个漏洞就是核心，修复这个漏洞就如同擒住群贼的王一般，群贼的攻击手段也失去了效果。

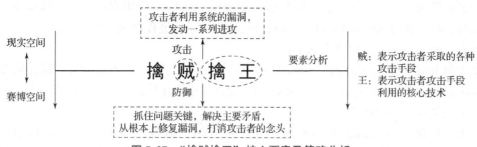

图 5.27 "擒贼擒王"核心要素及策略分析

攻击之道在于攻击者要抓住被攻击目标的主要漏洞发动一系列攻击，让防御者忙于应付而无法发现漏洞。在网络空间安全领域，可以利用系统的漏洞对目标系统发动攻击，从而获取私密信息或进行非法操作。

防御之道在于防御者要剥离群贼的保护找到真正的贼王，对贼王进行致命打击，使群贼丧失攻击能力。在网络空间安全领域，要从系列攻击手段中，剥离出真正被攻击的漏洞，将其修复，从根源上解除危机。

5.6.5 信息安全事例分析

5.6.5.1 利用 Android StrandHogg 漏洞"擒住"多个野外恶意程序

（1）事例回顾

2019年12月3日，挪威一家安全公司披露了一个 Android 应用漏洞，并用描述维京海盗突袭战术的单词 StrandHogg 对其命名。值得庆幸的是，谷歌已采取措施解决了该漏洞，并暂停了受影响的应用程序。

在捷克共和国，不法攻击者利用 StrandHogg 漏洞，使用 BankBot 银行木马等恶意软件，悄无声息地盗走多家银行用户的卡内余额，引发东欧金融机构安全服务商的多方求助。StrandHogg 是一个存在于 Android 多任务系统中的应用漏洞。该漏洞利用的是基于一个名为"TaskAffinity"的 Android 控件设置，允许包括恶意应用在内的任意程序，随意采用多任务处理系统中的任何身份。

从核实的情况来看，StrandHogg 漏洞确实存在于 Android 的多任务系统中，一旦安装恶意程序，就能让恶意程序顺利伪装成合法应用，获得更高的权限，窃取信息或进行任意恶意操作。简单来说，就是中招后，当我们点开一个正常应用程序的图标时，利用 StrandHogg 漏洞的恶意应用可以拦截劫持这个任务，并向用户显示一个虚假的应用界面。这时，不明真相的用户会毫无防范地在一个虚假的界面，安心地输入账号、密码，以及进行任意操作。殊不知，那些涉及个人隐私的敏感信息，输入后都会第一时间发送给攻击者，攻击者利用这些敏感信息，就可以盗取用户的账号和资金。这就发生了上述盗取银行账户余额的案件。

利用 StrandHogg 可以访问摄像头和麦克风，获取设备的位置，读取 SMS，捕获登录凭据（包括通过 SMS 的 2FA 代码），访问私人照片和视频，访问联系人……这些看似基本但关系手机安全闭环的功能，只要成功利用 StrandHogg 漏洞，恶意应用都可以请求上述权限。简言之，StrandHogg 漏洞让我们的手机不再对恶意应用设防，且这种不设防，使我们无从得知其何时开启。验证该漏洞时，就成功地将恶意程序伪装成一合法应用，获得了测试目标的定位。而且，包括最新 Android10 在内的所有 Android 版本，都存在 StrandHogg 漏洞。随后，逐一验证后发现，GooglePlay 商店内可用的前 500 个 Android 应用程序，确如挪威安全公司说的那样，都可通过 StrandHogg 攻击劫持所有应用程序的进程以执行恶意操作。

维京海盗 StrandHogg 的特点如下：

① 无须 Root 上演复杂攻击。StrandHogg 漏洞之所以独特，主要是因为它最大限度地利用了 Android 多任务系统弱点，无须 Root 即可允许恶意程序伪装成设备上的任意程序，帮助黑客实施复杂且高危的攻击。

② 无法检测 StrangHogg 漏洞利用。有攻就有防，但很不幸的是，截至目前，针对 StrangHogg 漏洞利用的阻止方式，甚至是相对可靠的检测方法，都还没有出现。普通用户只能通过一些不明显的异常发现问题，比如已登录的应用要求登录、单击用户界面按钮链接时不起作用，或者后退按钮无法正常工作。

③ 扩大 UI 欺骗风险。UI 欺骗，很多人听说过，甚至早在 2015 年，宾夕法尼亚州立大学就曾以白皮书的形式，详细介绍了可用于 UI 欺骗的理论攻击。而 StrandHogg 漏洞的出现，多个程序同时遭劫持等情况，若不加以有效控制，一旦大范围扩散，都将进一步扩大 UI 欺骗风险。

并不是所有被发现的漏洞都会被利用，但攻击者绝不会放过那些有价值的漏洞。

挪威安全公司明确指出，目前已发现 36 个野外利用 StrandHogg 漏洞的应用程序，虽然这些应用都不能直接通过 GooglePlay 商店下载安装，但并不能保证用户下载的应用程序未被感染过，因为这 36 个应用程序作为第二阶段的有效负载，已经安装在一些用户的设备上。

不同于提权等相对熟悉的漏洞，StrandHogg 漏洞的威胁层级其实并不能清晰地界定，因为它的存在更像给恶意程序开了一道门，至于被利用后带来的是小威胁还是大震荡，关键要看恶意程序本身的威胁层级。

（2）对抗之策

该事例与"擒贼擒王"核心要素映射关系如图 5.28 所示。

图 5.28 StrandHogg 漏洞与"擒贼擒王"核心要素映射关系

系统漏洞（System Vulnerabilities）主要是指应用软件或操作系统软件在逻辑设计上的缺陷或错误，不法者利用其通过网络植入木马、病毒等方式来攻击或控制整个计算机，窃取计算机中的重要资料和信息，甚至破坏系统。在不同种类的软、硬件设备，同种设备的不同版本之间，由不同设备构成的不同系统之间，以及同种系统在不同的设置条件下，都会存在各自不同的安全漏洞问题。

漏洞影响的范围很大，包括系统本身及其支撑软件、网络客户和服务器软件、网络路由器和安全防火墙等。换言之，在这些不同的软硬件设备中都可能存在不同的安全漏洞问题。

随着时间的推移，旧的系统漏洞会消失，新的系统漏洞不断出现，系统漏洞问题会长期存在。相对于被攻击后研究漏洞信息并针对其进行修复，漏洞挖掘能提前发现漏洞并修复，从根本上杜绝系统漏洞信息被不法分子利用而造成的网络安全威胁。

漏洞挖掘技术可以分为基于源码的漏洞挖掘技术和基于目标代码的漏洞挖掘技术两大类。基于源码的漏洞挖掘技术的前提是必须能获取源代码，对于一些开源项目，通过分析其公布的源代码，就可能找到存在的漏洞。例如对 Linux 系统的漏洞挖掘就可采用这种方法。但大多数的商业软件其源码很难获得，不能从源码的角度进行漏洞挖掘，只能采用基于目标代码的漏洞挖掘技术。对目标代码进行的分析涉及编译器、指令系统、可执行文件格式等多方面的知识，难度较大。基于目标代码的漏洞挖掘技术首先将要分析的二进制目标代码反汇编，得到汇编代码；然后对汇编代码进行切片，即对某些上下文关联密切、有意义的代码进行汇聚，降低其复杂性；最后通过分析功能模块，来判断是否存在漏洞。

常见的漏洞挖掘分析技术主要包括：

① 手工测试。手工测试是通过客户端或服务器访问目标服务，手工向目标程序发送特殊的数据，包括有效的和无效的输入，观察目标的状态、对各种输入的反应，根据结果来发现问题的漏洞检测技术。手工测试不需要额外的辅助工具，可由测试者独立完成，实现起来比较简单。但这种方法高度依赖测试者，需要测试者对目标比较了解。手工测试可用于 Web 应用程序、浏览器及其他需要用户交互的程序。

② Fuzzing 技术。Fuzzing 技术是一种基于缺陷注入的自动软件测试技术，它利用黑盒测试的思想，使用大量半有效的数据作为应用程序的输入，以程序是否出现异常为标志，来发现应用程序中可能存在的安全漏洞。所谓半有效的数据，是指对应用程序来说，文件的必要标识部分和大部分数据是有效的，这样应用程序就会认为这是一个有效的数据，但同时该数据的其他部分是无效的，这样应用程序在处理该数据时就有可能发生错误，这种错误能够导致应用程序的崩溃或者触发相应的安全漏洞。

③ 二进制比对技术。二进制比对技术又可称为补丁比对技术，它主要是被用以挖掘"已知"的漏洞，因此在一定意义上也可认为是一种漏洞分析技术。由于安全公告中一般都不指明漏洞的确切位置和成因，漏洞的有效利用比较困难。但漏洞一般都有相应的补丁，所以可以通过比较补丁前后的二进制文件，确定漏洞的位置和成因。

④ 静态分析。静态分析是通过词法、语法、语义分析检测程序中潜在的安全问题，发现安全漏洞，其基本思想方法也是对程序源程序的静态扫描分析，故也归类为静态检测分析。静态分析重点检查函数调用及返回状态，特别是未进行边界检查或边界检查不正确的函数调用（如 strcpy，strcat 等可能造成缓冲区溢出的函数）、由用户提供输入的函数、在用户缓冲区进行指针运算的程序等。

⑤动态分析技术。动态分析技术是一种动态的检测技术，在调试器中运行目标程序，通过观察执行过程中程序的运行状态、内存使用状况以及寄存器的值等以发现潜在问题，寻找漏洞。它从代码流和数据流两方面入手：通过设置断点动态跟踪目标程序代码流，以检测有缺陷的函数调用及其参数；对数据流进行双向分析，通过构造特殊数据触发潜在错误并对结果进行分析。动态分析需要借助调试器工具，SoftIce、OllyDbg、WinDbg 等是比较强大的动态跟踪调试器。常见动态分析方法有：输入追踪测试法、堆栈比较法、故障注入分析法。

5.6.5.2 修复 Windows CryptoAPI 欺骗漏洞"擒住"各版本恶意程序

（1）事例回顾

2020 年 1 月，微软发布 CVE – 2020 – 0601 漏洞公告，修补了 Windows 加密库中的 CryptoAPI 欺骗漏洞。该漏洞可被利用对恶意程序签名，从而骗过操作系统或安全软件的安全机制，使 Windows 终端面临被攻击的巨大风险，主要影响 Windows 10 以及 Windows Server 2016 和 2019，Windows10 以下版本不受影响。

经腾讯安全技术专家检测发现，该漏洞的 POC 和在野利用已先后出现，影响范围包括 HTTPS 连接、文件签名和电子邮件签名、以用户模式启动的签名可执行程序等。目前，腾讯电脑管家、T – Sec 终端安全管理系统均可修复该漏洞，腾讯安全也已率先发布漏洞利用恶意程序专杀工具，可快速检测可疑程序是否利用 CVE – 2020 – 0601 漏洞伪造证书，用户可运行此工具扫描本地硬盘或特定目录，将危险程序清除。

腾讯安全团队对该漏洞利用的 POC 进行深入分析后，确认该 POC 为 CVE – 2020 – 0601 漏洞利用的一个典型伪造签名场景，即通过该 POC 可轻松伪造出正常公钥对应的第二可用私钥，相当于黑客可以用自己的私钥欺骗微软系统，随便制造一个签名，系统都以为是合法的；而在无漏洞的情况下达到该效果需要消耗极大算力。

与此同时，腾讯安全团队还检测到已有国内黑产组织利用该漏洞构造多个恶意程序，说明该漏洞的利用方法已被部分病毒木马黑产所掌握。虽然该漏洞不能直接导致蠕虫式的利用，但可以在多种欺骗场景中运用。

在野利用样本 1：Ghost 变种远程控制木马。该样本利用漏洞构造了看似正常的数字签名，极具迷惑性。用户一旦中招，计算机将会被黑客远程控制。攻击者可以进行提权、添加用户、获取系统信息、注册表管理、文件管理、键盘记录、窃听音频等操作，还可以控制肉鸡计算机进行 DDoS 攻击。

在野利用样本 2：horsedeal 勒索病毒。该样本具有看似正常的数字签名，攻击者诱使受害者运行该恶意程序后，会导致受害者硬盘数据被加密。

在野利用样本 3：利用漏洞骗取浏览器对拥有伪造证书的网站的信任，如通过伪造类相似域名进行钓鱼攻击，在浏览器识别为"可信"网站下注入恶意脚本。

此外，腾讯安全研究人员指出，在任意受影响的机器中，任意 PE（可移植的可执行的）文件只要用这个伪造的证书进行签名，都能通过 Windows 的证书检验。现有安全体系很大程度依赖证书签名，如果通过漏洞伪造签名欺骗系统，成功绕过安全防御及查杀机制，攻击者便可为所欲为，造成严重后果。

仅在微软发布安全公告后不到一天的时间里，已经发现漏洞利用公开代码及众多在野利用样本。通过对攻击样本进行深入分析，腾讯安全技术专家认为，该漏洞的相关代码已通过网络扩散，被黑灰产业利用的可能性正在增加。如 2017 年 4 月，黑客攻击 NSA，释放出

NSA 核武级漏洞攻击包,就是"永恒之蓝"系列工具包,该工具包至今仍是网络黑产最常使用的绝佳攻击武器。

值得一提的是,该漏洞主要影响 Windows 10 以及 Windows Server 2016 和 2019。而 Windows 8.1 和更低版本以及 Server 2012 R2 和更低版本不支持带有参数的 ECC 密钥,因此,较早的 Windows 版本会直接不信任尝试利用此漏洞的此类证书,不受该漏洞影响。

(2) 对抗之策

该事例与"擒贼擒王"核心要素映射关系如图 5.29 所示。

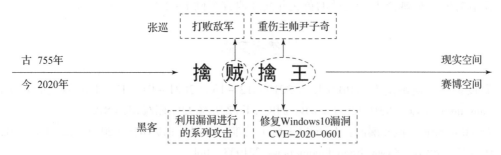

图 5.29　漏洞 CVE – 2020 – 0601 案例与"擒贼擒王"核心要素映射关系

由于该漏洞具有极高的利用价值,而且在很短时间内漏洞利用方法已被黑产所掌握,腾讯安全专家建议企业网络管理员,可参考以下方法运行专杀工具清除危险程序。使用方式如下:

①手动扫描(个人模式)。a. 根据提示输入需要扫描的目录,然后按 Enter 键,如果是全盘扫描,则输入 Root 后按 Enter 键;b. 在发现病毒的情况下,输入 Y,然后按 Enter 键,则开始删除。该操作请谨慎,删除后无法还原。

②命令行模式(企业模式)。a. 将 exe 以命令行启动,比如扫描 C 盘 Test 目录,则设置 dir = C:\test;autodel = N,如果要全盘扫描,则设置 dir = root;autodel = N;b. 如果要自动删除,则设置 autodel = Y。

CVE – 2020 – 0601 漏洞利用恶意样本专杀工具下载地址:

http://dlied6.qq.com/invc/xfspeed/qqpcmgr/download/cve_2020_0601_scan.exe

同时,腾讯安全建议企业用户立即升级补丁尽快修复该漏洞,或使用 T – Sec 终端安全管理系统(腾讯御点)统一检测修复所有终端系统存在的安全漏洞。同时,企业用户还可使用 T – Sec 高级威胁检测系统(腾讯御界),检测利用 CVE – 2020 – 0601 漏洞的攻击活动,全方位保障企业自身的网络安全。对于普通个人用户来说,推荐 Windows Update 安装补丁,拦截危险程序,全面保护系统安全。

5.6.6　小结

攻击者往往会利用系统漏洞设计进行一系列攻击,在防卫时,如果只是针对攻击表面现象进行防守,不解决根本问题,攻击者还是会不断进行攻击。用到"擒贼擒王"的思想,作战要先擒拿主要敌手,做事要抓关键,从根源上解决系统漏洞,就可以从根本上解决利用系统漏洞的攻击,大大提高用户安全。这就是"擒贼擒王"在网络安全方面的应用。

习　题

① "擒贼擒王"之计的内涵是什么？您是如何认识的？
② 简述"擒贼擒王"之计的真实案例2~3个。
③ 针对"擒贼擒王"之计，简述其信息安全攻击之道的核心思想。
④ 针对"擒贼擒王"之计，简述其信息安全对抗之道的核心思想。
⑤ 请给出"擒贼擒王"之计的英文并简述西方案例1~2个。

参考文献

[1] 百度百科. 擒贼擒王[DB/OL].(2019-12-13)[2021-01-17]. https://baike.baidu.com/item/%E6%93%92%E8%B4%BC%E6%93%92%E7%8E%8B.

[2] FreeBuf. StrandHogg 漏洞：Android 系统上的维京海盗[EB/OL].(2019-12-04)[2021-01-17]. https://www.freebuf.com/news/221933.html.

[3] 百度百科. 系统漏洞[DB/OL].(2018-08-14)[2021-01-17]. https://baike.baidu.com/item/%E7%B3%BB%E7%BB%9F%E6%BC%8F%E6%B4%9E/10512911?fr=aladdin.

[4] 杨诗雨,桂畅旎,熊菲.2019年网络安全漏洞态势综述[J].保密科学技术,2019(12):20-26.

[5] 孙黎婉. Android 原生库的漏洞挖掘技术研究[D].西安：西安电子科技大学,2018.

[6] FreeBuf. Win10 高危漏洞遭黑产攻击！腾讯安全紧急响应全面拦截[EB/OL].(2020-01-17)[2021-01-17]. https://www.freebuf.com/column/225763.html.

第 6 章
混 战 计

6.1 第十九计 釜底抽薪

不敌其力，而消其势，兑下乾上之象。

6.1.1 引言

"釜底抽薪"来自《三十六计》中第十九计，被广泛应用于各种领域，如三国时期曹操利用夜暗走小路到达乌巢后围攻放火取得胜利，20世纪后期日本精工企业扼其根源打败瑞士欧米茄表。随着当今信息网络的不断发展，"釜底抽薪"也在网络空间安全领域得到应用，运用于针对一些意想不到的安全隐患进行及时防范的措施。攻击者在了解目标用户的情况后，深入"釜底"紧抓要害，一招击中对方致命弱点"抽薪"，使他们不能及时防御，从而更快完成攻击。防御者也可以对攻击者使用这招，从根本上解决问题，防患于未然。总之，从根本出发去解决问题，凡事紧抓要害，一招击中对方致命弱点，问题就会势如破竹迎刃而解，从而无往不利。

6.1.2 内涵解析

《三十六计》第十九计之"釜底抽薪"记载云："不敌其力，而消其势，兑下乾上之象。"从物理学上说，釜底抽薪是把锅底提供热量的柴火抽出，这样就不能继续提供可持续沸腾的热量，水也就不再沸腾了。此计是指面对正面不可直接交战的强敌的时候，应该先稳住，避其锋芒，寻找对方的弱点，等待时机，然后准确判断，攻击其弱点，使之不能再战。在经商中通常是指经营者通过不断地获取对方信息，抓住对方弱点，利用"釜底抽薪"，从根本上解决问题，使自己的企业和产品在竞争中立于不败之地。在网络空间安全中则指攻击者快速找到目标漏洞或要害，从而进行攻击。"釜底抽薪"是一种理智清晰的策略表现。

6.1.3 历史典故

在中国历史中，使用"釜底抽薪"的方法来谋取利益达到目的的典故不计其数。公元199年，袁绍率领十万大军攻打许昌，袁绍兵力占优，曹操据守官渡不敢轻易出兵。双方相持三个月，曹操处境困难，前方兵少粮缺，士卒疲乏，后方也不稳固。曹操失去坚守的信心，打算退守许都，但是在荀彧的劝说下继续坚守。10月，袁绍派车运粮，令淳于琼率万人护送，囤积在故市、乌巢。就在这时，袁绍麾下的谋士许攸突然投奔曹操，献计说袁军粮草辎重车都放在乌巢，建议曹操突击乌巢。曹操思考之后决定亲自率领步骑五千，冒用袁军旗号，人衔枚马不语，各带柴草一束，利用夜暗走小路诈称奉袁绍命令去加强守备，到达乌巢后立即围攻放火。袁绍获知曹操袭击乌巢，一方面派轻骑救援，另一方面命攻曹军大营，但是曹营坚固，久攻不下。当曹操得知袁绍增援的部队已经快到的时候，鼓励战士死战，大破袁军，并将其粮草全数烧毁。袁军听到乌巢被破，于是投降曹操，导致了军心动摇，内部分裂，大军崩溃。古今战争中，粮草为部队生存之根本，为部队战斗力的本源，因此，总是"兵马未动，粮草先行"。此战曹操就是用了釜底抽薪的计策打败了袁绍，此战之后北方没有人能和曹操抗衡了，为统一北方奠定了基础。

在国外也有这样的事例，20世纪后半期，世界政局基本稳定，经济复苏，世界钟表行业发展迅速，一些新生的实力派企业不断崛起，渐渐开始威胁瑞士钟表王国的地位。日本的诹访精工就是瑞士钟表业的主要竞争对手之一。欧米茄是驰名全球的瑞士名牌表，在1964年东京第18届奥运会之前的历届奥运会都使用欧米茄计时表，创下了17次独占计时权的辉煌历史。在慕尼黑奥运会期间，精工企业为了摸清瑞士欧米茄的详情，派出考察队前往考察。通过这次步入"釜底"考察，他们了解到欧米茄的计时装置几乎都是机械式的，只有几部是石英表而且还都笨重不堪。精工企业集团在取得了东京奥运会计时权后，调集下属三家公司的20多名技术精英组成计时装置的开发队伍，策划了日本精工走向世界的重大方案。在各个比赛项目中，都以精工表计时。如此一来，世界各地亿万观众都知晓了精工表。精工表果然不负众望，在东京奥运会上大出风头。当来自非洲的运动员阿贝贝在马拉松比赛中飞奔到终点时，精工瞬间数字跑表立即定格，正确指着2.12.11.2。阿贝贝以2小时12分11秒创造了奥运会马拉松赛的最好成绩。那块在赛程中时刻追踪阿贝贝的数字跑表还是世界上最早的干电池驱动便携式石英表，平均日差仅0.2秒。如此高精确度的精工表在东京奥运会上亮相，令同行们刮目相看。就这样，精工表凭借在奥运会上的一鸣惊人，很快就为人们所熟悉。

6.1.4　信息安全攻击与对抗之道

"釜底抽薪"核心要素及策略分析如图6.1所示。其中，"抽"表示攻击者进行攻击，在网络空间安全领域主要是抓住漏洞进行攻击，从而达到目的。"薪"则表示被攻击者的关键、重要的东西，在网络空间安全领域主要是指一些漏洞以及用户敏感信息等。

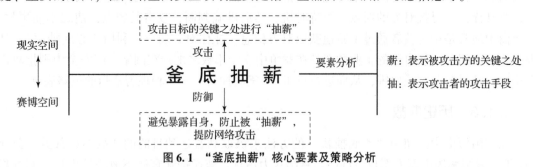

图6.1　"釜底抽薪"核心要素及策略分析

攻击之道在于攻击者需抓住被攻击目标的漏洞和致命的要害，从而将目标之"薪"抽走，使用各种手段达成控制目标、窃取或破坏信息等目的。

防御之道在于防御者首先尽量避免暴露自身漏洞和弱点，防止被"抽薪"，同时在防御的过程中提高警惕，提防在防御期间暴露，从而出现可能发生的攻击。在信息网络的使用过程中应时刻保持警觉，根据不同的外部环境采取安全防范措施，提升网络空间安全防御能力，以免被攻击者利用。

6.1.5 信息安全事例分析

6.1.5.1 木马程序通过配置文件"抽"取信息进行资金盗取

（1）事例回顾

自2015年开始，世界范围内使用SWIFT系统的银行相继曝出盗窃案件，从2015年1月的厄瓜多尔银行损失1 200万美元，到2016年2月孟加拉国央行曝出被盗窃8 100万美元。一系列的案件逐渐引起了人们对SWIFT系统的关注。孟加拉国央行被盗究其原因是该行缺乏防火墙设备，而且使用的是价值10美元的二手交换机，网络结构也没有将SWIFT相关服务器与其他网络做隔离。有进一步的消息表明，孟加拉国央行的技术人员搭建了可以直接访问SWIFT系统的WIFI接入点，只使用了简单的密码保护，另一方面，安装了SWIFT系统的服务器并没有禁用USB接口，种种现象表明，该行的网络安全存在各种巨大安全隐患，被黑客盯上只是时间的问题。

此次攻击的大致流程如下，木马程序evtdiag.exe可以用不同的参数来启动，主要功能是以Windows服务启动的进程来实现。通过配置文件读取攻击所需要的信息，如CC服务器地址、SWIFT报文关键字段、收款人等，然后通过实时监听转账交易缓存记录，实时劫持到转账所需要的消息ID，并在数据库中删除该交易记录。接下来木马程序通过监控日志查找孟加拉国央行的登录行为，如果没有找到则睡眠5秒后再次搜索。当监控到登录行为后，绕过SWIFT客户端的安全机制后，监控关键目录下的缓存报文信息并解析，根据解析结果获得转账账户当前最大可用余额，并成功篡改交易金额和收款人，达到窃取资金的目的。此外，恶意程序还劫持打印机篡改需要打印的对账单，避免银行业务人员发现篡改行为，从而延长了银行追查资金的时间，让黑客有更多的时间去洗钱。

（2）对抗之策

该事例与"釜底抽薪"核心要素映射关系如图6.2所示。

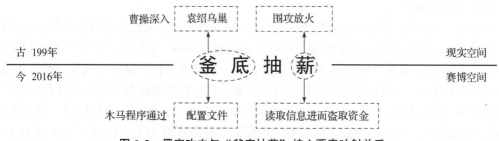

图6.2 黑客攻击与"釜底抽薪"核心要素映射关系

整个攻击过程体现了攻击者对SWIFT系统及业务都十分了解，SWIFT作为全球银行使用最多的结算系统，虽然搭建了专属的网络架构和各种标准与规范，看似安全性极高的系统却频频出现被盗的案例。作为事件的防御者，除了分析攻击者的攻击套路外，更多的是需要思考如何面对如此高级别的APT攻击。针对孟加拉国央行出现的此次案例，可从事前预防、事中监控、事后审计三个角度来进行对抗。

①事前预防。从孟加拉国央行的网络环境得知系统的风险点有：

网络隔离。服务器如果跟客户端或 PC 处于同一个网络环境，将大大增加服务器的可攻击面，因此建议企业安全人员，尤其是银行业的从业人员，务必重视网络区域划分，梳理清楚业务的需求，最好可以做到端口级的策略。如果孟加拉国央行可以实现这点，那么木马在运行时访问 CC 服务器时就能够发现这个异常的行为，从而中止恶意交易请求，避免损失。

安全设备。孟加拉国央行的二手交换机肯定是无法满足安全需求的，而我国在监管部门的推动下，金融机构基本上采购专用的网络安全设备，然而使用效率则出现各种情况，有些机器在采购后连电源都没有插上。这方面仍需要持续加强。

访问认证。孟加拉国央行技术人员搭建的 WIFI 其实很不安全，同样在我国各个企业都会遇到这样的难题，由于便携式 WIFI 普及，很多企业员工私自建立 WIFI 热点，这给攻击者带来极大的便利，因为企业员工的计算机通常是可以访问企业内部网络的。

终端安全。USB 口是企业安全人员容易忽略的部分，目前我国通常在企业服务器的基线配置中会将禁用 USB 作为安全标准之一，而大部分企业对员工 PC 的 USB 口没有禁用，因为在工作过程中 USB 确实带来很多便利，但同时也存在风险。

②事中监控。在本次银行案例中，服务器被种植木马后谁都没有察觉到木马的存在。在做好事先的网络策略的前提下，企业还可以通过 IPS/IDS 设备，进行网络流量异常监控和服务器文件完整性监控，如果是应用软件提供商，还需要在内存中做完整性校验，避免黑客直接在内存中修改程序逻辑。

③事后审计。孟加拉国央行察觉被盗后，由于系统数据库中的交易记录已被恶意程序删除，事后追查资金十分困难。这也提醒企业对日志记录也要给予足够的重视，事后如果知道四个"W"（When/Who/What/Where）将大大提高审计的效率，通常关注的日志有网络访问日志、数据库执行日志、操作系统日志、应用程序日志，业务系统也要具备完善的日志模块。

当然，以上几点总结并不足以覆盖整个企业的安全工作，安全工作需要上下一条心，给予足够的重视，这样才能把安全工作做到位，最终为企业的业务保驾护航。

6.1.5.2 利用安全漏洞"抽"取用户信息进行勒索

（1）事例回顾

2018 年，腾讯云安全团队监测到云上 Linux 服务器开始出现比特币勒索事件，这是首次云上发现 Linux 服务器遭比特币勒索，用户在访问自身 Linux 服务器的时候会出现相关的勒索信息，并且发现服务器中除必要系统文件外，一些其他文件均被粗暴删除。经分析发现，黑客主要利用 Redis 未授权等安全漏洞入侵服务器，然后粗暴删除服务器上的文件，再修改/etc/motd 留下勒索信息。Redis 是一个开源的使用 ANSI C 语言编写、支持网络、可基于内存亦可持久化的日志型 Key–Value 数据库，并提供多种语言的 API。从 2010 年 3 月 15 日起，Redis 的开发工作由 VMware 主持。从 2013 年 5 月开始，Redis 的开发由 Pivotal 赞助。作为一个内存数据库，Redis 可通过周期性配置或者手动执行 save 命令，将缓存中的值写入磁盘文件中。如果 Redis 进程权限足够，攻击者就可以利用它的未授权漏洞来写入计划任务、SSH 登录密钥、Webshell，等等，以达到执行任意指令的目的。

自 2017 年 12 月以来，该漏洞已经被大规模利用，如 DDG 等多个僵尸网络都以该漏洞为目标进行迅速的繁殖和占领算力，并且各大僵尸网络间都会彼此互相删除来保证自己对机器算力的掌握。

这是首次云上发现 Linux 比特币勒索，相对比 Windows 环境下的通过勒索软件进行文件加密勒索的行为，Linux 下的勒索方式则显得更为粗暴，采用直接删除文件而非加密文件的方式，整个勒索更多偏向于欺诈，我们称其为"破坏式欺骗勒索"，实际上可能按照勒索要求转账比特币也无法找回文件。同时，这样的手段也使得无须针对性地编写勒索软件，实施的成本更低。但对用户而言，伤害更大，如果没有及时对数据文件进行备份，被删除的数据文件可能无法找回，只能请第三方数据恢复公司进行恢复。

这一漏洞来自 Samba———一款可在 Linux 和 Unix 系统上实现 SMB 协议的开源软件，该软件正广泛应用在 Linux 服务器、NAS 网络存储产品以及路由器等各种 IoT 智能硬件上。Samba 漏洞相对比较简单，更容易被攻击，而且同样威力巨大，可以远程执行任意代码。其漏洞攻击工具也已在网上公开，很可能被不法分子恶意利用。

对普通个人用户来说，Samba 漏洞会对各种常用的智能硬件造成严重威胁。例如，全球流行的路由器开源固件 OpenWrt 就受到 Samba 漏洞影响，可能导致路由器被黑客控制、劫持或监听网络流量，甚至给上网设备植入木马。此外，包括智能电视等设备中，Samba 文件共享也是常用的服务。

针对各类智能硬件用户，建议用户及时关闭路由器、智能电视等设备的 Samba 文件共享服务，等固件进行安全更新后再开启 Samba。

（2）对抗之策

该事例与"釜底抽薪"核心要素映射关系如图 6.3 所示。

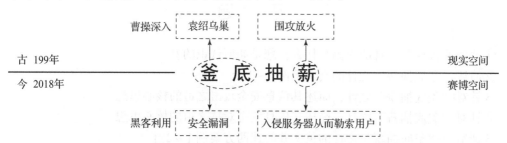

图 6.3　Linux 服务器遭比特币勒索与"釜底抽薪"核心要素映射关系

建议用户加强主机安全防范。防范因此类事件而导致数据丢失等问题，具体可参考以下方式：

①及时备份服务器上的数据，比如采用腾讯云提供的快照功能，对服务器进行快照，即使服务器被入侵也可以通过快照快速恢复数据和业务。

②排查机器上的服务安全，特别是一些外网可以访问的服务，避免如 Redis 未授权访问导致服务器被入侵的问题，通过安全组限制公网对 Redis 等服务的访问；通过修改 redis.conf 配置文件，增加密码认证，并隐藏重要命令以及以低权限运行 Redis 服务等。

③对服务器添加安全组，进行访问限制，关闭非白名单 IP 的访问；如果条件允许，建议修改默认的远程访问端口，如 22 修改为 2212 等，避免可能的暴力破解问题。

总之，面对不断涌现的新技术和复杂多变的安全威胁，网络安全正逐渐从合规，走向真实的对抗，网络安全领域需要不断创新，迎接各种新挑战。在秉承动态安全和主动防御安全理念的同时，需要进一步加强 AI 人工智能和大数据分析技术，为企业提供全方位主动防御和更精准的威胁智能分析，以更无畏的姿态应对未知安全威胁，开启企业安全防护新纪元。

6.1.6 小结

临渊羡鱼，不如退而结网；扬汤止沸，不如釜底抽薪。"釜底抽薪"就是运用于针对一些意想不到的安全隐患进行及时防范的措施。在网络空间安全中，防御者也可以对攻击者使用此计策，从根本上解决问题，防患于未然。总之，从根本出发去解决问题，凡事紧抓要害，一招击中对方致命弱点，问题就会势如破竹迎刃而解，从而无往不利。

本节介绍了"釜底抽薪"的基本含义，讨论了国内外多个应用事例。在网络空间安全领域，不法攻击者利用"釜底抽薪"这一计策发起攻击，防御者也利用"釜底抽薪"这一计策抵御攻击。2016 年，木马程序通过配置文件抽取信息，从而使得世界范围内使用 SWIFT 系统的银行相继被盗窃。2018 年黑客利用 Redis 未授权等安全漏洞入侵 Linux 服务器，然后粗暴删除服务器上的文件，再修改/etc/motd 留下勒索信息。要时刻防范攻击者，不断提升个人网络安全意识，加强对各种软件和系统的管理，使想要利用"釜底抽薪"的攻击者无处可攻，同时使利用"釜底抽薪"的防御者无懈可击。

信息安全是当今社会一个很重要的问题，受到很多人的关注，实现信息安全，才能保障国家安全。然而，随着互联网的发展，攻击的方法各异，手段越发多样，时常令我们始料不及。因此，应当学会并巧妙利用"釜底抽薪"计策，从根本上进行防范和加固，让敌人无可乘之机。

习 题

① "釜底抽薪"之计的内涵是什么？您是如何认识的？
② 简述"釜底抽薪"之计的真实案例 2~3 个。
③ 针对"釜底抽薪"之计，简述其信息安全攻击之道的核心思想。
④ 针对"釜底抽薪"之计，简述其信息安全对抗之道的核心思想。
⑤ 请给出"釜底抽薪"之计的英文并简述西方案例 1~2 个。

参考文献

[1] 百度百科. 釜底抽薪 [DB/OL]. （2020 - 06 - 13）[2020 - 07 - 02]. https：//baike.baidu. com/item/釜底抽薪/5771835？fr = aladdin.

[2] 110 法律咨询网. 第 19 计"釜底抽薪"与商战赏析 [EB/OL]. （2019 - 04 - 16）[2021 - 02 - 15]. http：//www. docin. com/p - 2192737275. html.

[3] FreeBuf. SWIFT 惊天银行大劫案全程分析 [EB/OL]. （2016 - 06 - 29）[2021 - 01 - 16]. https：//www. freebuf. com/articles/network/107900. html.

[4] FreeBuf. 预警|Linux服务器惊现比特币勒索事件，做好四点可免遭损失 [EB/OL]. （2018 - 04 - 17）[2020 - 07 - 25]. https：//www. freebuf. com/vuls/168897. html.

[5] FreeBuf. 预警|删库跑路加勒索，Redis 勒索事件爆发 [EB/OL]. （2018 - 09 - 11）[2020 - 07 - 25]. https：//www. freebuf. com/vuls/183992. html.

6.2 第二十计 混水摸鱼

乘其阴乱,利其弱而无主。随,以向晦入宴息。

6.2.1 引言

"混水摸鱼"出自《三十六计》中第二十计,被广泛运用于各种领域,如现代商业中日本商人利用中国商人间信息不通来压价坐收渔翁之利。随着当今信息网络的不断发展,"混水摸鱼"也逐渐开始在网络空间安全领域得到应用,攻击者在了解目标用户的情况后,利用他们集中解决因环境等外部因素引起的问题而疏于防范这一时机,混淆他们的判断,使他们不能及时防御,从而更快完成攻击。应对攻击者实施"混水摸鱼"之计首先应当保持机智、沉着、冷静的精神状态,不要让对方牵着鼻子走,对自己不熟悉的情况尤其不能掉以轻心,以防止对方钻空子。耐心和勇气常能帮助我们去对付善于搅和的人,把事情一件件弄清楚,不要让对方有混水摸鱼的机会。

6.2.2 内涵解析

《三十六计》第二十计之"混水摸鱼"记载云:"乘其阴乱,利其弱而无主。随,以向晦入宴息。"原意是指在混浊的水中,鱼就会晕头转向,乘机摸鱼,可以得到意外的好处。意思是说:敌人内部发生混乱时,趁机夺取胜利。其中"混水"表示将局势弄乱,"摸鱼"则表示达到的目的,比喻趁混乱时机获取利益。在战争中弱小的一方经常会动摇不定,这里就有可乘之机。运用此计的关键,是指挥者能够精准地分析局势,充分发挥主观能动性,千方百计把水搅混,那样就能把主动权紧握在手中了。在经商中通常是指经营者通过不断地扰乱大局势,从而获取对方信息,千方百计争夺利益,使自己的企业和产品在竞争中立于不败之地。在网络空间安全中则指攻击者扰乱外部的时事条件,使目标用户无法准确判断,抓住可乘之机进行攻击。"混水摸鱼"是一种攻其不备的策略表现。

6.2.3 历史典故

在中国历史中,使用"混水摸鱼"方法来谋取利益达到目的的典故不计其数。唐朝开元年间,契丹人曾多次进犯唐朝。当时,出任幽州节度使的张守珪,担负着平定契丹侵扰的重任。当时,契丹有位大将名叫可突干,他多次率兵攻打幽州,但都没有成功。于是,他心生一计,假装要与唐军讲和,意图幽州。幽州节度使张守珪很明白可突干的真实意图,决定将计就计,便派部下王悔去契丹军营,以宣诏为名,借机探听可突干与唐军"讲和"的意图及其军营的虚实。王悔进入契丹军营后,发现可突干与部属的关系不是很融洽。他又打听到,分掌兵权的部将叫李过折,他与可突干一直存在矛盾。于是,王悔暗地里接触李过折,得知他十分反对可突干的侵扰行为。王悔乘机劝服李过折,让他尽快脱离可突干,转而为唐朝出力,日后朝廷定有重赏。王悔完成任务后,回到了幽州。第二天,李过折对可突干的军营发动突然袭击,并杀死了可突干。忠于可突干的大将李礼,率领部下与李过折展开了激烈的战斗,李过折在乱战中被杀。此时,契丹军营大乱,张守珪得知消息后,立刻率领大军杀入契丹军营,活捉了李礼,打败了契丹军,从而迅速平定了战乱,使边境得以安宁。

企业在市场竞争中存在着错综复杂的关系，在这种情况下，经营一方可以利用这种错综复杂的关系乱中取胜，坐收渔翁之利。1988年，当时的北国粮油贸易公司刚刚成立，公司以经销东北生产的玉米为主要业务。岛村是日本一家化工公司的业务经理，来华为其公司订购一批玉米，为了用最低价格购进，他精心设计，与数家公司联系，借助各公司之间没有什么联系的特点来相互压价，最后坐收渔翁之利。岛村正是利用中国各公司之间信息不通，来制造假象，最终从"混水"中摸到了利益。

6.2.4　信息安全攻击与对抗之道

"混水摸鱼"核心要素及策略分析如图6.4所示。其中，"混水"表示攻击者使用的方法手段，在网络空间安全领域则是指搅乱外部因素对信息网络造成的影响。"摸鱼"表示攻击者达到的目的。在网络空间安全领域主要是指截取信息，例如目标账号信息、目标涉密信息、目标敏感信息等。

图6.4　"混水摸鱼"核心要素及策略分析

攻击之道在于攻击者需抓住被攻击目标遇到困难后无法及时解决的时机，使被攻击目标内部成为一片"混水"，使用"混水摸鱼"之计，利用被攻击目标对外界攻击辨别能力差的特点实施"摸鱼"，使用各种手段达成控制目标、窃取或破坏信息等目的。

防御之道在于防御者应尽量避免外部困难的发生或降低外部困难造成的影响，不要让对方牵着鼻子走，对自己不熟悉的情况尤其不能掉以轻心，以防止对方钻空子。在信息网络的使用过程中应时刻保持警觉，根据不同的外部环境采取相应的安全防范措施，提升网络空间安全防御能力，以免被攻击者利用。

6.2.5　信息安全事例分析

6.2.5.1　利用 CSDN 数据库曝光之"水"吸引用户

（1）事例回顾

2011年12月，CSDN、多玩、世纪佳缘、走秀等多家网站的用户数据库被曝光在网络上，由于部分密码以明文方式显示，大量网民受到隐私泄露的威胁。围绕"谁曝光了这些数据库"这一问题，网络上有诸多传言。网友曝出 CSDN 的用户数据库被黑，600余万用户资料被泄露，CSDN 官方随后证实了此事，称此数据库系2009年 CSDN 作为备份所用，目前尚未查明泄露原因。CSDN 随后向用户发表了公开道歉信，并称已向公安机关报案，现有的2 000万注册用户的账号密码数据库已经全部采取了密文保护和备份。目前可查的关于这一事件的最早披露者来自乌云安全问题反馈平台，随着"密码门事件"不断升级，越来越多的网站加入"沦陷"名单。继 CSDN、天涯社区用户数据泄露后，互联网行业人心惶惶，而在用户数据最为重要的电商领域，也不断传出存在漏洞、用户泄露的消息，漏洞报告平台乌云发布漏洞报告称，支付宝用户大量泄露，被用于网络营销，泄露总量达 1 500 万～2 500 万之多，泄露时间不明，里面只有支付用户的账号，没有密码。随后，中国计算机学会青年计算机科技论坛广州分会召开了"互联网用户资料泄露事件紧急会议"。16 名与会专家一致认为，这次事件是迄今为止中国互联网史上最大的信息泄露事件。

面对突如其来的大规模用户信息泄露，诸如 CSDN、天涯等信息被泄露网站显得有些"手足无措"。"以前，论坛并没有被列入安全等级要求，并不属于敏感数据。"CSDN 总裁蒋涛表示很无奈，没想到这一次 CSDN 成了"众矢之的"。

这样的"大事件"百年难遇，一向躁动的互联网开始"按捺不住"。不少网站借机混水摸鱼，打起了那些"裸奔"的用户信息的主意。它们向用户邮箱发"更改密码"的通知来吸引用户，而这些邮箱之前并没有在该网站注册。看着"免费"的真实用户数据，不少网站自然无法克制自己"垂涎三尺"的欲望。"有些网站把这些公开库的数据直接导入自己的用户库，也发通知给用户更改密码，来获取用户。有些网站趁机通知用户更改密码，激活用户。"蒋涛在接受记者采访时说道。即使是给注册用户发送邮件，也能够"唤醒"不少沉睡的用户。一位互联网专家以腾讯 QQ 为代表举例，目前，腾讯 QQ 的注册用户近 10 亿，日活跃用户约为 1.6 亿。他告诉记者，腾讯的活跃用户比例算是很高的，其他网站更低，有些用户甚至忘记了注册过的网站的用户名与密码。

"一夜之间，中小网站拥有几千万潜在用户。"一位中小网站的站长告诉记者，这些公开的信息资料不需要花钱购买，平常做点邮件营销都需要花钱买邮箱。在这样的利益驱动下，许多中小网站蜂拥而上。据他介绍，对中小网站来说，只要有几万用户就是一个"相当有规模"的网站，每个月几千名活跃用户带来的流量可以赚取 1 万多元。虽然邮件带来的用户注册率很低，一般只有 1%，但由于这次泄露的邮箱数据都是百万、千万级别，集结在一起，数量就相当可观。不仅中小站长获益，那些利用机器发帖、刷"僵尸粉"的网络水军公司也获益颇多。"这些公司甚至都不用再用机器去注册了，直接使用这些账号就可以了。"某中小网站站长风妖告诉记者。公开信息的泄露更激起了网络犯罪的"浪潮"。反钓鱼网站联盟相关负责人表示，这几天，网络钓鱼、垃圾邮件的活跃度增强。"这两天，垃圾邮件暴增。"一位天涯账号被泄露的用户抱怨说。

（2）对抗之策

该事例与"混水摸鱼"核心要素映射关系如图 6.5 所示。

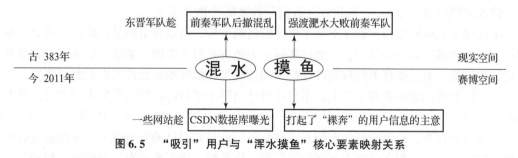

图 6.5　"吸引"用户与"浑水摸鱼"核心要素映射关系

网站上的用户数据主要通过三种方式泄露：

①黑客利用网站存在的安全漏洞入侵网站，盗取用户数据库。当前国内大部分网站都存在不同程度的安全漏洞，这些漏洞轻则会影响网站正常运行，重则会导致网站服务器沦陷，网站机密数据遭到泄露，CSDN、天涯等大型网站就是因为网站存在安全漏洞导致用户数据被黑客盗取。大型网站如此，一些中小型的网站、论坛更是存在许多安全漏洞，一个熟练的黑客可以在很短的时间内入侵一个普通网站，窃取到网站的机密数据。

②网站内部工作人员倒卖用户信息。一些网站、论坛的工作人员因为工作性质可以接触到大量用户资料信息，其中一些不法之徒便通过倒卖网站用户数据来牟利，目前已经发生过多起这样的案例。

③通过撞库攻击，窃取用户数据。现在基本每个用户都拥有多个账号，其中很多人为了方便记忆，多个账号使用的都是同一密码。这样做导致的后果就是一旦某一账号密码泄露，很可能导致用户的其他账号也被盗。黑客运用手中拥有的或互联网上公开的用户数据库去尝试登录用户注册的其他网站，如果使用的都是同一密码，就很容易中招。这样的攻击手段被形象地称为撞库攻击。

对普通用户而言，建议采用以下措施提高账号的安全性：

①不应该盲目信任"大公司、大网站"，在网上注册的时候应尽可能少透露自己的个人资料，如非必要，不要泄露电话、家庭住址、银行卡号、QQ密码等私人信息。

②一定要"一个网站一个密码"，不要在多个网站使用同一密码，避免黑客通过攻击安全性低的网站，拿到其数据库后去猜解别的网站密码，曾有多个网站发生此类情况，有些使用相同密码的用户账号被猜解成功。

③设置网站密码时，应在8位以上，数字、字母和特殊符号（@%&）混合使用，这样可以增强密码强度。

④应每隔一段时间就更换所有密码。比如每三个月就更换一次重要网站的密码，这样即使黑客撞库成功，也可以降低其利用密码作恶的成功率。

对此，CSDN也采取了一定的应对措施，主要包括：a. 针对已注册的用户，提示修改密码，并提示用户把其他网站相同的密码也尽快修改。b. 针对所有弱密码用户进行提示，要求用户修改密码，并提示用户把其他网站相同的密码也尽快修改。c. 对所有注册用户群发E-mail提示用户修改密码，并提示用户把其他网站相同的密码也尽快修改。d. 临时关闭用户登录，针对网络上泄露的账号数据库进行验证，凡是没有修改过密码的泄露账号，全部重置密码。

此次失窃的只是密码集，用户只要及时修改密码即可避免隐私失窃，因此不用恐慌。但用户修改密码只是"治标"，网站改变数据存放策略才是"治本"。

根据瑞星互联网攻防实验室对整个事件的追踪分析，可以肯定的是，此次出现泄露事故的厂商，问题都出在服务器端，可能存在漏洞的地方是服务器操作系统、数据库、磁盘备份及论坛程序等，对这些环节的软硬件进行加固处理可以很好地防止再次出现泄露事故。专家也指出，由于密码泄露在服务器上，用户在自己电脑上进行的防护几乎失去了意义，只有互联网厂商做好防护之后，才能谈到用户客户端的安全防护。在整个事件中用户处于最弱势、最无能为力的环节，瑞星呼吁所有的互联网服务厂商提高自己的安全能力，承担起应有的保护用户隐私的责任；对于已经出现问题的厂商，应及时、透明地公布应对措施，帮助用户提升自己账号的级别。

尽管泄露的仅是不太具有利用价值的密码，但如果将来出现 SNS 网站密码泄露、电商网站密码泄露，其可能带来的损失将大大超出 CSDN 网站的密码泄露。值得警惕的是，密码泄露的利用价值跟数据库大小无关，例如，银行网站数据库一旦泄露，即使只有几千个用户，那也比几百万、上千万的社区用户数据库有价值，因为黑客可直接利用其窃取用户资金。

6.2.5.2 利用公共 WIFI 之"水"盗取钱财

（1）事例回顾

2014 年，江苏南京市民张先生使用公共场所的 WIFI 后，电脑被黑客入侵，在 U 盾、银行卡都在的情况下，他网银上的 6 万多元被人在两天内盗刷 69 次，只剩下 500 元。而且他的手机还被黑客做了手脚，接收消费提醒短信的功能也被屏蔽，所以发生的 69 次交易他根本没收到任何短信提示，钱不知不觉中就全被转走了。警方发现，这与他曾在公共场所连接免费 WIFI 有关。现在无论国内国外，公共场合一般都有免费 WIFI 供人们接入。尤其是在火车站、机场等人流密集的地方，对 WIFI 的需求也很大。在开心上网打发等车、候机时，我们也要小心不要连接钓鱼 WIFI。要知道，危险无处不在，正当我们醉心于长假的玩乐时，自己的个人信息很有可能就被盗取了。这些不法分子在咖啡厅、购物中心等人群聚集的场合，设立一个无须密码就可以连接的 WIFI 网络。而网络名称则与商户官方、购物中心官方的免费 WIFI 名称一样，从而吸引上网者连接，一般人很难分辨真假。一旦连接上钓鱼 WIFI，我们的个人隐私将毫无保留地展露在不法分子面前。尤其是进行支付、购物等操作时，不仅泄露了支付信息，还会泄露自己的姓名、家庭住址等隐私信息。

此类诈骗，黑客先是配置一款无线路由器，设置一个公共的免密码连接的钓鱼 WIFI，当有用户登录至该 WIFI 后，利用手机安全漏洞，获得手机的完全控制权。当用户在手机上输入支付宝账号和密码的时候，这些极其重要的账户认证信息就会被黑客获取，其中就包括用户的支付短信验证码，从而完成下一步的转账。

（2）对抗之策

该事例与"混水摸鱼"核心要素映射关系如图 6.6 所示。

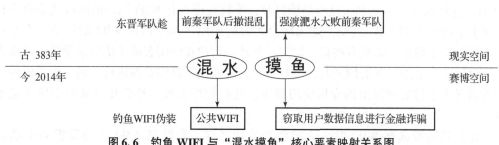

图 6.6　钓鱼 WIFI 与"混水摸鱼"核心要素映射关系图

权威报告显示，信息安全组织在"北上广"三地的公共场所对 6 万多个 WIFI 热点进行了调查，其中有 8.5% 的 WIFI 热点是钓鱼 WIFI。这些钓鱼 WIFI 不需要进行安全验证就可以免费使用，但是它们会盗取用户的个人信息和设备信息，想方设法植入恶意软件并对用户进行欺诈，盗取用户的个人信息和个人财产。

其实，无论你使用电脑、iPad，还是手机，只要通过 WIFI 上网，数据都有可能被控制这部 WIFI 设备的黑客电脑截获，信息有可能被窃取，当然包括未经加密处理的用户名和密码信息。如果自己可以鉴别免费WIFI的真伪，那么连接也无妨。不过出门在外，小心为上，还是尽量不要连接免费的WIFI。如果有可能，可以根据提示进行判断或者与商家核实是否为商家的真WIFI。如果流量够用，优先使用手机流量或者自带的随身WIFI。

但是，公共WIFI也能"钓鱼"。不少账户被盗其实是因为访问了钓鱼网站。公共WIFI则提供了植入钓鱼网站的潜力。

那么，如何辨别钓鱼WIFI呢？

①免密的WIFI可能是钓鱼WIFI。这类不需要验证、不需要密码的公共WIFI风险系数很高，背后有可能是钓鱼陷阱。而现在帮助用户蹭网的App越来越多，抛开道德问题不谈，一旦用户通过蹭网应用自动连接上了钓鱼WIFI，造成财产损失，就真是因小失大了。

②重名WIFI可能是钓鱼WIFI。发现多个重名WIFI时，要格外警惕。不少黑客就在星巴克、麦当劳等大家爱蹭网的地方附近，自己架设一个相同名称的WIFI，大家一不小心就可能连接到黑客架设的WIFI上了。

③可以使用专业安全软件测试网络是否为钓鱼WIFI。市面上不少手机安全软件都有网络检测功能，可以有效检测出DNS劫持和ARP攻击等问题。

为了避免上当受骗，可采取以下措施：

①及时更新升级浏览器。和传统有线网络相比，WIFI网络环境下，用户信息的安全性挑战更多。用户在使用非加密的WIFI网络或者陌生的WIFI网络时，最好提前在笔记本电脑或智能手机中安装一些安全防范软件以作提防。针对最容易泄露用户信息的浏览器软件，用户除了要在官方网站下载和安装之外，还要养成定时更新升级的好习惯。例如，UC浏览器，其最新的版本就加入了连接到无密码的WIFI网络自动提醒用户是否要断开的功能，这种功能升级对于用户防范钓鱼WIFI无疑会起到比较实用的效果。使用浏览器登录网站时，如果碰到需要用户输入账户名和密码并弹出"是否记住密码"选项框的情况时，最好不要选择"记住密码"，因为"记住密码"功能会将用户的账号信息存储到浏览器的缓存文件夹中，无形中方便了黑客进行窃取。

②手机软件设置莫偷懒。智能手机用户特别需要注意的是，在日常使用时最好关闭WIFI自动连接功能。因为如果这项功能打开，手机在进入有WIFI网络的区域就会自动扫描并连接上不设密码的WIFI网络，这无疑会大大增加用户误连钓鱼WIFI的概率，为了一时方便而留下安全隐患，未免有些得不偿失。另外，用户在使用智能手机登录手机银行或者支付宝、财付通等金融服务类网站时，最好不要直接通过手机浏览器进行，请优先考虑使用银行或者第三方支付公司推出的专用应用程序，这些程序的安全性要比开放的手机浏览器高不少。

③在公共场所选择WIFI时，一定要看清楚名称，最好把WIFI连接设置为手动而非自动。

6.2.6 小结

本节介绍了"混水摸鱼"的基本含义，讨论了国内外多个应用事例。在网络空间安全领域，不法攻击者利用"混水摸鱼"这一计策，发起攻击。"混水摸鱼"在网络安全领域的应用还是比较广泛的，它主要思想就是抓住可乘之机，借机行事。以上两个案例都运用了"混水摸鱼"之计，但表现形式却有不同。2011年CSDN密码门事件使得一向躁动的互联网开始"按捺不住",看着"免费"的真实用户数据不少网站借机混水摸鱼,打起了那些"裸奔"的用户信息的主意,向用户邮箱发"更名密码"的通知,吸引用户,而这些邮箱之前并没有在该网站注册。2014 年,江苏南京市民张先生使用公共场所的 WIFI 后,电脑被黑客入侵,使得网银上的 6 万多元被人在两天内分 69 次转移,只剩下 500 元。要尽力减少"水"变混的可能,并时刻防范攻击者,不断提升个人网络安全意识,加强对各种软件和系统的管理,使想要"混水摸鱼"的攻击者无处可攻。

"混水摸鱼"的谋略在不同情况下的表现形式虽各具特色,但归根结底都带有"混"的底色。想要运用好该计策,需正确把握"混水摸鱼"与其他计策的关系。"混水摸鱼"与"趁火打劫"有一定相似之处,需注意"趁火打劫"强调取利的强势性与进攻性,因敌对势力通常较为强大,需要趁着"火"势"打劫"制胜;而"混水摸鱼"偏重隐蔽性和随机性,因敌方不一定很强大,只要确保"水"足够混,即可趁势"摸"之。还要看到的是,有时我们面对的"鱼",也可能是中间力量,对这样的"鱼"就应当采取适当措施,把这些"鱼"争取过来,从而不断增强自身力量。

习 题

① "混水摸鱼"之计的内涵是什么?您是如何认识的?
② 简述"混水摸鱼"之计的真实案例 2~3 个。
③ 针对"混水摸鱼"之计,简述其信息安全攻击之道的核心思想。
④ 针对"混水摸鱼"之计,简述其信息安全对抗之道的核心思想。
⑤ 请给出"混水摸鱼"之计的英文并简述西方案例 1~2 个。

参考文献

[1] 百度百科. 混水摸鱼[DB/OL]. (2020-05-23)[2020-06-12]. https://baike.baidu.com/item/混水摸鱼/531578?fr=aladdin.
[2] 110 法律顾问网. 第 20 计"浑水摸鱼"与商战赏析[EB/OL]. (2019-04-16)[2021-02-15]. http://www.docin.com/p-2192737183.html.
[3] 快科技. 密码泄露引诱网站浑水摸鱼:垃圾邮件暴增[EB/OL]. (2011-12-29)[2020-06-28]. http://news.mydrivers.com/1/213/213414.htm.
[4] 搜狐网. 别再说你的网络信息安全了,快来看看这个案例[EB/OL]. (2017-10-10)[2020-07-28]. https://www.sohu.com/a/197118704_511284.
[5] ZOL 配件频道. 网不能乱蹭!盘点十大 WIFI 钓鱼案例[EB/OL]. (2012-03-16)[2021-02-15]. http://pj.zol.com.cn/511/5113107.html.

6.3 第二十一计 金蝉脱壳

存其形,完其势;友不疑,敌不动。巽而止蛊。

6.3.1 引言

"金蝉脱壳"出自《三十六计》中第二十一计,被广泛运用于各种领域,如宋朝开禧年间,毕再遇使用此计迷敌军从而利用两天时间得以安全转移;在现代商业中,商人刘氏兄弟的发展轨迹,也是脱壳、再脱壳的过程。随着当今信息网络的不断发展,"金蝉脱壳"也逐渐开始在网络空间安全领域得到应用,施用"金蝉脱壳"之计的核心在于"脱壳",是指利用各种方法来解除一些恶意网站、用户的隐私跟踪,使得自己能够谨慎从容地脱身。

6.3.2 内涵解析

《三十六计》第二十一计之"金蝉脱壳"记载云:"存其形,完其势;友不疑,敌不动。巽而止蛊。"其本意是:寒蝉在蜕变时,本体脱离皮壳而走,只留下蝉蜕还挂在枝头。此计用于实战中,是指通过伪装摆脱敌人撤退或转移,以实现我方的战略目标的谋略。稳住对方,撤退或转移,绝不是惊慌失措、消极逃跑,而是保留形式,抽走内容,稳住对方,使自己脱离险境,达到己方战略目标,己方常常可用巧妙分兵转移的机会出击另一部分敌人。实战中不一定要硬拼硬,当感觉自己实力不济的时候,适时实施转移或撤退是保存有生力量的最佳方法,这个撤退也很讲技巧和方法,否则就成溃败之势,一发而难以收拾。要稳步撤退,当后撤到利于己方的环境和地形时再组织防守或反扑。在网络空间安全中则指进行合理伪装,以实现战略目标的谋略。稳住对方,保留形式,抽走内容,使自己脱离险境,达到己方战略目标。"金蝉脱壳"是一种聪慧果决的策略表现。

6.3.3 历史典故

宋朝开禧年间,金兵屡犯中原。宋将毕再遇与金军对垒,打了几次胜仗。金兵又调集数万精锐骑兵,要与宋军决战。此时,宋军只有几千人马,如果与金军决战,必败无疑。毕再遇为了保存实力,准备暂时撤退。但金军已经兵临城下,若撤退宋军损失一定惨重。于是,毕再遇暗中做好撤退部署,当天半夜时分,下令兵士擂响战鼓,金军听见鼓响,以为宋军趁夜劫营,准备迎战。宋军连续不断地击鼓,搅得金兵整夜不得休息,却不见一名宋军士兵。金军的头领似有所悟:原来宋军采用疲兵之计。之后,金兵根本不予理会。第三天,金兵发现宋营的鼓声逐渐微弱,金军首领断定宋军已经疲惫,就兵分几路包抄,小心翼翼靠近宋营,见宋营毫无反应,金军首领一声令下,金兵蜂拥而上,冲进宋营,这才发现宋军已经全部安全撤离了。原来毕再遇使了"金蝉脱壳"之计。他命令兵士将数十只羊的后腿捆好绑在树上,使倒悬的羊的前腿拼命蹬踢,又在羊腿下放了几十面鼓,羊腿拼命蹬踢,鼓声隆隆不断。这便是金蝉脱壳的故事。毕再遇用"悬羊击鼓"的计策迷惑了敌军,利用两天时间安全转移了。

此外,20世纪80年代初,刘氏兄弟以1 000元起家,回村孵鸡、孵鹌鹑。随后数年,刘氏兄弟成为全国的鹌鹑大王,他们在鹌鹑养殖事业顶峰时,看到危机,于是,把鹌鹑宰杀或送人,成功地开发出希望牌高档猪饲料,并很快占领成都市场。1998年,刘氏兄弟在饲料行业做到顶峰,随后进行资产重组,分别成立了大陆希望集团、东方希望集团、新希望集团、华西希望集团,各自在相关领域发展。东方希望移居上海后,刘永行频频出手参股金融机构,目前,东方希望在光大银行、民生银行、民生保险、深圳海达保险经纪人公司和上海光明乳业等项目上都持有一定股份,总投资超过 2 亿元。刘氏兄弟的发展轨迹,就是脱壳、再脱壳的过程。

6.3.4 信息安全攻击与对抗之道

"金蝉脱壳"核心要素及策略分析如图 6.7 所示。

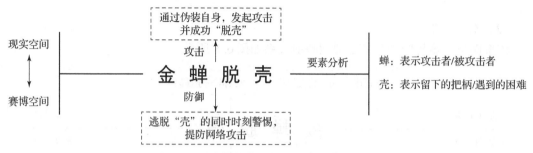

图 6.7 "金蝉脱壳"核心要素及策略分析

其中,"蝉"既可以表示攻击者,也可以表示被攻击者。"壳"则表示攻击者在进攻后留下的把柄或被攻击者在防御过程中遇到的困难。在网络空间安全领域,黑客入侵,收尾不干净,留下把柄,被暴露出来,无法全身而退以至于难以做到"金蝉脱壳"的事例比比皆是。

攻击之道在于攻击者需要紧紧地抓住被攻击目标,进行合理伪装,从而抓住全身而退的时机,使用"金蝉脱壳"之计,利用被攻击目标对外界攻击辨别能力差的特点实施"脱壳",使用各种手段达成控制目标、窃取或破坏信息等目的。

防御之道在于防御者首先尽量避免外部困难的发生或降低外部困难造成的影响,快速地逃脱"壳",同时在逃脱"壳"的过程中提高警惕,提防在这期间可能发生的攻击,稳住对方,保留形式,抽走内容,使自己脱离险境。在信息网络的使用过程中须时刻保持警觉,根据不同的外部环境采取安全防范措施,提升网络空间安全防御能力,以免被攻击者利用。

6.3.5 信息安全事例分析

6.3.5.1 富可视投影仪逃脱身份验证之"壳"获取 WIFI 密码

(1) 事例回顾

2015 年,富可视事件引起了较多的关注。富可视 IN3128HD 投影仪通常应用于学校的多媒体教室中。通常来说,富可视 IN3128HD 投影仪管理控制台需要管理员密码才能访问其配置界面,但是受身份验证绕过漏洞(CVE-2014-8383)的影响,攻击者只需猜测用户成功登录之后跳转的页面(main.html)就能修改投影仪的任何配置参数,这意味着只需要使用正确的 URL,攻击者就可以绕过登录页面的身份验证。

美国国家核心安全实验室的研究人员 Joaquin Rodriguez Varela 在报告中说道:"正常情况下,为了查看或者修改富可视 IN3128HD 投影仪配置参数,Web 服务器需要用户输入管理员密码才可以。然而,当攻击者知道正常用户成功登录后所跳转的页面(main.html)时,他就可以利用该漏洞绕过登录页面的身份验证。该漏洞的原因是登录限制页面并未包含任何控制或验证用户身份的信息,而登录时仅仅检查登录密码是否正确,成功登录后却并未产生会话 Cookie。"

一旦绕过身份验证机制,攻击者就可以获得及修改网络设置(例如,网络掩码、DNS 服务器、网关)或 WIFI 配置,包括 WIFI 密码。不难想象得到 WIFI 密码之后会产生什么样的后果。Varela 强调该投影仪固件还缺乏对 webctrl.cgi.elf CGI 文件的身份验证,而使用该文件可以再次更改包括 DHCP 设置在内的设备参数,并能强制远程重启富可视 IN3128HD 投影仪。

(2)对抗之策

该事例与"金蝉脱壳"核心要素映射关系如图 6.8 所示。

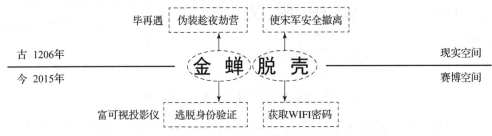

图 6.8 盗取 WIFI 密码与"金蝉脱壳"核心要素映射关系

这里所谓"金蝉脱壳",就是在完成盗取用户文件等恶意行为的过程中,貌似正在进行正常的操作,在不知不觉中就完成撤退,把中间的结果清除干净,不留痕迹。

建议使用富可视 IN3128HD 投影仪的用户将该设备与公共网络隔离。同时,各单位要建立健全日常工作业务相关信息系统的管理制度,通过登录认证、行为审计等技术措施严格落实对业务系统操作行为的监督管理,依法留存系统相关日志记录,确保相关系统能合法合规使用。重点企业和涉密机构应当尽快开展管理漏洞自检、设备系统升级、人员安全意识培训等工作,在面临不可预测的外部攻击和内部泄露时,尽快加强数据保护能力,运用有效的技术手段保护数据,建立健全数据安全管理体系,有效进行数据风险管理和控制。

如何才能识破金蝉脱壳之计呢?要领在于"明察秋毫",思索可能会发生的情况。那么如何才能防范金蝉脱壳之计呢?未雨绸缪,提前做好充分准备,巧妙地脱身逃遁,使得对方不能及时发觉。

6.3.5.2 病毒家族通过伪装手段逃脱用户发现之"壳"执行恶意操作

(1)事例回顾

2017 年,暗影实验室监测到与"金蝉脱壳"的典故极其类似的一个病毒家族,该家族样本通过各种伪装手段迷惑和欺骗用户,并在用户不知情的情况下执行各项恶意操作。

该病毒伪装成正常软件,通过躯壳应用加载病毒子包,窃取用户隐私,破解用户手机 WIFI 密码,开启多个远程服务,默默更新病毒包,通过集成的数个第三方消息推送,无来源流氓推送消息。

该病毒利用最外层躯壳绕过平台检查和欺骗用户,其恶意行为包括:

①定期频繁静默下载更新,给用户造成流量消耗。

②静默强制开启多个远程服务(进程),消耗用户手机系统资源。应用为了保证推送和更新等服务的长久待机,在用户不知情的情况下,使用远程服务技术,在隐匿第三方应用中静默开启多个远程服务(进程),通过分析直到服务之间相互开启,并且设置时钟定时开

启。开启服务和远程服务技术的使用，需要先在应用清单文件 AndroidManifest.xml 中注册远程服务进程。

③集成众多消息推送，流氓推广广告信息。平台检测到，此类病毒应用消耗了用户的大量流量，据用户举报，安装此类病毒后，莫名收到很多广告推送。在进行深度分析时，从应用文件和源码程序中，发现此病毒集成了大量的第三方消息推送服务。这些第三方推送包括极光推送、百度云推送、个推推送、小米推送等。

④欺骗用户隐藏应用足迹。采用多种技术手段欺骗用户，隐匿自己的恶意行为；使用固定页面设置，提示用户进行更新和网络错误无法使用应用；分析系统应用和数据特点，模拟系统命名，欺骗用户安装第三方子包，以及保护应用本地数据。

用户安装之后，提示更新，实则未进行任何版本检测，而是加载一个本地子包。用户选择更新之后，并不能进入应用，提示网络无法连接。

该病毒家族具有十分复杂的框架结构，使用动态加载，反射调用，远程服务和观察者模式等技术有机地契合，并对第三方恶意子包进行腾讯加固。不同的应用和子包具有不同的角色担当。该病毒启动与加载时，通过各种手段欺骗用户，最终隐藏主体，成为手机的地下毒源。

（2）对抗之策

该事例与"金蝉脱壳"核心要素映射关系如图 6.9 所示。

图 6.9　病毒家族与"金蝉脱壳"核心要素映射关系

对此，解决方案如下：

建议用户提高警觉性，到官网或应用商店下载正版软件，避免从论坛等处下载，可以有效减少该类病毒的侵害。

对于已经安装软件的用户，可以先卸载有启动图标的外壳程序，再进入手机应用管理或使用手机管家软件，在应用管理中找到名称为 "com.android.google.providers" 或 "系统核心组件" 的应用进行卸载。

安全需要做到防患于未然，可以使用 App 威胁检测与态势分析平台进行分析，对 Android 样本提取信息并进行关联分析和检测。

用户发现手机感染病毒软件之后，可以向 "12321 网络不良与垃圾信息举报受理中心" 或 "中国反网络病毒联盟" 进行举报，使病毒软件能够在第一时间被查杀和拦截。

同时，当发现计算机被病毒侵入时，可采取以下几种措施：

①不要重启。一般来说，当发现有异常进程、不明程序运行，或者计算机运行速度明显变慢，甚至 IE 经常询问是否运行某些 ActiveX 控件、调试脚本时，则表示此时可能已经中毒了。很多人认为中毒后，要做的第一件事就是重新启动计算机，其实这种做法是极其错误

的。计算机中毒后，如果重新启动，极有可能造成更大的损失。

②立即断开网络。病毒发作后，不仅让计算机变慢，也会破坏硬盘上的数据，同时还可能向外发送个人信息、病毒等，使危害进一步扩大。因此，发现中毒后，首先要做的就是断开网络。

断开网络的方法比较多，最简单的办法就是拔下网线，这也是最干脆的办法。不过在实际应用中，并不需要这样麻烦。如果安装了防火墙，可以在防火墙中直接断开网络，如果没有防火墙，可以右击"网上邻居"图标，在弹出的菜单中选择"属性"，在打开的窗口中右击"本地连接"，将其设为"禁用"即可。如果是拨号用户，只需要断开拨号连接或者关闭Moden设备即可。

③备份重要文件。如果计算机中保存着重要的数据、邮件、文档，那么应该在断开网络后立即将其备份到其他设备上，例如移动硬盘、光盘等。尽管要备份的这些文件可能包含病毒，但这要比杀毒软件在查毒时将其删除要好得多。

何况病毒发作后，很可能进不了系统，因此，中毒后及时备份重要文件是减轻损失最重要的做法之一。

④全面杀毒。在没有了后顾之忧之后，就可以进行病毒的查杀了。查杀应该包括两部分，一是在Windows系统下进行全面杀毒，二是在DOS下进行杀毒。目前，主流的杀毒软件一般都能直接制作DOS下的杀毒盘。在杀毒时，建议用户先对杀毒软件进行必要的设置。例如扫描压缩包中的文件、扫描电子邮件等，同时对包含病毒的文件处理方式进行设置，例如可以将其设为"清除病毒"或"隔离"，而不是直接"删除文件"，这样做的目的是防止因误操作将重要的文件删除。

6.3.6 小结

本节介绍了"金蝉脱壳"的基本含义，讨论了国内外多个应用事例。在网络空间安全领域，不法攻击者利用"金蝉脱壳"这一计策发起攻击。2015年，富可视投影仪逃脱身份验证之"壳"获取WIFI密码。2017年，暗影实验室监测到与"金蝉脱壳"的典故极其类似的一个病毒家族，该家族样本通过各种伪装手段迷惑和欺骗用户，并在用户不知情的情况下执行各项恶意操作。

金蝉脱壳计谋的重点在于通过进行合理伪装，实现战略目标，稳住对方，保留形式，抽走内容，使自己脱离险境，达到己方战略目标。在网络安全应用中，施用"金蝉脱壳"之计的核心在于"脱壳"，是指利用各种方法来解除一些恶意网站对用户的隐私跟踪，使得自己能够从容脱身。

习 题

①"金蝉脱壳"之计的内涵是什么？您是如何认识的？
②简述"金蝉脱壳"之计的真实案例2~3个。
③针对"金蝉脱壳"之计，简述其信息安全攻击之道的核心思想。
④针对"金蝉脱壳"之计，简述其信息安全对抗之道的核心思想。
⑤请给出"金蝉脱壳"之计的英文并简述西方案例1~2个。

参考文献

[1] 百度百科. 金蝉脱壳 [DB/OL]. (2015-11-27) [2020-06-12]. https://baike.baidu.com/item/金蝉脱壳/83303?fr=aladdin.

[2] 瞧这网. 中国智慧管理案例之金蝉脱壳 [EB/OL]. (2010-01-15) [2021-02-15]. http://www.mbachina.com/html/management/197001/36746.html.

[3] FreeBuf. 富可视投影仪曝身份验证绕过漏洞,可获取WIFI密码 [EB/OL]. (2015-04-30) [2020-08-13]. https://www.freebuf.com/news/66151.html.

[4] FreeBuf. "金蝉脱壳"病毒分析报告 [EB/OL]. (2017-08-31) [2020-07-03]. https://www.freebuf.com/articles/terminal/145550.html?appinstall=0.

[5] 游迅网. 处理被病毒侵入电脑正确的方法图文教程 [EB/OL]. (2016-06-13) [2021-02-15]. http://www.yxdown.com/jiaocheng/293229.html.

6.4 第二十二计 关门捉贼

小敌困之。剥,不利有攸往。

6.4.1 引言

"关门捉贼"出自《三十六计》中第二十二计,被广泛运用于各种领域,如中国古代战争中袁绍将计就计一举击败公孙瓒,在欧洲古希腊人与前来进攻的波斯人进行决战的使用此计策。随着当今信息网络的不断发展,"关门捉贼"也逐渐在网络空间安全领域得到应用,攻击者在了解目标用户的情况后,为做到围而歼之,因势用计,断其后路,使其不能及时防御,从而更快地完成攻击。应对攻击者实施"关门捉贼"之计的方法是要尽量躲避"门",防止被关入其中,如果无法避免则要在信息网络的使用过程中时刻保持警惕,及时采取安全防范措施,以免被攻击者利用。

6.4.2 内涵解析

《三十六计》第二十二计之"关门捉贼"记载云:"小敌困之。剥,不利有攸往。"

其中,"门"表示攻击方的武器和手段,"贼"则表示被攻击方,不可放其逃跑,而要断其后路,聚而歼之。在战争中其按语是指四面包围、聚而歼之。在经商中通常是指经营者通过不断获取对方信息,对这些信息分析论证,在认定对手无法及时解决这些困难时,实施"关门捉贼",从而使自己的企业和产品在竞争中立于不败之地。在网络空间安全中则指攻击者利用聚而歼之的谋略对被攻击者迅速包围,使之难以逃脱,成为瓮中之鳖。"关门捉贼"是一种坚决果断、机智迅速、反应敏锐的策略表现。

关门捉贼是紧接着金蝉脱壳的。金蝉脱壳注重的是脱逃和暗中逃遁,而关门捉贼与此相反,不是脱逃,而是使脱逃成为不可能。如果金蝉脱壳是在危急关头、陷入敌手、形势极端不利的情况下施用的计谋,那么关门捉贼则适合具有优势、处于强势的人采用。关门捉贼不仅仅要提防敌人逃走,而且要提防敌人逃走后被他人利用。若门关不紧,千万不能轻易追赶,防止中敌人的诱兵之计。所以,对敌人最好是能够做到围而歼之,要因势用计,断其后路。关门捉贼属机灵计,要么利用敌人的弱小和孤立,要么利用其自动闯入我方领地的情况,要么发挥自己的优势,切断敌人所有的后路并置之于死地。

6.4.3 历史典故

在中国历史中,使用"关门捉贼"方法来谋取利益达到目的的典故不计其数。公元199年,冀州袁绍包围了幽州的公孙瓒,公孙瓒数次突围,都败下阵来,只得退回城里,为了有效抵御袁绍的进攻,公孙瓒下令加固工事,在城墙周围挖了10条壕堑,在壕堑边又筑起10丈高的城墙。同时,他还囤积了300万斛粮食。果然,袁绍连续几年攻城,都无功而返。袁绍一怒之下,动用全部兵力加紧围攻。公孙瓒见情况不妙,急忙派儿子杀出重围,去搬救兵。后来,公孙瓒的救兵来到,他派人送信约定:以举火为号,然后内外夹击袁绍。谁知,送信的人一出城就被袁绍的部下抓获,得知公孙瓒的计谋,袁绍便将计就计:按其约定时间举火,公孙瓒果然中计,领兵出城接应救兵,却遭到袁绍布下的军士伏击,大败而逃回城里。袁绍乘胜在城墙外挖地道,直达守城的中央。等一切准备充分,袁绍一声令下,大批袁军仿佛从天而降,对公孙瓒的军队发起猛烈攻击,公孙瓒精心设计的防御工事顷刻瓦解。他见败局已定,杀死自己的家眷后自尽。

在国外也有这样的事例。公元前480年,希腊人与前来进攻的波斯人进行决战,按照雅典统帅地米斯托克利的计划,希腊人必须竭尽全力使海战在萨拉米斯与阿提卡海岸之间的狭窄海道进行,以使强大的波斯海军无法充分施展。最后,希腊人成为萨拉米斯海战的获胜者。纵观三十六计,地米斯托克利选择萨拉米斯狭窄海道作为海战战场,可以相当明确地归入第二十二计。

6.4.4 信息安全攻击与对抗之道

"关门捉贼"核心要素及策略分析如图6.10所示。其中,"门"表示攻击者的武器和手段,在网络空间安全中则指对敌方迅速包围,使之难以逃脱,成为瓮中之鳖。"贼"则表示被攻击者,捉到"贼"后绝对不可以放任其逃跑,而是要断他的后路,聚而歼之。

图6.10 "关门捉贼"核心要素及策略分析

攻击之道在于攻击者遇到攻击目标后,要迅速准确地将攻击目标封锁在"门"内,使用"关门捉贼"之计,堵住后路,使用各种手段达成控制目标、窃取或破坏信息等目的。

防御之道在于防御者首先尽量避免外部困难的发生或降低外部困难造成的影响,快速地避开或逃脱这扇"门",同时在破"门"而出的过程中提高警惕,提防破"门"期间可能发生的攻击。要及时进行防御，在信息网络的使用过程中时刻保持警觉，根据不同的外部环境采取安全防范措施，提升网络空间安全防御能力，以免被攻击者利用。

6.4.5 信息安全事例分析

6.4.5.1 黑客利用弱口令之"门"，爆破攻击 MsSQL 服务器

（1）事例回顾

作为用于存取数据以及查询、更新和管理关系数据库系统的服务器，SQL（Structured Query Language）成为服务器用户、非专业开发人员、网站主机和创建客户端应用程序等编程爱好者的理想选择方案。由于表现出攻击简单、灵活且危害极大的高性价比，SQL 服务就此成为不法分子发动攻击的"重灾区"。公开数据显示，在挖矿木马针对 Windows 服务器的攻击中，MsSQL 是其"最爱"的攻击目标。

2019 年，腾讯安全御见威胁情报中心监测到一例通过爆破攻击 MsSQL 服务器进行挖矿的新型木马。该木马能够在扫描爆破攻击 MsSQL 服务器的基础上，下载植入挖矿病毒，利用服务器资源挖取门罗币。更为严重的是，该木马还会在被攻陷服务器内植入安装多个远程控制木马，对服务器进行全盘的远程控制，甚至会使企业关键服务器成为不法黑客深入攻击的跳板，对企业业务系统的运行和机密数据信息安全造成一定的威胁。

目前，腾讯安全御点终端安全管理系统已实现对该木马的成功拦截，并提醒广大企业用户务必提高安全意识，做好网络安全防范工作，确保企业数据和后台服务的安全性。

据腾讯安全技术专家介绍，该挖矿木马对 MsSQL 服务器的攻击手法简单粗暴。爆破成功后，MsSQL 服务器迅速被木马挖矿执行程序"绑架"来挖掘门罗币。矿机一经启动，将大量占用系统资源，从而导致服务器因"负重过大"性能急剧下降，继而影响业务系统运行，严重影响企业正常生产经营。

监测数据显示，该木马目前已获得 15 枚门罗币，约合 5 200 元。由此可见，该木马的挖矿能力不容小觑，若不加以阻拦，其带来的损失将进一步扩大。

除具备"优秀"的挖矿能力外，该木马还展现出极佳的"扩散力"。在成功感染 MsSQL 服务器后，该木马还会向攻陷服务器发送多个远控木马，随后伪装成"网络宽带""MySQL""储存设备"等系统服务进行驻留，并执行响应远控指令、检测并上传杀软信息和系统信息、监控键盘和剪切板输入以及下载执行其他木马等操作。至此，企业数据库服务器将完全被非法黑客掌控，后果不堪设想。

（2）对抗之策

该事例与"关门捉贼"核心要素映射关系如图 6.11 所示。

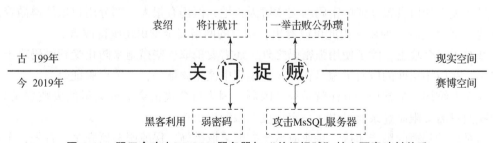

图 6.11 弱口令攻击 MsSQL 服务器与"关门捉贼"核心要素映射关系

安全对抗的本质是成本对抗，投入产出比是黑产团伙首先考虑的因素。出于成本和效率的考虑，黑产常常通过弱口令爆破方式对服务器进行攻击，随后对渗透成功的服务器做标记、留后门，最终长期控制服务器。

①弱口令是所有安全漏洞中形成原理最简单的一类漏洞。由于弱口令更多的是由人们的安全意识淡薄、安全管理缺失造成的，设置密码有以下几个大忌：

大忌之一：密码中包含常用数字。从网络曝光的 13 万条泄露数据来看，仍有不少的人在设置自己密码时使用了 123456、1314、520、521 等常用数字，其中密码中包含 520 的用户有 4 500 人之多。

大忌之二：用生日做密码。在这些犯了密码设置大忌的人中，尤以"80 后"为主，占比达到 83.8%，远超过其他年龄段的群体。由此可以看出用生日当密码是"80 后"普遍存在的一个坏习惯。

大忌之三：使用用户名、邮箱做密码。"90 后"的绝对占比（绝对占比即不同年龄段使用邮箱、用户名的占比与不同年龄段用户总数占比的比值）远大于其他年龄群体。

大忌之四：用手机号做密码。"60 后"的绝对占比最高，并且随着年龄的降低，这一使用习惯绝对占比逐渐降低。

我们应尽量设置一个不弱的密码：

a. 用户密码长度在 8 位以上，由字母、数字、特殊符号混合构成，增加密码复杂度。

b. 不使用与个人资料相关信息。例如用户名、姓名（拼音名称、英文名称）、生日、电话号、身份证号码以及其他系统已使用的密码等。

c. 避免使用连续或相同的数字字母组合。

d. 不使用字典中完整单词。

e. 不同网站应使用不同的密码，避免一密多用，以免遭受"撞库攻击"。

f. 采取密码分级制度。

g. 养成一定时间段更换密码的好习惯，也不随意保存、传播密码。

此外，防御弱密码库由简单密码、历史密码、社工密码构成，具体构建方式如下：

简单密码：反向构造常用密码，并在首尾处添加特殊字母组合，如 admin、qwerty、asdfg 等。

历史密码：就是用户习惯使用的密码。通过公共网络搜索可以下载到一些数据库。

社工密码：职员入职时公司面试要求填写许多信息，攻击者可以从企业套取大量职员信息。但有一点需要注意，这个构建是分个人的，即 A 的个人信息构建出 A 的弱密码，而不是 B 的。信息间没必要重叠，否则会增加密码库大小，且意义不大。

虽然关于如何设置高强度密码的文章铺天盖地，但仍有很大一部分用户依然遵循着密码设置的"兵家大忌"原则。由此可以看出，用户的网络安全意识还亟待改善。

②对于口令攻击，除了使用强密码之外，还需要采取一些措施来防止受到密码攻击。一般来讲，在应用层面的应对措施是在登录的过程中使用验证码，如图形验证码。

③在系统层面最常用的方法就是登录限制。因为口令攻击会造成大量的失败登录尝试，因此我们只需要限制登录就可以在一定程度上限制口令攻击。

面对日益猖獗的黑产团伙，企业应从多方面采取措施，保障服务器安全。首先，企业应加强网络安全意识，努力提高安全防范能力。其次，企业应在所有服务器上避免使用弱口令,一般来说,爆破攻击是黑客试水的第一步,使用弱口令非常容易导致企业资产被入侵。此外,鉴于此例新型挖矿木马表现出的破坏性和高感染力,腾讯安全反病毒实验室负责人马劲松提醒企业用户应对新型挖矿木马对 MsSQL 服务器的爆破攻击提高警惕,建议用户及时修补服务器安全漏洞,并修改 SQL Sever 服务 1433 等端口的默认访问规则,加固 SQL Server 服务器的访问控制;采用高强度密码,切勿使用"sa 账号密码"等弱口令;同时推荐在 MsSQL 服务器上部署安装腾讯御点终端安全管理系统,及时防范此类挖矿木马的入侵,确保企业数据库信息的安全和业务运作的性能。

6.4.5.2　不法分子利用信息泄露之"门"进行精准营销和金融诈骗

(1) 事例回顾

2014 年,一则"130 万考研用户信息网上叫卖"的消息引发社会关注。据报道,上百万考生的报名信息被人以 1.5 万元的价格出售,一些考生因此遭遇各种电话和短信"精准营销"。造成信息泄露的环节很多,比如系统漏洞导致的泄露,这是网络攻击者经常使用的方式,另外,也有可能是内部原因,比如管理不当等导致的。

"数据包一共有 130 万条信息,全部是今年报名参加考研的学生,覆盖全国范围。打包卖 15 000 元,这已经是转手几次的价格了,要是独家卖的话,肯定不是这个价。"考研信息卖家在群中这样介绍。这些信息考生很少对外人说,但实际上,他们的这些详细资料,早就在网上被转手卖了好几次了。同时,为了证明数据库中数据的真实性,考研信息卖家贴出了部分考研学生信息的截图。从截图中可以看到,除了考生姓名、性别外,能够买到的信息还包括手机号码、座机号码、身份证号、家庭住址、邮编、学校、报考专业等敏感信息,非常详细。至于这些信息是从何而来,卖家不愿多说。

网上有关考研信息泄露的消息引发关注后,有人将矛头指向了中国高等教育学生信息网(以下简称"学信网"),认为只有学信网才能拥有如此详细的考生信息。据了解,学信网是由教育部下属的全国高等学校学生信息咨询与就业指导中心主办,是集高校招生、学籍学历、毕业生就业和全国高校学生资助信息于一体的大型数据仓库。《法治周末》记者致电学信网客服,询问了有关考研学生信息泄露的相关情况。客服人员表示:"确实看到有相关报道反映此事,学信网对此事也正在核实中。学信网对外不会泄露考生的个人信息,官方目前对此也没有相关消息公布,建议您以教育部官方的告知为准。"

尽管目前泄露信息的来源并无准确消息,但这些信息的泄露确实为部分考生造成了现实的困扰。从泄露的考研信息中,可以知道相关考生的联系方式,报考的城市、学校、专业等信息。不法分子可以利用这些信息进行精准营销、推送有针对性的广告,比如针对不同城市、特定学校和专业的考验培训班、复习资料等。更有甚者,还会提供代考、假文凭等违法犯罪活动。

(2) 对抗之策

该事例与"关门捉贼"核心要素映射关系如图 6.12 所示。

随着互联网的发展,个人隐私信息泄露已经成为一个很严重的问题。中央网信办副主任、国家网信办副主任刘烈宏指出,在加强个人信息保护方面,正开展立法先行、标准支撑、专项治理、大力宣传等四项工作。

网络个人信息分为三大类:一是身份信息,即用户姓名、联系方式、住址、IP 地址、银行卡号等;二是注册信息,即用户在使用网络服务时依据服务或产品类型,按照"网民

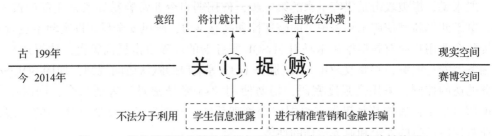

图 6.12　信息泄露引发精准营销与"关门捉贼"核心要素映射关系

协议"提交网站的除身份信息外的其他资料；三是行为信息，即用户所有网络行为的数据。

近年来，涉及泄密的信息大多是第一类信息和第二类信息，第三类数据是大数据范围，一般不在泄露之列。这些数据被广泛使用在特性化服务、精准营销、针对性广告、商业性推荐等方面。用户只要在网络上使用过相关服务，都会在网上留下相关信息，一旦泄露出去就会非常麻烦。举个例子，有网上购物习惯的用户，其身份证号、手机号、银行卡号等信息在网上都会留存。当信息泄露达到一定程度的时候，不法分子就可以利用这些网上泄露的信息，运用技术手段更改银行卡关联的手机号，进而通过一系列验证程序，盗取银行卡上的钱财。看似简单的个人信息，实际上能够反映很多内容，比如一个人的经济阶层、消费能力、消费习惯、消费偏好等。数据公司能够对个人信息进行分析、解构，如同庖丁解牛一般，利用个人信息将一个人"定位"，进而结合其联系方式，被各种利用。

从商业利用的角度上看，各类营销机构会利用这些信息开展营销活动，从而对信息所有者造成骚扰，比如收到各种信息、电话、邮件，打扰生活的安宁。而更严重的影响在于，一旦这些泄露的信息被犯罪分子掌握，就会威胁到信息所有者的人身财产安全，比如因信息泄露而诱发的诈骗、勒索、强奸、绑架案件，在当下已经不算是新闻了。

130 万考研信息的泄露，只是当下信息安全问题的一个缩影。在国内最大的漏洞发布平台乌云网上，《法治周末》记者发现，涉及用户信息泄露的相关报告非常多；最近比较引人关注的，还有智联招聘 86 万份简历信息泄露、东方航空公司大量用户订单信息泄露等。

用户个人信息的泄密原因主要在于三点：首先，技术性原因。网站作为信息储存者在安全防护技术上存在漏洞。其次，制度上的原因。网站缺乏对用户信息保存的有效监管制度，缺乏应急机制，内部人员管理混乱。最后，法律上的原因。我国仍没有个人信息保护法，现有其他法律规定过于抽象，缺少对大数据背景下个人信息保护的针对性规定，缺乏对数据合理使用范围的界定。同时，现行法律对侵害个人信息处罚力度过小，违法成本小于违法收益。

还有一个很重要的原因，网络用户保护个人信息的意识不强，很多信息都是自己泄露出去的："非常多的网民不太关注个人信息保护，一个不好的习惯就是在网上遇到填表的情况时，一股脑全部填入自己的个人真实信息，完全没有防范意识。"

此外，信息泄露的安全风险，在传统企业与互联网企业之间，存在着明显的行业性差别："中国的互联网企业，在经历一些安全事件之后，安全意识提高了一些；但是传统企业在接触互联网时、在企业的互联网化过程中，往往将互联网当作一种发挥作用的工具，却忽视了互联网上的安全风险。这与传统企业在接触网络时的安全防范经验不足、意识不足有关。"

我国信息泄露事件层出不穷，这确实是我国当下的一大信息安全问题；但我们也应当认识到，即便是再发达的国家、再先进的软硬件水平，都存在信息泄露的风险，"美国、英国、德国等西方发达国家，也经常曝出信息泄露事件，很多时候是由黑客入侵造成的"。

无论信息泄露的原因是什么，都会造成一定危害。除了上文提到的对信息所有者的影响外，信息泄露事件的发生，对于相关企业也存在负面影响。

如何防范信息安全风险？公民、企业、国家三个层面，都应当有所作为。

公民个人的意识和行为规范不断提高，是防范信息泄露的第一道阀门："任何一个社会中，个人权利的保障首先在于自己。如果自己的保护意识和手段都不够，如何仅仅依靠外部力量来实现个人信息的保护呢？这是不现实的。因此，公民应当尽量避免盲目对外提供个人的真实信息，从自身开始提高意识、注意风险。"

从企业层面上，企业应该提供符合行业通行标准的安全措施，并且对信息的存储、提供、传输等方面建立信息伦理制度："简单来说，就是什么人能够接触什么信息，能接触多少信息，通过什么制度信息才能对外提供，能够提供给什么人，都需要企业内部完善相应的规章制度。另外，企业也可以考虑采取合同的方式，对能够接触到这些信息的员工进行约束，在发生违规情况时进行惩处。"

此外，应当考虑建立互联网信息安全协会，让互联网公司在我国相应立法出台之前，通过行业自律设立业界通行的安全标准，对相关网站信息安全的各项指标（软硬件功能、信息伦理制度、操作规程、合同规范等方面）进行认证，从而让网络用户能够选择信任的公司来服务。

面对当前的环境，企业应当增加关于网络信息安全防范的投入，建立专门的安全团队；如果企业自身缺乏相关的专业人员来维护网络安全，就应当将网络安全维护外包给专业的安全公司去做。

在上网过程中，除了使用账户名、密码来验证身份外，尽量增加动态密码的验证过程，即采取两步验证措施，这样上网的安全性会提升很多；另外，很多用户虽然在不同网站上有不同账号，但往往都使用同一个密码，一旦发生信息泄露，与其关联的所有账号就有被盗的风险。网络用户应当避免这种重复使用密码的情况。

企业面临不断发展和创新的压力，在追求发展的过程中，安全性处于次要地位。很多时候，组织没有确保其站点安全的安全专业知识，因此最终使用了错误的工具，或者大多数时候采取的安全措施仍然不足。

用户信息不仅涉及个人隐私，更是一种重要的"数据资产"，特别是互联网经济的崛起，使大数据带来的商业价值日益凸显。也正因为如此，相关行业的数据和信息被作为核心资源引起争夺。然而，一方面缺少监管，一方面又有利可图，使非法获取个人信息的行为获得了很大的操作空间。近年来，由于经济利益的驱使、行业生态的混乱、法律法规的缺失，以及公民自身对个人信息保护意识的欠缺等，围绕个人信息的采集、加工、开发和销售正悄然变为一条"数据产业链"，由于信息泄露带来的"精准营销"和金融诈骗活动，给人们的财产造成了难以估量的损失。

我们也要看到，今天的世界正变得日益数字化，无论是政府对公共政策的制定，还是企业对市场行情的分析，都离不开信息和数据的采集。观察互联网经济的每一次创新，如百度打造的"大数据引擎"，支付宝生成的"十年账单"等，处处都让人们感受到了数据的力量。在大数据时代的信息安全风险面前,我们既不能熟视无睹,也不能因噎废食。如何让个人信息的保存、使用和流动保持在安全可控的范围,在合法、合理利用数据资源增进社会福祉的同时,筑牢个人信息安全的"防火墙",已经成为政府和企业都无法回避的问题。

捍卫大数据时代的个人信息安全,亟待建立健全系统化的防护体系。在法律层面,迫切需要制定保护公民个人信息的专门性法规,明确规定个人信息的保护范围,并对个人信息的采集、使用、处理予以特别规定;在行业层面,要建立互联网、电信、金融等重点领域的行业自律机制,完善客户信息的管理规范,使客户信息的采集更加透明,并切实做好保密义务;在技术层面,要加快建立规范的网络认证标准体系,加快大数据安全保障关键技术的推广,降低信息泄露的潜在风险。唯有如此,才能有效遏制大数据时代个人信息安全的系统性风险,使大数据真正成为促进信息消费的新动力。

6.4.6 小结

本节介绍了"关门捉贼"的基本含义,讨论了国内外多个应用事例。在网络空间安全领域,不法攻击者利用"关门捉贼"这一计策,发起攻击。第一个案例中的黑客利用弱口令之"门"爆破攻击 MsSQL 服务器,在"贼"还没有特别警惕之时,迅速"关门",将"贼"尽快捉到,将该计谋利用得淋漓尽致。第二个案例中不法分子利用考研学生已泄露的个人信息之"门"进行精准营销和金融诈骗。关门捉贼计谋的重点在于通过聚而歼之的谋略对敌方迅速包围,使之难以逃脱。如果不幸使得敌人在已成为瓮中之鳖的情境下逃脱,情况将极为复杂:若穷追不舍,一怕其拼命反扑,二怕中敌诱军之计。所以,绝不可掉以轻心。

习 题

① "关门捉贼"之计的内涵是什么?您是如何认识的?
② 简述"关门捉贼"之计的真实案例 2~3 个。
③ 针对"关门捉贼"之计,简述其信息安全攻击之道的核心思想。
④ 针对"关门捉贼"之计,简述其信息安全对抗之道的核心思想。
⑤ 请给出"关门捉贼"之计的英文并简述西方案例 1~2 个。

参考文献

[1] 百度百科. 关门捉贼 [DB/OL]. (2020-05-01) [2020-06-12]. https://baike.baidu.com/item/关门捉贼/531408? fr = aladdin.

[2] 聚优网. 关门捉贼的战例 [EB/OL]. (2017-06-06) [2021-02-15]. http://www.liuxue86.com/topic/3197275/.

[3] 百家号. 腾讯安全:新型木马"暴击"MsSQL 服务器 企业机密或被尽数"绑架" [EB/OL]. (2019-03-21) [2021-02-15]. https://baijiahao.baidu.com/s? id = 1628579062278885340&wfr = spider&for = pc.

[4] FreeBuf. 泄露数据中的秘密:中国网民的密码设置习惯 [EB/OL]. (2015-02-06)

[2020-08-15]. https://www.freebuf.com/news/58481.html.

[5] 中国教育在线. 130万考研者信息被叫卖 专家吁出台信息保护法. [EB/OL]. (2014-12-10)[2021-02-15]. https://kaoyan.eol.cn/nnews_6152/20141210/t20141210_1211866.shtml.

[6] FreeBuf. 如何保护个人隐私信息泄露，看网信办"支招"[EB/OL]. (2019-10-31)[2020-08-05]. https://www.freebuf.com/company-information/218647.html.

6.5 第二十三计 远交近攻

形禁势格，利从近取，害以远隔，上火下泽。

6.5.1 引言

"混战之局，纵横捭阖之中，各自取利。远不可攻，而可以利相结；近者交之，反使变生肘腋。范雎之谋，为地理之定则，其理甚明。""远交近攻"是秦国宰相范雎为秦昭王统一六国提出来的，范雎建议秦昭王采取"近攻"魏、赵、韩三国而"远交"齐、楚两国的外交策略，取得了显著的效果，为秦国实现统一大业打下了坚实基础。

此计最初作为外交和军事上的策略，可以简单理解为与远方的国家进行结盟，而对邻国进行攻击。这样做既可以防止邻国发生叛变，又可以使邻国两面受敌，无法与自己国家抗衡。因此应对远交近攻之计的方法除了要加强巩固自身的防御能力，还要协调周边关系，以合作共赢为目标，实现共同发展。

6.5.2 内涵解析

远交近攻，语出《战国策·秦策》。范雎曰："王不如远交而近攻，得寸，则王之寸；得尺，亦王之尺也。"战国末期，七雄争霸，秦国经商鞅变法之后，势力发展最快，秦昭王开始图谋吞并六国，独霸中原。公元前270年，秦昭王准备兴兵伐齐，范雎向秦昭王进言，阻秦国攻齐。

远交近攻的策略正是范雎进言的精华所在。他先是向秦昭王列举了秦国在军事上所拥有的优势，指出这些优势并不能转化成实际的利益，紧接着提出了远交近攻的策略，即全力进攻秦国的邻国韩、魏两国，并且与远方的齐国等国进行联盟。最终，秦昭王同意了范雎的策略，从此秦国开始了统一六国的计划。

6.5.3 历史典故

远交近攻的外交策略，在历史上被很多政治家、军事家所采用。

"拉赵抗秦"是战国时期韩国上党郡太守冯亭在秦国进攻面前所采取的抗秦策略。秦昭王派大将白起攻打韩国，一举占领野王，将韩国拦腰切为两段，割断了其南北间的联系，迫使韩国献上党郡向秦军求和。上党郡太守冯亭见南入国都的道路被截断，失去了同国都的联系，同时守地孤悬，既无援兵，又无粮济，不可能再战，便采取了"拉赵抗秦"的策略。公元前261年，秦王派王龁收取上党郡时，遭到了赵国的坚决抵抗。赵将廉颇"依据上党地险，引援上党之民而据守"，不仅利用了山险，而且利用了韩国坚决抗秦的民心士气、军储充裕、城防坚固，使秦军无可奈何。

"拉赵抗秦"之谋本质上就是"远交近攻"的运用，使秦祸东引，加深了秦、赵间的矛盾，促成了韩、赵统一抗秦战线的建立。同时，赵国筑垒固守，坚不出战，有效地消耗了秦军的力量，致使双方相持三年，不分胜负。

"拉赵抗秦"是运用"远交近攻"策略比较成功的案例，但是历史上也有许多运用失败的例子，尤其在宋朝。先犯错误的是北宋，北宋末年，宋朝北边的邻国是辽国，而在辽国以北的地方就是新兴的金国。北宋的皇帝采取"远交近攻"的策略，与金国进行联合灭掉辽国，想讨回自己的失地，但在灭掉辽国之后，金军长驱直下，对宋朝造成了极大的威胁，幸好有长江的阻隔，才算是保住了宋朝的半壁江山。之后的南宋又犯了同样的错误，在南宋末年，南宋的皇帝又搞"远交近攻"，派使者与蒙古结盟，夹攻金国，金国虽被灭了，但是南宋也彻底灭亡了。

从以上成功和失败的案例来看，远交近攻虽然是一个非常有用的策略，但是不能盲目使用。

6.5.4 信息安全攻击与对抗之道

远交近攻属于制造和利用矛盾，分化瓦解敌方联盟，实行各个击破的策略。远交近攻核心要素及策略分析如图6.13所示。

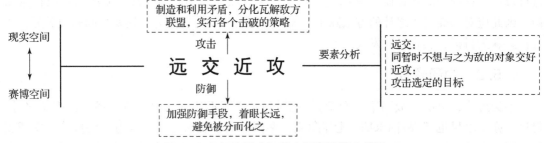

图 6.13 "远交近攻"核心要素及策略分析

其中，需要"远交"的是暂时不想与之为敌的对象，而为了避免其影响自己的行动，故而采取与之交好的态度。另外"远交"并非要长久和好，远敌亦是敌人，早晚都是心腹之患，近敌一旦被征服，远交的使命便宣告完成。

需要"近攻"的一般是选定的攻击目标，网络空间安全领域主要是指目标服务器等。其攻击之道在于：

①分化瓦解。远交近攻是在面对由众多敌人组成的敌方阵营时使用的策略。众多敌人联合起来的力量是难以对抗的，就要先对其进行分化瓦解，破坏敌人的联盟，然后可以采取各个击破的办法，将敌人消灭。

②区别对待。由于敌人所处的地理位置、客观条件、价值观念不同，对危险的感受不同，因而对我方的用途也就不同。对敌人分化瓦解，使我方对敌人的区别对待成为可能；而对敌人区别对待，又势必会反过来促进敌人的分化瓦解。

③从易者始。"凡攻占之法，从易者始"，实乃用兵打仗的基本原则。"从易者始"，可以尽快打开局面，产生势如破竹的效果。"从易者始"就容易取胜，获取胜利之后，对士气

是一种激励，反过来又会争取更大的胜利，这样会产生一种良性的循环。如果从难者始，久攻不下，不下则不见其利，士气就会大减。

防御之道则在于防御者应眼光长远，不能因为眼前的利益而破坏与近邻的友好关系，避免被敌人分化。

6.5.5 信息安全事例分析

6.5.5.1 "远交"数据库缓存系统，"近攻"GitHub

（1）事例回顾

DDoS 攻击是一种基于 DoS 的特殊形式的拒绝服务攻击，是一种分布的、协同的大规模攻击方式。单一的 DoS 攻击一般是采用一对一的方式，它利用网络协议和操作系统的一些缺陷，采用欺骗和伪装的策略来进行网络攻击，使网站服务器充斥大量要求回复的信息，消耗网络带宽或系统资源，导致网络或系统不胜负荷以至于瘫痪而停止提供正常的网络服务。与 DoS 攻击由单台主机发起攻击相比较，DDoS 攻击是借助数百，甚至数千台被入侵后安装了攻击进程的主机同时发起的集团行为。

随着移动互联网数据网络的不断进步，其在给大家提供多种多样便利的同时，DDoS 攻击的经营规模也越来越大，如今已给到了 Tbps 的 DDoS 攻击时代，攻击方式也越来越繁杂。

迄今为止最大规模的 DDoS 攻击发生在 2018 年 2 月。这次攻击的目标是数百万开发人员使用的在线代码管理服务 GitHub。在高峰时，此攻击以每秒 1.3 太字节（Tbps）的速率传输流量。

这是一个 Memcached DDoS 攻击，因此没有涉及僵尸网络。攻击者利用了一种被称为 Memcached 的流行数据库缓存系统的放大效应，通过使用欺骗性请求充斥 Memcached 服务器，攻击者能够将其攻击放大约 50 000 倍。

由于 GitHub 使用了 DDoS 保护服务，该服务在攻击开始后的 10 分钟内自动发出警报，触发了缓解过程，GitHub 才能够快速阻止这次攻击。最终这次世界上最大规模的 DDoS 攻击只持续了大约 20 分钟。

（2）对抗之策

该事例与"远交近攻"核心要素映射关系如图 6.14 所示。

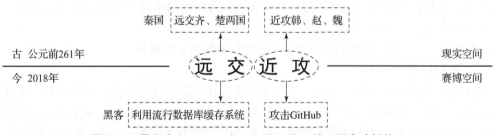

图 6.14 黑客攻击 GitHub 与"远交近攻"核心要素映射关系

在这次攻击事件中，攻击者就是采用了 DDoS 攻击对 GitHub 服务器进行攻击，试图阻止其正常的用户访问，但是由于 GitHub 预先做好了相应的预防措施，这次攻击无功而返。因此要防御 DDoS 攻击，首先要能够及时发现自己遭受了攻击，对网站而言，可通过 Ping 命令来测试，若发现 Ping 超时或丢包严重，则可能遭受了流量攻击。

此时应进一步检测，若发现和主机接在同一交换机上的服务器也访问不了，基本可以确定是遭受了流量攻击。当然，这样测试的前提是计算机到服务器主机之间的 ICMP 协议没有被路由器和防火墙等设备屏蔽，否则可采取 Telnet 主机服务器的网络服务端口来测试，效果是一样的。

相对于流量攻击而言，资源耗尽攻击要容易判断一些，假如平时 Ping 网站主机和访问网站都是正常的，突然发现网站访问非常缓慢或无法访问了，而 Ping 还可以 Ping 通，则很可能遭受了资源耗尽攻击，此时若在服务器上用 Netstat - na 命令观察到有大量的 SYN_RECEIVED、TIME_WAIT、FIN_WAIT_1 等状态存在，而 ESTABLISHED 很少，则可判定肯定是遭受了资源耗尽攻击。

对付 DDoS 是一个系统工程，想仅仅依靠某种系统或产品防住 DDoS 是不现实的，但通过适当的措施抵御 90% 的 DDoS 攻击是可以做到的。基于攻击和防御都有成本开销，若通过适当的办法增强抵御 DDoS 的能力，也就意味着加大了攻击者的攻击成本，那么绝大多数攻击者将无法继续下去而放弃，也就相当于成功抵御了 DDoS 攻击。下面给出防御 DDoS 攻击的几点措施：

①采用高性能的网络设备。首先要保证网络设备不能成为瓶颈，因此选择路由器、交换机、硬件防火墙等设备的时候要尽量选用知名度高、口碑好的产品。其次要和网络提供商有特殊关系或协议，当大量攻击发生的时候，在网络接点处进行流量限制，能够有效对抗一些 DDoS 攻击。

②尽量避免 NAT 的使用。无论是路由器还是硬件防护设备，要尽量避免采用网络地址转换 NAT，采用此技术会降低网络通信能力，因为 NAT 需要对地址来回转换，转换过程中需要对网络包进行校验和计算，浪费 CPU 的时间。

③充足的网络带宽保证。网络带宽直接决定了抗受攻击的能力，假如仅仅有 10M 带宽，无论采取什么措施都很难对抗现在的 SYNF lood 攻击，当前至少要选择 100M 的共享带宽。

④升级主机服务器硬件。在有网络带宽保证的前提下，尽量提升硬件配置。

⑤把网站做成静态页面。大量事实证明，把网站做成静态页面，不仅能大大提高抗攻击能力，还能给黑客入侵带来不少麻烦。目前的热门门户网站主要是静态页面，若必须调用动态脚本，则会用另外一台单独主机，避免遭受攻击时连累主服务器；此外，在需要调用数据库的脚本中拒绝使用代理的访问，统计表明使用代理访问网站的有 80% 属于恶意行为。

⑥安装专业抗 DDoS 防火墙。

6.5.5.2 "远交"电信公司网站，"近攻"浏览网站的用户

(1) 事例回顾

2018 年 3 月 21 日，Morphisec Labs 在受到恶意软件猎人的警告后，开始调查一家香港领先电信公司的受感染网站。由 Morphisec 研究人员 Michael Gorelik 和 Assaf Kachlon 进行调查后确定该电信集团的公司站点确实遭到了黑客攻击。攻击者在 home.php 主页上添加了一个利用 Adobe 漏洞 CVE－2018－4878 的嵌入式 Adobe Flash 文件。

在大多数情况下，攻击者潜伏在合法网站上，这些网站经常会被目标访问。目标通常是政府机关、大型组织或类似实体的雇员。然后，攻击者将重点放在用恶意软件感染这些网站上，他们查看与网站相关的漏洞并注入恶意编程代码，通常是 JavaScript 或 HTML。该代码将目标组重定向到存在恶意软件的其他站点。

Morphisec 调查的结果显示，这次水坑攻击具有非常先进的回避特性——攻击是完全无文件的，没有持久性或磁盘上没有任何痕迹，并且在非过滤端口上使用了自定义协议。通常，这种先进的水坑攻击本质上是有高度针对性的，表明其背后有复杂的威胁参与者。

（2）对抗之策

该事例与"远交近攻"核心要素映射关系如图 6.15 所示。

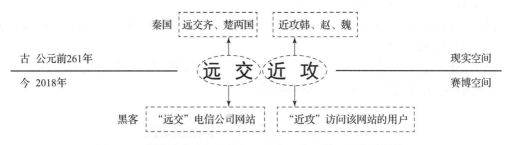

图 6.15 黑客攻击央行网站与"远交近攻"核心要素映射关系

那么应该如何有效防御水坑攻击呢？以下是一些网络安全措施：

①保持所有软件为最新。水坑攻击通常会利用漏洞和漏洞渗透到计算机中，因此，通过定期更新软件和浏览器，可以大大降低遭受攻击的风险。养成及时升级安全补丁的习惯。

②不要轻易单击弹出窗口。

③使用网络安全工具定期进行安全检查，以尝试检测水坑攻击。例如，入侵防御系统能够检测可疑和恶意的网络活动，带宽管理软件可监视用户行为并检测可能存在攻击的异常情况，例如大量信息传输或大量下载。

④配置非 IT 人员使用的设备或计算机，使其不安装程序。这是为了防止用户因访问用作水坑攻击的网站或单击钓鱼邮件中的恶意链接而在不知不觉中被安装恶意程序。

⑤将常用网站列入白名单，并定期评估这些白名单网站的安全状况。

6.5.6 小结

本节介绍了网络空间安全领域中攻击者广泛使用的 DDoS 攻击方法与水坑攻击方法，对于其作用原理及其所蕴含的"远交近攻"思想进行了阐述；然后结合实际案例，对其包含的理论和主要实现方法进行了重点说明，最后给出了防范这两种攻击的一些建议和方法。

习 题

①"远交近攻"之计的内涵是什么？您是如何认识的？

②简述"远交近攻"之计的真实案例 2~3 个。

③针对"远交近攻"之计，简述其信息安全攻击之道的核心思想。

④针对"远交近攻"之计，简述其信息安全对抗之道的核心思想。

⑤请给出"远交近攻"之计的英文并简述西方案例 1~2 个。

参考文献

[1] 百度百科. 三十六计之远交近攻［DB/OL］. (2021-01-31)［2021-02-15］. https://baike.baidu.com/item/三十六计之远交近攻/6190018.

[2] 淘豆网. 孙子兵法—部分5［EB/OL］. (2012-02-01)［2021-02-15］. http://www.taodocs.com/p-744296-2.html.

[3] 简书. 什么是DDoS攻击？［EB/OL］. (2018-11-28)［2021-02-15］. https://www.jianshu.com/p/e7a5fdc67b8f.

[4] 知乎. 什么是DDoS攻击？［EB/OL］. (2019-12-14)［2021-02-15］. https://www.zhihu.com/question/22259175/answer/386244476.

6.6 第二十四计 假道伐虢

两大之间，敌胁以从，我假以势。困，有言不信。

6.6.1 引言

"假地用兵之举，非巧言可诳，必其势不受一方之胁从，则将受双方之夹击。如此境况之际，敌必迫之以威，我则诳之以不害，利其幸存之心，速得全势，彼将不能自阵，故不战而灭之矣。如：晋侯假道于虞以伐虢，晋灭虢，虢公丑奔京师，师还，袭虞灭之。"

处在夹缝中的小国，情况会很微妙。一方想用武力威逼它，一方却用不侵犯它的利益来诱骗它，趁它心存侥幸之时，立即把力量渗透进去，控制它的局势，所以不需要打什么大仗就可以将它消灭。此计的关键在于"假道"。善于寻找"假道"的借口，善于隐蔽"假道"的真正意图，突出奇兵，往往可以取胜。其应对之策在于弱势方对于强势方的"善意"应采取谨慎对待的态度，不轻易相信不明来源的信息，不能抱有侥幸心理。

6.6.2 内涵解析

《左传分国集注·晋灭虞虢》记载了"假道伐虢"这个历史典故。春秋时期，强大的晋国想一举消灭周围相对弱小的两个小国——虢国和虞国。晋献公与大臣们商议时，大臣们建议：虢国和虞国相互依存，并而去之，困难太大。最好借口攻打虢国，向虞国的国君借道，这样就可以今日"取虢"而明日"取虞"，一箭双雕。晋献公觉得这个计谋很好，但不知道虞国肯不肯借道。大臣荀息说，虞公这个人很贪财物，如果送上美玉良马，虞公肯定会答应的。

于是晋献公派荀息带上良马美玉出使虞国。虞公一见这么好的宝贝，顿时答应借道给晋国。虞国大臣宫之奇赶忙向虞公劝道：虞、虢两国，唇齿相依，虢国一亡，虞国也就跟着完了。借道是万万不行的。贪财的虞公根本听不进宫之奇的劝谏，收下了良马、美玉，让晋兵借道攻打虢国。晋军通过虞国，直接攻打虢国都城。虢军没想到晋军会从虞国那边打过来，一时措手不及，虢国被晋军灭亡了。晋军灭掉虢国从原路回师，虞公亲自到城外迎接晋军，庆贺胜利。晋军趁其不备，蜂拥而上，将虞公及其大臣统统捉住，并搜出当初进献的良马、美玉。虞公懊悔当初不听宫之奇的劝告，但哪里还来得及呢。虞国为了眼前的一点利益抛弃虢国这个战略伙伴，最终自饮亡国之恨。

6.6.3 历史典故

此计在军事、外交、政治上都属"以假示真"法，真真假假施计于人，方可取胜。所以这一计的实践，在古今中外的历史上都不罕见，而且总有新意。

楚汉相争，项亡刘胜，西汉建立。刘邦大封功臣，最初，得到封赏的只有张良、萧何等人。一天，刘邦到洛阳南宫途中发现许多将领三五成群地在路旁窃窃私语，便问张良："这些人在谈什么？"张良早已得知封赏之事在众将中激起不满之情，便说："陛下有所不知，这些人是在谋反。"刘邦大吃一惊："天下已经安定，他们为什么要谋反？"张良说："陛下，您出身布衣，依靠这些将领才取得了天下。如今被您加封的功臣仅有萧何、曹参等一班故人，而所诛杀的都是您切齿痛恨的人。这些将领既怕得不到封赏，又怕被您杀掉，所以谋划造反。"刘邦十分忧虑，只好向张良问计。张良劝谏刘邦先封赏最憎恶的雍齿，群臣见雍齿尚能封侯，人心自会安定。刘邦依计而行，接着刘邦依次论功行赏，众将情绪一下都安定下来。自此以后，全国局面稳定，西汉政权得到巩固。

张良设计，封赏仇人，使众人之疑虑、不满自消，从而稳定了大局，用的正是"假道伐虢"之计。张良之计妙在：借分封"雍齿"，表明朝廷的态度——连高祖最不喜欢的人都得到了封赏。此计的关键在于善于寻找"假道"的借口，善于隐蔽"假道"的真正意图，因而可以出奇制胜。"假道"的办法也不外乎赠以宝物、巧言打动等，这在当时的情势下，的确为一良策。

6.6.4 信息安全攻击与对抗之道

"假道伐虢"是以借路渗透，扩展军事力量，从而不战而胜的谋略，"假道伐虢"核心要素及策略分析如图6.16所示。

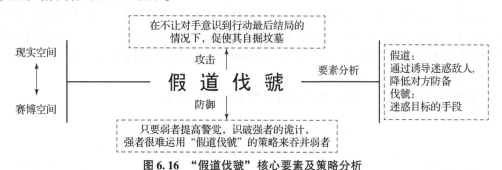

图6.16 "假道伐虢"核心要素及策略分析

其攻击之道在于：

①借水行舟。借用别人所提供的条件或帮助来达到自己的目的。无论做任何事情，必要条件是不能缺少的，例如要想行车，就必须有路，要想行船，就必须有水，否则将寸步难行。要想没有路时行车，没有水时行船，最简捷有效而又现实的办法就是"借"：向有这种条件的人去"借用"，即借你的路，行我的车，借你的水，行我的船。

②借机渗透。趁对方有机可乘之时，借用某种名义，巧妙地把自己的势力渗透进去。最

好的时机是在其外来势力相逼时，以不侵犯其利益为诱饵，利用其侥幸图存的心理，以出兵援助为名，迅速把力量扩展进去。

③一箭双雕。借人家的桥过河，过了河之后，又顺手拿走了人家的桥板，同时有两种收获，这是一种迂回之计，也是突然袭击的谋略。

防御之道则在于"假道伐虢"虽是强者吞并弱者的策略，但只要弱者提高警觉，识破强者的诡计，强者很难运用"假道伐虢"的策略来吞并弱者。

6.6.5 信息安全事例分析

6.6.5.1 "假道"供暖公司攻击 Target

（1）事例回顾

此计在网络空间安全领域的应用之一，便是被广泛使用的黑客攻击方式——Island Hopping。黑客设法先登录一台主机，通过操作系统的漏洞来取得系统特权，然后以此为根据地访问其余主机。例如，一个在美国的黑客在进入美联邦调查局的网络之前，可能先登录亚洲的一台主机，从那里登录加拿大的一台主机，然后再跳到欧洲，最后从法国的一台主机向联邦调查局发起攻击。黑客在到达目的主机之前往往会这样跳几次，被攻击的网络即使有所察觉，也很难顺藤摸瓜抓到他，更何况黑客在取得某台主机的系统特权后，可以在退出时删掉系统日志，把"藤"割断。因此，这种攻击方式已成为最有效的网络攻击形式之一。

根据 Carbon Black 的《季度事件威胁报告》，当前所有网络攻击中的一半在过程的某个阶段利用了 Island Hopping 攻击。报告还显示，受影响最严重的垂直行业是金融业、制造业和零售业，但由于网络攻击过程的复杂性，很难确定受影响人数的确切百分比。

被人热议的"Island Hopping"事件之一发生在 2013 年年底，当时黑客入侵了美国零售商 Target 的销售点系统，并从那里窃取了 4 000 万份客户付款信息。这次攻击使 Target 损失了近 3 亿美元。事后调查发现，这种攻击并非始于 Target 的服务器，而是始于为 Target 供暖和制冷的公司 Fazio Mechanical Services 的服务器。Fazio Mechanical Services 公司在 Target 遭到入侵之前不久就遭受恶意软件攻击，Fazio 部署的唯一安全性防护是免费的防病毒程序。一旦进入了 Fazio 的计算机网络，黑客就可以访问 Target 的供应商付款门户，并从那里入侵包含销售点数据的 Target 网络，并获得超过 4 000 万消费者的信用卡和个人数据。

（2）对抗之策

该事例与"假道伐虢"核心要素映射关系如图 6.17 所示。

图 6.17 黑客攻击 Target 与"假道伐虢"核心要素映射关系

在这次事件中，黑客的目标是攻击 Target 的服务器，但由于该服务器防护系统完善，直接攻击难度很大，而且还有被发现的风险，因此黑客使用假道伐虢之计，将与目标公司合作的小型公司作为突破口,再经由小型公司与目标公司的业务联系,轻而易举地入侵目标公司系统,且即使被发现,也能轻易全身而退。

从这个案例可以看出,不管公司的网络安全基础架构有多强,如果不时刻警惕,黑客肯定会找到一种方法来危害公司的系统。多年以来,发生了许多黑客事件,事实证明,防火墙或网络安全专家团队阻止网络攻击的日子已经过去了,如今,攻击者也变得"与时俱进",他们在充分利用技术进步,通过新的方式威胁系统的安全。

因此,如果用户要确保敏感数据的安全,则必须考虑研究黑客可以利用的所有方面,必须与有业务往来的用户共同重视网络安全问题。如果用户可以访问本地的某些数据,那么就需要明确其可以访问的数据范围,而且用户访问本公司任何数据,应确保该数据访问具有事先许可。

6.6.5.2 黑客"假道"员工账户攻击 IT 外包公司 Wipro

(1) 事例回顾

2019 年 4 月,印度第三大 IT 外包公司 Wipro 发现了几个员工账户上的异常活动。这些员工的目标是通过远程访问屏幕共享工具实施高级持续性网络钓鱼活动。威胁参与者随后使用相同的技术访问了 Wipro 客户的网络。通过使用 IT 提供商提供的受信任程序,攻击者可以轻松诱骗员工提升其特权,从而使威胁参与者可以越来越多地访问。Wipro 的客户中至少有 12 人受到攻击,这使他们遭受了数百万股的损失,印度已经出售了 Wipro 股票,总额达 1.66 亿美元。

(2) 对抗之策

该事例与"假道伐虢"核心要素映射关系如图 6.18 所示。

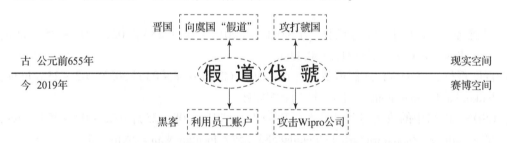

图 6.18 黑客攻击 Wipro 公司与"假道伐虢"核心要素映射关系

企业对网络信息的依赖程度较高,因此,网络信息安全有重要的经济发展意义。从目前来看,网络入侵的手段越来越高明,网络防御变得越来越复杂。适应性强的网络罪犯使用新颖的技术来应对网络安全方面的改进,绕过目标系统的安全保护来实现其目标。

Wipro 受到攻击的案例表明,如果没有对第三方和供应商的充分了解,便非常容易受到攻击。作为公司来讲,首先要做的就是进行员工培训,提高安全意识。员工应了解他们可能会收到哪些类型的请求,并时刻注意,及时发现并汇报可疑电子邮件。

对个人来说,需要提高网络安全意识,采取一些防护措施:

①保持系统更新和安装补丁程序。

②登录网站时,始终使用两因素身份验证(2FA),为系统创建 2FA 安全性。

③不自动保存密码,不将密码保存到 MSP 的站点或系统。必须进行两步验证,避免使用默认、通用或可预测的密码。

④每六个月执行一次网络安全审核。
⑤避免使用易受攻击的工具,例如远程桌面协议(RDP)。
⑥定期进行安全意识培训(SAT)。
⑦将数据备份到计算机以外的位置,例如保存在其他设备中的USB或云中。
⑧不要点击可疑或未知来源的链接。

6.6.6 小结

本节介绍了网络空间安全领域应用"假道伐虢"思想的几种方法。重点结合Target公司和Wipro公司被黑客入侵的实际案例,对其包含的理论和主要实现方法进行了说明,最后给出了一些防范这类攻击的建议和方法。

习 题

① "假道伐虢"之计的内涵是什么?您是如何认识的?
② 简述"假道伐虢"之计的真实案例2~3个。
③ 针对"假道伐虢"之计,简述其信息安全攻击之道的核心思想。
④ 针对"假道伐虢"之计,简述其信息安全对抗之道的核心思想。
⑤ 请给出"假道伐虢"之计的英文并简述西方案例1~2个。

参考文献

[1] 灵感家. 第24计 假道伐虢[EB/OL]. (2010-08-23)[2021-02-25]. http://www.lingganjia.com/view/105330.htm.

[2] 百度百科. 三十六计之假道伐虢[DB/OL]. (2021-08-03)[2022-02-25]. https://baike.baidu.com/item/三十六计之假道伐虢.

[3] CSDN. 网络中的攻击与防卫技术[EB/OL]. (2010-08-25)[2022-02-25]. https://blog.csdn.net/starspirit/article/details/5837257?locationNum=7&fps=1.

[4] Lookingglass. Island Hopping: Modern-Day Cyber Warfare[EB/OL]. (2019-06-11)[2021-02-25]. https://www.lookingglasscyber.com/blog/island-hopping-modern-day-cyber-warfare/.

第 7 章
并 战 计

7.1 第二十五计 偷梁换柱

频更其阵，抽其劲旅，待其自败，而后乘之。曳其轮也。

7.1.1 引言

"偷梁换柱"是用偷换的方法暗中改变事物的本质和内容，以达到蒙混欺骗的目的。在军事中是指在与同盟军联合作战时，通过不断改变其阵势来抽换其主力，在其无法自立之时，将其兼并。通俗地说，偷梁换柱就是"调包计"。应对"偷梁换柱"的有效方法就是提高警惕，不轻信来源不明的信息。

在网络安全对抗中，"偷梁换柱"的使用方式很多，本节将通过两个例子介绍其实际应用。

7.1.2 内涵解析

魏安厘王二十年（公元前257年），秦兵围攻赵国都城邯郸，魏王派大将晋鄙统兵十万前去救援。可很快魏王受到了秦国的威吓，从而犹豫不决，让晋鄙先驻兵邺下。赵国派人催魏国出兵，平原君还给信陵君写了一封信，说了赵国的危困。信陵君接信后再三要求魏王进兵，魏王不答应。大梁东门监隐士侯嬴提出让魏王最宠爱的如姬把虎符盗出来，去晋鄙那里夺来军队再去救赵，信陵君依计而行，派人找到如姬，乘夜盗出虎符。信陵君拿到虎符去和侯生告别，侯生说："为了防止晋鄙验符后仍不交出兵权，把我的朋友朱亥介绍给公子，万一晋鄙不答应，就让朱亥杀掉他！"信陵君来到邺下，晋鄙验过兵符后果然不肯交出兵权，朱亥用袖中藏着的大铁锥砸死了晋鄙。信陵君在众人的帮助下取得了兵权，然后率领精兵直取秦军。秦军措手不及，城中的平原君又从城中杀出，两军夹击，终于打败了秦军，解了邯郸之围。`

此典故可视为偷梁换柱之计的成功运用：信陵君求魏王不成，便从其身边的人入手，说服如姬窃取虎符，可视为"偷梁"；继而除掉绊脚石晋鄙，即抽掉魏王的精锐部队，可视为"换柱"。

7.1.3 历史典故

"偷梁换柱"包含尔虞我诈、乘机控制别人的权术，所以在历代的政治、经济、外交等活动中，常被用作奇谋妙计来取胜敌人，解决矛盾，平息事端。

魏国的刘放善于写作书信、檄文。魏室武帝、文帝、明帝三朝的诏命，凡有征召谕，大多是刘放所作。青龙初年，孙权与诸葛亮联合，想要一起出兵攻打魏国。不久魏边关的探马截得孙权给诸葛亮的书信。刘放就改换了信中的文辞，把其中的本文换掉，另撰新文编写附会，改成孙权写给魏征东将军满宠的书信，信中内容显示出孙权将要归化曹魏之意，之后把信原样封好，送给诸葛亮。诸葛亮接信后，以为孙权有二心，立即誊写了一份交给吴国的大将步骘等人，并修书一封给孙权，信中重申吴蜀联盟的重要。孙权接到书信后十分吃惊，唯恐诸葛亮怀疑自己，便向诸葛亮做了深入的解释说明。但此事已给本来就很脆弱的吴蜀联盟制造了阴影。

刘放调换吴蜀往来书信正是使用偷梁换柱计策的典型案例。在这个事件中，孙权写给诸葛亮的书信是关键之物，即"梁"。刘放"偷梁"的手段更是高明：以孙权的语气写给魏国大将，言语间流露出归顺之意，从表面上看与吴主的身份与立场是十分符合的；信件伪造好后，又被巧妙地送给了诸葛亮，一切似乎是阴差阳错。此事做得天衣无缝，纵使诸葛神算，也难免上当。刘放所行偷梁换柱的韬略，起到了蒙蔽敌人、转嫁矛盾和压力的作用，达到了改变局势、控制事态、向有利于己方发展的目的。

7.1.4 信息安全攻击与对抗之道

"偷梁换柱"核心要素及策略分析如图 7.1 所示。

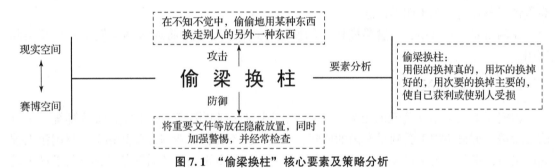

图 7.1 "偷梁换柱"核心要素及策略分析

其中，"偷梁"与"换柱"都是用次要的换主要的，用假的换真的，用坏的换好的。这样，对方被换的东西不仅起不到好的作用，反而会起破坏和瓦解作用。敌人的元气受损，必然不攻而自败。其攻击之道在于：

①暗中调包。在不知不觉中，偷偷地用某种东西换走别人的另外一种东西。这种调换不外是为了自己获利或使别人受损，或者两者兼而有之。所以调换的时候，一般都是用假的换掉真的，用坏的换掉好的，用次要的换掉主要的。

②分人之势。当敌人的力量比较强大时，不应直接同其对抗，而应该使用各种隐蔽欺骗的虚假行动，把敌人的主力分散开来，把敌人的主力调开，就等于把敌人的"梁""柱"偷换掉，敌人必会"阵塌"。这样就会使其由整体上的强大转化为各个局部上的弱小，而己方则可集中兵力，使整体上的劣势转化为局部上的优势。

③合并盟友。在与盟友对付同一个敌人时，虽然目标一致，但是由于缺乏统一的行动，不但不能给敌人以致命的打击，还很容易被敌人各个击破。为了形成强大的势力，暗中将其合并过来，统一意志，统一行动，有很大的积极意义。

网络空间安全领域中的防御之道则在于防御者应保持警惕，将重要文件隐秘保存，最好隔绝网络，同时经常检查。

7.1.5 信息安全事例分析

7.1.5.1 "百变导航"病毒篡改浏览器首页

"浏览器劫持"，通俗点说就是故意误导浏览器行进路线的一种现象，常见的浏览器劫持现象有：访问正常网站时被转到恶意网页，当输入错误的网址时被转到劫持软件指定的网站，输入字符时浏览器速度严重减慢，IE 浏览器主页/搜索页等被修改为劫持软件指定的网站地址，自动添加网站到"受信任站点"，不经意的插件提示安装，收藏夹里自动反复添加恶意网站链接等，不少用户都深受其害。

（1）事例回顾

2016 年，互联网上又出现了新型的浏览器劫持事件。同其他劫持浏览器的病毒一样，该病毒也会恶意篡改中毒计算机的浏览器首页。但是与其他同类病毒不同的是，该病毒并不是在 IE 属性中篡改浏览器主页，而是当受害者打开浏览器时直接重启进程将浏览器首页跳转至病毒预设的导航网站，且导航网站多变不固定，故称为"百变导航"病毒。由于该病毒是驱动兼注入型病毒，所以杀毒软件查不到任何危险程序以及可疑的启动项目。

（2）对抗之策

该事例与"偷梁换柱"核心要素映射关系如图 7.2 所示。

图 7.2 "百变导航"病毒与"偷梁换柱"核心要素映射关系

避免浏览器被篡改的方法也是以预防为主，除了对浏览器进行安全性设置以提高其安全等级以外，在日常上网过程中，采取以下措施也是十分必要和有效的：

①及时更新系统补丁尤其是 IE 的补丁。高版本的 IE 一般都修复了大部分已知的漏洞，安全性也更高。很多受害者通常都是因为没有及时升级操作系统及 IE 的补丁，留给病毒可乘之机。

②安装并及时更新反病毒软件。即使网页病毒在后台下载了大量的其他病毒和木马，但只要试图加载运行，就可能被反病毒软件拦截报警。

③尽量使用第三方浏览器。目前互联网上常见的网页病毒一般利用 IE 浏览器及其 ActiveX 控件的漏洞进行传播，而火狐（Firefox）、Opera 等非 IE 内核的第三方浏览器由于不采用 ActiveX 控件技术，可以杜绝与 ActiveX 控件有关的网页病毒感染。

④养成良好的上网习惯。不访问不正规站点，不随便点击各种来源不明或明显带有诱惑性文字的网页链接，以防止落入黑客的圈套。

⑤善用搜索引擎提示。在使用搜索引擎查找资料过程中，如果经常点击搜索结果中的陌

生网页，就会很容易感染网页病毒。Google 等搜索引擎在搜索结果页面中会自动提示此网页的安全性，如果目标网页警示为危险，最好不要冒险点击。

7.1.5.2 黑客修改巴西 ISP 的 DNS 缓存

域名系统（Domain Name System，DNS）是一个将 Domain Name 和 IP Address 进行互相映射的 Distributed Database。DNS 是网络应用的基础设施，它的安全性对于互联网的安全有着举足轻重的影响。但是由于 DNS Protocol 在自身设计方面存在缺陷，安全保护和认证机制不健全，这就造成 DNS 自身存在较多安全隐患，很容易遭受攻击。

DNS 缓存中毒（也称为 DNS 欺骗）是一种利用 DNS 中的漏洞将 Internet 流量从合法服务器转移到虚假服务器的攻击。DNS 缓存中毒是非法修改 DNS 服务器记录利用不同地址替换网站地址的过程。黑客和破解者使用 DNS 缓存中毒将特定网站的访问者重定向到他们定义或期望的网站。

（1）事例回顾

2011 年 11 月，巴西主要的 ISP（互联网服务提供商）成为一系列 DNS 缓存中毒攻击的受害者。用户无法访问 YouTube、Gmail 和 Hotmail 等主要网站；另外，网站打开后都要求用户运行号称"搜索引擎所需 Google Defence 软件"的恶意文件。巴西拥有超过 7 300 万台使用 ISP 来访问互联网的计算机，受此次攻击影响的客户数量是庞大的。

DNS 欺骗技术常见的有内应攻击和序列号攻击两种。内应攻击即黑客在掌控一台 DNS Server 后，对其 Domain Database 内容进行更改，将虚假 IP Address 指定给特定的 Domain Name，当 Client 请求查询这个特定域名的 IP 时，将得到伪造的 IP。

序列号攻击是指伪装的 DNS Server 在真实的 DNS Server 之前向客户端发送应答数据报文，该报文中含有的序列号 ID 与客户端向真实的 DNS Server 发出请求数据包中含有的 ID 相同，因此客户端会接收该虚假报文，而丢弃晚到的真实报文，这样 DNS ID 序列号欺骗成功。客户机得到的虚假报文中提供的域名的 IP 是攻击者设定的 IP，这个 IP 将把客户带到攻击者指定的站点。

（2）对抗之策

该事例与"偷梁换柱"核心要素映射关系如图 7.3 所示。

图 7.3 黑客修改巴西 ISP 的 DNS 缓存与"偷梁换柱"核心要素映射关系

那么应该如何对抗 DNS 欺骗呢？一方面，应当加强计算机的防护：

① 进行 IP 地址和 MAC 地址的绑定。DNS 欺骗攻击是利用变更或者伪装成 DNS Server 的 IP Address，因此也可以使用 MAC Address 和 IP Address 静态绑定来防御 DNS 欺骗的发生。由于每个 Network Card 的 MAC Address 具有唯一性质，所以可以把 DNS Server 的 MAC Address 与其 IP Address 绑定，然后将此绑定信息存储在客户机网卡的 Eprom 中。

②使用 Digital Password 进行辨别。在不同子网的文件数据传输中，为预防窃取或篡改信息事件的发生，可以使用任务数字签名（TSIG）技术，即在主从 Domain Name Server 中使用相同的 Password 和数学模型算法，在数据通信过程中进行辨别和确认。因为有 Password 进行校验的机制，从而使主从 Server 的身份地位极难伪装，加强了 Domain Name 信息传递的安全性。

另一方面，还应经常进行安全检测。发生 DNS 欺骗时，Client 最少会接收到两个以上的应答数据报文，报文中都含有相同的 ID 序列号，一个是合法的，另一个是伪装的。据此特点，有以下两种检测办法：

①被动监听检测，即监听、检测所有 DNS 的请求和应答报文。通常 DNS Server 对一个请求查询仅仅发送一个应答数据报文（即使一个域名和多个 IP 有映射关系，此时多个关系在一个报文中回答）。因此在限定的时间段内一个请求如果会收到两个或以上的响应数据报文，则被怀疑遭受了 DNS 欺骗。

②主动试探检测，即主动发送验证包去检查是否有 DNS 欺骗存在。通常发送验证数据包接收不到应答，然而黑客为了在合法应答包抵达客户机之前就将欺骗信息发送给客户，所以不会对 DNS Server 的 IP 合法性进行校验，继续实施欺骗。若收到应答包，则说明受到了欺骗攻击。

7.1.6 小结

本节介绍了蕴含"偷梁换柱"思想的两种网络攻击方法。一种是通过浏览器插件、BHO（浏览器辅助对象）、Winsock LSP 等形式对用户的浏览器进行篡改，使用户的浏览器配置不正常，被强行引导到商业网站的恶意行为——浏览器劫持。另一种是攻击者冒充域名服务器把查询的 IP 地址设为攻击者的 IP 地址，使得用户上网只能看到攻击者的主页的 DNS 欺骗攻击。之后结合具体的攻击案例，将其作用原理及防御方式进行了说明。

习 题

①"偷梁换柱"之计的内涵是什么？您是如何认识的？
②简述"偷梁换柱"之计的真实案例 2~3 个。
③针对"偷梁换柱"之计，简述其信息安全攻击之道的核心思想。
④针对"偷梁换柱"之计，简述其信息安全对抗之道的核心思想。
⑤请给出"偷梁换柱"之计的英文并简述西方案例 1~2 个。

参考文献

[1] 百度百科. 偷梁换柱计 [DB/OL]. (2020－11－23) [2021－02－25]. https://baike.baidu.com/item/偷梁换柱计&fromid=23657423.

[2] 百家号. 国学经典三十六计之偷梁换柱 [EB/OL]. (2018－02－22) [2021－02－25]. https://baijiahao.baidu.com/s?id=1593106730968105055&wfr=spider&for=pc.

[3] 灵感家. 第 25 计 偷梁换柱 [EB/OL]. [2021－02－25] http://www.lingganjia.com/

view/105332.htm.

[4] 新浪博客. 2016年新型浏览器劫持病毒:"百变导航"病毒[EB/OL]. (2016-06-22)[2021-02-25]. http://blog.sina.com.cn/s/blog_71e537be0102wbda.html.

[5] CSDN. 常见的攻击方式详解[EB/OL]. (2015-08-10)[2021-02-35]. https://blog.csdn.net/baidu-27386223/article/details/47404835.

7.2 第二十六计 指桑骂槐

大凌小者,警以诱之。刚中而应,行险而顺。

7.2.1 引言

"指桑骂槐"出自《三十六计》中的第二十六计。这个计策的意思是强者控制弱者,要用警示的办法去诱导。攻击者利用威慑和强硬的攻击方式对弱小的"桑树"施加压力,或者予以警告和利益诱惑,从而威慑或警示其他人或势力。在网络环境中,黑客会利用各种手段入侵和控制比较脆弱的个人计算机让它们为虎作伥,这就是"指桑";再利用这些被控制的计算机攻击更有价值的计算机或服务器,这就是"骂槐"。应对攻击者实施指桑骂槐之计的方法是"明哲保身",也就是保证自身所处环境的安全,不暴露自己的弱点,也不去招惹攻击者。

7.2.2 内涵解析

"指桑骂槐"重点突出在"指桑",施计者为了夺取高价值的目标,会首先攻击比较弱小的目标,再利用夺取弱小目标的成果威慑并夺取高价值目标。此计常用于政治、军事和外交中,对弱小对手的警告利诱,对较强大对手的旁敲侧击,还用于团队中管理者用暗示手段统领部下和树立威信。"指桑骂槐"的本质是一种战略层面上的攻击计谋,这就要求施计者对外要顾全大局,对内要令行禁止。历史上有许多"指桑骂槐"的故事,比如治军有方的将领会对违反军纪的士兵施以严厉的惩罚以警示其他可能违反军纪的士兵,大权在握的皇帝会惩罚那些僭越狂妄的臣子来警示其他臣子不要觊觎皇帝的权力。

7.2.3 历史典故

在历史上有很多经典的"指桑骂槐"的事例,这些事例可以让读者对此计有更具象化的认识。

春秋时期,齐国相国管仲决定降服鲁国和宋国,以此扩大齐国的势力范围。但管仲降服鲁国和宋国并未采取以往诸侯国常用的军事进攻的手段,而是先灭掉了鲁国的弱小邻国遂国。遂国不仅是鲁国的邻国,还是其附庸国。齐国灭掉遂国后,感受到压力的鲁国领会了齐国的意图,立即谢罪求和,与齐国结盟。而鲁国位于齐国与宋国之间,隔开了齐国和宋国,是宋国抵挡齐国的屏障。但齐鲁结盟后,失去鲁国屏障,安全受到威胁的宋国也只得向齐国求和以保证安全。齐国相国管仲先是以灭遂国震慑鲁国,使得鲁国降服并与齐国结盟。又以齐鲁联盟对宋国施加压力降服宋国。管仲利用"指桑骂槐"之计,使用了较少军事力量就达成了战略目的——让鲁国和宋国归顺,这就是上兵伐谋的一个典范。

在1979年3月，加勒比海东部的岛国格林纳达建立了革命政府。革命政府成立之初奉行反美政策，与苏联、古巴关系密切。美国认为如果格林纳达投靠苏联，就会严重威胁美国在拉丁美洲的战略利益。于是美国政府不断改善与格林纳达政府的关系，可是遭到格林纳达政府中亲苏派的反对。1983年10月13日，格林纳达发生政变，亲苏派上台。这使美国决心出兵入侵格林纳达。10月25日，美国以"应加勒比六国的紧急要求"和"保护美国侨民"为借口，对格林纳达发动了入侵作战。格林纳达面积仅344平方千米，人口仅11万余人。对这样一个弱小国家，美国竟然出动了大批海军舰艇、空军飞机和海军陆战队。10月28日，美军攻占了格林纳达首都圣乔治。

美国入侵格林纳达，目的是以武力铲除格林纳达国内的反美亲苏分子，驱逐苏联在格林纳达的军事、政治势力，恢复美国在格林纳达的控制和影响。同时以此威胁其他拉丁美洲国家不要坚持亲苏立场与美国作对，否则将会与格林纳达同样下场。这个事例十分明显地表明了美国"指桑骂槐"的用意，"桑"是格林纳达，"槐"就是亲苏的国家和政权以及苏联，通过惩罚小国家来达到震慑苏联及其盟友的目的。

7.2.4 信息安全攻击与对抗之道

"指桑骂槐"核心要素及策略分析如图7.4所示。其中，"指桑"表示攻击者会首先攻击并控制比较弱小的个体目标，为之后的攻击做准备；"骂槐"则表示攻击者会利用之前控制的弱小目标达成更有价值的目标。

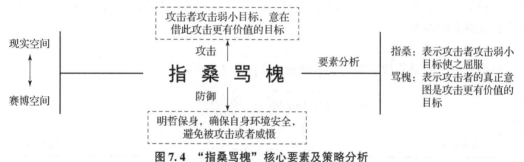

图7.4 "指桑骂槐"核心要素及策略分析

攻击之道的重点在于"桑"，攻击者如果攻击大型服务器或者进行挖矿，使用自己的设备很可能无法达成攻击的目的，因为进行这样的操作需要巨大的连接数量和极高的运算能力，这时攻击者的做法就是利用"肉鸡"达成目的。攻击者会向其他用户计算机植入恶意程序或者木马病毒，这就是"指桑"；操控大量的计算机对服务器进行拒绝服务攻击，或者利用这些计算机的运算资源去获得比特币，达成攻击者攻击服务器或者挖矿的目的，这就是"骂槐"。

防御之道在于"明哲保身"，不暴露弱点，不"引狼入室"。个人用户应该时常检查计算机的安全性，修复漏洞，清除隐患，还应该警惕来源不明的软件，从而阻断攻击者"指桑"的途径。大型服务器等重要设备应建立应对"骂槐"攻击的机制，比如异常流量监控和过滤，设置防火墙，关闭不必要的服务和端口等。

7.2.5 信息安全事例分析

7.2.5.1 利用他人设备之"桑"进行DDoS攻击

（1）事例回顾

2019年4月,阿里云安全团队观察到数十起大规模的应用层资源耗尽式 DDoS 攻击,该攻击的主要目标是提供网页访问服务的服务器。当用户需要访问涉及用户与页面之间存在交互的动态网页时,交互过程会占用服务器大量资源。如果同一时刻有大量的用户发起网页交互请求,服务器的性能将会迅速下降。该攻击利用这个特点,模拟许多用户不间断地对服务器进行访问,而且攻击目标是服务器上开销比较大的动态页面。这样的攻击方式隐蔽性很强,系统很难区分是正常的用户操作还是恶意的攻击。

这些大规模的攻击存在一些共同的特征,攻击源于大量用户在手机上安装的某些伪装成正常应用的恶意软件,该软件在接收到攻击指令后便对目标网站发起攻击。近两个月已经有 50 余万台移动设备被当作黑客的攻击工具。现阶段伪装成正常应用的恶意软件已经使大量移动设备成为新一代"肉鸡",黑客在攻击手法上进一步升级。

由于移动设备活跃度远高于 PC,攻击者使用伪装成正常软件的恶意软件发起攻击,哪怕是一个小众的软件,其攻击数量都相当庞大。即使单台"肉鸡"设备请求频率很低,聚合起来的总请求量也足以压垮目标网站,因此,攻击者可以轻易地在不触发限速防御策略的情况下进行攻击。同时,新的"肉鸡"会在攻击过程中不断加入,IP 黑名单防御策略在这种情况下也不能有效地防御攻击。

所有安装了这个恶意软件的用户被攻击者利用作为攻击"肉鸡",陆续对指定的目标发起了无数次的 DDoS 攻击。更危险的是,该软件除了能恶意操控移动设备发起攻击之外,还可以通过在软件中植入恶意代码,私自发送扣费短信,借助运营商的短信支付通道偷取用户资费;获取用户的通信录、地理位置、身份证、银行卡等敏感信息,甚至还有可能盗取用户身份造成更大的损失。

(2) 对抗之策

该事例与"指桑骂槐"核心要素映射关系如图 7.5 所示。

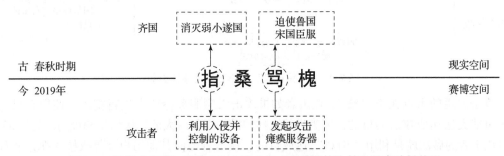

图 7.5 利用"肉鸡"发动 DDoS 攻击与"指桑骂槐"核心要素映射关系

DDoS 攻击仍然是现今最难防御的网络攻击之一,正是这种攻击所展现的"暴力性"使得反制的手段基本局限于对自身设备的防护,采用的防御手段是为了降低攻击带来的影响,减少攻击造成的损失。为了防范 DDoS 攻击,应采取尽可能周密的防御手段,建立迅速有效的应对策略。下面从个人用户和大型服务器等方面给出针对这类攻击的安全防御措施:

①个人用户避免成为"肉鸡"。个人用户需要保障设备的安全,防止个人设备沦为攻击者的工具。为了保障个人设备安全和数据隐私安全,切勿从非正规渠道安装未经审核的软件;安装软件时请仔细确认请求授予的权限,若发现软件请求了高风险权限,或者发现软件行为异常、消耗流量过高等情况,很可能是恶意软件,需要及时清理。

②服务器系统的网络和设备的优化。网络和设备是整个服务器系统得以顺畅运作的硬件基础，用足够的设备去承受攻击是一种较为理想的应对策略。但优化网络和设备投入资金较高，需要根据自身情况做出平衡。

服务器带宽直接决定了承受攻击的能力。通过服务器性能测试，评估正常业务环境下所能承受的带宽和请求数，在配置带宽时确保有一定的余量带宽，可以避免遭受攻击时带宽大于正常使用量而影响正常用户的情况。同时要确保网络设备的性能与带宽匹配，若是设备性能成为性能瓶颈，即使带宽充足也无法抵挡攻击。在保证网络带宽充足的前提下，应该尽量提升硬件配置。还要使用针对 DDoS 攻击和黑客入侵而设计的专业级硬件防火墙对异常流量进行清洗过滤。

③提升服务器系统的负载能力。单个服务器处理数据的能力有限，负载均衡可以扩展服务器的带宽、增加吞吐量、加强数据处理能力、提高服务器的灵活性和可用性，对防御 DDoS 攻击比较有效。在使用负载均衡措施后，链接请求被均衡分配到各个服务器上，减少单个服务器的负担，使整个服务器系统可以处理更多的服务请求，用户访问速度也会加快。还可以使用分布式集群防御，配置多个服务器节点，如一个节点受攻击无法提供服务，系统将会自动切换至另一个节点，并将攻击者的攻击流量全部返回发送点，瘫痪攻击源。

④确保服务器安全预防攻击。及早发现系统存在的攻击漏洞，及时安装系统补丁，对系统配置信息建立和完善备份机制，对管理员账号和密码谨慎设置。为了防止攻击者利用已知漏洞，应该禁止不使用的服务，降低开放端口的数量。对开放的端口需要完善相应的防范措施。减少不必要的系统加载项及自启动项，这样不仅能提高服务器的响应速度，还能防止恶意软件开机自启动。

防御 DDoS 攻击需要多方面的配合，从用户个人设备到主要服务器都要认真做好防范攻击的准备。用户与管理者之间应经常交流，共同制订计划，提高整个网络的安全性，降低攻击造成的损失。

7.2.5.2　利用入侵设备之"桑"进行恶意挖矿行为

(1) 事例回顾

2018 年 12 月，一款通过驱动人生升级通道下发传播的挖矿木马爆发，该木马利用了永恒之蓝高危漏洞进行传播，仅两个小时就导致受攻击的用户高达 10 万。如果用户安装了受病毒影响的驱动人生升级程序，且 Windows 系统没有更新 MS17 – 010 系统补丁并开启 445 端口，这个挖矿木马病毒就会感染用户计算机并执行恶意程序。被感染的计算机会执行攻击者传达的操作指令，木马会控制感染的计算机进行挖矿，并影响用户计算机的性能，同时下载永恒之蓝漏洞利用工具感染内网中其他计算机，从而实现组建僵尸挖矿网络的目的。

木马病毒会将恶意文件下载保存到 C 盘的系统文件夹中并设置文件隐藏属性，这样可以欺骗未在文件夹属性中开启"显示隐藏文件"功能的用户。病毒会添加注册表项以便开机时自启动。当被控制的计算机联网时，木马会向攻击者服务器发送用户计算机的设备信息和配置信息，还会操控计算机执行远程控制指令。

挖矿木马被植入用户计算机后，首先释放恶意程序并执行，设置计划任务和注册表项，实现程序的开机自启动和定期触发执行。然后木马开启 Windows 防火墙中 65531、65532、65533 三个端口和端口转发，为木马病毒接收命令和传输数据做准备。

之后，病毒会创建四个线程分别进行不同的恶意操作，第一个线程根据主机中的进程和主机系统相关参数调整病毒的运行状态,当用户打开任务管理器检查计算机情况时会自动终止病毒运行,使其不被用户发现;第二个线程每隔 10 秒尝试启动永恒之蓝漏洞攻击程序,实现病毒在内网的横向感染传播;第三个线程使用 Windows 系统指令,每 10 秒对病毒运行情况进行一次检查;第四个线程打开监听 65533 端口。四个线程创建完成后,病毒会收集主机 ID、网卡地址、用户名、系统版本、系统位数、CPU 型号和安装的反病毒软件等信息发送到远程服务器。

安装完成之后,木马会尝试访问远程服务器下载特定的图片文件,文件中包含了加密的指令内容,攻击者可以通过编辑该文件来控制感染计算机执行指令,也可以修改指令改变感染计算机的行为。发送的指令通过 RSA 算法进行加密,本地获取指令后通过 RSA 公钥进行解密,最终解析执行远程命令。

自从 2018 年爆发之后,挖矿病毒逐渐成为网络世界主要的威胁之一。被植入挖矿木马的设备会出现 CPU 使用率飙升、系统卡顿、业务服务无法正常使用等情况。挖矿木马为了能够长期在设备中驻留,会采用多种对抗技术,比如修改计划任务、防火墙配置、系统动态链接库等,这些技术可能会使设备崩溃死机,造成严重的后果和较大的经济损失。

(2) 对抗之策

该事例与"指桑骂槐"核心要素映射关系如图 7.6 所示。

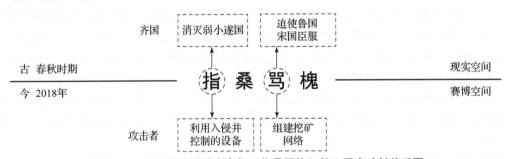

图 7.6 入侵设备的挖矿病毒与"指桑骂槐"核心要素映射关系图

在网络空间中,挖矿病毒经常伪装成正常软件,或者渗透在其他软件中,一旦用户运行了这些软件,挖矿病毒就会被激活并且控制用户设备,占用设备的处理器计算量和设备的网络带宽,导致设备响应速度变慢、功耗增加,甚至出现崩溃死机。攻击者会攻击并控制大量用户设备,即"指桑",然后利用大量设备资源挖矿,即"骂槐"。下面给出三种针对这类攻击的安全防御措施:

①切断病毒传播源头。由于挖矿病毒需要不断感染新的设备以提升挖矿速度,所以病毒本身肯定含有自动传播的模块,为了防止感染范围进一步扩大,造成更大的损失,必须切断病毒的传播途径。用户要立即关闭通信端口或者断网隔离,然后再着手清理设备内留存的恶意程序,卸载含有挖矿病毒的程序以防止攻击者升级攻击手段和发布新命令,修复病毒传播所使用的漏洞。

②彻底清除病毒组件防止复发。可以通过系统性能检测软件锁定高占用率、非法自启动、存在异常行为的程序,并结束这些异常程序的运行。然后就要手动清理设备上的恶意程序组件,删除近期新添加的不明的计划任务和服务项。删除病毒在系统文件夹中的恶意文件和病毒创建的注册表项目,因为许多挖矿病毒有自我修复的功能,如果不彻底清理组件会导

致病毒再次复发。最后删除病毒设置的防火墙入站规则和端口转发,并关闭病毒所使用的端口阻止通信途径。

③加强用户设备的安全。病毒为了对抗防御措施在不断更新换代,为了防止再次感染此类病毒,用户需要安装权威的防病毒软件并及时更新病毒库,定期对设备的操作系统进行恶意代码扫描,以抵御挖矿病毒的攻击;及时修复病毒所使用的高危漏洞,切断再次感染的途径。用户还要制定有效的防火墙规则过滤恶意流量,关闭不使用的端口,减少被攻击者扫描并发现开放端口的情况,这在一定程度上能降低病毒感染的风险。

7.2.6 小结

本节介绍了"指桑骂槐"的基本含义,讨论了国内外多个应用事例。在网络空间安全领域,不法攻击者利用"指桑骂槐"这一计策发起攻击。2018 年攻击者利用隐藏在更新补丁中的恶意程序攻击用户计算机,从而控制计算机用于挖矿计算,可通过及时修复系统漏洞,设置防火墙等方法进行防御。2019 年攻击者通过向大量用户手机中植入恶意软件,暗中控制手机发起大规模 DDoS 攻击,可以采取加强服务器的负载能力、使用专业防护设备等方法进行防御。在提升用户网络安全意识的同时,加强对各种软件和系统的管理与升级,使想要使用"指桑骂槐"的攻击者无处下手。

习 题

① "指桑骂槐"之计的内涵是什么?您是如何认识的?
② 简述"指桑骂槐"之计的真实事例 2~3 个。
③ 针对"指桑骂槐"之计,简述其信息安全攻击之道的核心思想。
④ 针对"指桑骂槐"之计,简述其信息安全对抗之道的核心思想。
⑤ 请给出"指桑骂槐"之计的英文并简述西方事例 1~2 个。

参考文献

[1] 韩红泽. 三十六计古今战争第 26 计:"指桑骂槐"[N]. 中国国防报,2018-07-19.
[2] 张旭. 兵法三十六计之二十六指桑骂槐 [J]. 国防,2010(4):75-76.
[3] CSDN. 基于网络层和应用层的 DDoS 攻击 [EB/OL].(2017-11-13)[2021-02-25]. https://blog.csdn.net/luopanhong/article/details/78518853.
[4] FreeBuf. DDoS 攻击新趋势:海量移动设备成为新一代肉鸡 [EB/OL].(2019-04-27) [2021-02-25]. https://www.freebuf.com/articles/network/201615.html.
[5] FreeBuf. Trojan.Miner.gbq 挖矿病毒分析报告 [EB/OL].(2019-03-04)[2021-02-25]. https://www.freebuf.com/articles/network/196594.html.

7.3 第二十七计 假痴不癫

宁伪作不知不为,不伪作假知妄为。静不露机,云雷屯也。

7.3.1 引言

"假痴不癫"出自《三十六计》中的第二十七计。这个计策的意思是宁可假装无知无为,也不能轻举妄动。在斗争中,有时为了避敌锋芒,以退求进,必须使用"假痴不癫"计策以求保存实力,从而后发制人。历史上有许多装疯卖傻、隐忍不发的人,他们这样做的目的是等待一个可以置对手于死地的最佳时机。比如越王勾践卧薪尝胆、忍辱负重,最后得以复仇。"假痴不癫"主要突出"假"这个特性,在网络空间中,攻击者常常利用伪装成正常程序的恶意程序和病毒绕过防御者的防御机制,然后攻击或者操纵防御者的计算机。应对攻击者实施"假痴不癫"之计的方法是防御者对任何存在潜在威胁的文件都要进行检查,并及时修复设备和系统的漏洞。

7.3.2 内涵解析

"假痴不癫"重点在"假痴",为了达成目的,施计者假装无知,其实暗中放出眼线收集各种与自己有关的消息;施计者假装无为,其实是客观形势不允许现在有所行动,或是要耐心等待时机成熟时再行动。但是仅做到"假痴"还不够,还要做到"不癫",即装傻不能走火入魔,否则"假痴"就变成了真痴。

"假痴不癫"包含两种内涵,一是大智若愚,二是愚兵之计。

大智若愚,即真正聪明的人在表面上看起来很愚笨。在外界环境对自身不利的情况下,为了保护自己,常常以装疯卖傻、隐忍不发的外在表现迷惑对方。这种假装无知无为的做法会给对手留下与世无争、软弱无能的印象。这样能避免对手把自己当作直接的、主要的竞争对手,从而暗中发展壮大自己,最后出奇制胜。

愚兵之计是一种治理团队的计策。其内涵是"愚士卒之耳目,使之无知"。之所以要"愚士卒之耳目",一是保守团队机密的需要,二是稳定团队的需要。在特定的情况下,如果让下属们知道了真情,就会影响团队凝聚力,甚至使团队分崩离析。

7.3.3 历史典故

在历史上有很多经典的"假痴不癫"的事例,这些事例可以让读者对此计有更具象化的认识。

在三国时期,魏明帝去世,年仅8岁的曹芳继位,太尉司马懿和大将军曹爽共同执掌朝政,曹爽是宗亲贵胄,不会让司马氏分享权力,他用明升暗降的手段剥夺了司马懿的兵权。司马懿大权旁落,心中十分怨恨,但曹爽势力强大,司马懿暂时不是曹爽的对手。于是司马懿称病不再上朝,但曹爽明白司马懿是他的唯一潜在对手。听闻司马懿生病,曹爽派亲信李胜去司马家探听虚实,但司马懿已经看破曹爽的想法,早有准备。

李胜来到司马家,见到司马懿病容满面,头发散乱地躺在床上,便告诉他自己要去荆州做官。司马懿假装听成了去并州做官,李胜再次强调,但司马懿还是装作听不明白,还补充说自己命不久矣,请求曹爽照顾自己的孩子们。李胜向曹爽做了汇报,曹爽认为司马懿已构不成威胁。

公元249年春,天子曹芳去祭祀祖先,曹爽带着他的兄弟和亲信护驾出行。司马懿认为时机已到,迅速调集兵力占领了兵营和兵器库,然后进宫威逼太后废黜曹爽。等到曹爽闻讯回城，司马懿以篡逆的罪名诛杀曹爽一家，终于独揽大权，曹魏政权实际上已是有名无实。

康熙铲除鳌拜也使用了"假痴不癫"的计策。清圣祖康熙即位时才11岁。按照祖宗规矩需要四个顾命大臣辅助皇帝执政。四个大臣中鳌拜最为跋扈，他不把康熙放在眼里，想要"挟天子以令诸侯"。康熙觉得鳌拜是个心腹大患，必须想办法除掉。他召来一些满洲贵族的子弟作为自己的亲信侍卫，和他们在宫中习武。鳌拜看见康熙和孩子们玩摔跤，认为康熙胸无大志，便放松了警惕。

一天，康熙召鳌拜进宫，鳌拜不知是计，便大摇大摆地来见皇帝。康熙命令身边亲信向鳌拜展示摔跤技巧。亲信们趁着鳌拜观看摔跤注意力不集中，配合康熙将鳌拜制服，康熙当即宣告鳌拜谋反并将其下狱。康熙巧妙地利用"假痴"迷惑了鳌拜，养精蓄锐，一举铲除了权臣鳌拜和他的党羽，为亲政扫除了障碍。

7.3.4 信息安全攻击与对抗之道

"假痴不癫"核心要素及策略分析如图7.7所示。

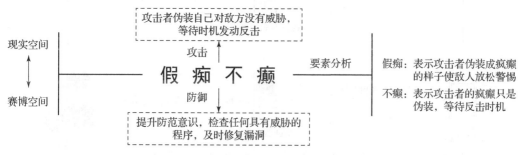

图7.7 "假痴不癫"核心要素及策略分析

其中"假痴"表示攻击者常常将自己的攻击行为伪装成正常的操作行为，让用户放松警惕；"不癫"则表示攻击者等待时机，对放松警惕的用户进行攻击。

攻击之道的重点在于对攻击行为进行伪装，攻击者不仅将恶意程序伪装成正常的程序，还利用加壳、混淆等技术躲避杀毒软件的查杀；或者使用假信息作为诱饵让用户放松警惕，进而攻击用户。当用户遭受攻击后，恶意程序就会执行修改注册表、篡改用户权限、占用网络带宽并且窃取个人隐私信息和重要文件等恶意命令。

防御之道在于识破攻击方的"假痴"，中计的人往往是放松警惕的人，所以用户防范这类攻击的做法从根本上来说就是提升网络安全意识。同时，用户应注意设备的安全防护，提升防御网络攻击的能力，比如及时修复漏洞、安装网络安全软件等。

7.3.5 信息安全事例分析

7.3.5.1 利用伪装软件之"假"赚取黑色利润

（1）事例回顾

银行节日提款机木马寄生在非官方应用市场和网站的广告弹窗中强行推广，其伪装成正常的支付软件，利用混淆加密、杀毒对抗、沙箱对抗等手段来对对抗杀毒软件的检查。该木马会分解恶意行为流程，采用安全应用组件构建恶意程序组件，各部分不包含恶意行为，通过运行每个安全应用组件特定的功能，最大限度模块化病毒功能，分散病毒代码特征对抗杀毒软件。该病毒还大量使用安卓进程间通信机制隐藏主要恶意程序，这增加了恶意样本分析的难度。总体来看，该类型木马病毒在技术水平上比一般木马病毒有了极大的提高，能躲避杀毒软件检查，并隐藏主要的恶意行为，让用户难以察觉系统运行的异常。最终攻击者达成谋取不法利润和窃取用户隐私的攻击目的。网络监测数据显示，该病毒自2018年2月底开始频繁活动，并于3月24日感染数量达到峰值，一天内就感染了近20万手机用户。

攻击者会先将带有木马病毒的恶意软件上传到第三方非正规的软件平台，当用户下载并安装之后，该木马病毒会恶意推广广告和应用软件，这为攻击者赚取了大量的广告费用。该木马可以通过弹窗广告和其他具有诱惑力的宣传诱使用户付费，攻击者通过用户直接付费获得利润。该木马还会窃取个人隐私信息，攻击者既能售卖木马搜集的隐私信息获得利润，也能利用这些隐私信息继续渗透其他用户设备。这样形成一个黑色产业链，使用恶意软件的用户是最大的受害者，而攻击者会获得巨额的利润。其运作流程如图7.8所示。

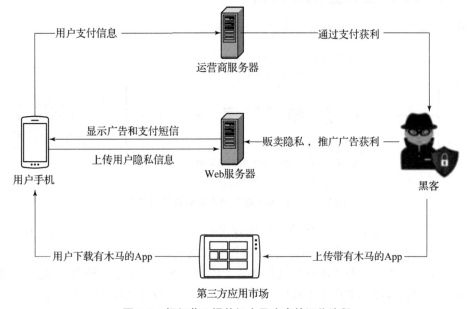

图7.8 银行节日提款机木马病毒的运作流程

当用户启动带有木马的应用软件后，木马首先会获取用户设备的属性和SIM卡信息，组成一个用户识别信息上传攻击者的后台，用于标识被植入木马病毒的用户设备。

当用户的操作满足木马病毒触发条件时，木马会自动在桌面创建快捷方式，或者利用弹窗广告诱导用户点击。点击之后恶意程序会改变用户的网络状态，将用户转到精心设计的钓鱼网站，安装其他的病毒、流氓软件或者欺骗用户支付虚拟产品。

该病毒的安装包中包含多个伪装的支付插件，木马会推送伪装的支付插件并执行恶意行为。这些插件包括引诱用户进行付费操作的相关插件、隐私收集相关插件和伪装成正规运营商发送付费短信的插件，一旦用户信任这些插件的安全性，就很容易进入攻击者布置好的陷阱，造成经济损失。

该木马病毒还会检测手机是否启动安全软件，如果检测到安全软件启动就终止木马进程，避免安全软件检测到系统的异常情况警示用户，还能防止安全软件收集和分析木马特征代码。一旦用户没有及时更新杀毒软件，该木马就能见缝插针，造成用户的隐私泄露和经济损失。

（2）对抗之策

该事例与"假痴不癫"核心要素映射关系如图 7.9 所示。

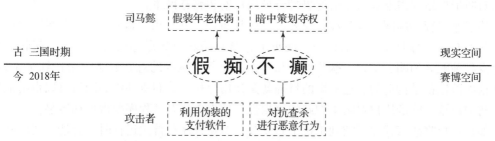

图 7.9　利用伪装支付软件赚取黑色利润与"假痴不癫"核心要素映射关系

对于这类恶意木马病毒的防御，主要遵循预防为主、查杀为辅的原则。现在的恶意程序种类繁多，伪装的方式呈现多样化，仅仅依靠杀毒软件防范比较吃力。对抗"假痴"的根本方法就是提高警惕，即提升用户的网络安全意识。下面给出三种针对这类攻击的安全防御措施：

①培养使用手机的正确习惯。用户要养成使用手机的正确习惯，不要为了贪图蝇头小利而下载来源不明的软件，应从正规的应用商店或渠道下载手机软件。不要被利益诱惑去点击中奖消息和推送广告，不浏览非正规的网站和下载附件，这些往往是恶意程序的诱饵。用户应安装安全软件并经常修复漏洞、更新系统等。只要用户养成科学良好的使用手机的习惯，类似的病毒就会无机可乘。

②应用商店应加强应用审核力度。安卓手机是病毒感染和传播的重灾区，因为安卓系统是开放的，这一方面降低了手机厂商的开发系统的门槛，另一方面便于更多的应用开发者不断丰富安卓软件生态环境。然而，系统的开放性与安全性之间是矛盾的，安卓平台中缺乏安全认证和监管的应用商城泛滥，这导致许多应用商城缺少对上架应用程序进行安全审查的机制。因此在应用中植入恶意程序变得更加容易。现在各个品牌手机几乎都有自家的应用商店，商店中的应用在上架前都会经过严格的审查，恶意软件的占比很低。但是网络上仍然存在各种缺乏安全认证的应用商城，它们往往打着免费或者破解的幌子吸引用户下载应用，用户很容易安装恶意软件并遭受攻击。所以必须加大各类应用商城中应用的审查力度，推出更有效的审查机制，从源头遏制恶意软件的传播。

③保证用户设备的安全性。用户要经常使用安全软件对手机进行安全检测，更新或移除存在安全风险的应用。安全软件能扫描出漏洞，用户需要及时安装漏洞补丁和更新系统，这样才不会给病毒留下可乘之机。安全软件也能监测手机性能和后台程序运行情况，当遇到异常行为时可以及时提醒用户检查系统是否受到恶意软件的威胁。

7.3.5.2　利用伪造信息之"假"传播短信蠕虫

（1）事例回顾

2020 年年初爆发的新冠疫情让人措手不及，两个月就席卷了全球大部分地区，造成全球恐慌，人人自危。这时有人利用群众对疫情的恐慌传播恶意程序诱使用户使用，这样攻击者就可以攻击用户的设备并赚取黑色利润。

比如国外出现的一种短信蠕虫，攻击者在域名为 http://coronasafetymask.tk/ 的网站上分发一个文件名为 CoronaSafctyMask.apk 的恶意程序。攻击者谎称使用该应用能让用户购买到在疫情中极度短缺且价格实惠的安全防护口罩。由于新型冠状病毒在国外感染的人数持续上升，防护口罩供不应求，人们迫切需要储备大量防护口罩来保障自身的安全，攻击者利用人们对防护口罩的需求和对疫情的恐慌诱导用户安装恶意程序。

传播恶意程序的网站伪装成正规公司和医疗机构，并打出"温情牌"，在网站主页上显示"拯救自己，拯救家庭"的口号，网页上包含预防新冠病毒感染的建议、卖家联系的方式以及各种顾客的购买记录、购买评价和货运信息等，顾客的总共购买记录达到了4万个，当然这些数据都是伪造的。这样做的目的就是让用户相信他们所浏览的网站可以带给他们极缺的防护口罩，降低用户对陌生网站的警惕性，使得传播恶意程序变得更加容易。

如果用户将恶意程序下载到手机中并安装，恶意程序在首次运行时，会请求读取联系人和发送短信息的权限。在无法确认软件是否为正常软件的时候，这种权限请求就是危险信号，但此时用户急于得到口罩，并且相信网站是正规的口罩售卖方，很可能会同意恶意程序获取这些权限。

该恶意程序获得了读取联系人和发短信的权限后，会收集用户所有的联系人，为了不断传播恶意程序，它将向所有联系人发送短信，将自身虚假网站信息传播给更多用户。短信内容是"使用口罩保障自身安全，单击此链接可下载该应用并订购口罩 - http://coronasafetymask.tk/"。这种行为可能会大量消耗用户的话费或者流量。

该恶意程序还会泄露用户的隐私并导致用户的经济损失。恶意程序的主页面以用户可以购买到高质量且价格实惠的防护口罩为幌子要求用户点击按钮，之后程序会跳转到一个在线销售口罩的网站。网站要求用户在线支付口罩费用并窃取其银行账户和个人隐私信息。攻击者可以通过用户支付的口罩费用获利，也能利用银行账户和隐私信息进行其他类型的攻击。

（2）对抗之策

该事例与"假痴不癫"核心要素映射关系如图7.10所示。

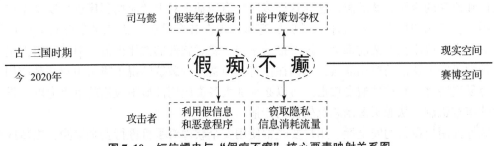

图 7.10　短信蠕虫与"假痴不癫"核心要素映射关系图

这类恶意程序利用了人们的恐慌情绪诱使用户下载和传播，每当出现危机或者特殊情况的时候，总会有攻击者想利用混乱赚取不义之财。攻击者常常编造谎言迷惑用户，让用户认为攻击者能够给予用户较多的利益，这就是"假痴"。当用户放松警惕时，攻击者就能迅速发动攻击。下面给出两种针对这类攻击的安全防御措施：

①提升对信息的甄别能力。现在是大数据时代，网络上的各类信息数量多，传播速度快，每天都会产生各种虚假的信息引诱用户上当受骗。用户需要对接收到的信息进行有效甄别，不轻易相信非官方非权威的消息，要对收到的消息进行多方查证。用户在网购的时候，应避免在非正规的购物网站上购买商品，防止银行卡账户信息泄露，避免财产遭受损失。

②手机的权限管理。用户设备的防护不能忽视，在这个事例中，恶意程序需要用户手机的某些权限才能进行恶意行为和传播病毒，所以用户移动设备的权限管理非常重要。现在许多安卓手机应用会强制用户授予敏感权限，例如读取联系人信息、读取地理位置信息、发送短信或者调用摄像头等，如果未授予权限则不能使用，授予后则存在信息泄露和被攻击的风险。

用户要警惕不明应用索取敏感权限的行为，比如通信录读取权限、短信权限、地理位置权限、本机识别码读取权限、摄像头权限和录音功能权限等，一旦有不明应用请求这些权限就要有所警觉，因为这很有可能是恶意程序运行需要的权限。设备防护还需要及时更新系统，安装安全补丁，下载权威的安全软件保护用户设备。这样才能尽可能地降低恶意程序入侵的概率。

随着用户越来越关注隐私信息泄露问题，各种手机系统也推出了用户权限防护机制，比较知名的是小米手机在其系统上推出的虚拟权限功能。这个功能会记录所有应用请求的敏感权限并提示用户，当有应用请求敏感权限时会让用户做出处理。为了对抗强制授予权限的应用，该功能会生产一个虚拟的权限"欺骗"应用，既能保证应用的运行，也能保护用户的信息不被泄露。

7.3.6 小结

本节通过讨论国内外多个应用事例，介绍了"假痴不癫"的基本含义。在网络空间安全领域，不法攻击者利用"假痴不癫"这一计策发起攻击，例如2018年攻击者利用隐藏在各种网页广告中的伪装程序攻击用户手机，从而赚取不法利润，窃取用户隐私信息，可通过加强应用市场的审核力度，保证用户设备安全等方法进行防御。2020年在新冠疫情期间有不法分子利用虚假信息传播短信蠕虫并骗取用户财产和隐私信息，可通过加强移动端的权限管理等方法进行防御。在提升用户网络安全意识的同时，时刻防范伪装成正常程序的恶意程序，加强对各种软件和系统的管理，使想要使用"假痴不癫"的攻击者无法迷惑用户的双眼。

习 题

① "假痴不癫"之计的内涵是什么？您是如何认识的？
② 简述"假痴不癫"之计的真实事例2~3个。
③ 针对"假痴不癫"之计，简述其信息安全攻击之道的核心思想。
④ 针对"假痴不癫"之计，简述其信息安全对抗之道的核心思想。
⑤ 请给出"假痴不癫"之计的英文并简述西方事例1~2个。

参考文献

[1] 个人图书馆. 三十六计之二十七：假痴不癫（混战计）[EB/OL]. (2014-11-08) [2021-02-25]. http://www.360doc.com/content/14/1108/01/16892412_423556250.shtml.

[2] 司马光. 资治通鉴·魏纪·司马懿诛曹爽[M]. 北京：中华书局, 1976.

[3] 趣历史. 康熙为成功除鳌拜是怎样装痴装傻的[EB/OL]. (2017-05-09)[2021-02-25]. http://www.qulishi.com/news/201705/202812_1.html.

[4] FreeBuf. 银行提款机病毒：绕过杀毒软件达到牟利目的[EB/OL]. (2018-04-04)[2021-02-25]. https://www.freebuf.com/articles/terminal/166910.html.

[5] FreeBuf. 利用"新冠"的勒索病毒和短信蠕虫[EB/OL]. (2020-04-12)[2021-02-25]. https://www.freebuf.com/articles/terminal/231246.html.

7.4 第二十八计 上屋抽梯

假之以便，唆之使前，断其援应，陷之死地。遇毒，位不当也。

7.4.1 引言

"上屋抽梯"出自《三十六计》中的第二十八计。这个计策的意思是，在作战中我方需要向敌人露出一些破绽，让他们放松警惕，诱使敌人走入提前准备的包围网或者陷阱，再切断其后路和援军，置敌人于死地。在中外战争史中，使用诱敌深入再围歼计策的战例数不胜数。在网络空间中，网络安全问题日益突出，攻防双方的对抗是一场没有硝烟的战争。在网络空间的对抗中采取以利引诱的策略可以使防备心较低的人落入攻击者的陷阱，从而被攻击者截断退路，任其摆布。应对攻击者实施"上屋抽梯"之计的方法是防御者对任何信息或者文件都要保持警惕，不轻易相信不明信息的真实性和不明文件的安全性。

7.4.2 内涵解析

"上屋抽梯"与我国古代著名的军事家、政治家诸葛亮有关。三国时期，荆州的霸主刘表偏爱小儿子刘琦，冷落大儿子刘琮。刘琦的后母担心刘琦会影响到儿子刘琮的地位和自己的利益，就对刘琦怀恨在心。刘琦察觉到自己的危险处境，于是多次向诸葛亮询问解决办法，但诸葛亮一直没有回复，因为诸葛亮是刘备的谋士，刘备和刘表是亲戚，诸葛亮不便干预主公的家事，以免给他人留下口舌和把柄。

有一天，刘琦邀请诸葛亮到一座高楼上饮酒，在二人坐下饮酒的过程中，刘琦暗中派人拆走了高楼的楼梯。待诸葛亮发现时，刘琦对他说："今日上不至天，下不至地，出君之口，入琦之耳，可以赐教矣?"诸葛亮无可奈何，对刘琦说："申生在内而亡，重耳在外而安。"刘琦恍然大悟，马上领会了诸葛亮的意思，立即上书刘表请求离开荆州，避开了后母的迫害。

刘琦引诱诸葛亮"上屋"是为了求他指点出路，"抽梯"则是断其后路，逼迫诸葛亮，让其无路可走，这样才能得到其建议。此计用在军事上，是指利用诱饵引诱敌人进入包围圈或者陷阱，然后切断敌人退路，再将敌围歼的谋略。

"上屋抽梯"是一种诱逼计，其做法是首先制造某种使敌方觉得有机可乘、有利可图的诱饵，这就是"置梯"与"示梯"；然后用诱饵引诱敌方按照我方的计划行事或进入预设的陷阱，这就是"上屋"；之后再截断其退路，使敌人陷于绝境，这就是"抽梯"；最后逼迫敌方按我方的意志行动，或给予敌方致命的打击。

"上屋抽梯"计策的关键在于设置诱饵，施计者必须知敌性、识敌情，有目标地设置诱饵。对性贪之敌，则以利诱之，他们会因为贪功冒进进入施计者预先设计的陷阱中；对骄横之敌，则以示弱惑之，他们会因为自大轻敌进入施计者预先设计的陷阱中；对莽撞无谋之敌，则以谋诱之，他们会因为无知鲁莽进入施计者预先设计的陷阱中。总之要根据情况，巧妙地安放梯子使敌方中计，从而达成战略目的。

7.4.3 历史典故

在历史上有很多经典的"上屋抽梯"的事例，这些事例可以让读者对此计有更具象化的认识。

秦朝灭亡之后，各路诸侯逐鹿中原，势力最强大的诸侯当数项羽和刘邦。许多诸侯归顺他们。因为在巨鹿之战中项羽解救了被秦军包围的赵王，所以赵王就投靠了项羽。在楚汉相争时期，刘邦为了削弱项羽，命令韩信、张耳率两万精兵攻打赵王。因为赵王有项羽做靠山，又控制二十万人马，所以他得知攻击的消息后并没有重视。

韩信分析了战场形势，敌军人数是自己的十倍，如果直接攻城，恐怕不能战胜敌方。他定下了一条妙计："两千精兵到山谷树林隐蔽之处埋伏起来，等到我军与赵军开战后，我军佯败逃跑，赵军肯定会轻敌冒进，追击我军。这时埋伏的士兵迅速杀入并占领敌营。"他又命令张耳率军一万摆出背水一战的阵式。自己亲率八千人马正面佯攻。

第二天清晨韩信亲率大军杀来，与赵军主帅陈余统领的军队进行了激战。韩信看准时机命令部队伪装败退，并且故意在战场上遗留大量的武器和军用物资。陈余见韩信败走，不加分析就下令追击。韩信带着败退的队伍与张耳的部队合为一队又杀了回来，陈余完全没有料到，他的部队认为已经战胜韩信，斗志锐减，加上韩信故意在战场上遗留了大量的军用物资，陈余的士兵们抢夺造成混乱，导致军队队形散乱。所以韩信的军队奋勇冲进敌阵打退赵军。陈余马上收兵回营，但是韩信的伏兵趁营地空虚偷袭得手，伏兵与韩信的军队从两边夹击赵军。赵军大败，赵王也被韩信生擒。

这里的赵王军队犯了一个重大的错误就是轻敌，所谓骄兵必败，一旦轻敌，对敌方的引诱计谋就会缺乏警惕，从而被敌人诱进陷阱中受到两面夹击，最终大败。

国外也有相关作战案例。1966 年越南战争期间，越军获得的情报显示，7 月 9 日美军的一支运输队将由安综出发前往明盛，并且护送运输队的兵力很少。越军决定抓住这次战机打一场伏击战。7 月 9 日上午 11 时，美军运输车队驶进越军伏击圈，伏击战斗按预定计划打响。但是美军运输队非但没有惊慌失措，反而像经过演练一样沉着应战，而且美军兵力越来越多，美军的炮火打击也十分精确，显然炮击之前做过精确测定。越军经过两小时的苦战，无法完成预定目标，决定撤退，却发现周边道路均被美军严密封锁，且美军迅速空运来的三个步兵营已在外围完成了反包围。越军无路可退只得就地死守。战斗持续到次日黄昏，损失很大的越军才借助大雾侥幸逃出重围。

这次战斗是美军精心策划的代号为"埃尔帕素"的反伏击战。战前，美军发现越军严重威胁己方运输线，于是制订了"上屋抽梯"的诱敌计划，故意泄露运输车队的行动时间、路线，而后在沿途选定了越军可能设伏的五个地点设下反伏击圈套。越军歼敌心切，贸然出动落入陷阱，损失惨重。

7.4.4 信息安全攻击与对抗之道

"上屋抽梯"核心要素及策略分析如图 7.11 所示。其中，"上屋"表示攻击者设置的诱饵，通常指一些虚假信息和伪装的恶意程序，"抽梯"则表示攻击者会在受害者中计后实施恶意行为切断受害者的退路，然后攻击者骗取用户资金、获取用户系统权限或者给用户植入病毒等。

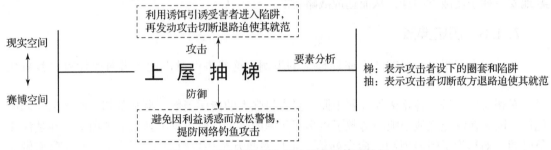

图 7.11 "上屋抽梯"核心要素及策略分析

攻击之道在于攻击者必须设置足够吸引人并且伪装高超的诱饵打消用户的疑虑，利用用户的侥幸心理，使用户相信信息的真实性和文件的安全性并进入陷阱，诱使他们同意攻击者的要求或者运行恶意程序，然后攻击者就会锁定用户设备或者夺取用户权限切断用户退路，从而达到骗取用户信息和钱财或者对用户计算机造成破坏等目的。

防御之道从根本上来说就是防御者应该提高警惕，避免侥幸心理，面对诱惑要保持清醒和理智，不要轻易地"上屋"，这样做可以防御大多数的此类攻击。同时，用户也要采取防范措施保证设备环境的安全性，比如定期进行安全扫描，检查设备是否出现异常，屏蔽来源不明的信息等都是很有效的防范措施。

7.4.5 信息安全事例分析

7.4.5.1 利用伪造文件的"梯"传播勒索病毒

（1）事例回顾

勒索病毒是近几年十分流行的一种计算机病毒，和以往的病毒不同的是，勒索病毒会加密用户计算机上重要的文件，除非得到密钥信息，否则很难将文件解密；而要得到密钥信息就必须向攻击者支付一大笔费用。这类病毒攻击能带给攻击者极高的利润，而极高的利润吸引了更多不法分子参与，对网络安全造成了极大的威胁。

2019 年，国外多家金融公司内部员工收到可疑邮件，邮件发件人显示为"National Tax Service"（美国国家税务局），发送邮箱地址的后缀为"@cgov.us"，攻击者企图将邮箱地址伪装成美国政府专用的邮箱地址"gov.us"。邮件的内容是收件方因为某些原因成为被告，需要按时到法院报到，邮件附件中含有相关司法文件需要收件方查看。这种邮件对金融公司来说是十分重要的，每个金融公司都不希望自己卷入官司，所以很大概率会下载附件查看文件内容，这样做就掉进了攻击者的陷阱中。

如果用户开启文件夹选项中"隐藏已知文件类型的扩展名"的功能，则打开附件，一共有两个看似正常的 docx 文档文件，如图 7.12 所示。如果关闭该功能，两个伪装的文件就会展现它们真正的文件类型，如图 7.13 所示，是两个可执行文件。默认情况下，Windows7 和 Windows10 中启用了"隐藏已知文件类型的扩展名"的功能，这就给病毒留下了可乘之机，如果用户没有仔细检查文件属性就很可能贸然运行恶意程序，导致用户重要文件被加密。同时，伪装的文件使用了较长的文件名和正常的文件图标，利用用户的惯性思维提升了病毒的伪装效果。

图 7.12　伪装文件

图 7.13　伪装文件真实类型

这两个文件的真实身份其实是 GandCrab5.2 勒索病毒。GandCrab 勒索病毒是 2018 年勒索病毒家族中最活跃的成员之一，该勒索病毒首次出现于 2018 年 1 月，在将近一年的时间内更新迭代了五个大版本，此勒索病毒主要使用 RSA 加密算法，导致加密后的文件很难被解密。

GandCrab 病毒主要以投递恶意邮件的方式进行攻击，邮件内容通常带有恐吓性质，如果收件人不慎点开邮件附件，将会遭到勒索病毒的攻击。

GandCrab 勒索病毒使用病毒加壳和花指令混淆干扰安全人员的分析。在该病毒运行时会结束大量文件占用类进程，防止文件加密时出现异常和错误导致程序崩溃。然后病毒会在内存中解密得出 RSA 公钥、不加密文件后缀等。再遍历所有需要加密的文件进行加密操作，加密完成后随机添加扩展文件后缀。最后在桌面输出勒索的文本信息，要求用户缴纳赎金，才能解密文件。该病毒的阴险之处在于，每一次加密的密钥都是随机生成的，不同用户只有缴纳赎金才能得到自己独一的密钥。

（2）对抗之策

该事例与"上屋抽梯"核心要素映射关系如图 7.14 所示。

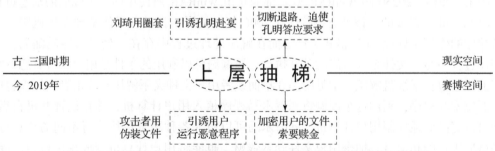

图 7.14　利用伪造文件传播勒索病毒与"上屋抽梯"核心要素映射关系

对抗勒索病毒的核心思想是防范，现在的勒索病毒使用的加密技术十分复杂，解密十分困难，一旦有主机感染病毒，结果会是灾难性且不可逆的。只有防患于未然，从源头截断勒索病毒的传播，才是保护用户计算机免受勒索病毒侵害的有效方法。下面从企业和个人两方面给出有关勒索病毒的对抗措施：

①企业用户对抗措施。当企业用户已经中招，首先要做的就是立刻隔离内网中感染的计

算机，防止勒索病毒在内网传播感染造成更大的损失。然后查找勒索病毒样本的相关信息，确认此次勒索病毒家族的样本；确认勒索病毒的种类之后，寻找是否有相应的解密工具来进行解密，比如勒索病毒信息查询网站 https://www.botfrei.de/de/ransomware/galerie.html 等。在及时处理感染主机后对病毒进行溯源分析，确认病毒传播和感染的途径，封堵相关的安全漏洞，做好相应的安全防护工作以防再次感染，比如及时给计算机安装系统补丁修复漏洞；对重要的数据文件定期进行非本地备份；尽量关闭不必要的文件共享权限；告知企业内部员工不要点击来源不明的邮件附件，不要下载不明网站的软件。

②个人用户对抗措施。个人用户不像企业那样具有组织性，也没有很多的精力和资源处理被感染的计算机，只能做好预防工作。在个人行为方面，用户不要点击来源不明的邮件附件，不要下载不明网站的软件，对于陌生软件要时刻提防，仔细检查文件是否安全，特别是可执行文件的安全性。用户还应该定期在其他设备中备份重要文件。在计算机环境安全方面，应及时安装系统更新补丁和修复漏洞，安装权威的安全软件抵御外界的攻击。

7.4.5.2 利用伪装文件之"梯"实施网络钓鱼攻击

（1）事例回顾

网络钓鱼是社会工程学和黑客技术的综合运用。攻击者会制造多数人无法分辨的诈骗诱饵让用户放松警惕，用户往往只是运行某个文件，就会让自己陷入攻击者的陷阱中，造成巨大的损失。

穷奇是一个持续攻击中国大陆网络长达数十年的黑客组织，其攻击对象绝大部分为中国大陆的军工、科研、教育、政府等单位。该组织在 2019 年使用编号为 CVE-2018-20250 的 WinRAR ACE 漏洞制造了多次钓鱼攻击。钓鱼邮件中往往包含一个附件压缩包，邮件内容是有关单位内部会议资料的说明。如果攻击者入侵某个单位的内网并群发此类邮件，内网用户很容易相信邮件的真实性和安全性，收到邮件的人会将压缩包下载并解压，这就是该攻击使用的"梯子"，利用钓鱼邮件诱使用户解压压缩包，然后利用 CVE-2018-20250 的 WinRAR ACE 漏洞将恶意程序放置到用户启动列表内，从而使得用户下次重启系统时，该恶意程序能自动启动运行。

CVE-2018-20250 的 WinRAR ACE 漏洞是由 WinRAR 所使用的一个陈旧的动态链接库 UNACEV2.dll 所造成的，该动态链接库在 2006 年被编译，且没有任何基础保护机制。该动态链接库的作用是处理 ACE 格式文件。而在解压处理过程中存在一处目录穿越漏洞，允许在解压过程中写入文件至开机启动项并执行。该漏洞可以利用的条件是用户将带有恶意攻击程序的压缩包在系统盘解压，常见的是在桌面或者用户文件夹下解压。攻击者在压缩包中添加了恶意木马程序，利用这个漏洞将恶意木马程序植入用户计算机，并且设置开机自启动，这样可以更高效地控制用户计算机。同时木马可以植入各种恶意模块执行不同的恶意行为，比如盗取用户隐私信息、加密用户文件勒索钱财，也能将用户计算机变成挖矿机器，等等，这些都会给用户带来巨大的损失。

（2）对抗之策

该事例与"上屋抽梯"核心要素映射关系如图 7.15 所示。

遭受网络钓鱼攻击往往由用户不安全的行为习惯导致，为了防范钓鱼攻击，用户在使用计算机时要养成正确且安全的行为习惯，这样才能降低遭受此类攻击的风险。下面针对此类攻击给出四种安全防御措施：

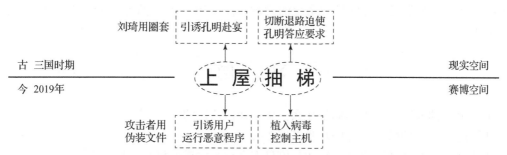

图 7.15 网络钓鱼攻击与"上屋抽梯"核心要素映射关系图

①用户应该保护个人密码账号的安全。保护账号密码的安全,是保证个人信息安全的基础。在日常生活中,用户不能随意将账号密码泄露给他人;要设置强密码,并定期更换,不同账号不能设置一模一样的密码,这样能防止出现因密码泄露造成而其他重要账户被攻击的情况。在网吧等非私人场所避免使用个人账号密码,如果使用则需要及时清理账号记录和使用痕迹。

②用户应该养成检查登录网页的习惯。用户登录页面需要检查网站域名,以防登入伪造网站。伪造页面内容与正常页面非常相似,但真实网页的域名无法仿冒,通过辨别域名可分辨登录网站的真伪。另外可以根据相关统计数据,了解钓鱼网站最常采用的域名并在遇到这些域名时提高警惕。访问电子商务网站及银行网站时注意查看其信用证书、安全证书等,如果提示存在安全风险要停止访问。

③用户需要维护计算机的环境安全。个人计算机要安装相关的安全防范软件,防范来自网络的攻击,及时更新计算机安全补丁,安装防木马、防钓鱼网站和防病毒等软件并保持软件更新。用户下载文件时需要辨别资源的安全性,网络中很多第三方下载资源被捆绑了木马或者病毒,如果未经扫描查杀就打开运行,病毒可能会植入用户计算机,盗取账号及个人隐私。用户还要警惕通过电子邮件以及即时通信工具传输的文件,运行前需要进行安全检查。

④培养良好的使用计算机的习惯。个人用户不要相信网络上极具诱惑的说辞,不要贪图小便宜;不要打开不明链接和不明邮件;使用从正规网站下载的正版软件,不要使用破解盗版软件;不要在不明网站上输入账号密码或验证码。

对于企业、网站运营等集体单位,不仅要求每个管理人员实施以上措施,还要对下属员工进行网络安全培训;使用更加专业的防护软件,对外网访问加以限制,定期检查系统服务器的文件和关键设备的运行情况,一旦出现异常,应尽快排查安全隐患并解决异常问题,以此来防御网络钓鱼攻击。

7.4.6 小结

本节介绍了"上屋抽梯"的基本含义,讨论了国内外多个应用事例。在网络空间安全领域,不法攻击者利用"上屋抽梯"这一计策发起攻击。2019 年攻击者利用伪造邮件中包含的勒索病毒附件攻击用户计算机,加密重要文件,勒索用户,赚取不义之财,可通过检查不明文件的安全性,经常备份重要文件和保证用户设备环境安全等方法进行防御。2019 年国外黑客组织利用虚假邮件和系统漏洞传播木马病毒控制用户计算机,可以通过及时修复漏洞,加强信息安全防护等方法进行防御。用户在提升网络安全意识的同时,也要时刻防范网络上各种诱饵，加强对各种软件和系统的管理，使采用"上屋抽梯"的攻击者无法迷惑自己的双眼。

习　题

① "上屋抽梯"之计的内涵是什么？您是如何认识的？
② 简述"上屋抽梯"之计的真实事例 2~3 个。
③ 针对"上屋抽梯"之计，简述其信息安全攻击之道的核心思想。
④ 针对"上屋抽梯"之计，简述其信息安全对抗之道的核心思想。
⑤ 请给出"上屋抽梯"之计的英文并简述西方事例 1~2 个。

参考文献

[1] 范晔. 后汉书，卷七十四下 [M]. 北京：中华书局，1973.
[2] 搜狐网. 三十六计系列之上屋抽梯 [EB/OL]. (2017-08-30) [2021-02-25]. https://www.sohu.com/a/165984908_99906313.
[3] 司马迁. 史记·淮阴侯列传 [M]. 上海：上海古籍出版社，1990.
[4] 杨小朋，肖振山. "埃尔帕索"计划的奥秘 [J]. 环球军事，2002 (4)：37.
[5] FreeBuf. GandCrab5.2 勒索病毒伪装国家机关发送钓鱼邮件攻击 [EB/OL]. (2019-04-08) [2021-02-25]. https://www.freebuf.com/articles/system/200070.html.
[6] 看雪论坛. 全球高级持续性威胁（APT）2019 年研究报告 [EB/OL]. (2020-03-05) [2021-02-25]. https://bbs.pediy.com/thread-257957.htm.
[7] 博客园. WinRAR 目录穿越漏洞（CVE-2018-20250）复现 [EB/OL]. (2019-03-11) [2021-02-25]. https://www.cnblogs.com/fox-yu/p/10495236.html.

7.5　第二十九计　树上开花

借局布势，力小势大。鸿渐于陆，其羽可以为仪也。

7.5.1　引言

"树上开花"出自《三十六计》第二十九计。"树上开花"，本意是指树上本来没有花，但可以用彩色的绸子剪成花朵的样子粘在树上，做得和真花一样，不仔细看，让人真假难辨。《三十六计》里把它作为制造声势以慑服敌人的一种计谋。铁树也开了花，变不可能为可能，所以能够制服敌人。随着当今信息网络的不断发展，"树上开花"之计也逐渐开始在网络空间安全领域得到应用，攻击者在了解目标用户的情况后，利用他们无法看清形势的时机，混淆他们的判断，使他们不能及时防御，从而更快地完成攻击，是慑服对方的一种手段。应对攻击者实施"树上开花"之计的方法是要尽量看清形势，同时要在信息网络的使用过程中时刻保持警惕，及时采取安全防范措施，以免被攻击者利用。

7.5.2 内涵解析

《三十六计》第二十九计之"树上开花"记载云:"借局布势,力小势大。鸿渐于陆,其羽可用为仪。"本意为借助某种局面(或手段)布成有利的阵势,兵力弱小但可使阵势显出强大的样子。"鸿渐于陆,其羽可用为仪"是说鸿雁走到山头,它的羽毛可用来编织舞具,这是吉利之兆。按语有言:"此树本无花,而树则可以有花。剪彩粘之,不细察者不易觉。使花与树交相辉映,而成玲珑全局也。此盖布精兵于友军之阵,完其势以威敌也。"意思是树上本来没有"花",但是如果树上需要"花",可以人为地剪彩花粘贴在树上。不仔细观察,是难以分辨真伪的。"花"与"树"交相辉映,则玲珑剔透、满堂生辉。用此方法,等于布"精兵"在盟军阵中,可以造势而显示强大,借以威慑敌人。

实际上它有三层含义,第一层是指借助某种局面布成有利己方的阵势,显示出强大的样子,吓退敌军。第二层是指布置假象虚张声势,以慑服敌人。第三层是指将本求利,可能别有收获。在网络空间安全中则指用"假"冒充"真",可以取得乱真的效果。因为网络安全攻击中情况复杂、瞬息万变,攻守双方很容易被假象所惑,所以巧布迷魂阵,可以慑服甚至击败敌人。

7.5.3 历史典故

在中国历史中,使用"树上开花"之计来达到目的的典故不计其数。公元前341年,庞涓乘势追击退兵的齐军,叫人察看齐军扎过营的地方,数做饭的炉灶,发现炉灶足够供十万人吃饭使用。第二天,庞涓带领大军赶到齐国军队第二次扎营的地方,数了数炉灶,发现炉灶只够供五万人使用。第三天只剩了供两万人用的。庞涓这才放心,笑着说:"我早知道齐军都是胆小鬼。才三天工夫,十万大军就逃散一大半。"

庞涓吩咐魏军没日没夜地按着齐国军队走过的路线追击。一直追到马陵,正是天快黑的时候,马陵道十分狭窄,路旁都是障碍物,庞涓恨不得一步赶上齐国的军队,就吩咐大军摸黑往前赶,结果发现道旁的树全砍倒了,只留下一棵最大的没砍,趁着火光一瞧,那树瓤上面写的是:"庞涓死于此树下"。这时四周不知道有多少箭像飞蝗似的冲魏军射来,一时间,马陵道两旁杀声震天,到处是齐国的兵士。原来这是孙膑设下的计策,他故意天天减少炉灶的数目,引诱庞涓追上来。庞涓走投无路,只得拔剑自杀。

同是"退兵",孙膑用"减灶",孔明却用"增灶"。四出祁山,孔明本来已经大获全胜,司马懿用一个反间计,后主刘禅相信谗言,下诏命令孔明班师。姜维问:"如果大军撤退,司马懿乘势追杀上来,该怎么办才好?"

孔明说:"我们这次撤军,可分五路而退。今日先退这座大营。假设说营内只有一千士兵,却要掘两千人的灶;今天要是掘了三千人的灶,明日就掘四千人的。每天退军,都要添灶之后再出发。"司马懿只等蜀兵撤退时便要追杀,因为知道孔明足智多谋,不敢轻易追赶,亲自率领百余名骑卫前来蜀军营地察看,教军士数数灶的数目,第二天又教士兵赶到那个营内再一次查点灶数,士卒回来报告说,"这营内灶的数目,比原来又多一分",于是司马懿回师不再追赶。

同用树上开花之计,孙膑减"花",孔明为何添"花"?虽然都想迷惑敌人,只是目的不同。孙膑退兵时是攻势,减"花"是为了引诱庞涓追击,故而用减灶来迷惑敌军;诸葛亮退兵时是守势，而且兵少，不希望敌人真的来追击他，所以用增灶来迷惑敌军。孙膑写下《孙膑兵法》，为后人称道；而孔明活学活用，同样也为后人称道。两人相隔570多年，真可谓"江山代有人才出，各领风骚数百年"！

7.5.4 信息安全攻击与对抗之道

"树上开花"核心要素及策略分析如图7.16所示。其中，"树"表示当前自己的实力，"花"表示布置迷魂阵以显示自己实力的强大。

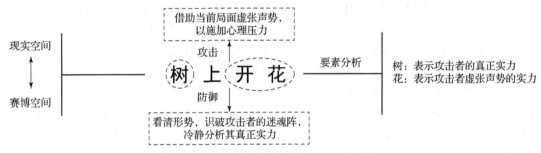

图 7.16 "树上开花"核心要素及策略分析

使用"树上开花"之计，首先，可以借助当前局面布局成利于己的阵势，以此烘托自己实力的强大；其次，要善于布置假的情况，即用迷魂阵来虚张声势，以此慑服敌人；最后，也可以根据实际情况将本求利，获得新的收获。

攻击之道在于为自己选择适合的"花"，以此掩盖自己真正的实力之"树"，把握攻击的时机，使用"树上开花"之计，要抓住被攻击者承受心理压力的时机，在其慌不择路的情况下，使其缴械投降。

防御之道在于防御者应提前识破攻击者的迷魂阵，快速地拨开乌云，在识破"花"的同时要提高警惕，提防可能再次发生的攻击，及时进行防御并且时刻保持警惕。网络攻击具有多样性、智能性、危害性、隐蔽性和难预防性等特点，面对这一现状，需要加强计算机使用人员的信息安全意识，同时要健全相关的法律法规，从多个角度做好网络攻击的防范和应对措施。

7.5.5 信息安全事例分析

7.5.5.1 借顶级黑客组织之"花"勒索

（1）事例回顾

在2020年2月，澳大利亚的银行和金融部门一直笼罩在"Silence Hacking Crew"（沉默小组）的攻击威胁之中。臭名昭著的"沉默小组"通过发送电子邮件，要求澳大利亚各组织尤其是银行和金融业相关组织交付门罗币（XMR）加密货币，否则将进行DDoS攻击。像这种基于利益勒索的分布式拒绝服务攻击就是所谓的RDoS攻击，即赎金拒绝服务攻击。

RDoS攻击是一种尚算新兴的攻击方式，而冒充世界级黑客组织的名号发动RDoS攻击，确实有些匪夷所思。这类勒索手法，早在2017年就有迹可循，也曾在2019年活跃一时。2017年，正是此类赎金团伙活跃达到顶峰的一年，这些团伙要么冒充世界知名的黑客组织，如Anonymous、Armada Collective、New World Hackers和Fancy Bear，要么模仿顶级黑客组织来取名，然后向目标发送勒索信。Fancy Bear 被视为"俄罗斯最著名的黑客组织"，2016 年美国总统大选期间，该组织入侵了民主党全国委员会的网站，并在社交媒体平台上大肆散布假消息。此外，该组织还曾试图对欧盟多国的总统选举进行干扰。然而此时的大部分犯罪团伙都只是"虚张声势"，他们并没有发起 DDoS 攻击等大规模攻击的实力，骗钱全靠名头，是实打实的"江湖骗子"。

然而在 2019 年 10 月，全球银行、金融业相关的多个组织再次遭遇 RDoS 攻击。其中，土耳其电信巨头 TürkTelekom、最大的私人银行之一 Garanti BBVA 因网络攻击中断了部分服务，南非几家互联网服务提供商遭遇了持续两天的 DDoS 攻击，系统一度瘫痪。同样是冒充顶级黑客组织，同样是威胁受害目标发动 RDoS 攻击，不同的是，这次的犯罪团伙拥有了相当的攻击实力，往往是一边发动攻击、一边发勒索信。对于彼时的攻击者来说，冒充厉害一点的黑客组织，不过是顺利收取赎金的助攻。而这一次，攻击者又借了个新身份，瞄准澳大利亚银行和部分金融机构。很快，澳大利亚网络安全中心就戳破了攻击者的伪装。几乎可以肯定的是，攻击者并非曾打劫过东欧、南非等地银行数百万美元的"沉默小组"。目前看来，澳大利亚银行只是虚惊一场，并未受到任何 DDoS 攻击。尽管发起 RDoS 攻击的攻击组织身份未明，且不能确定前后攻击是同一组织所为，但这类 RDoS 攻击以金融业为主要目标，且攻击者也具备瘫痪网络的实力。

经常有一些不明黑客冒充知名黑客组织进行网络犯罪，此举有两点好处：第一，为躲避执法机构的调查；第二，借助此类黑客组织的"威名"可以对受害者进行恐吓，对其造成心理压力，加之勒索信一般会有时间限制，所以受害者在慌不择路的情况下，很容易缴械投降，支付勒索金额。

攻击组织首先选定受害目标的一个特定 IP 地址作为示例攻击目标，表明攻击者有能力对目标网络进行最大程度的攻击，这些团伙通常运行自己的僵尸网络，这种类型的 RDoS 攻击会使受害目标遭遇持续 15 分钟至几个小时的网络攻击，预计会达到 40～60Gbps，多个攻击矢量会同时出现。攻击载体包括 SSDP/NTP/DNS/CLDAP/WSD/ARMS/SYN/ICMP 等，其中，有一种新型的攻击载体引起了大家注意，即使用 Web 服务动态发现（WSD）协议，这个攻击载体于 2019 年年初为人所知，但在 2019 年 10 月就已经被攻击组织利用。可见，攻击组织的实力也在随着各项技术的发展而进步。RDoS 攻击作为一种新兴的攻击手法，于未来充满无限可能。我们可以预料到，目前破坏力有限、手段尚显粗糙的攻击者一定会提升攻击手段，或者不排除有真正顶级的黑客组织发起 RDoS 攻击的可能。这就好比大家耳熟能详的"狼来了"的故事，如果我们此时降低警惕，终有一天会成为网络攻击之下的待宰羔羊。

最后我们来分析一下 RDoS 攻击者的"计谋"。事到如今，攻击团伙仍然打着著名黑客组织的名头"招摇撞骗"，真的是他们不懂创新、只会用这一招吗？绝非这样简单。如果说 2017 年的冒名攻击，是攻击组织无法拥有相应的攻击水平，只好出此下策，这是他们第一次借顶级黑客组织的"树"，开出自己的勒索之"花"；那么之后仍然沿袭老一套，一方面是利用顶级黑客组织的影响加剧受害者恐慌，另一方面也有利于掩藏自己的真实身份，这时，则是借自己攻击能力的"树"，开出掩藏自己真实身份的"花"。到目前为止，人们的确对真实的攻击者身份知之甚少，甚至于攻击者，这样做更有可能是为了让受害目标以为攻击者徒有虚名而放松戒备。虚实真假之下，掩藏着攻击者对金融业繁荣景象的觊觎之心。

(2) 对抗之策

该事例与"树上开花"核心要素映射关系如图 7.17 所示。

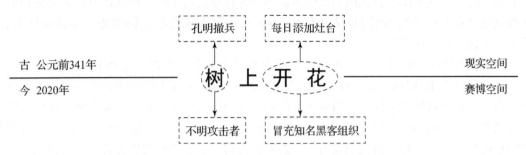

图 7.17 黑客攻击与"树上开花"核心要素映射关系

以正确态度应对此类案例,需要做到以下几点:

首先,受害者不要交付赎金,应及时联系网络安全公司帮助自己对抗攻击,各方都应该积极抵制这种违法行为,而不是为犯罪分子增添力量;其次,各组织应建立有效的 DDoS 保护机制,如通过创建实时签名保护未知威胁,利用混合 DDoS 保护,即内部和云 DDoS 保护来预防实时 DDoS 攻击;再次,要加强异常行为检测和异常流量检测;最后,要积极完善网络安全应急响应计划。

7.5.5.2 刷分工具中暗藏病毒之"花"

(1) 事例回顾

2020 年年初疫情蔓延,全民上下一盘棋,坚持自我隔离解除疫情;而在不能随意外出的日子里,也恰恰是大家学习锻炼、提升自我、补弱固强的大好时机。然而,正当大家在学习平台"花式打卡"破纪录时,打着刷分旗号的勒索病毒也开始在网络流窜。

该勒索病毒藏匿于一刷分软件压缩包中,刷分是假,加密文件勒索赎金是真解压。HackedSecret 勒索病毒藏匿的刷分软件压缩包后会出现多达 60 余个文件,这让这款软件看起来更加"复杂"、更加"正规"。而事实上,这些库文件、资源文件无一是真正的刷分工具,都是用来迷惑用户的。在一堆英文名称的文件中,图标唯一写有"学习"中文字样的". exe"程序,是黑客极力隐藏,并能完全脱离其他文件独立运行的勒索病毒真身。

用户不幸中招后,计算机屏幕上就会出现勒索信息提示窗口。从 Chinglish(中式英语)的中英对照文字推测,该勒索病毒极有可能出自国人之手。而从勒索信息中的内容来看,该勒索病毒作者索要赎金为 0.13 个比特币或 11 个门罗币,若不及时支付赎金,则将进入 60 分钟倒计时,宣称"每小时将有 10 000 个文件被摧毁"。但实际上这只是勒索病毒作者自导自演的"撕票"戏码,并不会真正摧毁已加密文件。

HackedSecret 勒索病毒本身功能并不复杂,但由于目标加密文件格式种类多达 200 余种,所以威胁不容小觑。从勒索病毒加密过程来看,感染 HackedSecret 后该勒索病毒会首先锁定目标文件,随后通过判断文件大小是否小于 10 000 000 字节(9.5 MB 左右),并排除勒索病毒所在目录或 C:\Windows 目录文件,然后会对其他目录下的文件进行加密。值得一提的是,该勒索病毒所用加密算法是十分常见的 AES 对称加密算法,甚至 AES 密钥和 IV 向量都已内置在病毒中,可见该勒索病毒病并不十分复杂。

（2）对抗之策

该事例与"树上开花"核心要素映射关系如图 7.18 所示。

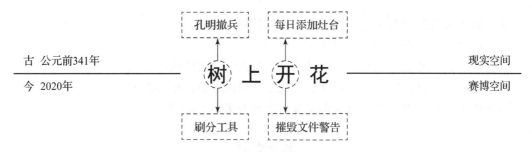

图 7.18　勒索病毒与"树上开花"核心要素映射关系

学习打卡涨粉数，应该靠奋斗和努力得来，而不应该靠走捷径获得；但"伪刷分真勒索"的勒索病毒直接侵害广大用户的个人利益和企业数据安全，实属可恶至极。同样，还有一些木马病毒借游戏外挂之"花"传播，针对勒索病毒问题，可以采取以下几点措施进行防御：

①部署可靠高质量的防火墙，安装防病毒终端安全软件，检测应用程序，拦截可疑流量，将防病毒软件设置为高强度安全防护级别并保持更新，还可以使用软件限制策略防止未经授权的应用程序运行。

②关注最新的漏洞，及时更新计算机上的终端安全软件，修复最新的漏洞。同时关闭不必要的端口，目前发现的大部分勒索病毒通过开放的 RDP 端口进行传播，如果业务上无须使用 RDP，建议关闭 RDP，以防止黑客通过 RDP 爆破攻击。

③企业要培养员工的安全意识，这点非常重要，如果企业员工不重视安全，迟早会出现安全问题，安全防护的重点永远在于人。

④养成良好的备份习惯，对重要的数据和文档定期进行非本地备份，可使用移动存储设置保存关键数据，同时要定期测试保存的备份数据是否完整可用。

7.5.6　小结

本节介绍了"树上开花"的基本含义，讨论了国内外多个应用事例。在网络空间安全领域，不法攻击者利用"树上开花"这一计策，发起攻击。

"树上开花"之计中，"树"指的是被借来助势的东西。在我方实力之"花"势单力孤、没有支撑的时候，不妨积极借"树"谋势造势。"花"是"树"的精华，"树"是"花"的依傍。首先要精心选好"树"，其次要巧妙布置"花"，这样才能达到示强隐弱的目的。

信息战争比其他任何社会现象都更难捉摸，更具不确定性。指挥员的主观判断很容易被各种假象迷惑。设置假情况，巧布迷魂阵，虚张声势，常常可以震慑甚至击败对手。因此，运用"树上开花"攻击之道在于通过精心筹划、设计创造出远超己方实际实力的浩大声势，往往能够有效迷惑敌人。在不利形势下，为了等待和创造战机，可以用此计迷惑调动敌人。

习 题

① "树上开花"之计的内涵是什么？您是如何认识的？
② 简述"树上开花"之计的真实案例 2~3 个。
③ 针对"树上开花"之计，简述其信息安全攻击之道的核心思想。
④ 针对"树上开花"之计，简述其信息安全对抗之道的核心思想。
⑤ 请给出"树上开花"之计的英文并简述西方案例 1~2 个。

参考文献

[1] 百度百科. 树上开花 [DB/OL]. (2020-06-02) [2021-02-25]. https://baike.baidu.com/item/9117775?fr=aladdin.

[2] FreeBuf. 一封来自"顶级黑客组织"勒索信，澳大利亚被迫重温 RDoS 攻击噩梦 [EB/OL]. (2020-02-26) [2021-02-25]. https://www.freebuf.com/column/228472.html.

[3] FreeBuf. 学习平台"刷分"工具隐藏勒索病毒 [EB/OL]. (2020-02-24) [2021-02-25]. https://www.freebuf.com/news/227988.html.

[4] FreeBuf. 勒索病毒防范措施与应急响应指南 [EB/OL]. (2019-08-30) [2021-02-25]. https://www.freebuf.com/articles/terminal/212001.html.

7.6 第三十计 反客为主

乘隙插足，扼其主机，渐之进也。

7.6.1 引言

"反客为主"出自《三十六计》中第三十计。

"反客为主"的本义是客人反过来变为主人。一般用来比喻由被动地位变为主动地位，与"喧宾夺主"的意思相近，被广泛运用于各种领域，如中国古代著名战例城濮之战，晋文公反客为主，掌握主动权，从而取得最后决战的胜利。随着当今信息网络的不断发展，"反客为主"也逐渐在网络空间安全领域得到应用，"黑客教父"米特尼克曾两次反客为主躲避联邦调查局的追查，进行软件破坏活动。应对攻击者实施"反客为主"之计的核心思想在于，找准主客位置，对于某些"客"的请求，要留意谨慎，切记千万不可以给"客"乘虚而入、安插羽翼的时机。

7.6.2 内涵解析

《三十六计》中第三十计记载云："乘隙插足，扼其主机，渐之进也。"意思是把准时机插足进去，掌握他的要害关节之处。按语有言："为人驱使者为奴，为人尊处者为客，不能立足者为暂客，能立足者为久客，客久而不能主事者为贱客，能主事则可渐握机要，而为主矣。故反客为主之局：第一步须争客位；第二步须乘隙；第三步须插足；第四足须握机；第五乃成功。为主，则并人之军矣；此渐进之阴谋也。汉高视势未敌项羽之先，卑事项羽。使其见信，而渐以侵其势，至垓下一役，一亡举之。"按语的意思是，客有多种：暂客、久客、贱客，这些都还是真正的"客"，可是一旦渐渐掌握了主人的机要之处，就已经反客为主。按语中将这个过程分为五步：争客位，乘隙，插足，握机，成功。概括地讲，就是变被动为主动，把主动权慢慢地掌握到自己手中。分成五步，强调循序渐进，不可急躁莽撞、泄露机密，否则只会把事情搞坏。按语称此计为"渐进之阴谋"，既是"阴谋"，又必须"渐进"，才能奏效。李渊在夺得天下之前，写信恭维李密，后来还是把李密消灭了。刘邦在兵力不能与项羽抗衡的时候，很尊敬项羽，鸿门宴上，以屈求伸，对项羽谦卑到了极点。后来他力量扩大，由弱变强，垓下一战，终于将项羽逼死在乌江。所以古人说，主客之势常常发生变化，有的变客为主，有的变主为客。关键在于要变被动为主动，争取掌握主动权。

7.6.3 历史典故

在中国历史中，使用"反客为主"方法来谋取利益达到目的的典故不计其数。春秋时期，五霸争雄。公元前632年4月，骄傲自负的楚国令尹成得臣（字子玉），不顾楚成王的劝阻和反对，一路北上，不顾一切寻找晋军主力决战。眼看双方就要狭路相逢，晋、齐、秦、宋四国联军出乎楚军的意料突然撤退，退就是足足的二舍，这就是中国历史上有名的"退避三舍"。在与楚国的正面交锋中，晋国恰当地选择战场，避开楚国主力部队的锋芒，造成对楚的优势，掌握主动权，使自己处于有利的战略地位，从而取得最后决战的胜利。

晋国的每一步胜利，都是与充分发挥将帅的主观能动作用、适应客观规律、采取正确的战略战术分不开的。战争是敌我双方力量的竞赛，但力量在战争中不是固定不变的，是变化的因素，包括人的主观努力、指挥员能动作用的发挥、战略战术的恰当运用，这些对于敌我力量的转化都起着极大的作用。城濮之战在主、客观关系的问题上，形象地反映了和孙子、孙膑同样的军事辩证法思想。

纵观晋楚城濮之战全过程，晋文公通过"伐交""伐谋""伐兵"三种方式，实现由被动到主动的转变。一是"伐交"，通过化敌为友实现"一箭三雕"。楚军进攻宋国让晋文公进退两难：不出兵援宋就是失信，出兵援宋必然会有损自己诱楚援曹的战略。通过商议，晋文公决定将已夺取的曹、卫两国部分领土赠与宋国，坚定宋国盟晋抗楚决心。然后，由晋国出面协助宋国向齐、秦两国赠送礼物示好，请齐、秦两国劝和。这样，不仅宋国不会投降，还能把齐、秦两国拉到己方阵营。晋文公的这一外交策略使晋、楚两大阵营实力对比发生逆转。

二是"伐谋"，通过"退避三舍"实现诱敌深入。晋文公的"退避三舍"其实是一套军政结合的"组合拳"。晋文公早年流亡期间，曾受楚国优待，"退避三舍"在政治上树立晋文公不忘旧恩的正面形象，赢得在道义、伦理和舆论上的支持。在军事上，晋军后撤到宽广的作战地域，可以从容地同齐、秦、宋三国军队集结，进行联合作战。同时，在晋军熟悉的城濮战场决战，可以优先占据有利地形，以逸待劳，占据战场主动。

三是"伐兵"，通过击敌软肋实现各个击破。晋军在城濮驻扎后，齐、秦、宋等国援兵也陆续抵达。楚军虽已是疲惫之师，但楚军将士大多身经百战，战斗力仍不容小觑。决战当天，晋文公针对楚军布阵中间强、两边弱的特点，命战车部队突袭楚军最弱的右翼，一举将其击溃。紧接着，晋军又采取"示形动敌"的方法，在楚军左翼佯装败退，诱使敌孤军深入,分割围歼楚军。

7.6.4 信息安全攻击与对抗之道

"反客为主"核心要素及策略分析如图7.19所示。"客"指开始时处于劣势,而后找到敌方弱点,在弱点处安插培植自己的力量,在恰当的时机反击,而后反客为主。"主"指攻击者占据主导地位,从而赢得胜利。在日常生活中,主客之势常常发生变化,有的变客为主,有的变主为客,关键在于要变被动为主动,争取掌握主动权。三十六计中将"反客为主"过程分为五步:争客位,乘隙,插足,握机,成功。概括地讲,就是变被动为主动,把主动权慢慢地掌握到自己手中来,强调循序渐进,不可急躁莽撞、泄露机密,否则只会把事情搞坏。

图7.19 "反客为主"核心要素及策略分析

攻击之道分为五步:第一步,争客位,自己表面上看起来处在的"客"的位置上,实际上要提前计划好,让形势于己方有利。第二步,乘隙,要找准"主"的弱点。第三步,插足,在弱点处安插培植自己的力量。第四部,握机,在恰当的时机反击,一定会成功。在网络安全中多数应用在黑客攻击某些公司内部网络,查阅公司内部资料,利用受害公司网络进行篡改网页等活动。

防御之道在于找准主客位置,对于某些"客"的请求,要留意谨慎,千万不可以给"客"趁虚而入、安插羽翼的时机。在信息网络的使用过程中应时刻保持警觉,根据不同的外部环境采取安全防范措施,提升网络空间安全防御能力,以免被攻击者利用。

7.6.5 信息安全事例分析

7.6.5.1 "黑客教父"米特尼克两次反"客"为"主"

(1) 事例回顾

在全球的黑客名单中,米特尼克或许不是技术最好的一位,但肯定是最具传奇色彩的人物。他在15岁的时候,仅凭借一台计算机和一部调制解调器,就闯入了北美空中防务指挥部的计算机系统主机。美国联邦调查局将他列为头号通缉犯,为他伤透了脑筋。

他闯入北美空中防务指挥系统,浏览了美国及其盟国的所有核弹头的数据资料,然后又悄无声息地溜了出来。这确实是黑客历史上的一次经典之作。这件事对美国军方来说实属一大丑闻,五角大楼对此一直保持沉默。事后,美国著名的军事情报专家克赖顿说:"如果当时米特尼克将这些情报卖给克格勃,那么他至少可以得到50万美元的酬金,而美国则需花费数十亿美元来重新部署。"

闯入北美空中防务指挥系统之后,米特尼克信心大增。不久,他又破译了美国著名的太平洋电话公司在南加利福尼亚州通信网络的"账户密码"。他开始随意更改这家公司的计算机用户,特别是知名人士的电话号码和通信地址。一时间,这些用户被折腾得哭笑不得,太平洋公司也不得不连连道歉。公司一开始以为是计算机出故障,经反复检测,发现计算机软、硬件均完好无损,这才意识到是有人破译了密码,故意捣乱。当时他们唯一的措施是修改密码,可这在米特尼克面前实在是雕虫小技。幸好,这时的米特尼克已经对太平洋电话公司失去了兴趣。

随后他对联邦调查局的计算机网络产生浓厚兴趣。一天,米特尼克发现特工们正在调查一名计算机黑客,便饶有兴趣地偷阅起调查资料来。看着看着,他大吃一惊:被调查者竟然是他自己!米特尼克立即施展浑身解数,破译了联邦调查局的中央计算机系统的密码,开始每天认认真真地查阅"案情进展情况的报告"。不久,米特尼克就对他们不屑一顾起来,他嘲笑这些特工人员漫无边际的搜索,并恶作剧式地将调出这几个负责调查的特工的档案,将他们全都涂改成罪犯。

凭借最新式的计算机网络信息跟踪机,特工人员还是将米特尼克捕获。当人们得知这名把联邦特工弄得狼狈不堪的黑客竟是一名不满16岁的孩子时,无不惊愕万分。许多善良的并不了解真相的人纷纷要求法院对他从轻发落。也许是由于网络犯罪还很新鲜,法律上鲜有先例,法院顺从了"民意",仅仅将米特尼克关进了"少年犯管教所"。很快,米特尼克就被假释。不过,他并未改邪归正"重新做人"。网络对他的诱惑太大,这次他把目光投向一些信誉不错的大公司。在很短的时间里,他连续进入美国五家大公司的网络,不断发出让人愤怒的错误账单,把一些重要合同涂改得面目全非。他甚至决定向全美工业机密计算机中枢——全美数据装配系统发动进攻。

1988年他再次被执法当局逮捕,原因是DEC指控他从公司网络上窃取了价值100万美元的软件并造成了400万美元损失。这次,他甚至未被允许保释。心有余悸的警察当局认为,他只要拥有键盘就会对社区构成威胁。米特尼克被判处1年徒刑。出狱后,他试图找一份安定的工作。然而,联邦政府认为他是对社会的一个威胁。像被证实的罪犯一样,他受到了严密监视。每一个对他的计算机技艺感兴趣的雇主,最后都因他的监护官的警告而拒绝了他的申请。

1993年,心里极不踏实的联邦调查局甚至收买一个黑客同伙,诱使米特尼克重操旧技,以便再次把他抓进监狱。而在这方面,米特尼克从来就不需要太多诱惑,他轻易就上钩了——非法侵入一家电话网。但头号黑客毕竟不凡,他打入了联邦调查局的内部网,发现了他们设下的圈套,然后在逮捕令发出之前出逃。联邦调查局立即在全国范围对米特尼克进行通缉。其后两年中,联邦调查局不仅未能发现米特尼克的踪影,而且,有关的报道更使这一案件具有了侦探小说的意味:米特尼克在逃跑过程中,设法控制了加州的一个电话系统,这样他就可以窃听追踪他的警探的行踪。虽然经过种种坎坷,米特尼克最终被捕,但两次反客为主,对联邦调查局的追踪起到相当大的阻拦作用。

在本计的案例中,米特尼克利用联邦调查局的终端漏洞登录后,就相当于拥有了联邦调查局的管理权限,从而可以像联邦调查局的系统管理员一样操作,使联邦调查局的管理员在使用系统时变得束缚束脚,从而实现从"客"到"主"的转变,步步为营,取而代之,反客为主整体流程图如图7.20所示。

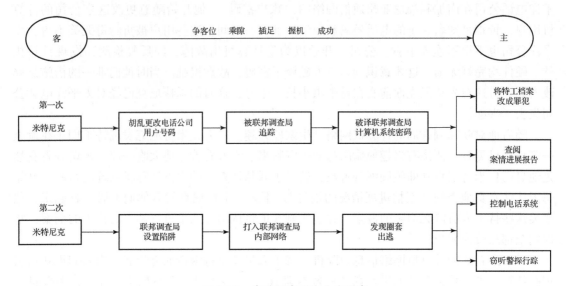

图 7.20 米特尼克反客为主示意

(2) 对抗之策

该事例与"反客为主"核心要素映射关系如图 7.21 所示。

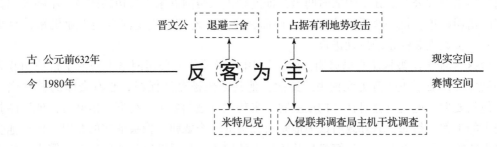

图 7.21 米特尼克与"反客为主"核心要素映射关系

服务器安全防护是一个永远不会过时而且持续关注度很高的问题,也时刻面临着黑客攻击的严重威胁。首先明确黑客攻击服务器有哪些常用的方式,可以更好地解决问题。对服务器的恶意网络行为包括两个方面:一方面是恶意的攻击行为,如拒绝服务攻击、网络病毒,等等,这些行为旨在消耗服务器资源,影响服务器的正常运作,甚至使服务器所在网络瘫痪;另外一方面是恶意入侵行为,这会导致服务器敏感信息泄露,入侵者可以为所欲为,肆意破坏服务器。针对服务器的攻击方式主要有以下几点:

①针对 Web 服务器的攻击。主要有以下几种:第一种是 SQL 注入漏洞入侵,第二种是通过后台数据库备份漏洞入侵和网站旁注入侵,第三种是 DDoS 攻击,攻击者在数据流量较大的 Web 网页里注入木马病毒,木马通过系统漏洞感染浏览网站的用户计算机,继而由后台操作的攻击者控制被感染计算机,并用于破坏服务器。常见的攻击方式有 SYN 攻击、TCP 混乱数据包攻击、UDP 数据包攻击以及在线游戏服务器运行端口攻击等。

②端口攻击。端口攻击有三种常见方式:第一种是远程终端服务攻击,该服务基于端口 3389,通过 RDP 协议实现远程登录。攻击者一般先扫描主机开放端口,发现 3389 端口开

放,就会进行密码破解和后续攻击。第二种是 80 端口攻击,80 端口是为 HTTP 协议开放的,用于互联网访问最多的协议,因为其开放性,也是攻击者经常造访的端口。第三种是主要针对未定义端口攻击。服务器端口数最多可以有 65 535 个,但常用的端口只有几十个,未定义的端口相当多。攻击者可通过定义一个特殊的端口来达到入侵的目的。攻击者通过"后门"或者木马程序在计算机启动之前自动加载到内存,强行控制计算机打开那个特殊的端口,使受控计算机变成一台开放性极高(如远程用户拥有管理员权限)的 FTP 服务器,然后从后门就可以达到入侵的目的。

③ARP 攻击。ARP 攻击就是通过伪造 IP 地址和 MAC 地址实现 ARP 欺骗,能够在网络中产生大量的 ARP 通信量使网络阻塞,攻击者只要持续不断地发出伪造的 ARP 响应包就能更改目标主机 ARP 缓存中的 IP–MAC 条目,造成网络中断或中间人攻击。ARP 攻击主要是存在于局域网中,若有一台计算机感染 ARP 木马,则感染该 ARP 木马的系统将会试图通过"ARP 欺骗"手段截获所在局域网内其他计算机的通信信息,并造成网内其他计算机的通信故障。

从上面的分析可以看到,现在服务器面临的攻击手段种类繁多,因此,在服务器管理方面,需要有从整体防护系统到具体安全设置的全方位防护。

首先,服务器安全防护架构的选择。当前服务器安全防护架构主要分为两类:主机类防护和 WAF 类防护。主机类防护涵盖范围涉及从网络流量,到应用逻辑,再到本地资源访问转换的全过程,并对攻击行为进行拦截。这类防护涵盖了网络层、应用层、系统层三个方面,将安全边界缩小到主机层面,深入应用内部。单纯的一种类型防护并不能保证服务器的完全防护,系统的安全防护需要选择一款优秀的主机类型的服务器安全软件和一款优秀的 WAF 类型的服务器安全防护软件。

其次,构建好硬件安全防御系统,选用一套好的安全系统模型。一套完善的安全模型应该包括以下必要的组件:防火墙、入侵检测系统、路由系统等。防火墙在安全系统中扮演保安的角色,可以很大程度上隔离来自网络的非法访问以及数据流量攻击,如拒绝服务攻击等;入侵检测系统则扮演监视器的角色,监视服务器出入口,非常智能地过滤掉那些带有入侵和攻击性质的访问。对于 Web 服务器而言,Web 应用防火墙(WAFs)也非常有必要。

最后,服务器软件漏洞的及时修补也非常重要。大部分针对服务器的攻击事件都利用了未修补的漏洞与错误的设定。许多受到防火墙、IDS、防毒软件保护的服务器仍然遭受黑客、蠕虫的攻击,其主要原因是服务器使用者缺乏一套完整的弱点评估管理机制,使漏洞成为黑客攻击的管道。因此使用者需要使用漏洞扫描和风险评估工具定期对服务器进行扫描,以发现潜在的安全问题,并进行升级或修改配置等正常的维护工作。基于主机的漏洞扫描器通常在服务器系统上安装一个代理(Agent)或者是服务,以便能够访问所有的文件与进程,这也使得基于主机的漏洞扫描器能够扫描更多的漏洞。

7.6.5.2 WAPDropper 定制高级拨号服务

(1)事例回顾

2020 年 11 月,网络安全公司 Check Point 发现一个针对手机用户的新的恶意软件家族,它可以让目标用户订阅马来西亚和泰国的电信提供商的高级拨号服务。经过对恶意软件的分析显示,它具有两个模块,可以在受感染的设备上下载并执行其他恶意软件,其中一个模块负责从命令和控制服务器获取第二阶段的恶意软件,而另一个模块负责获取高级拨号程序组件。Check Point 移动研究经理 Aviran Hazum 表示："WAPDropper 确实是多功能的。目前，该恶意软件尚且还没更改高级拨号程序，但将来，此有效负载能更改攻击者想要的任何内容。"利用该恶意软件获利十分简单，越多的用户订阅高级服务，对于能识别或者和特殊号码合作的犯罪分子来说，就能获取越多的利益。根据 Check Point 的说法，WAPDropper 的运营商使用一种通用策略，将恶意软件集成到非官方商店提供的应用程序中，一旦进入受害设备，恶意软件便会命令并且控制服务器，以获取高级拨号程序。

在一份技术报告中，研究人员说，最初的恶意软件活动始于收集有关受感染设备的详细信息，包括设备编号、设备型号、正在运行的服务列表以及可用的存储空间量等信息，然后开始启动 Webview 组件以加载高级服务的登录页面并完成订阅。Check Point 表示，如果存在图像验证码挑战，WAPDropper 使用来自一家名为"Super Eagle"公司的服务，该公司提供基于机器学习技术的图像识别解决方案。使用专门为破解图像验证码创建的代码让破解更轻而易举，同时该代码可免费在线获得。绕过图像验证码，WAPDropper 有两种方案：第一种方案需要下载 CAPTCHA 图像并将其发送到服务器，第二种方案则需要提取文件的 DOM 树并将其发送到 Super Eagle 公司服务器，该公司提供基于机器学习的图像识别服务。经由以上手段，这个恶意软件成功地让目标用户悄悄地订阅合法的高级拨号服务。

（2）对抗之策

该事例与"反客为主"核心要素映射关系如图 7.22 所示。

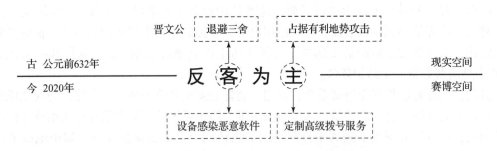

图 7.22 恶意软件与"反客为主"核心要素映射关系

这种类型的多功能恶意软件会秘密安装到用户的手机上，然后再下载其他恶意软件，这已成为 2020 年的主要移动感染趋势。这些移动恶意软件的近一半在 2020 年 1 月至 7 月发起了袭击，全球感染总数达数亿。未来，这一趋势还有可能继续下去。因此，用户要从官方商店下载应用，从商店外部安装任何这些应用的用户应尽快将其从其设备中删除。除此之外，我们还应从以下几个方面防控恶意软件：

①加强移动端系统的安全设置。一是及时关注并升级手机操作系统，尽可能避免系统存在安全漏洞。二是严格进行账号管理，注重权限的控制，最大限度保障安全登录和使用。三是对手机网络设置复杂密码，以尽量保证不被恶意软件侵入。四是尽可能关闭不必要的端口和服务，禁用不需要或有安全隐患的服务以减少恶意软件侵入用户手机的机会。五是限制使用或禁用 Java 和 ActiveX 控件，这些脚本往往含有恶意代码，如不禁用通常会给用户带来诸多隐患。

②企业用户需要主动促进软件行业的健康发展。首先，企业自身可能是恶意软件的受害者，其本身即具有开发反恶意软件的功能的需求；其次，深受恶意软件之害的普通互联网用

户,即使是互联网企业的潜在客户,也需要安装反恶软件,互联网企业开发的反恶软件可以自由地在软件市场上发布、交易。私人主体兼具私益性与公益性,其并不以促进公共利益为目的,而从社会总体收益和秩序角度来说,互联网企业追求自身利益的同时,将会有效地促进软件行业的健康发展。

③提升个人用户使用软件时的安全意识。在网络安全中,人与技术是联系紧密的两个重要实体,人是安全策略的制定者,技术是安全策略的具体执行部分。但由于安全管理的缺失以及安全意识的淡薄,人往往成为网络安全中的软肋。网络安全管理应该从制度、流程、人员等角度,对系统上线、存储介质、系统补丁、数据备份、安全培训、应急预案等进行设置和管理,形成技术与管理的安全闭环。

恶意软件同存在于现实空间中的不法行为一样,总是"春风吹又生",一种有效的治理模式应当是在法律已经建立良好的治理框架之下,依靠技术升级对恶意软件进行防范和对抗,最终的目标是能做到有效预防、及时查处、高效追责。

7.6.6 小结

本节讲述三十六计第三十计"反客为主"。介绍了"反客为主"的基本含义,讨论了国内外多个应用事例。在网络空间安全领域,不法攻击者利用"反客为主"这一计策发起攻击。"反客为主"是指要变被动为主动,争取掌握战争主动权的谋略。尽量想办法钻空子,插脚进入"主"的领域,控制其首脑机关或者要害部位,抓住有利时机,兼并或者控制他人,用于争取战争主动权、击败敌方。在网络安全领域,多数应用场景是指攻击敌方的服务器。在防御过程中,要时刻防范位于"客"位的攻击者,不断提升个人网络安全意识,加强对各种软件和系统的管理,使想要"反客为主"的攻击者无处可攻。

习 题

①"反客为主"之计的内涵是什么?您是如何认识的?
②简述"反客为主"之计的真实事例2~3个。
③针对"反客为主"之计,简述其信息安全攻击之道的核心思想。
④针对"反客为主"之计,简述其信息安全对抗之道的核心思想。
⑤请给出"反客为主"之计的英文并简述西方事例1~2个。

参考文献

[1] 百度百科. 反客为主 [EB/OL]. (2020 - 06 - 02) [2021 - 02 - 25]. https://baike.baidu.com/item/反客为主/530334? fr = aladdin.
[2] 郭璇,肖治庭. 现代网络战 [M]. 北京:国防大学出版社,2016:8.
[3] 吴翰清. 白帽子讲 Web 安全 [M]. 北京市:电子工业出版社,2012:372.
[4] 罗晓勇. 基于主动多重安全的服务器防护系统研究 [D]. 郑州:解放军信息工程大学,2013.
[5] 邓高峰,高四良,李玉龙. 服务器虚拟化安全问题分析及防护措施 [J]. 计算机安全,

2014（8）：30-32.

［6］张迪. 针对服务器的攻防技术浅析［J］. 数字技术与应用，2017（8）：201-202.

［7］李安裕. 对 Android 平台恶意软件危害分析和防范的思考［J］. 网络安全技术与应用，2018（11）：66-67.

［8］余军，叶敏婷. 恶意软件的界定与治理［J］. 浙江工业大学学报（社会科学版），2018，17（4）：418-424.

［9］苗涛，张志强，胡炳华. 工业恶意软件的防范与治理［J］. 智能建筑与智慧城市，2019（4）：31-33.

第8章

败 战 计

8.1 第三十一计 美人计

兵强者，攻其将；将智者，伐其情。将弱兵颓，其势自萎。利用御寇，顺相保也。

8.1.1 引言

"美人计"出自《三十六计》中第三十一计，是败战计第一计，处于败军态势之计谋，潜龙勿用。

在三十六计当中，美人计的知名程度肯定位列前茅。美人计，就是用美女来诱惑敌人，使其沉溺于享乐，失去战斗的意志，继而一举消灭敌人的策略。美人计被广泛运用于各种领域，如中国古代战争中的西施绝色媚夫差、纣王女色亡国、孙权赔了夫人又折兵。随着当今信息网络的不断发展，美人计也逐渐在网络空间安全领域得到应用，攻击者在了解目标用户的情况后，利用他们沉迷美色而疏于防范这一时机，通过各种引诱条件以达到窃取机密资料的目的。应对攻击者实施美人计的方法是要尽量警惕来路不明的"美人"，如果无法避免则要在机密资料的使用过程中时刻保持警惕，及时采取安全防范措施，以免被攻击者利用。

8.1.2 内涵解析

《三十六计》中第三十一计"美人计"记载云："兵强者，攻其将；兵智者，伐其情。将弱兵颓，其势自萎。利用御寇，顺相保也。"表面意思是说：对兵力强大的敌人，就攻击它的将帅，对明智的敌人，就打击它的情绪。将帅斗志衰弱、部队士气消沉，它的气势必定自行萎缩。《易经·渐卦》说：利用敌人内部的严重弱点来控制敌人，可以有把握地保存自己的实力。

在战争中其按语有言："兵强将智，不可以敌，势必事先。事之以土地，以增其势，如六国之事秦；策之最下者也。事之以币帛，以增其富，如宋之事辽金；策之下者也。惟事以美人，以佚其志，以弱其体，以增其下之怨。如勾践以西施重宝取悦夫差，乃可转败为胜。"意即势力强大，将帅明智的敌人不能与其正面交锋，在一个时期内，只得暂时向其屈服。这则按语，把侍奉或讨好强敌的方法分成三等。最下策是用献土地的方法，这势必增强敌人的力量，比如六国争相以地事秦，并没有什么好结果。下策是用金钱珠宝、绫罗绸缎去讨好敌人，这必然增加敌人的财富，就像宋朝侍奉辽国、金国那样，也不会有什么成效。独有用美人计才见成效，这样可以消磨敌军将帅的意志，削弱他的体质，并可以增加他的部队的怨恨情绪。春秋时期，越王勾践败于吴王夫差，便用美女西施和贵重珠宝取悦夫差，让他贪图享受、丧失警惕，后来越国终于打败吴国。利用敌人自身的弱点，顺势以对，使其自颓自损。在网络空间安全中则指攻击者利用"美女"等作为诱饵，使目标用户无法及时做出清醒判断，从而间接泄露机密。

8.1.3 历史典故

在中国历史中，使用美人计来谋取利益达到目的的典故不计其数。

汉献帝9岁登基，朝廷由董卓专权。董卓为人阴险，滥施杀戮，并有谋朝篡位的野心。满朝文武，对董卓又恨又怕。司徒王允十分担心朝廷，不除掉他，朝廷难保安稳。董卓身旁有一义子，名叫吕布，骁勇异常，忠心保护董卓。在一次私人宴会上，王允主动提出将自己的"女儿"貂蝉许配给吕布。第二天，王允又请董卓到家里来，酒席筵间，要貂蝉献舞。董卓一见，馋涎欲滴。王允说："太师如果喜欢，我就把这个歌女奉送给太师。"老贼假意推让一番，高兴地把貂蝉带回府中。

吕布知道之后大怒，当面斥责王允。王允编出一番巧言哄骗吕布。一日董卓上朝，忽然不见身后的吕布，心生疑虑，果然在后花园，看到吕布与貂蝉抱在一起，他顿时大怒。原来，吕布与貂蝉私自约会，貂蝉按王允之计，挑拨他们的父子关系，大骂董卓夺吕布所爱。王允见时机成熟，邀吕布到密室商议。见吕布已下决心要除掉董卓，他立即假传圣旨，召董卓上朝受禅。董卓耀武扬威，进宫受禅。不料吕布突然一戟，直穿老贼咽喉。奸贼已除，朝廷内外，人人拍手称快。这便是王允借美人计巧除董卓。

貂蝉之所以出名，不仅在于美貌，更在于她演绎了一出史上最完美的美人计，大义献身，计除董卓，堪称女中豪杰。中国历史上还有另外一则著名的美人计：西施灭吴。西施靠美色毁灭了一个诸侯国，看起来很了不起，但实际上，仔细分析就会发现，在整个美人计实施过程中，西施自身的智慧发挥得极少。她只需要靠着自己的美貌把吴王迷得神魂颠倒无心国事就行了。这一点，对四大美女之首的西施来说，不是难事。

而貂蝉则不同，她的使命比西施要复杂得多。西施可以慢悠悠消磨掉吴王的意志与锐气，反正越王勾践奋发图强也需要时间。但貂蝉不同，董卓倒行逆施日日上演，如果不及时除去，则汉室不保。历史没有留给貂蝉太多的时间，她必须速战速决，见血封喉。她在极短的时间内取悦董卓、勾引吕布，然后激怒董卓、气疯吕布，最后导致二人反目。其中的心机与智谋绝不亚于战略家的运筹帷幄。毛宗岗说她"以衽席为战场，以脂粉为甲胄，以盼睐为戈矛，以嚬笑为弓矢，以甘言卑词为运奇设伏"，这一切绝非单纯的美貌能做到。所以说，貂蝉是在运用自己的聪明才智去完成美人计的政治使命。

真正的美人计绝不仅仅靠美貌，还需要智慧，只有美貌与智慧相结合，美人计才能显示出最大的威力。貂蝉对后世的影响就在于她树立了一个美人计的光辉典范。她告诉后世所有准备实施美人计的人，真正的美人计并不简单，单纯靠美貌吸引对方是远远不够的。所以，同样在三国里，孙吴的美人计就没有成功，他失败就失败在美人孙尚香只是个温柔陷阱，只能迷晕刘备，故诸葛亮略施小计，孙吴的美人计便被戳破，结果是赔了夫人又折兵。

8.1.4 信息安全攻击与对抗之道

"美人计"核心要素及策略分析如图8.1所示。

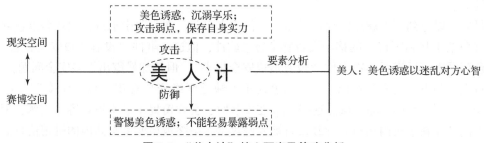

图 8.1 "美人计"核心要素及策略分析

其中,"美人"指美色诱惑以迷乱心智;也指目标用户的弱点。虽然现在网络科技和黑客技术都已经非常发达,但是非技术的欺骗和仿冒依然是最有效、最迅速的攻击方法,这就是网络安全里面的社会工程学,而美人计则是其中最经典的武器。当然,美人计所能做的远远不止这些,根据对方的抵抗能力,破坏范围可以相当大,若是再配合相关的技术手段,那就更如虎添翼了。

攻击之道首先在于学会利用"美人",瓦解对方的心智,使其斗志衰弱、士气消沉。其次,要明白美人计的核心,在于利用对方内部的弱点来控制对方,有把握地保存自己的实力,达成控制目标、窃取或破坏信息等目的。

防御之道在于防御者首先尽量避免"美人"造成的影响,要意志坚定。想要对抗美人计,可以先用"将计就计"迷惑对方,使之认为己方愚蠢,已经沉迷于美女享乐,放松警惕;再用"欲擒故纵"使"美人"放松戒备,充分暴露动机和目的,然后再把"美人"套牢,可以采用"反间计"巧妙地利用对方的间谍为己所用;最后如果还有余力,那就要用"离间计",这样可以把诱饵彻底推向己方阵营。由此可见,三十六计环环相扣,只有融会贯通才可以所向披靡。

8.1.5 信息安全事例分析

8.1.5.1 以色列军方士兵遇"美人"账户遭情报泄露

(1) 事例回顾

智能手机的功能越丰富,获取到手机定位、信息等个人隐私的可能性越大,每一台手机都可能成为机密的泄露源。不论是无意识的泄密(如发朋友圈、戴健身手环、点外卖、网上购物等),还是恶意将敏感文件、机密内容拍照上传至社交媒体,在全球范围已经有不少因为智能手机使用不规范等问题引起安全事件的报道。据报道,自 2015 年来,巴勒斯坦激进组织哈马斯的黑客屡次使用美人计攻击以色列军方。为套取以色列军事情报,黑客们在网上假扮美女,用甜言蜜语和性感照片成功诱骗数十名以色列军人,并使用恶意程序控制他们的手机。

为了实施这一行动,哈马斯的黑客们使用六个虚拟账户来冒充年轻漂亮的以色列女性。利用漂亮女性的照片引诱以色列军人,诱使他们在不同的通信平台上聊天,包括 Instagram 和 Facebook 等社交媒体平台,还有 WhatsApp 和 Telegram 等即时通信应用。官兵们为了得到漂亮女性分享的私密照片,在黑客假扮的女性引诱下,下载恶意 App,这些 App,用来接收官兵设备的重要信息,同时控制手机的关键功能,包括摄像头和麦克风,并向黑客发送官兵的设备数据、位置数据和设备 ID,甚至可以从官兵们的运动轨迹中清晰勾勒出某些秘密基地的轮廓。

最后，以色列军方就这次攻击发布了一份官方声明，在声明中承认，数百名以色列军事人员（包括士兵和军官）的移动设备感染恶意软件，但这一事件"没有造成安全损害"。虽然以色列军方事后表示本次事件"没有造成安全损害"，但是却暴露出许多安全问题：

首先，部下缺乏安全意识。部分以色列军人缺乏网络安全意识，被"美女"蛊惑引导下载安装来历不明的 App。虽然这些 App 在安装时，会弹窗提示版本不兼容等问题，但其实极有可能已经在手机内运行，导致设备被入侵攻击，最终被窃取了军队内的机密信息。

其次，设备管控不足。本次事件可以看出以色列军方对官兵的行为和设备管控不到位。在军营中使用的每一台手机都可能成为信息源。官兵的一些私人行为（比如定位、拍照等平常的操作）都可能导致一些部队内的重要信息、机密泄露，被敌方所获取，埋下安全隐患。

最后，App 监管力度不足。在这种情况下，个人终端内工作数据与个人数据混杂，定制应用与个人应用并存，部分个人应用可能越权采集、滥用数据，给机密数据带来较大的安全隐患。

（2）对抗之策

该事例与美人计核心要素映射关系如图 8.2 所示。

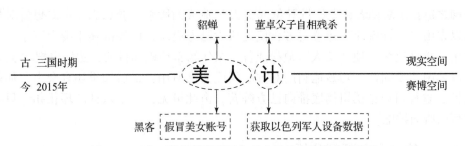

图 8.2　以色列数据情报泄露与美人计核心要素映射关系

如果依靠"禁""堵"来约束军人使用手机，可以避免上述问题，但也使得军人在生活、岗位上处处不方便。如何平衡军人的隐私与便利，成为关键点。要解决上述问题，需要通信与数据安全解决方案，实现移动加密通信与手机安全管控，保障通信与数据安全，帮助部队对移动终端进行统一监管，解决部队官兵使用移动终端带来的泄密风险问题。

首先，管理部门要实时监控用户移动终端的运行状态，管控不符合安全策略的设备功能与用户行为。在手机上专门为特定人群开发专用 App，实现对手机及应用的监控、用户行为的管控。

其次，要对官兵的移动终端进行管控，包括：对遗失的手机进行远程锁定、数据擦除，对官兵行为进行管控，如禁止安装不合规的 App、拍照、录音、使用 GPS、联网等。要对官兵的行为进行管控，包括但不限于：根据管理员制定的安全策略，用户只能在指定时间或者地点使用特定应用、联网、外部数据设备等；如果检测到不符合安全策略的用户行为，可邮件通知、擦除数据、禁用设备等，并记录在违规日志中。

最后，解决方案还应提供 App 安全管理功能，管理员可自主上传、发布、更新指定的应用，推送至用户的手机；监管用户手机上其他 App 获取手机权限的行为，以防越权获取个人隐私导致泄密。

8.1.5.2 "美人蝎"挖矿木马云控挖矿

（1）事例回顾

2018年5月，腾讯安全御见威胁情报中心监测发现了一款名为"美人蝎"的挖矿木马，利用美女图片加密传递矿池信息，隐藏在各类辅助软件中进行传播。这款挖矿木马，会挖取至少四种数字加密货币：BCX（比特无限）、XMR（门罗币）、BTV（比特票）、SC（云储币），其中仅BCX就已经挖取近400万枚，累计获利50万元。该木马不仅利用超隐蔽的DNS隧道通信技术对抗杀毒软件的检测，还深谙"不把鸡蛋放在一个篮子里"的道理，同时开挖四种加密货币防控风险，上演一连串的"美人计"。目前该挖矿木马已累计感染超2万台机器，可利用有微软数字签名的白应用加载恶意代码，可有效骗过系统安全功能和杀毒软件的拦截；在运行期间，该木马检测到任务管理器进程，就暂停门罗币挖矿进程，防止用户观察到异常系统资源占用。另外，它还会监控剪切板内容，若中毒计算机进行以太坊币或比特币交易，资金就会转入病毒作者控制的钱包地址。目前，"美人蝎"挖矿木马主要隐藏在一些盗版、破解、激活、游戏外挂等小工具软件中传播。

挖矿木马被植入普通软件中，感染木马后的文件会变大数倍，原因是木马文件都加了VMP或Pecompact壳。木马启动后，第一件事是检查机器是否安装杀毒软件及虚拟机，在这些机器上并不启动挖矿程序。环境检测完毕后，木马会释放出原版文件，以保证用户下载文件后能正常使用。

（2）对抗之策

该事例与"美人计"核心要素映射关系如图8.3所示。

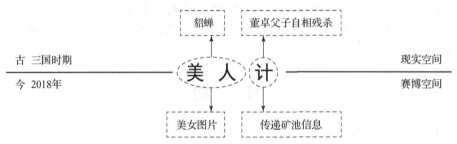

图8.3 "美人蝎"与"美人计"核心要素映射关系

同时挖掘多种数字加密货币的木马并不常见，此次捕获的挖矿木马能同时挖四种货币，更要榨干用户的计算资源。挖矿木马主要有两种传播方式——僵尸网络和网页挖矿。网站的大量页面一旦被植入挖矿木马下载代码，用户使用存在安全漏洞的浏览器访问这些页面，计算机或手机就会感染挖矿木马，成为帮助黑客挖矿赚钱的"肉鸡"。

僵尸网络挖矿木马是黑客通过入侵其他计算机建立僵尸网络，在僵尸网络已建立的前提下植入挖矿木马，通过计算机集群的巨大运算能力来进行挖矿。僵尸网络会在进行内网的横向渗透时扫描端口，如果扫描到可能存在漏洞的端口便会执行相应的攻击，因此，为了降低被攻击的风险，计算机用户应关闭不必要的端口。大部分僵尸网络在构建初期所利用的漏洞攻击技术均是已知的漏洞，并没有使用未知漏洞，因此需要及时为操作系统和相关服务打补丁，高危漏洞要及时修复。计算机用户应定期维护、监测计算机状态，具体的步骤主要包括：查看进程，进行排查，并将可疑进程终结；查找可疑程序路径并删除；排除异常会话；排查计划任务等。

网页形式的挖矿木马,就是在网页源代码中嵌入恶意挖矿脚本,当网页被浏览时将会进行挖矿的行为。在执行挖矿脚本时,会消耗计算机上大量的 CPU 资源,因此,如果在浏览网页时注意到操作变得迟缓、CPU 使用率上升等情况,那么有可能网页嵌入了挖矿脚本。此时应该关闭正在访问的页面,同时检查任务管理器是否存在残余的相关进程。如果使用火狐或者 Chrome 等浏览器,可以安装相应的浏览器插件,来防止浏览器被挖矿。这些插件能够帮助我们检测和拦截网站的挖矿脚本,插件的原理主要是内置黑名单,黑名单中包括挖矿脚本以及检测特定的 URL 地址,若检测到则直接进行拦截,这些 URL 地址都是目前已知的矿池地址,插件通过黑名单屏蔽这些地址来进行防护。

8.1.6 小结

本节主要讲述三十六计中第三十一计美人计,介绍其基本含义,讨论国内外多个应用事例。在网络空间安全领域,不法攻击者利用美人计发起攻击。兵书上讲的美人计,在真正运用的时候并不仅限于"战场"和"美人"。它的本意是让我们找到好的办法既能趁机削弱敌人,又能争取时间让自己强大,最终一举战胜对方。将者,不在于生搬硬套地使用兵法,而是取其精华,灵活运用。李牧和李光弼做得都很好,才无愧绝世名将之称。由此可见,天道昭昭,变者方能恒通。

美人计真正应用的是网络安全里的社会工程学,以上事例凸显了网络战在叙利亚战争以及世界其他地方的战争中所扮演的至关重要的角色,还表明即便在谍报进入高技术时代美人计也依然奏效,以此获取敌方的信息情报,在保存自己实力的同时,大大削减敌方的力量。在信息安全对抗之道中,核心要点是绝对不能和"美人"正面交手,要保持意志坚定,对美人说"不",接下来就可以使用连环计,把"美人"为己所用,或者用假情报迷惑敌方以此反客为主、反败为胜。

习 题

① "美人计"的内涵是什么?您是如何认识的?
② 简述"美人计"的真实事例 2~3 个。
③ 针对"美人计",简述其信息安全攻击之道的核心思想。
④ 针对"美人计",简述其信息安全对抗之道的核心思想。
⑤ 请给出"美人计"的英文并简述西方事例 1~2 个。

参考文献

[1] 百度百科. 美人计 [DB/OL]. (2020-06-02)[2021-02-25]. https://baike.baidu.com/item/美人计/5496? fr = aladdin.

[2] NETSECURITY. 哈马斯的黑客们假扮成女性,诱骗以色列国防军下载恶意软件 [EB/OL]. (2020-05-07)[2021-02-25]. https://netsecurity.51cto.com/art/202005/615921.htm.

[3] 许太安. 木马攻击原理及防御技术 [J]. 网络安全技术与应用,2014 (3):97-98.

[4] 张慧琳, 邹维, 韩心慧. 网页木马机理与防御技术 [J]. 软件学报, 2013 (4): 843-858.
[5] 应宗浩, 金海. 挖矿木马的攻击手段及防御策略研究 [J]. 无线互联科技, 2018, 15 (08): 29-30.
[6] FreeBuf. "美人蝎"矿工通过 DNS 隧道技术逃避拦截, 云控开挖 4 种矿 [EB/OL]. (2018-05-18) [2021-02-25]. https://www.freebuf.com/172217.html.

8.2　第三十二计　空城计

虚者虚之, 疑中生疑; 刚柔之际, 奇而复奇。

8.2.1　引言

空城计出自《三十六计》中第三十二计, 是败战计的第二计, 处于败军态势之计谋, 潜龙勿用。空城计是一种心理战术, 泛指掩饰力量空虚、骗过对方的策略, 被广泛运用于各种领域, 如中国古代战争中诸葛亮巧用空城计吓退司马懿十万大军。随着当今信息网络的不断发展, 空城计也逐渐在网络空间安全领域得到应用, 蜜罐技术就是空城计思想的重要体现之一, 安全公司及研究人员通过布置一些作为诱饵的主机、网络服务或者信息, 诱使攻击者对它们实施攻击, 从而可以对攻击行为进行捕获和分析, 推测攻击意图和动机, 对增强实际系统的安全防护能力起着重大作用。沙箱技术同样在网络安全预警中起着重要作用, 在沙箱内监测病毒, 记录分析病毒的恶意行为并进行预警, 以提升系统的安全性。

8.2.2　内涵解析

《三十六计》中第三十二计"空城计"记载云:"虚者虚之, 疑中生疑; 刚柔之际, 奇而复奇。"表面意思是说: 空虚的就让它空虚, 使他在疑惑中更加疑惑。此计是说敌我交会、相战, 运用此计可产生奇妙而又奇妙的功效。在战争中其按语是指"虚虚实实, 无常势。虚而示虚, 诸葛而后, 不乏其人"。在己方无力守城的情况下, 故意向敌人暴露已方城内空虚, 这就是所谓"虚者虚之", 这样敌方就会产生怀疑, 怕城内有埋伏, 就会犹豫不前, 这就是所谓"疑中生疑"。在网络空间安全中则指攻守双方利用某种伪装, 使攻击者无法正确判断形势, 失去最佳攻击时机, 防御者可保存自身实力。

8.2.3　历史典故

在中国历史中, 使用"空城计"来谋取利益达到目的的典故不计其数。马谡失街亭后, 诸葛亮的大军开始不动声色悄悄撤军, 但此时军中粮草出现问题, 所以诸葛亮令两千五百军士到西城搬运粮草。就在这期间, 探马飞报司马懿率领十五万大军直奔西城而来。此时城中无守城之兵, 于是, 诸葛亮就用了一个空城计, 做了三件事: 一是让旌旗隐藏, 四面城门全部打开, 又以 80 名士兵扮作老百姓, 一门 20 人去打扫街道。二是诸葛亮自己来到城楼, 穿上鹤氅, 凭栏弹琴。三是在左右各安排一个书童。

面对诸葛亮的表现, 其实司马懿也做了三件事: 第一件事是魏军的哨兵到了西城城下, 见如此情况, 都不敢轻易前进, 回来禀告司马懿的是四个字, 即"笑而不信"。司马懿"遂止住三军"，上前去，是听琴。其实高手对决，不是看表面，而是看内在的规律，正如俗话所言，听话要听音。倘若司马懿是一个粗鲁之将，那么诸葛亮在城上弹破十架古琴大概也是枉然。诸葛亮抚琴对司马懿传达了两个意思：第一个意思是，司马懿历来为曹魏君主所忌惮，从曹操就开始，对其防备心理并未消除；第二个意思是，司马懿的处境比我这空城更危险，如今破空城俘杀诸葛亮，则司马懿的价值荡然无存，怕是离死期也不远了。诸葛亮不断北伐，不但能让他活命，还能让他掌军，不断壮大自己的势力。

第二件事是司马昭点破了诸葛亮的空城计不过是"故作姿态"，也就是说司马昭都能看出诸葛亮的空城计是有问题的。但是司马懿不敢拨一支兵马去试一试，为了让众将相信诸葛亮空城计是真的，他说"亮平生谨慎，不曾弄险"。然而倘若诸葛亮真的平生谨慎不曾弄险，就不会拿一个没统兵经验的新手马谡去抢街亭，不过是托词而已。第三件事，就是急忙退军。他说若攻城，中计，"汝辈岂知？宜速退"。其实"速退"应是大可不必的。故此，这其中的意思，担心在这里看久以后，甚至士兵都能看出诸葛亮这空城计的破绽，所以才要急忙退去。单从诸葛亮空城计来看，其高明之处不在空城，乃在空城之上所传递的信息，或者是两个高手在琴声中的较量。结局是善弹不如善听，诸葛亮善弹赢一仗，司马懿善听赢三国。

8.2.4 信息安全攻击与对抗之道

"空城计"核心要素及策略分析如图 8.4 所示。空城计作为一种计谋，其本质是一场心理战，贯通虚实之理论，即虚虚实实、实实虚虚的疑兵之计。本来是空虚的一件事，再通过空虚的方式来表现，就会让敌方对这件事产生疑心和不信任，最后认为它是真正存在的。所以使用这一计就要求将领做到明智和智慧，以及知己知彼。

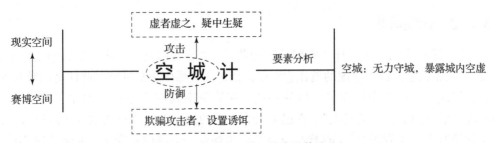

图 8.4 "空城计"核心要素及策略分析

在网络空间安全中，攻击者与防御者之间存在地位不对称的情况：攻击者采用的技术越来越先进，防御者常常只能被动应付。然而，信息系统安全防御也可以采用主动模式，蜜罐技术就是这样一种高效的主动防御技术。蜜罐技术本质上是一种对攻击者进行欺骗的技术，通过布置一些作为诱饵的主机、网络服务或者信息，诱使攻击者对它们实施攻击，从而可以对攻击行为进行捕获和分析，了解攻击者所使用的工具与方法，推测攻击意图和动机，能够让防御者清晰地了解自己所面对的安全威胁，并通过技术和管理手段来增强实际系统的安全防护能力。蜜罐就是网络安全管理人员精心设计的黑匣子，看似漏洞百出却尽在掌握之中，目的就是采集攻击者的入侵数据，在分析和获取有价值的数据后进行解读，获取下一步的攻击防御意图。

蜜罐系统的关键功能包括四个：伪装模块、信息采集模块、风险控制模块和数据分析模块。伪装模块可以构建一个模拟网络运行环境，伪装成真的信息系统，这样就可以引诱黑客攻击。伪装模块为了能够仿真，通常拷贝一些真实的机密数据到蜜罐服务器，同时针对这些信息进行加密，这些数据已经采用多种防御措施，因此黑客无法获取真正的机密数据。信息采集模块承载着蜜罐最为关键的应用，记录和分析攻击信息，尽可能地采集详细的攻击数据，记录黑客、病毒或木马完整的攻击过程，尤其是当攻击源主机与蜜罐服务器进行信息交互时，可以使用先进的 Sniffer 抓包软件，记录每一个进出蜜罐的数据包。在风险控制模块中，蜜罐可以针对黑客攻击的风险进行过滤和控制，以避免黑客发觉采用了蜜罐技术而转移攻击目标。数据分析和识别模块会在蜜罐采集到所有数据之后，及时针对这些数据进行分析和识别，此时就可以采用 BP 神经网络、K－means 算法、支持向量机等技术，发现黑客攻击行为特征，识别潜在的风险和危害，及时清除攻击数据。基于蜜罐的信息安全防御机制如图 8.5 所示。因此，利用蜜罐技术可以及时发现系统存在的漏洞，提高网络安全防御的主动性、实时性和有效性。

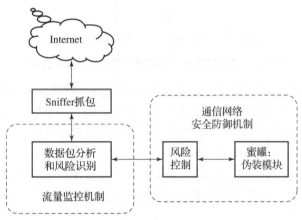

图 8.5　基于蜜罐的信息安全防御机制

8.2.5　案例分析

8.2.5.1　部署蜜罐系统追踪洗钱活动

（1）事例回顾

2018 年年初，Kromtech Securiy 公司针对 MongoDB 数据库进行调查，并部署相应的蜜罐系统，对不受保护的 MongoDB 实例进行了另一轮安全审核。2018 年 6 月，该公司的研究人员在网上发现了一个公开的陌生数据库，这个数据库不需要用户名和密码即可登录，其中包含大量的信用卡以及持卡人信息。经分析发现，数据库中的信息相对较新，只有几个月的历史，跟多名信用卡持卡人的活动有关，并且包含 150 833 条唯一的信用卡记录。研究人员很快意识到这并不是一个普通的公司数据库，这个数据库很可能属于一个网络犯罪组织。经过一系列的追踪和深入研究，发现这是一个复杂的自动化游戏洗钱工具。

整个洗钱活动的逻辑如下：犯罪分子使用一个特殊工具来创建 iOS 账号，这些账号和有效的邮箱账号关联，然后将盗窃来的信用卡与 iOS 账号进行绑定和消费。其中，绝大多数账号针对的是沙特阿拉伯、印度、印度尼西亚、科威特和毛里塔尼亚的用户。接下来，该组织会对 iOS 设备进行越狱，安装各种游戏，然后创建游戏账号，并使用盗窃来的信用卡购买各种游戏装备或充值游戏币。随后，犯罪分子便会在网上出售这些游戏账号来获利。网络犯罪分了当前所使用的移动端游戏包括 Supercell 开发的部落冲突（Clash of Clans）和王室冲突（Clash Royale），以及 Kabam 开发的漫威超级争霸战（Marvel Contest of Champions）。这三款应用程序目前的游戏社区用户已经超过 2.5 亿，每天能产生的利润大约为 3.3 亿美元。相关的第三方市场也非常活跃，像 g2g.com 这样的网站也允许玩家购买和销售游戏资源，是网络犯罪分子洗钱的交易场所。

（2）对抗之策

该事例与"空城计"核心要素映射关系如图 8.6 所示。

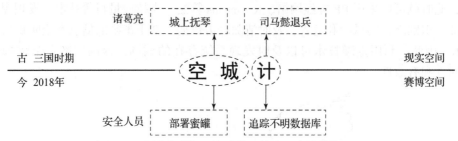

图 8.6 蜜罐追踪与"空城计"核心要素映射关系图

关于这类问题造成的严重后果，主要基于以下几点：首先，大规模自动创建账户很容易。苹果公司只需要一个有效的电子邮件地址、一个密码、一个生日和三个安全问题即可创建 Apple ID。此外，电子邮件账户不需要复杂的验证方式也很容易创建，犯罪分子可以借助工具自动执行账户创建过程，大规模创建账户。其次，当用户向 iOS 账号添加支付卡数据时，苹果公司采用的是一种宽松的信用卡验证流程，允许用户添加姓名和地址不正确的支付卡信息，这在某种程度上有利于欺诈活动的进行，目前研究人员已经将此类相关信息上报给苹果公司。

针对以上问题，可以采取以下防御措施：

①游戏玩家不要贪图便宜的游戏道具。此类第三方服务要求使用 Apple ID 或用户的 Google Play 凭据之类的私人登录数据来访问用户的账户，但它们通常会劫持该账户并将其出售给其他玩家。同样，一旦诈骗者获得凭据，他们不仅会危害游戏安全性，还会危害财务安全性。

②游戏开发商需要采取必要的措施来防止此类信用卡欺诈行为的发生。比如大约有 176 项 Google 搜索结果试图诱使拥有无限资源的人们参与游戏，应及时监视和拆除此类站点。账户之间的大额转移可能是一个警告标志，表明该游戏道具是从外部渠道购买或以其他方式获取的，应及时采取必要手段进行限制。

③MongoDB 数据库是一个 NoSQL 数据库，经常出现安全性问题，任何公司都应该确保完整阅读正在使用的任何 NoSQL 数据库服务的安全性手册，并确保它们实现所有可用的安全性控制。

8.2.5.2 沙箱监测"匿影"僵尸网络恶意行动

（1）事例回顾

沙箱也叫沙盘，和军事上的意义相似。沙箱的工作原理是将程序运行在一个隔离的空间内，且在沙箱中运行的程序可读不可写，从而避免程序对计算机的其他程序和数据造成永久性的修改或破坏。用一个很形象的比喻来说明沙箱的原理：你的计算机是一张纸，程序的运行与改动就是在纸上写字。而沙箱相当于放在纸上的一块玻璃，程序的运行与改动只能写在那块玻璃上，而纸还是干干净净的。在沙箱内监测病毒，病毒无权修改沙箱外的程序及系统设置，从而保障了系统不会遭到病毒的篡改和入侵，但可以记录病毒的恶意活动。如"空城"一般，当攻击者在明、防御者在暗的情况下，防御者可以通过沙箱分析病毒行为以提供安全预警。

2020年12月，360安全大脑监测到WannaRen幕后元凶"匿影"僵尸网络的新一轮攻击活动。360沙箱云对攻击样本进行分析，展示了"匿影"僵尸网络存在文件加密相关的动作以及勒索信息的释放，此次WannaRene二代CryptoJoker勒索病毒使用".nocry"后缀，且主要通过"匿影"僵尸网络进行投递，该僵尸网络近年来持续活跃，感染设备基数较大，危害严重。一直以来"匿影"家族主要通过"永恒之蓝"漏洞，攻击目标计算机，并在其中植入挖矿木马，借"肉鸡"挖取PASC币、门罗币等加密数字货币，以此牟利发家。

自2017年一场全球性互联网灾难——WannaCry爆发，勒索病毒正式进入人们的视野，如同打开了潘多拉的盒子。近年来，勒索病毒无论是传播方式，还是代码结构，都一直在"进化"，下面我们回顾一下勒索病毒的演变。1995年，美国海军实验室开始研发一种匿名通信机制，可以避免人们的行迹在Internet上被追溯。他们把这个技术叫作Onion Router，即"洋葱路由"，其形成的网络也叫Tor。2004年年底，Tor正式对普通用户发布。到2015年，国内安全技术爱好者已经开始广泛了解和使用Tor网络。但Tor网络存在交易的支付问题：使用银行账号还是现金交易？如果使用银行账号，就有被金融机构监控的风险；如果使用现金交易，交易双方得见面，不仅容易暴露身份，而且人身安全也是一个问题。加密货币的出现解决了这个问题。

比特币的概念于2009年1月3日正式诞生。比特技术区别于传统中心化的法定货币交易系统，这是分布式加密数字货币系统，不可人为操纵，所有交易都匿名且真实有效，不可能被伪造。而且比特币的数量是固定的，不会发生膨胀，财富不会被稀释，类比于法定货币，有抗通胀作用。归根结底，以比特币为首的加密数字货币与法定货币在根源属性上是一致的，都是一种信用而已，人们相信它，愿意使用它，它就有了交易属性，可以作为衡量资产和财富的一种标准。

起初，比特币价格都是缓慢增长的，而2017年是比特币发展史中十分重要的一年，全年涨幅高达1 700%，在这一年的5月12日WannaCry勒索病毒在全球爆发，WannaCry利用MS17-010"永恒之蓝"漏洞进行传播感染，短时间内感染全球30余万用户，包括学校、医疗、政府等各个领域。这就像是勒索病毒的"一战成名"，而这种新的"商业模式"，被越来越多从事黑产的人士所喜爱。没有Tor网络和加密数字货币，就不会有勒索病毒的发展壮大；而反过来，勒索病毒的发展壮大，又极大促进了Tor网络和加密数字货币体系的壮大，使支撑者和维护者越来越多。勒索病毒已经不再是单纯的个人行为，演变至今，必须以集体力量对抗集体力量。如果攻击者已经产业化运作，防御者更不应该只是单纯地安装某个软件，就想一劳永逸地解决所有问题，防勒索需要系统化思考，深层次多角度进行产业化对抗。

（2）对抗之策

该事例与"空城计"核心要素映射关系如图8.7所示。

图8.7 勒索病毒事例与"空城计"核心要素映射关系

类似勒索病毒的攻击和危害不会马上停止，计算机网络安全防范和处置在未来将面临更大挑战，我们要从以下几点进行防范：

①可以通过主动监控其传播途径和分析其行为特征来检测和防御未知病毒。使用共同特征病毒库对同类的已知病毒和未知病毒均能通过共同特征进行匹配识别，极大地优化、简化病毒库结构，使病毒库能够在终端主机上轻量、完整地存储。

②结合静态和动态启发式扫描和沙盒动态行为分析技术，分析文件代码的逻辑结构，判断其是否含有恶意代码特征，并在安全隔离的虚拟沙箱中执行代码来判断其是否有恶意行为，从而识别和防范各类未知病毒及变种和零日病毒。

③对本地文件、下载文件、U盘文件、邮件附件、捆绑安装软件等病毒传播途径进行实时监控和检测，无须手动启动病毒扫描动作即可高效识别和查杀木马、蠕虫、勒索、恶意程序、垃圾广告等。

④对终端系统进行漏洞扫描和补丁修复，对系统关键位置、执行动作浏览器主页等进行实时防护，拦截和阻断高危篡改行为，对系统进程、服务、账号等进行黑白名单严格控制，检查弱口令，从多个方面对终端系统进行安全加固防护，保障系统安全运行。

⑤对终端进行访问控制和入侵拦截。对主机进行网络协议访问控制，阻断非法访问链接，实现主机微隔离。同时，检测和拦截外部黑客入侵行为和本机对外攻击行为，从网络层降低终端安全风险。

⑥实现移动存储管控、设备管控、文档管控、账号管控、终端准入和非法外联检测及阻断等用户行为管控功能，使用户在终端上的行为可管、可控、可查，减少病毒传播的可能性。

⑦扫描引擎全部集中在本地杀毒客户端，不依赖外部引擎或云端资源，在保持轻量低耗能的前提下，在终端离线和联网时均有同样高效、优异的查杀表现。

网络安全的威胁来源和攻击手段不断变化，不是依靠几个病毒防护软件就可永保网络安全的，而是要树立动态、综合的防护理念。新的网络攻击必须有新的核心技术才能应对，可信计算技术体系及其产品具有主动免疫、动态防御、快速响应等特点，可有效应对非预知病毒木马，改变网络攻击被动挨打、受制于人的局面，是建立网络空间主动免疫的安全防御体系的有力支撑。新时代网络环境下，需要基于主动防御模式对已知和未知病毒进行特征识别和行为分析，对系统进行加固防护，在病毒进入终端系统的整个过程进行主动检测和防御，实现杀、防、管、控一体化，这样才能真正抵御不断产生的各类病毒对用户终端系统的危害。

8.2.6 小结

本节讲述的是三十六计中第三十二计空城计。空城计是一种心理战，在己方无力守城的情况下，故意向敌人暴露己方城内空虚，就是所谓"实者实之，虚者虚之"。敌方产生怀疑，更会犹豫不前，就是所谓"疑中生疑"，敌人怕城内有埋伏，怕陷进埋伏圈内。但这是悬而又悬的"险策"。使用此计的关键，是要清楚地了解并掌握敌方将帅的心理状态和性格特征。虚虚实实，兵无常势，变化无穷。在网络空间安全中，蜜罐系统是一个包含漏洞的诱骗系统，它通过模拟一个或多个易受攻击的主机，给攻击者提供一个容易攻击的目标。蜜罐就是诱捕攻击者的一个陷阱，正是"空城计"在网络安全领域的重要应用。

习 题

① "空城计"的内涵是什么？您是如何认识的？
② 简述"空城计"的真实事例 2~3 个。
③ 针对"空城计"，简述其信息安全攻击之道的核心思想。
④ 针对"空城计"，简述其信息安全对抗之道的核心思想。
⑤ 请给出"空城计"的英文并简述西方事例 1~2 个。

参考文献

[1] 百度百科. 空城计 [DB/OL]. (2020-06-02) [2021-02-25]. https://baike.baidu.com/item/空城计/5486? fr=aladdin.

[2] 百度百科. 蜜罐技术 [EB/OL]. (2020-06-02) [2021-02-25]. https://baike.baidu.com/item/蜜罐技术/9165942? fr=aladdin.

[3] 翟继强. 虚拟蜜罐技术在网络安全中的应用研究 [J]. 中国安全科学学报, 2018, 18 (12)：106-111.

[4] 齐峰, 赵宇. 新时代的病毒防御方式 [J]. 电子技术与软件工程, 2019 (23)：187-188.

[5] 王乐东, 李孟君, 熊伟. 勒索病毒的机理分析与安全防御对策 [J]. 网络安全技术与应用, 2017 (08)：46-47.

[6] FreeBuf. 看网络犯罪分子如何通过手机游戏洗钱 [EB/OL]. (2018-07-24) [2021-02-25]. https://www.freebuf.com/news/178332.html.

[7] FreeBuf. "匿影"僵尸网络携新一轮勒索再临, 360 安全大脑独家揭秘攻击全链路 [EB/OL]. (2020-12-04) [2021-02-25]. https://www.freebuf.com/articles/network/256666.html.

[8] FreeBuf. 从赎金角度看勒索病毒的演变 [EB/OL]. (2019-09-15) [2021-02-25]. https://www.freebuf.com/news/212952.html.

8.3 第三十三计 反间计

疑中之疑。比之自内，不自失也。

8.3.1 引言

何为"间谍"？《说文解字》解释道："谍，军中反间也。""开门月入，门有缝而月光可入。"因此"间"的本义就是门缝，泛指缝隙，有缝隙就可以使用反间计了，故称"间谍"。在网络安全中，攻击者依照反间计的原理，利用对方的"间谍"，"杀人"于无形。

8.3.2 内涵解析

反间计出自《三十六计·败战计》，在《孙子兵法·用间篇》中也有提及。通过此计可以借敌人之手打败强劲对手。当然，反间计有一个逻辑前提，那就是敌人内部存在"漏洞"可以被己方利用。

在历史上，反间计对战事发展有着重要作用。"敌有间来窥我，我必先知之，或厚赂诱之，反为我所用；或佯为不觉，示以伪情而纵之，则敌人之间，反为我用也。"通俗地说，实施反间计主要有三种类型，一是重金收买敌方的间谍为己所用；二是故意捏造敌方矛盾，造成内部互相猜疑分化；三是当发现敌方间谍时，己方故意散播假情报来诱敌上当。反间计最重要的在于一个"间"字，利用对方间谍使其内部产生矛盾，那么己方就可以高枕无忧了。

8.3.3 历史典故

《史记》《战国策》等史书中多次出现反间计，该计策在春秋战国时期尤其盛行，将领们通过精心策划和巧妙实施反间计配合军事斗争来谋取战争的主动权，以求战胜强敌。

《史记·魏公子列传》中记载，魏公子曾率领东方五国的军队大破秦将蒙骜率领的秦军，并乘胜追击到函谷关下，使其不敢出关挑战，此后魏公子威震天下。秦王一心想除掉这个心腹之患，于是派人带了万斤黄金到魏国进行反间活动。在编造谣言的同时，秦国又多次实行反间，利用在秦的魏国间谍，假装不知情地向他们询问魏公子是否已成为新魏王，并加以祝贺。日渐久之，魏王最终派人接替了魏公子的兵权。魏公子自知无法洗白脱身，难有翻身之日，于是就日渐堕落，称病不朝，终日与门下宾客饮酒作乐，沉沦于女色之中，就这样寻欢作乐了4年，最后因饮酒无度患病而死。

李牧，赵国守边名将，战功累累，最后却遭反间计，被赵王赐死，含冤而终。《史记·廉颇蔺相如列传》记载了郭开受贿为秦行反间的故事。赵王听信郭开的谗言，派赵葱和颜聚等人取代李牧。奸佞小臣为了钱财实行反间计，不顾国家存亡；赵王偏听偏信，轻易中了反间计。最后李牧没有回旋的余地，只能接受赐死，一代名将，竟落得如此下场。

历史上还有很多因反间计而失败甚至死亡的名人，如乐毅、廉颇、范增、韩遂、耶律光、林仁肇等人。虽然从受害者角度来看，反间计似乎有些不太磊落，但是对于攻击者来说，使用反间计更易击败强敌，一定程度上达到了不战而屈人之兵的境界。

8.3.4 信息安全攻击与对抗之道

"反间计"核心要素及策略分析如图 8.8 所示。其中,"间"表示派出的间谍或敌人内部本身存在的漏洞,而"反"则是指策反、利用等。根据反间计的思想,我们要利用对方的间谍来达到攻击对方的目的。在网络安全领域,"间谍"并不完全指传统意义上的窃取他人情报的黑客,还指我们使用的产品中的后门和漏洞。

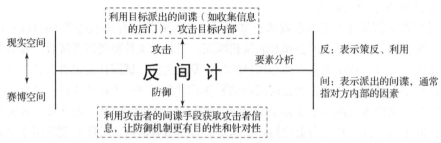

图 8.8 "反间计"核心要素及策略分析

攻击之道在于攻击者利用"间谍"进行攻击,在网络安全领域,间谍软件是一种能够在用户不知情的情况下,利用恶意文件等方式在计算机上安装后门收集用户信息的软件,那么我们就可以利用这些后门攻击对方,实行"反间"。

防御之道在于防御者利用"间谍"进行防护对抗。防御者可以通过各类方法对后门病毒进行分析,获取信息后建立防御机制。人们为了保护信息安全,尽最大努力抵御攻击,比如利用攻击者的间谍手段获取攻击者的信息,让防御机制更有目的性和针对性。另外从社会工程学角度,反间计还可以是利用不同黑客团体之间的矛盾,策反其中一些人投靠安全人员,收缴木马工具以瓦解其攻击。

8.3.5 案例分析

8.3.5.1 利用恶意文件之"间"窃取资金

(1) 事例回顾

在 2020 年 6—8 月,ClearSky 团队调查了一项攻击活动,并将其称为"Dream Job"。自 2020 年年初以来,这个攻击活动一直保持活跃状态,根据评估,它已成功地感染了以色列乃至全球数十家公司和组织的网络。其主要目标包括国防、政府公司以及这些公司的特定员工。在整个攻击活动中,某国 Lazarus 组织(又名 HIDDEN COBRA)成功地通过 Dream Job 提供的服务来操纵目标,并将其发送给上述目标的员工。

Lazarus 组织,也被称为 APT37 和 HIDDEN COBRA。该组织于 2014 年入侵索尼,这次入侵行动导致索尼的大部分 IT 基础架构都被删除,相关活动也中断了几个月。2017 年,该组织进行了历史上最严重的勒索软件攻击之一"WannaCry"。这场攻击中断了全球数十家公司的工作,并造成数十亿美元的直接或间接损失。

在此次事件中,攻击组织派出社会工程学和恶意文件两类"间谍"深入受害者内部,收集有价值的信息为己所用,窃取大量的资金,在世界范围内造成恶劣的影响。这两类"间谍"分别负责整个攻击活动的不同阶段:社会工程学类型的"间谍"策略主要是负责初始渗透阶段,恶意文件类型的"间谍"主要负责后期的入侵和破坏。

在初始渗透阶段，Dream Job 通过广泛而复杂的社会工程活动对目标系统进行感染和渗透。此次事件的社会工程学策略主要总结如下：

①建立虚构的任务，假冒成与潜在受害者背景相关的合法公司雇员（例如波音）。

②通过在社交媒体上添加朋友来加入受害者的社交圈，从而获得受害者的信任。

③以英语为主要语言与受害者进行交谈，谎称其伪造身份的公司正在进行招聘。

④与受害者进行频繁的联系，有时持续数天甚至数周，包括电话和短信。在整个过程中还会将恶意文件发送给受害者。

获得受害者的信任并说服其接收恶意文件后，攻击者使用存储服务器 OneDrive 向受害者发送文件，文件名与前面讨论的公司和职位相匹配。当恶意文件被受害者接收后就开始在目标主机发挥作用。另外，攻击者会在精心选择的时间发送文件，试图让受害者在其工作场所下载文件以获得更多有效信息。受害者在访问存储服务器时会下载一个存档文件，该文档中包含恶意程序，安装特洛伊木马的一个变体 RAT 并在目标主机中站稳脚跟。如果攻击者证实受害者确实已经访问了该文件，攻击者会突然停止与受害者的所有通信，关闭和删除用于联系受害者的虚假账户。攻击者通过恶意文件这个"间谍"成功潜入目标公司内部，收集了有关公司活动以及其财务状况的情报，并根据情报窃取资金，给受害公司带来巨大损失。

(2) 对抗之策

该事例与"反间计"核心要素映射关系如图 8.9 所示。

图 8.9 Dream Job 攻击与"反间计"核心要素映射关系

在此案例中，社会工程学使用的相关工具和发送的恶意文件为反间计中的"间谍"，攻击者入侵之后在目标系统中植入木马，利用原始漏洞控制目标系统实行"反间"并收集有价值的信息。

从反间计的角度来看就是将"间谍"策反，让"间谍"失去作用，那么攻击者就无法利用其进行攻击。可从以下两个角度防范此类攻击：

①针对社会工程学，受害者应当加强网络安全意识，不接收和点击来历不明的文件与链接，对来源不明的网络好友保持谨慎态度并仔细核对其身份，在进行网络社交的同时注意保护好个人信息。

②针对恶意文件攻击，建议区分个人系统和公司系统，避免私人事件引发的木马感染影响整个公司系统，使用反病毒软件对所有下载的文件进行检查。

在病毒技术日新月异的今天，使用专业的反病毒软件对计算机进行防护仍是保证信息安全的最佳选择。用户在安装了反病毒软件之后，一定要开启实时监控功能并经常进行升级以防范最新的病毒，这样才能真正保障计算机的安全。由于网络安全领域变化迅速，每天都有新的漏洞公布，而入侵者正不断设计新的入侵技术和安置后门或木马技术，不存在使用户高枕无忧的安全技术。没有简单的防御，只有不懈的努力才能构建和谐安全的网络环境。

8.3.5.2 利用注册表之"间"持久化攻击

(1) 事例回顾

注册表是 Windows 操作系统的核心，实质上是一个庞大的数据库，存放着全部计算机硬件配置信息、系统和应用软件的初始化信息、应用软件和文件的关联关系等，因此一旦注册表被破坏或者被篡改就会造成某些文件无法打开、功能无法使用、信息流失等后果。这种攻击方式没有创建任何文件，能够绕过传统的恶意软件文件扫描技术，执行任意操作，所以当前很多互联网流行病毒的攻击方式都包含注册表攻击。

意大利的安全厂商 Telsy 发现了一组很可能属于 APT 组织 Turla（又称 Venomous、恶毒熊、Uroburos）的样本，涉及发生于 2020 年 6 月的一次攻击活动。

根据 Telsy 掌握的信息，攻击者在此次攻击中使用了全新的植入程序，并且攻击了至少一个欧盟国家的外交事务部门。Telsy 使用该植入程序的一个参数 "NewPass" 对其进行命名。

NewPass 的多个组件之间依靠编码文件来传递信息或者进行配置。这些组件包括一个用于投递二进制文件的 Dropper，一个用于解码二进制文件和执行特定操作的 Loader 库文件以及一个代理 Agent。在 Loader 和 Agent 之间共享一个加载到内存的 json，攻击者只需要修改这个 json 配置文件的相关条目即可进行完成植入程序的自定义配置。

Telsy 利用静态分析方法分析组件中的 Windows 库文件样本，发现这个库导出了大量的函数。但是除了一个 LocalDataVer 函数被用作 Dll 的入口点外，其他函数并无任何用处。这是一种躲避检测的方法。由于一些沙箱会使用 rundll32.exe 或 regsvr32.exe 来执行 Dll，使用 DllMain 或者 DllRegisterServer 作为入口点函数，如果使用沙箱来对样本进行分析，这个样本会直接终止程序，并不会触发任何恶意的行为，从而躲避检测。除此之外，NewPass 使用 Adobe Reader 和 Windows Mixed Reality 等内容，伪装成合法程序的一部分。到此为止，NewPass 成功潜入目标主机，植入样本程序，并开始为持久化攻击做准备。

NewPass 可以通过创建服务或者添加注册表项的方式来实现持久化。注册表攻击的一般形式如图 8.10 所示。类似 HKEY_LOCAL_MACHINE\SOFTWARE\Microsoft\Windows\CurrentVersion\Explorer\User Shell Folde-rs 注册表项用来设置启动文件夹项的持久性，HKEY_CURRENT_USER\Software\Microsoft\Windows\CurrentVersion\RunServices 注册表项可以控制服务的自启动。默认情况下，注册表键 HKEY_LOCAL_MACHINE\System\CurrentControlSet\Control\Session Manager 的 BootExec-ute 值设置为 autocheck autochk *。如果系统异常关闭，该值将导致 Windows 在启动时检查硬盘的文件系统完整性。攻击者可以向这个注册表中添加其他恶意程序或进程，在目标主机启动时自启动该恶意程序或进程实现持久化攻击。注册表作为目标主机的一部分，被植入的样本程序策反，帮助攻击者在系统内部进行持久化攻击。

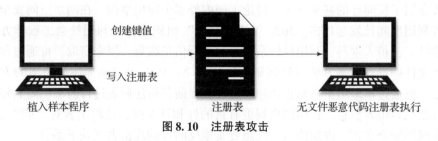

图 8.10 注册表攻击

（2）对抗之策

该事例与"反间计"核心要素映射关系如图 8.11 所示。

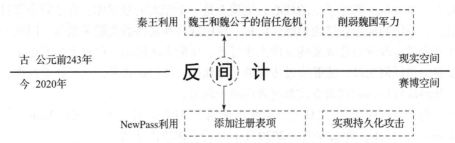

图 8.11　NewPass 注册表攻击与"反间计"核心要素映射关系

在此计中，"间谍"就是计算机的注册表。如果黑客通过注册表进行攻击，就可以实行反间，在目标系统内部制造混乱，进行攻击。

当然如果黑客是利用注册表进行攻击的，那么可通过对相关注册表信息的深入研究进行对抗或者防范。由于这种类型的攻击技术是基于系统自启动等特性的，通过预防性控制无法完全消除影响，但是在日常维护中也可以通过以下几点建立防御机制：

①监控注册表的变化，监视"开始"文件夹的添加或更改，特别注意与已知软件、补丁等无关的键。除此之外，也可借助 Sysinternals Autoruns 等工具，检测可能是持久化攻击的系统更改。此类工具通过列出运行键的注册表位置和启动文件夹，并尝试与历史数据进行比较，检测出可疑程序。

②设置本地组策略禁止访问注册表。在系统中使用快捷键 Win 键+R 打开运行对话框，在搜索框中输入 gpedit.msc，点击确定。在本地组策略编辑器左侧菜单栏中依次点击展开用户配置→管理模板→系统。在右侧对话框中找到阻止访问注册表编辑工具并双击。在弹出的对话框中勾选"已启用"，然后点击"确定"完成。

③备份注册表。虽然上述方法可以阻止注册表被攻击，但是如果已经被攻破，上述方法就无法使用了，这时我们提前备份注册表，在注册表被篡改之后还原注册表即可。使用快捷键 Win 键+R，在弹出的对话框中输入 regedit.exe，点击"确定"登入。在注册表编辑器中，我们可以看到有五个菜单，选中第一个菜单，然后点击右键，选择"导出"。在弹出的对话框中输入文件名，这个可以随便填写，为了方便识别，我们直接填写该菜单的名称 HKEY_CLASSES_ROOT，选择桌面，然后点击保存。剩下的四个选项都依次按照这种操作导出备份，当注册表被破坏后，直接双击保存的五个 reg 文件即可，注册表信息会自动导入。

8.3.6　小结

本节介绍了反间计的基本含义，讨论了国内外多个应用事例。在网络空间安全领域，不法攻击者利用反间计发起攻击。2020 年"Lazarus"组织成功地利用社会工程学方法发送恶意文件给员工，植入木马，利用目标系统漏洞进行信息收集、资金窃取，可通过保护个人信息和恶意文件病毒查杀等方法进行防御。2020 年 NewPass 通过添加注册表项的方式实现持久化攻击，可通过本地组策略禁止访问注册表或提前备份注册表进行防御。要利用攻击者的间谍手段获取攻击者信息，让防御机制更有目的性和针对性，让攻击者对"间"无法利用，时刻加强网络安全意识，提前防范，使想要实施反间计的攻击者无处下手。

习 题

① "反间计"的内涵是什么？您是如何认识的？
② 简述"反间计"的真实案例 2~3 个。
③ 针对"反间计"，简述其信息安全攻击之道的核心思想。
④ 针对"反间计"，简述其信息安全对抗之道的核心思想。
⑤ 请给出"反间计"的英文并简述西方案例 1~2 个。

参考文献

[1] 何文文. 解析《史记》之反间计 [J]. 边疆经济与文化，2018，(9)：94-96.
[2] 暗影安全实验室. 反间谍软件之旅（一）[EB/OL]. (2020-07-14)[2021-02-25]. https://www.anquanke.com/post/id/186489.
[3] ClearSky Cyber Security. Operation "Dream Job" Widespread North Korean Espionage Campaign [EB/OL]. (2020-08-13)[2021-02-25]. https://www.clearskysec.com/wp-content/uploads/2020/08/Dream-Job-Campaign.pdf.
[4] TELSY. Turla / Venomous Bear Updates Its Arsenal："NewPass" Appears on APT Threat Scene [EB/OL]. TELSY, (2020-07-16)[2021-02-25]. https://www.telsy.com/turla-venomous-bear-updates-its-arsenal-newpass-appears-on-the-apt-threat-scene/.
[5] 百度经验. Windows10 如何防范注册表攻击 [EB/OL]. (2018-05-18)[2020-07-16]. https://jingyan.baidu.com/article/d2b1d102c897725c7f37d470.html.

8.4 第三十四计 苦肉计

人不自害，受害必真。假真真假，间以得行。童蒙之吉，顺以巽也。

8.4.1 引言

"苦肉计"出自《三十六计》中第三十四计。己方间谍使用苦肉计时，伪装自身与敌人交好，而实际上是到敌方从事间谍活动，从内部瓦解敌方。在网络安全中苦肉计可以用于攻击防御，例如故意制造系统存在漏洞的假象，"自害"是真，"他害"是假，以真乱假，有意引诱黑客进行攻击，从而保护真正的服务。同样，苦肉计使用者也可以营造自身无害假象，取得敌方信任，进而潜入敌方进行攻击。

8.4.2 内涵解析

"苦肉计者，盖假作自间以间人也。凡遭与己有隙者以诱敌人，约为响应，或约为共力者，皆苦肉计之类也。"简单地说，苦肉计是指故意毁伤身体以骗取对方信任，以便见机行事，从而进行反间的计谋。此计其实是一种特殊做法的反间计。使用苦肉计，就要让己方人员假装遭受攻击或受到迫害，给敌方造成己方内部存在巨大矛盾的假象，以使敌方信任己方派去的间谍。派遣同己方有仇恨的人去迷惑敌人，不管是做内应也好，还是协同作战也好，都属于苦肉计。

8.4.3 历史典故

周瑜打黄盖——一个愿意打，一个愿意挨，这已经是家喻户晓的故事了。周瑜、黄盖两人事先商量好了，假戏真做，用自家人打自家人的招数骗过曹操，诈降成功，火烧了曹操二十万军队。诸葛亮草船借箭以后，又不谋而合地与周瑜一起提出了火攻曹操大营的作战方案。恰在此时，已投降曹操的荆州将领蔡和、蔡中兄弟，受曹操的派遣，来到周瑜大营诈降。心如明镜的周瑜将计就计，接待了二蔡。一天夜里，周瑜正在帐内静思，黄盖潜入帐中来见，也提出火攻曹军的作战方案。周瑜告诉黄盖：他正准备利用前来诈降的蔡中、蔡和为曹操通报消息的机会，对曹操实行诈降计。周瑜表示要使曹操相信诈降计，必须有人受些皮肉之苦。黄盖当即表示，为报答孙氏厚恩和江东的事业，甘愿先受重刑，尔后再向曹操诈降。

第二天，周瑜召集诸将于大帐之中，他命令诸将做好攻打曹军的作战准备。黄盖故意与周瑜争辩，表达投降的意愿，周瑜勃然大怒，喝令左右将黄盖推出帐外，斩首示众。周、黄两人的矛盾使诸将惴惴不安。大将甘宁以黄盖乃东吴旧臣为由，替黄盖求情，被一阵乱棒打出大帐。众文武一见大都督火冲脑门，老将黄盖即将死在眼前，就一齐跪下，苦苦为黄盖讨饶。看在众人的面子上，周瑜这才松了口，将立即斩决改为重打一百脊杖。众文武还觉得杖罚过重，仍苦求周瑜抬手。周瑜此次寸步不让，他掀翻案桌，斥退众官，喝令速速行杖。行刑的士兵把黄盖掀翻在地，剥光衣服，狠狠地打了五十脊杖。众官员见状再次苦苦求情，周瑜这才恨声不绝地退入帐中。

周瑜和黄盖导演的双簧苦肉计，几乎瞒过了所有的文武官员。阚泽潜至曹营送诈降书，曹操将信将疑。恰在此时，已混入周瑜帐下的蔡中、蔡和两人也遣人送来了周瑜杖责黄盖的密报。阚泽离开曹营回去之后，又使人给曹操带去了密信，进一步约定了黄盖来降时的暗号和标识。这期间，蔡和、蔡中也从中为曹操暗通消息，更使曹操对黄盖"投降"一事深信不疑。

当曹操看到黄盖的船队远远驶来时，高兴异常，认为这是上天帮助他。但曹操的部下程昱却看出了破绽，他认为满载军粮的船只不会如此轻捷，恐怕其中有诈。曹操一听有所醒悟，立即遣将驱船前往，命令黄盖来船于江心抛锚，不准靠近水寨。但为时已晚。此时，诈降的船队离曹军水寨只有二里，黄盖大刀一挥，前面的船只一齐放火。各船的柴草、鱼油立即燃烧起来，火乘风威，风助火势，船如箭发，冲入曹操水寨。曹军战船一时全部燃烧起来，因各船已被铁锁连在一起，所以水寨顿时成为一片火海。大火又迅速地延及长江北岸的曹军大营。危急中，曹操在张辽等十数人护卫下，狼狈换船逃奔长江北岸。孙刘的各路大军乘胜同时并进，曹军死者不计其数，曹操本人也落荒而逃。周瑜、黄盖的苦肉计至此取得重大成果，它也是孙刘联军取得赤壁大战胜利的重要计谋之一。

8.4.4 信息安全攻击与对抗之道

"苦肉计"核心要素及策略分析如图 8.12 所示。

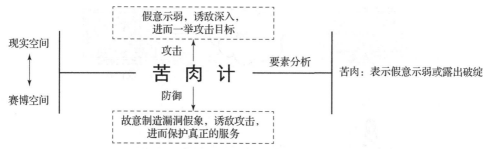

图 8.12 "苦肉计"核心要素及策略分析

根据苦肉计的思想,我们一般需要刻意营造受到伤害的假象,欺骗攻击者,从而达到保护己方的目的。其中的"苦肉"一般是指假意示弱或露出破绽。

攻击之道在于攻击者假意向敌人展示弱势、无害的状态,引诱敌人深入攻击,进而一举歼灭敌人,这就是苦肉计的一般用法。

防御之道在于防御者故意制造漏洞假象,诱敌攻击,进而保护真正的服务。在网络安全领域,己方为了保护自身的服务设备安全,主动利用安全防御层级较低的计算机网络露出可以攻击的漏洞,引诱各类网络攻击,监测其攻击手段和属性,在真正需要做防护的目标系统上设置相应防御体系,以阻止类似攻击。这类防御手段最典型的是蜜罐诱骗防御。

8.4.5 信息安全事例分析

8.4.5.1 利用"GasPots"蜜罐系统引诱攻击

(1)事例回顾

SCADA 系统是以计算机为基础的 DCS 与电力自动化监控系统。随着 SCADA 系统的普及,它逐渐应用于电力、冶金、石油、化工、燃气、铁路等方面的数据采集与监视控制以及过程控制等诸多领域,但随之而来的漏洞以及各类威胁也在不断变化和增多。

汽油具有挥发性,因此改变燃料的容量规格会导致燃料的泄漏,只需一丝火花就可把一切化为灰烬。如今全球许多燃料公司都开始使用互联网系统来管理它们的油罐,一旦黑客能够通过远程操作来做这些事情,后果将不堪设想。

一个用于控制世界各地数千个加油站燃油价格和其他信息的自动化系统中存在多个高危安全漏洞。这些漏洞允许攻击者关闭燃油泵、劫持信用卡付款、窃取卡号以及访问后台系统,以控制连接到加油站或便利店网络的监控摄像机和其他系统。值得注意的是,攻击者同时也可以轻易地修改燃油价格以及窃取天然气和汽油。

2015 年,美国的加油站系统就遭受过黑客攻击,趋势科技的研究人员构建了一个叫作"GasPots"的蜜罐系统如图 8.13 所示,捕获了几个企图攻击自动加油系统的黑客。"GasPots"蜜罐位于美国,有些证据证明攻击来自伊朗的暗黑程序员(Iranian Dark Coders)和叙利亚网军。

通过"GasPots"蜜罐系统信息分析多次攻击可以得知,黑客一般采用 DDoS 攻击加油站的自动化系统,使库存控制或配送陷入停滞。具体操作有:改变泵名称,导致油箱中的汽油加注错误,例如将无铅汽油改为柴油;改变泵送量,导致填充过量或不足。另外,由于自动化系统受到国家赞助,这意味着在商业交易中就可能有人通过间谍活动窃取数据。

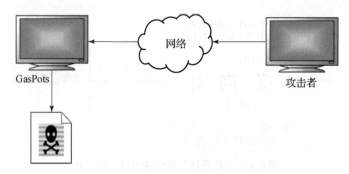

图 8.13 "GasPots"蜜罐系统作用示意

这类攻击的结果,完全依赖安装的油罐管理系统的复杂程度——功能简单的系统,攻击者可以监控系统状态,而功能复杂的系统,攻击者能够控制操作目标油罐。其隐藏在背后的动机都很明显,有的攻击仅仅只是为了"破坏公物",比如恶意修改油箱上的产品标签,有的攻击则明显危害公共安全。

随着越来越多的加油站设备接入互联网,来自网络的黑客攻击将会越来越多,加油站的安全防护除了传统的生产安全外,网络安全也将愈发重要,不容忽视。

(2) 对抗之策

该事例与"苦肉计"核心要素映射关系如图 8.14 所示。

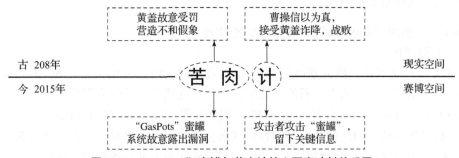

图 8.14 "GasPots"蜜罐与苦肉计核心要素映射关系图

上述案例中,进行对抗时可以利用苦肉计的思想,设计蜜罐系统主动露出弱点,吸引黑客的攻击。在此案例中,"GasPots"蜜罐通过伪装自身的漏洞,暴露缺陷让攻击者信以为真,己方就能够捕捉到黑客的攻击信息进而不断更新防御手段,维护系统安全。由于本案例侧重防御之策,下面介绍几种利用苦肉计进行防御对抗的方法。

①蜜罐诱骗防御。常规的网络安全防护主要是从正面抵御网络攻击,虽然防御措施取得了进步,但仍未能改变网络空间"易攻难守"的局面。近年来发展的"蜜罐诱骗防御"则提出了一个"旁路引导"的新理念,即通过吸纳网络入侵和消耗攻击者的资源来减少网络攻击对真正要防护目标的威胁,进而赢得时间以加强防护措施,弥补传统网络空间防御体系的不足。

与战场上有意设置假阵地相仿,"蜜罐"是主动利用安全防御层级较低的计算机网络,引诱各类网络攻击,监测其攻击手段和属性,在真正需要做防护的目标系统上设置相应防御体系,以阻止类似攻击,如图 8.15 所示。"蜜罐"可分为两种类型,即产品型蜜罐和研究型蜜罐。前者主要目的是"吸引火力",减轻防御压力,后者则为研究和获取攻击信息而设计,堪称情报搜集系统,不仅需要网络耐攻击而且力求监视能力强大,以最大限度捕获攻击行为数据。

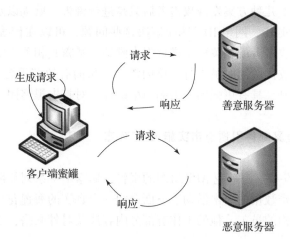

图 8.15　蜜罐防御原理

2015 年"GasPots"蜜罐系统部署在 7 个国家,总共遇到了 18 次攻击。蜜罐技术相当于情报收集系统,故意将系统或网络设置漏洞,诱导攻击者对蜜罐系统进行攻击,这样就可以知道攻击者如何攻击、利用何种技术,然后对数据或是攻击手段进行分析,进而巩固自己的防御系统。

②高交互云蜜网。攻击欺骗理念策略是将高交互云蜜网独立部署于真实业务之外,通过在真实业务环境散布伪装代理与诱饵文件将高交互云蜜网中的各类构造好的漏洞发到真实环境的各个角落。所有构造漏洞均与高交互云蜜网相关联,攻击此类漏洞,其流量即被转发到云蜜网。但是在攻击者前端看来,这些漏洞存在于真实业务中,进而主动攻击此类构造漏洞,进入云蜜网系统,如图 8.16 所示。

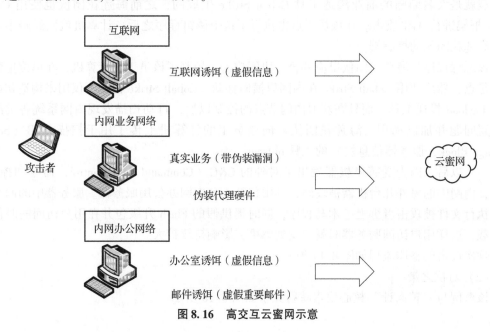

图 8.16　高交互云蜜网示意

通过主动散布漏洞和脆弱性实现了对攻击者的主动诱捕，首次将攻击感知置于主动位置，使得攻击感知不再是依靠概率的事情，大大增加攻击感知灵敏度，有效提升感知概率。

③攻击溯源。以上几种方案发现攻击者后只是进行警告、欺骗以及记录行为，无法进行溯源以获取攻击者真实 IP、网络 ID。为了解决这些问题，可以在传统蜜罐技术的基础上增加溯源技术，对当前攻击者的相关信息进行强力溯源，暴露其相关真实 IP 信息和网络身份，效果相当于攻击者在攻击的同时被进行了反向渗透，从而有效获得各类攻击者的真实信息，拥有各类真实溯源案例，具有更强的攻击溯源精确性，对打击黑客团队、维护网络安全有着重要作用。

8.4.5.2　利用鱼叉邮件引诱点击实施 APT 攻击

（1）事例回顾

360 天眼实验室发布了海莲花 APT 组织的报告，揭露了一系列长期对我国的关键部门进行针对性攻击窃取机密数据的攻击活动。下面介绍一个真实的海莲花攻击活动。

小王是某敏感机构的员工，他的工作有部分内容涉及对外联络，于是他的电子邮箱地址被公布在单位对外网站上。

2016 年 4 月的某一天，他从邮箱里收到一个疑似来自上级的邮件，内容很简略，涉及所在单位的审核计划。如常见的鱼叉邮件攻击那样，邮件还带了一个文件名为"2016 年度上级及内部审核计划.rar"的附件。

该员工点击附件打开了 RAR 文件，里面有个名为"关于发布《2016 年度上级及内部审核计划》的通知.exe"，该程序的图标伪装成 Word 图标。这时，攻击行动到达了关键点，如果该员工具有网络安全意识，对来历不明的 exe 文件加以防范，攻击就无法进行。但该员工点击了伪装文件，恶意程序成功潜入内网系统。

伪装成 QQ 程序的 qq.exe 进程从某个图片下载链接下载一个看起来是 PNG 的图片，其实是 PowerShell 脚本的文件。PowerShell 脚本把内置的 Shellcode 加载到内存中执行。这个攻击荷载就是大名鼎鼎的商业渗透工具 Cobalt Strike 生成的，之前海莲花团伙也使用 Cobalt Strike 框架进行 APT 攻击。在该员工点击执行了这个诱饵程序之后，计算机就已经暗中连接到了海莲花团伙的控制端。

该恶意程序与海莲花团伙里应外合，协同攻击，控制了该员工的计算机，在单位里建立了立足点，然后使用 Cobalt Strike 在内网里横向移动。Cobalt Strike 框架不仅用来构造初始入侵的 Payload 投递工具，而且在获取内网节点的控制以后，自动扫描发现内网系统各类漏洞及配置问题并加以利用。海莲花团伙还向该员工的计算机上传了用于扫描 SMB（Server Message Block，服务器信息块）的工具 nbtscan.exe。

一天以后，因为受感染机器发出了对外的 C&C（Command And Control，命令和控制）连接，内网中的另外几台机器被攻陷，其中包括一台内网办公用服务器。服务器中的两个重要可执行文件被攻击者绑上了木马程序，同时提供假的 Flash 升级包并在用户访问的时候提示下载，这样用户访问服务器时就会受到感染，影响持续扩大。

这次攻击的整体流程如图 8.17 所示。

（2）对抗之策

该事例与"苦肉计"核心要素映射关系如图 8.18 所示。

第 8 章 败战计

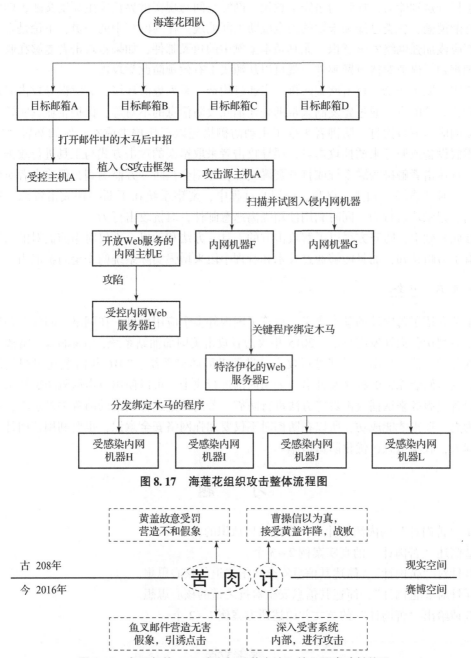

图 8.17 海莲花组织攻击整体流程图

图 8.18 鱼叉邮件 APT 攻击与"苦肉计"核心要素映射关系

此案例中,海莲花团队攻击时首先向收集的目标邮箱投递邮件,引诱受害者点击。由于邮件一般伪装成无害的样子,如果受害者没有防范之心,非常容易中招。邮件潜入内网后,控制受害者计算机与攻击团队里应外合、协同攻击,最终感染整个内网。

根据监测,自从被公开揭露后,此类攻击只在其后的一小段时间有所沉寂,在确认没有进一步人身威胁之后,海莲花团伙的活动依旧猖獗,甚至超过以往。针对此类苦肉计鱼叉邮件攻击有以下几个防御要点:

①提升辨别能力，加强网络安全意识。网络空间与现实世界正发生深度交融，网络安全边界逐渐模糊，各类已知和未知的安全威胁不断涌现。作为网络中的一员，不论是企业还是个人都应该加强网络安全意识。尤其是本案例中的鱼叉邮件，如果被攻击者能够在收到邮件时仔细辨别，谨慎对待可疑邮件，就可以从源头上有效预防此类攻击。

②攻击欺骗防御。攻击欺骗防御技术通过构造一系列虚假环境，有意误导攻击者走入防御者设置好的陷阱，通过先发制人帮助企业消除攻防信息的不对等，保护企业真实资产，不再被动响应、盲目挨打。防御者采取了主动防御措施以消耗攻击成本，例如部署"蜜罐"、提供虚假设备或服务来诱捕攻击者，误导攻击者采取错误的攻击方式与工具进行攻击。

一旦攻击者触碰蜜罐系统或打开蜜罐文件，即刻会被防守方监测到，但攻击者对此尚无感知。在对"蜜罐"扫描、探测、访问的过程中，蜜罐系统在不断消耗攻击资源、拖延攻击时间、记录攻击行为，同时利用沙箱隔离恶意邮件，对抗攻击行为。

在此基础上，防守方得以了解攻击方的工具、方法和动机，不仅对当前面对的未知安全威胁有了清晰认知，而且能够通过技术和管理手段来增强实际系统的安全防护能力。

8.4.6 小结

本节介绍了苦肉计的基本含义，讨论了国内外多个应用事例。在网络空间安全领域，不法攻击者利用苦肉计发起攻击。2015 年攻击者攻击美国加油站系统，"GasPots"蜜罐系统故意暴露漏洞，诱导攻击者对其进行攻击，进而巩固防御系统。2016 年海莲花组织利用鱼叉邮件，发送假装无害的程序文件潜入公司内部进行攻击，可以使用攻击欺骗防御技术，提供虚假设备或服务来诱捕攻击者等方法进行防御。苦肉计是进行攻击的前置关键步骤，受害者信以为真，攻击才能成功，所以在防御时不仅要加强网络安全意识，也要利用苦肉计，主动诱敌深入，收集信息，优化防御措施。

习　题

① "苦肉计"的内涵是什么？您是如何认识的？
② 简述"苦肉计"的真实案例 2~3 个。
③ 针对"苦肉计"，简述其信息安全攻击之道的核心思想。
④ 针对"苦肉计"，简述其信息安全对抗之道的核心思想。
⑤ 请给出"苦肉计"的英文并简述西方案例 1~2 个。

参考文献

[1] 古诗文网. 三十六计. 败战计. 苦肉计 [EB/OL]. [2020-07-18]. http://www.nmgx.cn/wenzhang/894.html.

[2] 百度百科. 苦肉计 [DB/OL]. (2020-05-28) [2020-07-18]. https://baike.baidu.com/item/%E8%8B%A6%E8%82%89%E8%AE%A1/529889#2.

[3] FreeBuf. GasPots 蜜罐发现，伊朗和叙利亚网军意图攻击自动化加油站 [EB/OL]. (2015-08-07) [2020-07-18]. https://www.freebuf.com/news/74292.html.

[4] 史伟奇,程杰仁,唐湘滟,等. 蜜罐技术及其应用综述 [J]. 计算机工程与设计, 2008, 29 (22): 5725-5728.

[5] 银伟,雷琪,韩笑,等. 蜜罐技术研究进展 [J]. 网络安全技术与应用, 2018 (1): 20-26.

[6] 程杰仁,殷建平,刘运,等. 蜜罐及蜜网技术研究进展 [J]. 计算机研究与发展, 2008, 45 (z1): 375-378.

[7] 安全年. 物联网、工业物联网及网势物理系统领域蜜罐和蜜网相关研究综述下 [EB/OL]. (2022-06-01) [2022-7-18]. https://aqnin.com/vendor/html.

[8] 安全内参. 从蜜罐发展看攻击欺骗应用趋势 [EB/OL]. (2019-03-16) [2020-07-16]. https://www.secrss.com/articles/9119.

[9] 乌云网. 海莲花的反击:一个新近真实攻击案例的分析 [EB/OL]. (2016-12-04) [2020-07-16]. http://www.vuln.cn/6969.

[10] 搜狐网. 企业攻防实战的"逆袭奇兵"？一文看懂360攻击欺骗防御服务 [EB/OL]. (2020-06-17) [2022-07-18]. https://www.sohu.com/a/402512659_120474319?_trans_=000014_bdss_dklzxbpcgP3p:CP=.

8.5 第三十五计 连环计

将多兵众,不可以敌,使其自累,以杀其势。在师中吉,承天宠也。

8.5.1 引言

连环计出自《三十六计》中第三十五计。其原文为:"将多兵众,不可以敌,使其自累,以杀其势。在师中吉,承天宠也。"意思是说:如果敌方力量强大,就不要硬拼,要巧用计谋使其自相钳制,借以削弱敌方的战斗力。巧妙地运用谋略,就如有天神相助。在网络安全领域,作为攻击者会竭尽一切可能,使用各种计谋来攻击目标系统,环环相扣,让受害者手足无措、应接不暇。

8.5.2 内涵解析

连环计指多计并用,计计相连,环环相扣,一计累敌,一计攻敌,两计扣用,任何强敌,无攻不破。此计的关键是要使敌人"自累"。从更高层次上去理解这"使其自累"几个字,就是让敌方互相钳制、背上包袱,使行动受限,给围歼敌人创造良好的条件。两个以上的计策连用称连环计,计策的数量和质量同样重要,"使敌自累"之法,可以看作战略上让敌人背上包袱,使敌人自己牵制自己,让敌人战线拉长、兵力分散,为我方集中兵力各个击破创造有利条件。这也是连环计在谋略思想上的反映。

用计重在效果,一计不成,又出多计,在情况变化时连用新的计谋,敌方在连环计下防不胜防,最终落败。

8.5.3 历史典故

在之前的反间计和苦肉计两节中说到,赤壁大战时,周瑜巧用反间计,让曹操误杀了熟悉水战的蔡瑁、张允，又让庞统向曹操献上锁船之计，又用苦肉计让黄盖诈降。三计连环，打得曹操大败而逃。

战国时张仪也善用连环计。楚怀王联合齐国等共同抵御秦国。秦惠文王十分担心，张仪于是辞去相国位，前往楚国，离间楚王与齐国等诸侯国的关系。张仪使用反间计，用重金贿赂了靳尚，让靳尚在楚王面前举荐他。张仪假意表示为二国通好而来，并称秦王答应把以前商鞅夺取的楚国商於六百里地归还给楚国。楚怀王听后大喜，不顾劝谏，决定与齐国断交，而同秦国结好，并派亲信逢侯丑同张仪去秦国受地。到了秦地，张仪装病拖延，逢侯丑见秦王不到，见张仪也不得，还地之事毫无下落。楚王以为是还没跟齐国完全断交的原因，派人去齐国辱骂齐闵王，齐闵王一怒之下，干脆入秦结好，共同攻打楚国。张仪见齐国的使者来到，知道离间楚、齐的计谋完成，于是假装不知归还商於六百里之事。逢侯丑这才明白中了张仪的连环计，不仅没有得到商於之地，反而无辜与齐国结怨。

历史上还有很多使用连环计的案例。东汉王允和貂蝉运用连环计离间吕布和董卓，宋代将领毕再遇运用连环计打败金朝军队。这说明如果攻击者能够巧妙地运用连环计，在克敌过程中将会如有神助，获得最终的胜利。

8.5.4 信息安全攻击与对抗之道

"连环计"核心要素及策略分析如图 8.19 所示。其中的"连环"即指多计并用，一计不行，又出多计。

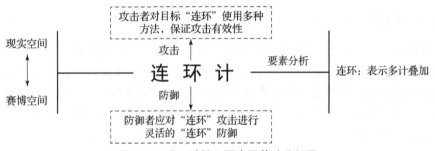

图 8.19 连环计核心要素及策略分析图

攻击之道在于攻击者根据当前情况制定合适的计谋并灵活应用。根据连环计的思想，为了攻击强大的敌人，仅用一计是不够的，两计以上并用让对方避无可避。在网络安全领域中，黑客进行攻击时连续使用多种方法，确保攻击的成功。被攻击者往往认为自己侥幸逃过一次攻击后，又无意识地进入攻击者的下一次攻击中，最终在连环计中被攻陷。

防御之道在于防御者在进行防御时警惕攻击者使用多种计谋、连续攻击，灵活的攻击也对应灵活的防御。

8.5.5 信息安全事例分析

8.5.5.1 四计连环之"North Star"攻击事件

（1）事例回顾

在 2020 年的攻击活动中，McAfee Advanced Threat Research（ATR）发现了一系列恶意

文档，其中包含知名的国防承包商发布的招聘信息，这些信息被做成诱饵文档，非常具有针对性。这些恶意文档的作用是发送给目标受害者，引诱其安装数据并收集植入程序。此次攻击活动利用多个位于欧洲国家的已攻陷的基础设施来托管 C&C（Command and Control，命令和控制）服务器，并向目标受害者分发植入程序。

经相关研究人员分析，此次活动疑似与 Hidden Cobra 组织相关，该组织与 Lazarus、Kimsuky、KONNI、APT37 存在一定的关联，这些组织针对世界各地的网络攻击活动已被多次曝光，他们的攻击目标包含从收集有关军事技术的数据到窃取高级交易所的加密货币。2020 年这次活动的目标之一是在受害者设备上安装植入数据采集的 DLL（Dynamic Link Library，动态链接库）程序。收集设备基本信息，以便用于受害者进行识别和分类。

本次攻击可以分为多个阶段，"连环"攻击步步推进，造成巨大影响。

第一计是"瞒天过海"，使用恶意文件攻击，比如使用模板注入攻击，通过恶意文档在目标系统上植入恶意软件。这种技术通过定制武器化的文档加载包含可执行宏代码的 Word 模板。因为宏被嵌入下载的模板中，所以可以用来绕过静态恶意文档分析和检测，恶意文档是将恶意代码植入受害者环境的主要突破口，这些文件内容包含了国防、航空航天和其他部门的工作描述，以此作为诱饵。目的是将这些文件附在邮件中，通过钓鱼邮件攻击引诱受害者打开、查看恶意文档，并最终执行有效载荷。

正如前面提到的，攻击者使用了一种称为模板注入的技术。当文档包含 .docx 扩展名时，意味着处理的是 OpenOffice XML（Extensible Markup Language，可扩展置标语言）标准。docx 文件实际是一个包含多个部分的 zip 文件，使用模板注入技术，攻击者可将指向 DOTM 共用模板文件的链接放在一个 .xml 文件中。例如，链接位于 settings.xml.rels 中，而外部 OLEObject 负载位于 document.xml.rels 中，通过该链接可从远程服务器中加载 DOTM 共用模板文件。这种攻击方式使文档静态时看起来毫无威胁，但是运行之后就加载恶意代码，因此被攻击者广泛使用。当托管在远程服务器上时，其中一些模板文件被重命名为 JPEG 文件，以避免用户（或受害者）怀疑并绕过检测。这些模板文件包含 Visual Basic 宏代码，可加载 DLL 并植入程序到受害者的系统中。

第二计是反间计，攻击者通过第二阶段的恶意文档投递恶意 DLL 文件以监视目标，使用恶意文档在目标机器上植入 DLL 程序以达到收集情报的目的。在这个活动中，攻击者利用打补丁的 SQL Lite DLL 文件从目标设备收集基本信息，这些 DLL 被篡改为包含恶意代码的文件且在指定情况下调用执行。在这一阶段，DLL 文件"间谍"成功实行反间计，收集设备信息，这些信息可以用来进一步识别攻击者更感兴趣的目标。

第三计是走为上计，运用网络规避技术。攻击者总是试图在他们的入侵过程中尽量不被防御设备发现，便于攻击和撤退。在此次攻击中，攻击者使用了一些特定技术，比如模仿系统中存在的同一个用户代理。攻击者使用与受害者的 Web 浏览器配置的 User–Agent 相同的字符串，并使用该值连接到 C&C 服务器。

第四计是反客为主，实现持久性攻击。攻击者将一个 LNK（快捷方式文件）文件部署到启动文件夹下以确保持久性攻击。攻击者动态调用 Windows APIs NtCreateFile 和 NtWriteFile，将 LNK 写入启动文件夹中。该 LNK 文件包含所有参数以及 DLL 文件的路径，部署完毕之后，文件扎根于目标系统，"反客为主"实现持久化攻击。

总的来说，这是一起以模板注入、恶意软件、网络规避技术和持久性攻击为主要攻击方法、四计连用、环环相扣的缜密攻击事件。本次攻击活动的主要流程和技术如图8.20所示。

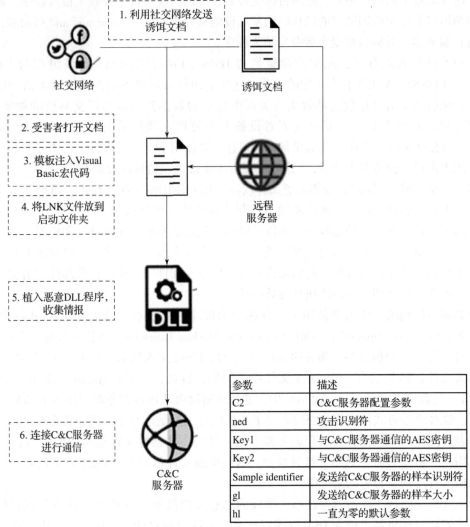

图 8.20 "North Star"攻击事件主要流程和技术

（2）对抗之策

该事例与"连环计"核心要素映射关系如图8.21所示。

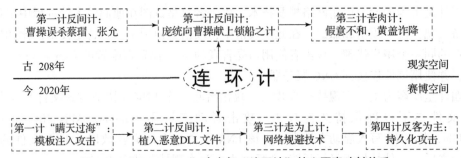

图 8.21 "North Star"攻击与"连环计"核心要素映射关系

这次攻击连续使用了四种计谋,计谋配合使用以化解强敌,并增加攻击成功率,这就是本节中提到的连环计思想的体现。一开始的恶意文件模板注入攻击体现的是"瞒天过海"的思想,攻击者利用文件成功打入系统内部;恶意 DLL 文件则使用了反间计的思想,在被攻击方内部进行破坏和信息收集;网络规避技术使用了走为上计的思想;持久化攻击体现了"反客为主"的思想。这些连续的计谋组成了连环计,最终让黑客攻击成功,造成严重的后果。

对攻击集团来说,只要可以完成攻击目的,一切手段皆可使用,通用网络攻击工具、商用恶意代码、被改造的开源工具、漏洞、传统的宏病毒,等等,将更多地被用于对关键目标的攻击当中。黑客的攻击手段不局限于单一计谋的使用,往往是连环计,也对防御者有了更高的要求。

在开源工具被广泛应用的场景下,通过恶意代码本身来确定攻击源将日趋困难,而从更大的攻防态势上来看,地下黑产的基础设施也正在形成,并构成了一个唯利是图的多边信息共享机制,被普通僵尸网络采集窃取到的信息,有着巨大的流向不确定性,而一般性的恶意代码感染、弱化安全性的盗版镜像、夹带恶意代码的汉化补丁、破解工具等,都在客观上降低了攻击门槛。对那些"普通的"恶意代码感染扩散事件予以漠视,而幻想依托威胁情报就可以发现拦截高级威胁的想法无疑是幼稚的。

为了有效防御此类攻击,需要通过网络捕获与检测、沙箱自动化分析、白名单和安全基线等综合方式改善防御纵深能力;同时,也要和防火墙、补丁与配置强化、反病毒等传统手段有效结合,治理并改善 IT 环境;需要向内部的安全策略与管理以及外部供应链安全等环节投入更多的精力,只有这样我们才可以在下次遇到此类连环计时有能力应对和防御。

8.5.5.2 三计连环之"丰收行动"事件

(1) 事例回顾

2016 年 7 月,国内发现一个针对多国发动网络攻击的组织。经过溯源和分析,发现该组织针对至少六个国家、近 800 名受害者发动精准网络攻击,受害群体主要是科研院所、军事院校和外交部门的对外联系人、教授和官员。攻击者窃取了包含部分大使馆通信录和军事外交相关的文件,这是典型的网络间谍行为。

该木马做了大量的免杀处理,54 款杀毒软件中仅有 8 款检出威胁。安全研究人员对样本进行了深入的人工分析,发现其关联的 C&C 服务器依然存活,于是对其进行了跟踪溯源和样本同源分析,发现了其他两处 C&C 服务器和更多样本。

从研究和溯源结果来看,该样本源于南亚某国隐匿组织发起的 APT 攻击,目标以巴基斯坦、中国等国家的科研院所、军事院校和外交官员为主,通过窃取文件的方式获取相关情报。给予样本的通信密码含有"January14"关键词,这一天正好是南亚某国盛行的"丰收节",故把该 APT 事件命名为"丰收行动"。

研究人员跟踪捕获了多个样本,共发现三个 C&C 服务器据点,分别位于摩洛哥、德国、中国香港。对样本的创建时间、修改时间、访问时间进行分析和归纳,发现早期的两个样本最后修改时间为 2015 年 3 月 9 日和 2015 年 5 月 5 日,而其他样本的最后修改时间在 2016 年 3—5 月,表明攻击的时间最早可追溯到 2015 年 3 月甚至更早。从 2016 年修改多个样本并且三个 C&C 同时运行可以推测当年的攻击活动尤其频繁。

攻击者发起的"丰收行动"是一次精心准备的、有组织的网络攻击,其使用了 APT 攻击中最为典型和常用的攻击方式,有效绕过了传统防护手段,采用多种计谋,实行连环计,环环相扣,最终攻击成功。

攻击者首先利用邮件实现了鱼叉式攻击。攻击者以邮件形式发送了一份捆绑了 Word 类型混淆漏洞(CVE-2015-1641)的文档给受害者。文档被点击后,利用漏洞释放恶意程序,感染并控制用户主机,同时显示一份以乌尔都语描述的网络犯罪法案诱饵文档《PEC Bill as on 17.09.2015》,用以迷惑受害者。这就是使用了《三十六计》中的"暗度陈仓"一计,将恶意代码伪装成 Word 文档,通过邮件的形式进行传播,最终成功感染主机。

如果用二进制编辑工具打开该文件,可以判断为 RTF 文件,样本文件中还包含 oleclsid 等字符。该 oleclsid 在注册表对应的是 Office 的 otkload.dll 组件,该组件依赖 msvcr71.dll 动态库,但 msvcr71.dll 文件不支持 ASRL。样本加载该库借此构建 ROP 来绕过 ASRL&DEP。前面利用了很长的一段"dec ecx"作为空指令,覆盖更多的地址来提高漏洞利用适应能力。该 Shellcode 的主要功能为释放~&Norm~1.dat 和 Normal.domx 两个文件。~&Norm~1.dat 是一个 VBE 文件,执行后释放诱饵文档,同时释放并运行 MicroS~1.exe、jli.exe、msvcr71.dll,这三个文件正是攻击者远程控制程序的投放端植入程序。

攻击者使用的漏洞有针对 IE、Firefox 浏览器的,也有针对 SWF、PDF 浏览器插件的,如表 8.1 所示。

表 8.1 漏洞攻击

漏洞编号	所属应用	漏洞编号	所属应用
CVE-2010-0806	Internet Explorer	CVE-2010-0188	Adobe Reader
CVE-2010-3962	Internet Explorer	CVE-2008-2992	Adobe Reader
CVE-2006-0003	mdac 组件	CVE-2009-0927	Adobe Reader
CVE-2009-2496	Microsoft Office	CVE-2009-4324	Adobe Reader
CVE-2010-3653	Adobe Shock Player	CVE-2007-5659	Adobe Reader

在本次"丰收行动"中,攻击者使用了三套远程控制工具,其中两套远程控制工具与同一个软件存在关联。软件作者以 darkcoderSC 为昵称开设了 Facebook、Twitter、G+等社交网络售卖远程控制软件。这两种远程控制软件注释了部分 darkcoderSC 的版权,而以"Green HAT Group/Team"字样出现。这三套远程控制工具均以文件和数据窃取为主要目的,其中一款的具体功能包括:接受远程 C&C 服务器的控制命令,具备文件遍历、文件上传下载、命令无回显执行、屏幕截图等功能;设置自身随系统启动,收集用户名、计算机名、样本版本信息,并加密上传;全盘搜索 pdf、doc、docx、ppt、pptx、txt 格式文档,并形成索引文件后加密上传;监控 U 盘的使用,对 U 盘上各类文档进行截获。这些远程控制系统相当于攻击者的间谍,在主机内部潜伏,让主机内的信息和漏洞为其所用,这就是三十六计中的反间计。

攻击者采用了反沙箱检测技术来逃避检测。样本调用 QueryPerformanceFrequency 和 QueryPerformanceCounter 两个系统函数来计算系统运行时长,以此来区分真实系统和虚拟系统统,从而绕过虚拟机的检测。攻击者还采用了非驱动的高级隐藏技术。其中一个组件样本通过 SetWindowsHook 挂载到所有进程中,然后内联应用层用于查询遍历文件目录的函数,对该函数的返回结果进行过滤,查询是否包含其指定的文件名称。如果存在则从返回结果进行过滤,查询是否包含其指定的文件名称,如果存在则从返回结果里输出该文件名相关信息。这样当受害者利用资源管理器查看、搜索某文件或目录时,就无法看到指定的文件,无从拦截和防御这一高危行为。攻击者使用了一套 PowerShell 脚本来配合程序实现 Agent 代理端,而 PowerShell 非常容易逃避杀毒软件查杀。在整体攻击中,攻击者非常小心谨慎,使用多种方法掩藏自己、逃避查杀,这就是三十六计中的"瞒天过海"。

本次行动中攻击者会长期控制受害者计算机,监控其浏览的网页、读取的邮件、新生成的文档,同时根据需要装载新的间谍软件。攻击者的攻击工具中包含文件管理、关键词搜索、摄像头监控、键盘记录、U 盘监控等多个功能模块。攻击者以窃取文件为主,并根据从受害者获取到的个人信息,进一步扩大攻击范围,加大攻击力度。

总体上本次"丰收行动"攻击信息如表 8.2 所示。

表 8.2 "丰收行动"攻击信息

关键项	本次攻击时间情况说明
主要攻击目标	科研院所、军事院校、外交官员
目标国家	以巴基斯坦为主,包括中国、美国等
关键作用点	个人办公用机
目标人群	高级岗位人员
攻击手法	鱼叉式钓鱼→VBS 脚本→控制端→信息窃取
攻击目的	窃取信息数据
漏洞使用情况	使用影响 Office 系列的 CVE-2015-1641 漏洞为主兼用 CVE-2010-3962、CVE-2010-3653 等浏览器漏洞
免杀技术	攻击者搭建免杀测试环境:AVAST、NIS 诺顿、Meafee、AVG、Bitdefender
活跃程度	长期在线操作,控制端每天都有新增的被控目标上线
反追踪能力	使用多层跳板代理控制 C&C 服务器,上传文件均加密保存
工程化能力	C&C 控制系统环境搭建流程标准化、系统加固、支持库安装、控制模块、监控模块
攻击源	从二级跳板 IP 的网络活动等线索来看,攻击者来自南亚某国的可能性很大

(2)对抗之策

该事例与"连环计"核心要素映射关系如图 8.22 所示。

本案例的"丰收行动",攻击者巧妙地运用了连环计,在攻击之前就做了精心的准备。使用"暗度陈仓"将恶意代码植入主机,使用反间计远程操控主机,利用漏洞等窃取信息,使用"瞒天过海"采用多种免杀技术躲过追查。精妙的连环计让本次攻击成功率极高,并且可以潜伏在被感染的主机中并保持长期活跃,给用户造成巨大的损失。

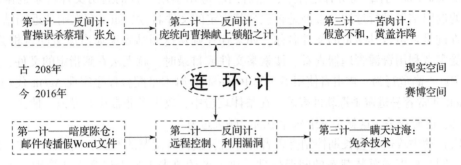

图 8.22 "丰收行动"与"连环计"核心要素映射关系图

在"海陆空天网电"几个空间维度中,隶属于"网"的网络空间是唯一一个人为制造的空间维度,被学术界称为赛博空间(Cyberspace)。在这个无法分清国界的特殊空间中,不同程度的安全对抗也正在不断激化。可以看到有来自脚本小子、黑客、有组织网络犯罪的低烈度对抗,也可以看到来自黑产、恐怖组织、国家支持的间谍组织发起的中等烈度对抗,甚至是网络部队这种高烈度对抗。

中、高烈度安全对抗的核心就是攻与防,其对我国基础设施的信息安全冲击非常大,后果非常严重,所以习总书记强调"没有网络安全就没有国家安全"。我们应该清楚地认识到,恐怖组织、间谍甚至网络部队在网络空间中发起的攻防对抗,实质上就是一场发生在网络空间的没有硝烟的战争。

"丰收行动"攻击成功的主要因素是:防守在明、攻击在暗,受害者的防御措施与攻击者攻击手段存在能力上差距,尤其是未知威胁的检测和预警能力。

"丰收行动"只是全球 APT 攻击事件的冰山一角,中国也是 APT 攻击的受害者之一。攻击者并不会因为被揭露而销声匿迹,至多是偃旗息鼓一段时间,然后以更隐蔽的方式卷土重来,并使用新的免杀技术、新的漏洞或者新的攻击方式发起网络攻击。所以我们能做的就是要树立正确的网络安全观,充分认识自己的防御措施和攻击技术之间的差距,加快构建安全保障体系,提前部署防御措施,提升针对未知威胁的检测和识别能力,增强网络安全防御能力和威慑能力,防患于未然,不要中了敌人的连环计还不自知。

8.5.6 小结

本节介绍了连环计的基本含义,讨论了国内外多个应用事例。在网络空间安全领域,不法攻击者利用连环计发起攻击。2020 年的这次攻击,攻击者连续使用了四种计谋,模板注入攻击——"瞒天过海"、恶意 DLL 入侵——反间计、网络规避技术——走为上计、持久化攻击——反客为主,四计连环攻击。2016 年攻击者发起"丰收行动",连续使用了三种计谋,邮件传播假 Word 文件——"暗度陈仓"、远程控制、利用漏洞——反间计、免杀技术——"瞒天过海",三计连环攻击成功,影响巨大。连环计不仅仅是一个单独的计谋,也是其他计谋的一个集大成者。攻击者根据不同的情况使用不同的计谋,发动连续高效的攻击,往往都能够破开防御、击中目标,给防御者带来极大的困扰,但是他有计策、我有对策,"连环"攻击就要"连环"防御,以捍卫网络安全。

习 题

① "连环计"的内涵是什么？您是如何认识的？
② 简述"连环计"的真实案例 2~3 个。
③ 针对"连环计"，简述其信息安全攻击之道的核心思想。
④ 针对"连环计"，简述其信息安全对抗之道的核心思想。
⑤ 请给出"连环计"的英文并简述西方案例 1~2 个。

参考文献

[1] 个人图书馆. 第三十五计连环计 [EB/OL]. (2019-07-20) [2020-07-18]. http://www.360doc.com/content/19/0720/16/9570732_849972176.shsht.

[2] McAfee Labs. Operation North Star A Job Offer That's Too Good to be True? [EB/OL]. MCAFEE [EB/OL]. (2020-07-29) [2022-07-18]. https://www.mcafee.com/blogs/other-blogs/mcafee-labs/operation-north-star-a-job-offer-thats-too-good-to-be-true/.

[3] 搜狐网. "丰收行动"：一场潜伏三年的"网络狙击"行动 [EB/OL]. (2016-09-23) [2020-07-20]. https://www.sohu.com/a/114949544_49094.

[4] 李术夫，李薛，王超. 典型 APT 攻击事件案例分析 [C]. 北京：中国第五届全国信息安全等级保护技术大会，2016.

8.6 第三十六计 走为上计

全师避敌。左次无咎，未失常也。

8.6.1 引言

走为上计为《三十六计》中最后一计。"走为上"，是指在敌我双方力量对比悬殊的情况下，我方有计划地主动撤退，避开强敌，寻找战机，以退为进。在网络安全领域，是指在对方处于全面优势的情况下，攻击者无法在短时间内攻击成功，根据实际情况采取撤退的计谋，抹去攻击信息，静待下一次攻击机会。

8.6.2 内涵解析

第三十六计"走为上计"指的是战争中看到形势对自己极为不利时就逃走，也指遇到强敌或陷于困境时，以离开回避为最好的策略。全军退却避开强敌，以退为进，这并不违背正常的兵法。

如果敌方已占优势，我方不能战胜它，为了避免与敌人决战，只有三条出路：投降，讲和，撤退。三者相比，投降是彻底失败，讲和也是一半失败，而撤退不能算失败。撤退，可以转败为胜。当然，撤退绝不是消极逃跑，撤退的目的是避免与敌主力决战。主动撤退还可以诱敌，调动敌人，制造有利的战机，总之退是为进。

三十六计"走为上计"，古人早就知道"走"是保存实力、逃避危险的最好办法，不然也就不会有"溜之大吉""一走了之"的说法了。古今中外"走"的办法可以说是千奇百怪，目的只有一个，那就是保全自己。

在我方与敌方的较量中，如果我方处于劣势，硬拼是以鸡蛋碰石头，没有生路；屈服，永远受制于他人，更不可能有生路。适时撤退，方是求生求存求复兴的上策。

8.6.3　历史典故

在我国战争史上，早就有"走为上计"运用得十分精彩的例子。

春秋初期，楚国日益强盛，楚将子玉率师攻晋。楚国还胁迫陈、蔡、郑、许四个小国出兵，配合楚军作战。此时晋文公刚攻下依附楚国的曹国，明白晋楚之战迟早不可避免。

子玉率部浩浩荡荡向曹国进发，晋文公闻讯，分析了形势。他对这次战争的胜败没有把握，楚强晋弱，其势汹汹，决定暂时后退，避其锋芒，对外假意承诺退避三舍，撤退九十里到晋国边界城濮，仗着临黄河、靠太行山，足以御敌并事先派人往秦国和齐国求助。

子玉率部追到城濮，晋文公早已严阵以待。晋军首先进攻楚右军，楚右军大败。然后晋文公派士兵假扮陈、蔡军士，向子玉报捷，引诱敌人攻击。晋军在马后绑上树枝，来往奔跑，故意弄得烟尘蔽日，制造仓皇逃跑假象，子玉急命左军全力前进。晋军上军故意打着帅旗，往后撤退，最终楚左军又陷于晋国伏击圈遭歼灭。等子玉率中军赶到，晋军三军合力，把子玉团团围住。子玉这才发现，右军、左军都已被歼，自己已陷重围，急令突围。虽然他在猛将的护卫下保全性命，但部队伤亡惨重，只得悻悻回国。

这个故事中晋文公的几次撤退，都不是消极逃跑，而是主动退却，寻找或制造战机。所以说"走"是上策。

再说一个城濮大战之前，楚国吞并周围小国日益强盛的故事。

楚庄王为了扩张势力，发兵攻打庸国。庸国奋力抵抗，楚军一时难以推进。庸国在一次战斗中还俘虏了楚将杨窗。但由于疏忽，三天后，杨窗竟从庸国逃了回来。杨窗报告了庸国的情况并表示楚军获胜的机会不大。

楚将师叔建议用佯装败退之计，于是师叔带兵进攻，开战不久，楚军佯装难以招架，败下阵来，向后撤退。像这样一连几次，楚军节节败退。庸军七战七捷，不由得骄傲起来，不把楚军放在眼里，军心麻痹，斗志渐渐松懈，失去了戒备。

这时，楚庄王率领增援部队赶来，在庸军骄傲自满时，楚庄王下令兵分两路进攻庸国。庸国将士正陶醉在胜利之中，怎么也不会想到楚军突然杀回，仓促应战，抵挡不住。楚军一举消灭了庸国。师叔七次佯装败退，是为了制造战机，一举歼敌。

8.6.4　信息安全攻击与对抗之道

"走为上计"核心要素及策略分析如图8.23所示。其中，"走"是指撤退，一般是指隐匿痕迹离开或是暂时撤退，寻找合适的时机再发动进攻。

攻击之道在于攻击者在进行攻击时，为了不正面对抗强敌，有计划地主动撤退，避开强敌，寻找战机，以退为进。在网络安全领域中，黑客为了一次有效的攻击往往会制订一个完整的计划，在计划中无论成功与否都有安全撤退的步骤。黑客一般会采取必要的措施，隐藏自己的攻击证据，不让防御者发现，以退为进，等待下一次的攻击机会。

图 8.23 "走为上计"核心要素及策略分析图

防御之道在于防御者寻找合适的时机撤退，避免和敌人的强势力量正面对抗，保护自身的有生力量，也要提防攻击者假意撤退后的突然攻击。

8.6.5 信息安全事例分析

8.6.5.1 利用清除时间戳"遁走"之索尼被黑事件

（1）事例回顾

2014 年年末，索尼影视遭遇史上最大规模的入侵，五部未上映的电影资源被泄露，直接造成的经济损失高达数亿美元。然而潜在的经济损失更为严重，敏感商业信息和与内部员工相关几十千兆字节的敏感数据一同被盗，随之员工便遭到黑客组织 GOP 的恐怖威胁。

在此次事件中，大量报告反映索尼影业的网络遭到多种方式攻击，也就是说可能有多个组织对其发起了攻击。攻击者还使用了多个工具清除攻击痕迹，为之后的攻击溯源工作带来了极大的困难。

首先是强大的恶意程序 BKDR_WIPALL，该恶意程序会删除计算机文件，终止微软信息存储服务。

Damballa 的安全专家还发现了一种非常复杂的磁盘清理工具 Destover，它会利用新发现的反取证工具隐藏踪迹。在索尼影视事件中，Destover 被用于擦除系统上的数据。Destover 有能力改变文件的时间戳并且清除日志来躲避检测，所以很难被取证调查。

除了 BKDR_WIPALL 和 Destover 之外，攻击者主要使用两个工具来清除日志和时间戳：setMFT 用于复制磁盘源文件时间戳到目标文件上；AFSET 工具用于擦除基于时间和身份的 Windows 日志并修改可执行的属性。

在受害者网络内获得立足点是首要任务。表 8.3 中详细汇总了攻击者不同攻击阶段完成的主要任务。

表 8.3 攻击者不同攻击阶段完成的主要任务

阶段	工具
探测阶段	扫描器、情报收集
入侵阶段	漏洞、exp
潜伏阶段	SetMFT、afset、RATs、证书窃取
横向入侵	窃取管理员证书和 RATs

续表

阶段	工具
信息泄露阶段	VPN 账户、RATs、用不同频道的信号传输通信
删除踪迹	SetMFT、afset、Destover
推出	公布窃取到的数据、清除 Destover 恶意程序

索尼影视遭遇 GOP 黑客组织的攻击事件出现一段时间后，从黑掉索尼公司的网络、泄露电影信息、泄露公司员工敏感信息，到向公司员工发送威胁邮件，索尼影视一直处于极为被动的局面。据一些专家初步估计，索尼影视至少损失了数亿美元。但是一段时间后，索尼开始了"复仇行动"——索尼影视向所有分享泄露数据的网站发动了 DDoS 攻击，向用户散布假冒种子，一来防止信息和盗版电影进一步泄露，二来为了打击 GOP 黑客组织。

这次事件使索尼影视损失惨重，也让各公司意识到做好网络安全防护的重要性。

（2）对抗之策

该事例与"走为上计"核心要素映射关系如图 8.24 所示。

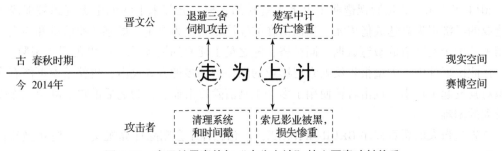

图 8.24 索尼被黑事件与"走为上计"核心要素映射关系

攻击的团队深谙走为上计的道理，在他们攻击之前可能就制定了整个攻击流程。不管攻击是否成功，都会在被发现之前抹去攻击的痕迹。

对于类似本次事件的大规模网络攻击，要找出谁是幕后真凶并不容易。攻击者可以通过留下假线索来掩盖自己的踪迹，也可以通过删除数据来毁掉证据，这是本次攻击事件所使用的不同寻常的战术。

针对此类善于清除攻击信息并及时撤退的攻击者，防御者可以从两个方面对抗：

①获取攻击信息，巩固防御措施。由于此类攻击大多在撤退之时清除了自己的攻击信息，这就为事后的攻击分析以及防御工作带来很大困难。为了填补信息上的空白，一些网络安全公司已经转向其他渠道获取数据，如社交网络、监视网络流量的计算机、已知的攻击服务器，以及黑客常去的地下在线聊天室。通过获取攻击数据来进一步巩固防御，这也是应对走为上计的一般防御方法。

②提前备份数据，减少攻击损失。一些攻击者为了彻底清除攻击痕迹甚至会对整个系统进行清洗，这对于受害者来说损失巨大。按目前的情况来看，想要恢复所有信息基本是不可能的，所以对于防御者来说，加强防护意识、做好备份可能是更有效的减少攻击损失的做法。

8.6.5.2 利用虚拟机逃逸之 Amnesia 攻击事件

(1) 事例回顾

2017 年 4 月,安全研究人员撰写文章披露基于 IoT/Linux 的 Tsunami 的新变体 Amnesia。Amnesia 恶意软件允许攻击者利用未修补的远程代码执行漏洞攻击其 DVR(Digital Video Recorder,硬盘录像机)设备。早在 2016 年的 3 月,安全研究人员就在 TVT Digital(深圳同为数码)制造的 DVR 设备中发现该漏洞,并波及全球 70 多家供应商。相关数据显示,全球有超过 22.7 万台设备受此影响,而受到影响最大的为中国台湾地区、美国、以色列、土耳其和印度。

Amnesia 是首个采用虚拟机逃逸技术躲避沙箱的 Linux 恶意软件。虚拟机逃逸技术通常与 Windows 或安卓恶意软件相关联。Amnesia 运行时会尝试检测它是否在基于 VirtualBox、VMware 或 QEMU 的虚拟机中运行,如果检测到这些环境,它将通过删除文件系统中的所有文件来擦除虚拟化 Linux 系统。这种攻击方式不仅影响 Linux 的恶意软件分析沙盒,还影响 VPS 或公共云上的一些基于 QEMU 的 Linux 服务器。

Amnesia 使用 IRC(Internet Relay Chat,互联网中继聊天)协议与其 C&C 服务器建立通信。图 8.25 显示了一些接收的命令,包括通过不同类型的 HTTP 泛洪和 UDP 泛洪来执行 DDoS 攻击。

```
NOTICE %s :HTTP flooding on %s:%s finished.\n
NOTICE %s :UDP <target> <secs> <pulsed 1/0>\n
NOTICE %s :UDP-PULSED flooding %s.\n
NOTICE %s :UDP flooding %s.\n
NOTICE %s :UDP flooding on %s finished.\n
NOTICE %s :MOVE <server>\n
NOTICE %s :UDP <target> <secs> <pulsed 1/0>         = Non-spoof UDP flood\n
NOTICE %s :HTTP <target> <page> <port> <secs>       = HTTP flood (HULK DoSer). Start pages with a /.\n
NOTICE %s :NICK <nick>                              = Changes the nick of the client\n
NOTICE %s :SERVER <server>                          = Changes servers\n
NOTICE %s :KILL                                     = Kills the client\n
NOTICE %s :GET <http address> <save as>             = Downloads a file off the web and saves it onto the hd\n
NOTICE %s :VERSION                                  = Requests version of client\n
NOTICE %s :KILLALL                                  = Kills all current packeting, scanning, etc\n
NOTICE %s :HELP                                     = Displays this\n
NOTICE %s :IRC <command>                            = Sends this command to the server\n
NOTICE %s :SH <command>                             = Executes a command\n
NOTICE %s :BOTKILLER                                = Kills other bots on system\n
NOTICE %s :IP                                       = Get the bots IP\n
NOTICE %s :Killing pid %d.\n
NOTICE %s :Goodbye.\n
```

图 8.25 接收命令

Amnesia 被执行后,它会第一时间读取系统文件并通过匹配关键字"VirtualBox""VMware"和"QEMU",来确定目标系统是否运行于虚拟机中。Linux DMI(Desktop Management Interface,桌面管理接口)使用这两个文件来存储硬件的产品和制造商信息。如果这些字符串包含在 DMI 文件中,这意味着 Linux 系统基于 VirtualBox、VMware 或 QEM-U 在虚拟机中运行。

如果检测到虚拟机,Amnesia 将迅速自行删除,然后尝试删除 Linux 根目录、当前用户主目录,以及当前工作目录。这些操作仅需要通过执行 Shell 删除命令来实现,成功执行后基本上相当于擦除了整个 Linux 系统。

(2) 对抗之策

该事例与"走为上计"核心要素映射关系如图 8.26 所示。

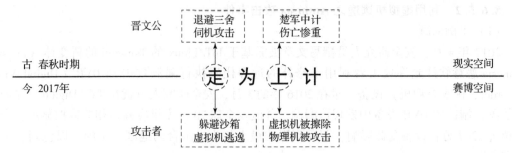

图 8.26　Amnesia 事件与"走为上计"核心要素映射关系图

在此计中 Amnesia 在遇到虚拟机沙箱保护机制等强敌时，面对对自己不利的形势，并不选择正面对抗，而是使用走为上计的思想，利用虚拟机逃逸技术迅速删除，自身逃跑，躲避安全人员取证，静待机会进行下一次攻击。

当恶意程序检测到运行在沙箱或者虚拟机环境时，就会改变执行路径、停止执行或者删除自身，用以逃避沙箱分析，这一类恶意代码称为环境感知恶意代码。

应对这类代码，可以采用以下几种方法进行对抗：

①多系统执行（Multi-System Execution）。在这种方法中，将恶意软件置于几个不同的分析平台上执行，然后研究它们的执行情况，以确定它们的行为是否根据执行环境发生了偏离。

②路径探测（Path-Exploration）。路径探索策略的目的是在程序中触发尽可能多的有条件分支，以提供更彻底的代码覆盖。其目的是触发恶意负载并暴露恶意软件。

在一个虚拟化环境中，物理机称为宿主机（Host），虚拟机称为客户机（Guest）。每个虚拟机系统（VM）都拥有自己的虚拟硬件，如 CPU、内存和 I/O 设备等，拥有独立的执行环境。每个 VM 中可以有不同的操作系统和独立的执行环境，并且客户机操作系统的行为和所在的物理平台无关。

如果虚拟机层完全执行严格的访问控制，那理论上虚拟机层比任何操作系统都要安全，但是现实中可能存在未经授权的通信或是虚拟平台自身的漏洞。每个虚拟机的虚拟磁盘的内容通常存储为文件，可以通过其他计算机上的虚拟机监控器来运行，由此攻击者能够复制虚拟磁盘并不受限制地访问虚拟机中的内容。这时攻击者就可以检测到虚拟机环境，在分析取证之前通过删除自身来逃逸或是对虚拟机甚至是物理机造成损害。

虚拟机里运行的程序还可以通过漏洞利用，突破禁锢，掌控虚拟机和宿主机，实现虚拟机逃逸。虚拟机逃逸攻击打破了权限与数据隔离的边界，攻击者不仅可以在虚拟机分析之前"遁走"，甚至可以从虚拟机中逃脱进入宿主机并以此为跳板进行攻击，由此可知，在云计算时代，虚拟机逃逸已成为一种令人担忧的重大安全威胁。

面对此类威胁，可以考虑的思路如下：

①及时更新漏洞补丁。如果虚拟机漏洞已知并打上补丁就能防止大部分逃逸事件的发生。主流的虚拟软件厂商都会尽可能发现漏洞并发布补丁，用户要及时更新补丁，不给攻击者可乘之机。

②采取缓解措施，提升逃逸难度。任何软件要想完全消灭漏洞是不可能的，作为防御者可以采用一些容错机制，即在假设漏洞存在的情况下，想尽一切办法阻挠攻击者利用漏洞进

行程序控制。这种通用的防御方法称为缓解措施。缓解措施包括 ASLR（Address Space Layout Randomization，地址空间布局随机化）、NX（No eXecute，非执行）/DEP（Data Execution Prevention，数据执行保护）等。ASLR 是一种针对缓冲区溢出的安全保护技术，通过对堆、栈，以及共享库映射等线性区布局的随机化，增加攻击者预测目的地址的难度，防止攻击者直接定位攻击代码位置，达到阻止溢出攻击的目的。NX/DEP 是一套软硬件技术，能够在内存上执行额外检查。如果发现当前执行的代码没有明确标记为可执行则禁止其执行，那么恶意代码就无法利用溢出进行破坏。

③使用多层沙箱机制。引入多层沙箱机制，能够让防守层次化，攻击者只有突破了每一层，才能完成整个攻击，反过来说，攻击者如果在任何一个层面缺乏突破手段，都无法最终完成攻击。

近年来，基于软件和硬件相结合的缓解措施，层层隔离的沙箱机制，以及基于机器学习的用户行为分析等措施不断完善，虚拟机逃逸难度也将越来越大。虽然黑客的技术会不断更新，但是防御者不断努力为用户创造了一个更安全的虚拟化环境。

8.6.6 小结

本节介绍了走为上计的基本含义，讨论了国内外多个应用事例。在网络空间安全领域，不法攻击者利用走为上计寻找时机撤退，掩藏踪迹以便进行下一次攻击。2014 年年末，攻击者入侵索尼影视后清除日志和时间戳，以使背后主谋踪迹难寻，索尼影视经济损失惨重，由于信息的严重不对等，网络安全公司转向其他渠道去获取数据来进行防御。2017 年 Amnesia 运行时会尝试检测它是否在基于 VirtualBox、VMware 或 QEMU 的虚拟机中运行，如果检测到这些环境，它将通过删除文件系统中的所有文件来擦除虚拟化 Linux 系统，可以通过多系统执行、及时更新漏洞、多层沙箱技术进行防御。走为上计作为三十六计的最后一计，虽然在类别上属于战败计，但是高手来运用往往可以以退为进，为下一次的成功攻击打下基础，发挥意想不到的效果。在网络安全领域，攻击者在"走"时，往往会隐匿自己的攻击痕迹，让安全人员难以发现，静候下一次攻击时机的到来。

习　题

①"走为上计"的内涵是什么？您是如何认识的？
②简述"走为上计"的真实案例 2~3 个。
③针对"走为上计"，简述其信息安全攻击之道的核心思想。
④针对"走为上计"，简述其信息安全对抗之道的核心思想。
⑤请给出"走为上计"的英文并简述西方案例 1~2 个。

参考文献

[1] 个人图书馆. 第三十六计走为上计 [EB/OL]. (2019-07-20)[2020-07-20]. http:// www.360doc.com/content/19/0720/16/9570732_849972261.shtml.

[2] 百度百科. 走为上计 [DB/OL]. (2020-05-09)[2020-07-21]. https://

baike. baidu. com/item/% E8% B5% B0% E4% B8% BA% E4% B8% 8A% E8% AE% A1/858770? fr = aladdin#8.

[3] Pierluigi Paganini. Damballa Revealed the Secrets Behind the Destover Malware that Infected the Sony Pictures [EB/OL]. (2015 - 11 - 23) [2020 - 07 - 22]. https://securityaffairs. co/wordpress/42194/malware/destover - malware - analysis. html.

[4] 李岘. 索尼影片《采访》被黑事件全程解读一部电影引发的"黑客攻击"事件 [J]. 中国信息安全, 2015 (1): 100 - 103.

[5] 笑安. 网络热火朝天有攻击有防护 [J]. 信息安全与通信保密, 2015 (1): 30 - 30.

[6] Vox. The 2014 Sony Hacks, Explained [EB/OL]. (2015 - 01 - 20) [2020 - 07 - 22]. https://www. vox. com/2015/1/20/18089084/sony - hack - north - korea.

[7] EXTREMETECH. Sony Fights back Against Hackers, Stolen File Sharers - by Firing a DDoS Back at Them [EB/OL]. (2015 - 01 - 20) [2020 - 07 - 22]. https://www. extremetech. com/extreme/195753 - sony - fights - back - against - hackers - stolen - file - sharers - by - firing - a - ddos - back - at - them.

[8] UNIT42. IoT/Linux Malware Targets DVRs, Forms Botnet [EB/OL]. (2017 - 05 - 06) [2021 - 01 - 20]. https://unit42. paloaltonetworks. com/unit42 - new - iotlinux - malware - targets - dvrs - forms - botnet/.

[9] Wikipedia. Address Space Layout Randomization. [EB/OL] [2021 - 01 - 20]. https://en. wikipedia. org/wiki/Address_space_layout_randomization.

[10] Wikipedia. DataExecution Prevention. [EB/OL] [2021 - 01 - 20]. https://en. wikipedia. org/wiki/Executable_space_protection.